土壤健康丛书

丛书主编　张佳宝

煤矿区复垦耕地
质量演变与定向培育

徐明岗　张　强　洪坚平　等　著

科学出版社

北　京

内 容 简 介

矿区复垦土壤质量演变与定向培育技术原理是复垦土壤质量提升研究的重要科学问题。本书是徐明岗院士团队的最新研究成果，在论述我国煤矿区耕地损毁现状和复垦区划的基础上，重点论述了复垦耕地的质量演变特征及其人为培肥管理措施的影响，提出了复垦土壤定向培育的原理和技术途径。书中主要介绍了不同复垦方式、不同培肥措施及不同复垦年限下，复垦土壤结构、有机质、氮素、磷素、微生物多样性、功能的演变特征及其影响因素，以及耕地质量要素与土壤生产力的关系，复垦土壤固碳等生态功能和生产功能快速提升的技术措施。

本书可供土壤学、农学、生态学、环境科学、煤矿复垦工程技术等领域的科技工作者和高校师生参考。

审图号：GS 京（2023）2305 号

图书在版编目（CIP）数据

煤矿区复垦耕地质量演变与定向培育/徐明岗等著. —北京：科学出版社，2024.3
　　（土壤健康丛书）
　　ISBN 978-7-03-076484-3

Ⅰ. ①煤⋯　Ⅱ.①徐⋯　Ⅲ. ①矿区–复土造田–耕作土壤–土地质量–研究　Ⅳ.①TD88

中国国家版本馆 CIP 数据核字（2023）第 185317 号

责任编辑：王海光　刘　晶 / 责任校对：杨　赛
责任印制：肖　兴 / 封面设计：刘新新

科学出版社 出版
北京东黄城根北街 16 号
邮政编码：100717
http://www.sciencep.com
北京建宏印刷有限公司印刷
科学出版社发行　　各地新华书店经销
*
2024 年 3 月第 一 版　　开本：787×1092 1/16
2024 年 9 月第二次印刷　　印张：19 1/2
字数：462 000
定价：298.00 元
（如有印装质量问题，我社负责调换）

"土壤健康丛书"编委会

《煤矿区复垦耕地质量演变与定向培育》
著者名单

主要著者：徐明岗　张　强　洪坚平　樊文华
　　　　　蔡音飞

其他著者：郜春花　郝鲜俊　李建华　孟会生
　　　　　孙　楠　罗正明　卢晋晶　靳东升
　　　　　张一弓　段英华　王晋峰　刘　平
　　　　　王恒飞　狄晓颖　李　华　郝兵元
　　　　　张文菊　程　曼　邸佳颖　李　然
　　　　　蔡岸冬　刘　琳　张　昊　石　婷
　　　　　薄慧娟　陈潇晶　范晓辉

丛 书 序

　　土壤是农业的基础，是最基本的农业生产资料，也是农业可持续发展的必然条件。无论是过去、现在，还是将来，人类赖以生存的食物和纤维仍主要来自土壤，没有充足、肥沃的土壤资源作为支撑，人类很难养活自己。近年来，随着生物技术等高新技术不断进步，农作物新品种选育速度加快，农作物单产不断提高，但随之对土壤肥力的要求也越来越高，需要有充足的土壤养分和水分供应，能稳、匀、足、适地供应作物生长所需的水、肥、气、热。因此，要保证农作物产量不断提高，满足全球人口日益增长的对食物的需求，就必须有充足的土壤（耕地）资源和不断提高的耕地质量，这也是农业得以可持续发展的重要保障。

　　土壤是人类社会最宝贵的自然资源之一，与生态、环境、农业等很多领域息息相关，不同学科认识土壤的角度也会不同。例如，生态学家把土壤当作地球表层生物多样性最丰富、能量交换和物质循环（转化）最活跃的生命层，环境学家则把土壤当作是环境污染物的缓冲带和过滤器，工程专家则把土壤看作是承受高强度压力的基地或工程材料的来源，而农学家和土壤学家则把土壤看作是粮食、油料、纤维素、饲料等农产品及能源作物的生产基地。近年来，随着煤炭、石油等化石能源不断枯竭，利用绿色植物获取能源，将可能成为人类社会解决能源供应紧缺的重要途径，如通过玉米发酵生产乙醇、乙烷代替石油，利用秸秆发酵生产沼气代替天然气。世界各国已陆续将以生物质能源为代表的生物质经济放在了十分重要的位置，并且投入大量资金进行研究和开发，这为在不远的将来土壤作为人类能源生产基地提供了可能。

　　随着农业规模化、集约化、机械化的不断发展，我国农业逐步实现了由传统农业向现代农业的跨越，但同样也伴随着化肥农药等农业化学品的不合理施用、污染物不合理排放、废弃物资源化循环利用率低等诸多问题，导致我们赖以生存的土壤不断恶化，并由此引发气候变化和资源环境问题。我国是耕地资源十分紧缺的国家，耕地面积仅占世界耕地面积的 7.8%，而且适宜开垦的耕地后备资源十分有限，却要养活世界22%的人口，耕地资源的有限性已成为制约经济、社会可持续发展的重要因素，未来有限的耕地资源供应能力与人们对耕地总需求之间的矛盾将日趋尖锐。不仅如此，耕地资源利用与管理的不合理因素也导致了耕地肥力逐渐下降，耕地质量退化、水土流失、面源污染、重金属和有机污染物超标等问题呈不断加剧的态势。据环境保护部、国土资源部 2014 年共同发布的《全国土壤污染状况调查公报》，全国土壤中污染物总的点位超标率为 16.1%，其中轻微、轻度、中度和重度污染点位的比例分别为 11.2%、2.3%、1.5% 和 1.1%；污染类型以无机型为主，有机型次之，复合型污染比重较小，无机污染物超标点位占全部超标点位的 82.8%。耕地的污染物超标似乎更严重，据统计，全国耕地中污染物的点位超标率为 19.4%，其中轻微、轻度、中度和重度污染点位比例分别为 13.7%、2.8%、1.8% 和 1.1%，主要污染物为镉、镍、铜、砷、汞、铅和多环芳烃。由此，土壤健康问题逐渐被提到了十分重要的位置。

随着土壤健康问题不断受到重视，人们越来越深刻地认识到：土壤健康不仅仅关系到土壤本身，或者农产品质量安全，也直接关系到人类的健康与安全，从某种程度上说，耕地健康是国民健康与国家安全的基石。因此，我们不仅需要能稳、匀、足、适地供应作物生长所需水分和养分且能够保持"地力常新"的高产稳产耕地，需要自身解毒功能强大、能有效减缓各种污染物和毒素危害且具有较强缓冲能力的耕地，同时更需要保水保肥能力强、能有效降低水土流失和农业面源污染且立地条件良好的耕地，以满足农产品优质高产、农业持续发展的需求。只有满足了这些要求的耕地，才能称得上是健康的耕地。党和政府长期以来高度重视农业发展，党的十九届五中全会提出"要保障国家粮食安全，提高农业质量效益和竞争力"。在 2020 年底召开的中央农村工作会议上，习近平总书记提出"要建设高标准农田，真正实现旱涝保收、高产稳产""以钉钉子精神推进农业面源污染防治，加强土壤污染、地下水超采、水土流失等治理和修复"。2020 年中央经济工作会议中，把"解决好种子和耕地问题"作为 2021 年的八项重点任务之一。因此，保持耕地土壤健康是农业发展的重中之重，是具有中国特色现代农业发展道路的关键，也是我国土壤学研究者面临的重要任务。

基于以上背景，为了推动我国土壤健康的研究和实践，中国土壤学会策划了"土壤健康丛书"，并由土壤肥力与肥料专业委员会组织实施，丛书的选题、内容及学术性等方面由学会邀请业内专家共同把关，确保丛书的科学性、创新性、前瞻性和引领性。丛书编委由土壤学领域国内知名专家组成，负责丛书的审稿等工作。

希望丛书的出版，能够对土壤健康研究与健康土壤构建起到一些指导作用，并推动我国土壤学研究的进一步发展。

张佳宝

中国工程院院士

2021 年 7 月

序

　　粮食安全和能源安全是国家安全战略体系的重要组成部分。煤炭是我国能源中的"压舱石"。然而，煤炭开采在支撑国民经济和社会高质量发展的同时，也带来地下水位下降、地表沉陷、耕地损毁、生态系统退化、生物多样性丧失、农作物减产等一系列问题。我国目前有超过1亿亩因煤炭开采而损毁的土地，其中60%以上是耕地或其他农用地，致使矿区人地矛盾加剧，严重威胁着我国农业和社会经济的可持续发展。煤矿区复垦耕地质量演变过程与定向培育的技术原理是矿区复垦耕地质量提升研究的重要科学问题。

　　煤矿区复垦耕地质量差，突出表现为土壤有机质和氮素含量低、土壤结构差、土壤微生物多样性低和生态功能脆弱。徐明岗院士和张强研究员带领团队，在山西省襄垣县和古交市煤矿区复垦耕地长期定位试验的基础上，经过10多年的观测分析，积累了长期不同复垦方式、不同培肥措施和不同植物种植下土壤的理化特征、生物学性质、作物产量等大量数据，开展了煤矿区复垦土壤质量演变过程、影响与驱动因素的系统研究，形成了较为系统的煤矿区复垦耕地土壤质量演变过程与定向培育的理论与技术，撰写了《煤矿区复垦耕地质量演变与定向培育》一书。

　　该书系统论述了山西省典型煤矿区土地损毁监测及影响评价，以及煤矿区复垦生态修复区划及模式；阐明了煤矿区复垦土壤有机碳库组分数量及其演变特征、主要有机物料转化效率及其差异机制、土壤有机质快速提升的关键技术；介绍了土壤微生物多样性特别是功能微生物多样性演变及其在复垦土壤培肥中的作用机理，复垦土壤功能菌剂提升土壤生产和生态功能的研发成果；探讨了不同作物对土壤有机质和微生物多样性提升的作用与机制；提出了土壤功能快速恢复和提升的作物种类及培肥技术等。全书内容丰富、信息量大、学术性强。

　　相信该书的出版将对山西乃至全国的煤矿区复垦土壤培肥和质量提升产生积极的推动作用，对于践行"耕地是粮食生产的命根子"和"绿水青山就是金山银山"的粮食安全及生态文明建设理念、助力乡村振兴战略具有重要价值。

张佳宝

中国工程院院士

2024 年 2 月 3 日

前　言

　　我国是世界上最大的煤炭生产国和消费国，煤炭产量占世界总产量的 50.4%。煤炭资源开采过程中伴随着土地挖损、压占、沉陷及环境污染等许多土地与生态环境问题。特别是我国煤矿区与耕地复合区域大，85%以上煤炭是井工开采，造成了大面积的地表沉陷，使煤矿区良田荒芜、耕地减少，严重威胁着我国农业和社会经济的可持续发展。因此，将煤矿区损毁土地复垦为农田，对于坚守我国耕地红线、缓解人地矛盾、维护粮食安全和生态安全意义重大。

　　煤矿区土壤复垦是将损毁的土地逐渐恢复其生产功能的过程，一般需要经历三个关键阶段，即地表景观重建、土壤不良性状消除和土壤功能的全面提升。如果没有人为技术干预，煤矿区土壤生产功能恢复是一个比较漫长的过程。在复垦过程中通常是将表层土壤与底层土壤混合整平，甚至重新堆垫，造成复垦土壤质量差，突出表现为土壤有机质含量和氮素保持能力低、土壤结构差、土壤微生物多样性低和生态功能脆弱。煤矿区复垦主要是土壤肥力的重构，复垦土壤的肥力提升是检验土壤重构或耕地恢复成败的主要标准，是决定土地复垦质量的核心内容。因此，研究煤矿区复垦土壤质量演变过程与定向培育是一项极其重要的课题。山西农业大学于 2008 年和 2012 年分别在山西东南部的襄垣县采煤沉陷区和山西中部的古交市矸石填充区建立了两个煤矿区土壤复垦长期定位试验平台，与中国农业科学研究院农业资源与农业区划研究所合作，在不同复垦方式、不同培肥措施和不同种植模式下，开展复垦土壤有机质、土壤氮素、土壤结构、土壤微生物多样性及功能微生物的演变特征研究，通过构造优良的土壤物理、化学和生物条件，提高土壤肥力和生产力，从机理上揭示复垦土壤质量演变过程与定向培育的技术原理。本书正是十多年来以山西省典型煤矿区土壤复垦长期定位试验平台数据资料为基础的系统研究总结和最新研究成果。

　　全书共 11 章。第一章主要阐述我国煤矿区土地损毁及复垦现状，由罗正明负责撰写；第二章介绍典型煤矿区土地损毁监测及影响评价，由蔡音飞负责撰写；第三章论述典型煤矿区土地复垦与生态修复区划，由靳东升、王恒飞负责撰写；第四章论述煤矿区复垦土壤生态景观重构技术，由张强、李建华负责撰写；第五章主要论述煤矿区复垦土壤物理性质及其结构改良，由樊文华负责撰写；第六章介绍煤矿区复垦土壤有机碳库变化特征及提升技术，由徐明岗、孙楠、李然负责撰写；第七章介绍煤矿区复垦土壤氮素形态转变与提升技术，由孟会生、洪坚平负责撰写；第八章介绍煤矿区复垦土壤磷肥形态转变与提升技术，由郝鲜俊负责撰写；第九章主要论述煤矿区复垦土壤微生物群落演替特征与调控技术，由李建华、邰春花负责撰写；第十章主要论述不同植物种植对煤矿区复垦土壤质量的提升作用与机制，由靳东升、李然、罗正明负责撰写；第十一章阐述煤矿区周边污染土壤环境质量及其改良技术，由卢晋晶、刘平、郜春华负责撰写。全书由徐明岗、张强、洪坚平、李建华、樊文华、孟会生、郝鲜俊、蔡音飞、卢晋晶、罗正明、王恒飞、孙楠等审核修改，最后由徐明岗审核定稿。

张佳宝院士对本书的出版给予了大力支持和鼓励，并欣然为本书作序；中国农业科学院农业资源与农业区划研究所土壤培肥与改良团队，山西农业大学资源环境学院、生态环境产业技术研究院，太原理工大学，山西大学等相关部门的专家在本书编写中给予了大力支持和帮助，在此一并表示诚挚的谢意！本书的出版还要感谢国家自然科学基金-山西省联合基金重点项目"黄土丘陵区煤矿区复垦土壤质量演变过程与定向培育"（U1710255）、国家科技支撑计划课题"宜农工矿区农田土壤固碳技术研究"（2008BAD95B04）、山西省重大科技专项"工矿废弃地土地复垦与生态重建技术研究与集成示范"（20121101009）等项目的支持。

由于著者水平有限，加上时间仓促，书中难免存在不妥之处，敬请同行专家和读者批评指正。

徐明岗

2023 年 3 月 19 日

目　录

第一章　我国煤矿区土地损毁和复垦现状·······················1

　第一节　我国煤炭开采类型、数量与分布·····················1

　　一、我国煤炭开采的主要类型·······························1

　　二、我国煤炭资源的分布特点·······························2

　　三、山西省煤炭资源的分布特点·····························3

　第二节　煤炭开采导致的土地损毁现状·······················4

　　一、井工开采引起地面沉陷·································4

　　二、露天开采挖损土地·····································6

　　三、煤矸石堆放压占土地···································7

　第三节　山西省煤炭开采导致的土地损毁与复垦现状···········8

　　一、煤炭开采造成的土地损毁情况···························9

　　二、煤矿区土地复垦现状···································10

　　三、煤矿区土地复垦的优化模式·····························11

　第四节　煤矿区土地复垦的意义·····························12

　　一、煤矿区复垦与生态修复领域面临的重大机遇···············12

　　二、煤矿区复垦是国家粮食安全和生态安全的战略需求·········12

　　三、煤矿区复垦有利于盘活存量建设用地和优化用地结构·······13

　参考文献···13

第二章　典型煤矿区土地损毁监测及影响评价·················15

　第一节　煤矿区开采沉陷损毁土地监测与评价·················15

　　一、基于岩移观测站的地表沉陷监测·························16

　　二、沉陷区土地损毁程度评价·······························27

　第二节　煤矿区矸石山压占损毁土地监测与评价···············28

　　一、研究区概况···29

　　二、矸石山变形监测·······································32

　　三、矸石山稳定性数值模拟·································35

　参考文献···44

第三章　典型煤矿区土地复垦与生态修复区划·················45

　第一节　山西省煤矿区土地复垦区划的原则与方法·············45

　　一、土地复垦类型区划的目的·······························45

　　二、土地复垦类型区划的原则·······························46

三、土地复垦类型区划的方法 ·············· 46

第二节　山西省煤矿区土地复垦类型区划及复垦模式 ·············· 50

一、晋北中温带半干旱类型区 ·············· 51

二、晋西暖温带半干旱类型区 ·············· 53

三、芦芽山东侧暖温带半干旱类型区 ·············· 54

四、晋中暖温带半干旱类型区 ·············· 55

五、晋南暖温带半干旱类型区 ·············· 58

六、晋东南暖温带半湿润类型区 ·············· 59

第三节　山西省煤矿区生态恢复区划及模式 ·············· 61

一、煤矿区生态恢复区划的内容 ·············· 61

二、山西省煤矿区生态恢复分区 ·············· 63

三、山西省煤矿区生态恢复模式 ·············· 63

参考文献 ·············· 65

附录 ·············· 67

附表 3.1　山西省煤矿区生态恢复各分区行政范围 ·············· 67

附表 3.2　山西省煤矿区生态恢复各分区煤矿井田面积 ·············· 68

附表 3.3　山西省煤矿区生态恢复各分区气候概况及主要植被类型 ·············· 69

附表 3.4　山西省煤矿区生态恢复各分区地势及主要土壤类型 ·············· 70

第四章　煤矿区复垦土壤生态景观重构技术 ·············· 71

第一节　煤矿区复垦土壤重构技术 ·············· 71

一、土壤重构下的物理性质变化 ·············· 71

二、土壤重构下的化学性质变化 ·············· 75

三、土壤重构下的生物学性质变化 ·············· 79

第二节　先锋植物对复垦土壤生态修复的作用 ·············· 81

一、对土壤化学性质的作用 ·············· 82

二、对土壤生物学特性的作用 ·············· 86

三、对植被恢复生态的作用 ·············· 88

参考文献 ·············· 89

第五章　煤矿区复垦土壤的物理性质及其结构改良 ·············· 91

第一节　复垦土壤的物理性质及其改良重点 ·············· 91

第二节　不同改良剂施用下复垦土壤的容重及孔隙结构特征 ·············· 92

一、不同改良剂施用下复垦土壤粒径分布的变化 ·············· 92

二、不同改良剂施用下复垦土壤容重的变化 ·············· 94

三、不同改良剂施用年限时土壤孔隙结构特征 ·············· 94

第三节　不同改良剂施用下复垦土壤团聚体形成过程及机制 ·············· 97

一、不同改良剂施用下复垦土壤团聚体组成 ·············· 97

二、不同改良剂施用下复垦土壤团聚体的稳定机制 ················· 98

三、不同改良剂施用下复垦土壤中有机碳及其组分含量 ············· 100

四、不同改良剂施用下复垦土壤团聚体中有机碳及其组分含量 ······· 104

五、土壤团聚体与土壤固碳能力的相关性 ························· 105

参考文献 ··· 106

第六章　煤矿区复垦土壤有机碳库变化特征及提升技术 ············· 109

第一节　不同有机物料在复垦土壤中的腐解特征及其驱动因素 ······· 109

一、复垦土壤中有机物料的腐解特征 ··························· 109

二、不同复垦年限土壤中有机物料的腐解特征 ················· 113

三、不同施氮量下复垦土壤中秸秆的腐解特征 ················· 118

第二节　不同培肥模式下复垦土壤有机碳及其组分演变 ············· 126

一、覆土复垦方式下土壤总有机碳和组分含量的变化 ··········· 126

二、混推复垦方式下土壤总有机碳和组分含量的变化 ··········· 128

三、剥离复垦方式下土壤总有机碳和组分含量的变化 ··········· 131

第三节　不同培肥模式和复垦方式下土壤有机碳提升的差异与机制 ··· 133

一、土壤总有机碳的固碳速率 ································· 134

二、土壤有机碳及其组分的固碳效率 ························· 135

第四节　复垦土壤有机碳快速提升技术 ··························· 140

一、有机物料还田快速提升土壤有机碳 ······················· 140

二、高量有机肥配施化肥提升土壤有机碳 ····················· 141

参考文献 ··· 142

第七章　煤矿区复垦土壤氮素形态转变与提升技术 ················· 144

第一节　高效固氮菌筛选鉴定及在复垦土壤中定殖 ··············· 144

一、高效固氮菌筛选与鉴定 ································· 144

二、高效固氮菌在复垦土壤中的定殖 ························· 147

第二节　固氮菌与肥料配施对复垦土壤氮素累积的影响 ··········· 149

一、固氮菌与不同形态氮肥配施下复垦土壤氮素累积特征 ······· 150

二、固氮菌与不同有机肥配施下复垦土壤氮素累积特征 ········· 151

第三节　有机肥、化肥配施提升土壤氮素累积的效果与机制 ······· 155

一、有机肥配施化肥下复垦土壤氮素形态 ····················· 156

二、有机肥配施化肥下复垦土壤微生物量碳氮和酶活性 ········· 157

三、有机肥配施化肥下复垦土壤氮代谢功能多样性 ············· 158

第四节　复垦土壤氮转化特征与氮素高效利用技术 ··············· 160

一、玉米/大豆轮作体系下复垦土壤氮素高效利用技术 ··········· 160

二、施用生物炭下复垦土壤氮素转化特征 ····················· 162

参考文献 ··· 165

第八章　煤矿区复垦土壤磷素形态转变与提升技术································167

　第一节　土壤中解磷菌的筛选和鉴定··································167

　　一、解磷菌的分离筛选··167

　　二、解磷菌溶磷能力的测定······································168

　　三、解磷菌的鉴定··169

　第二节　解磷菌在煤矿复垦土壤中的定殖····························169

　　一、解磷菌定殖试验概况··170

　　二、解磷菌的定殖检测及其生长状况······························170

　　三、解磷菌在煤矿区复垦土壤中的定殖动态························171

　第三节　解磷菌改善煤矿区复垦土壤性质的机制······················172

　　一、解磷菌在煤矿区复垦土壤中的生长规律························172

　　二、解磷菌在煤矿区复垦土壤生长过程中改善土壤性质··············173

　第四节　解磷菌和煤基复混肥配施提升土壤养分及作物产量············174

　　一、解磷菌和煤基复混肥配施改善复垦土壤养分····················175

　　二、解磷菌和煤基复混肥配施改善复垦土壤生物性状················176

　　三、解磷菌和煤基复混肥配施提高复垦区玉米水分利用效率··········182

　　四、解磷菌和煤基复混肥配施促进复垦区玉米生长和产量············183

　　五、解磷菌和煤基复混肥配施改善复垦区玉米籽粒品质··············185

　　六、解磷菌与煤基复混肥配施提高复垦区玉米磷钾肥利用率··········187

　第五节　丛枝菌根真菌（AMF）在煤矿区复垦土壤中的应用··············188

　　一、AMF 对煤矿复垦区玉米的侵染效应····························189

　　二、AMF 改善煤矿复垦区玉米的农艺性状··························190

　　三、AMF 改善煤矿复垦区土壤的理化性质和生物学性质··············192

　参考文献··197

第九章　煤矿区复垦土壤微生物群落演替特征与调控技术··············199

　第一节　复垦土壤微生物群落演替特征及其影响因素··················199

　　一、不同复垦年限下土壤细菌群落的演替特征······················199

　　二、不同培肥措施下复垦土壤微生物群落的变化····················203

　第二节　复垦土壤中功能微生物筛选及性能分析······················210

　　一、复垦土壤功能微生物的确定··································210

　　二、复垦土壤功能微生物的定向筛选······························212

　　三、鞘脂单胞菌的性能分析······································214

　第三节　功能微生物菌剂的改土效果································217

　　一、功能微生物菌剂提高了复垦土壤养分含量······················217

　　二、功能微生物菌剂促进了复垦土壤玉米生长······················222

三、功能微生物菌剂改善了复垦土壤酶活性 ··· 223

四、功能微生物菌剂改善了复垦土壤微生物群落 ·· 225

参考文献 ··· 227

第十章　不同植物种植对煤矿区复垦土壤质量的提升作用与机制 ·················· 229

第一节　不同植物根际土壤有机质组分累积过程与机制 ······························· 229

一、煤矿区复垦土壤种植不同植物的根系形态特征 ·· 230

二、不同植物种植下复垦土壤的有机碳组分含量 ·· 230

三、不同植物种植下复垦土壤的有机碳累积特征 ·· 231

四、不同植物种植下复垦土壤团聚体稳定性及有机碳含量 ······························· 236

第二节　不同植物根际土壤微生物多样性差异特征与机制 ··························· 239

一、不同植物根际细菌群落结构及其多样性 ·· 239

二、不同植物根际真菌群落结构及其多样性 ·· 241

三、不同植物种植下复垦土壤微生物群落代谢功能多样性 ······························· 244

参考文献 ··· 245

第十一章　煤矿区周边污染土壤环境质量及其改良技术 ···························· 247

第一节　煤粉尘的沉降特征及其生态环境效应 ··· 247

一、电厂煤粉尘沉降特征及其周边土壤理化性质 ·· 248

二、煤粉尘添加量与温度变化下土壤碳的释放规律 ·· 251

三、焦化厂煤粉尘的沉降规律及玉米抗氧化系统的响应 ··································· 253

第二节　煤矿区周边污染土壤重金属污染特征及其修复技术 ······················ 255

一、煤矿区土壤的重金属污染特征 ·· 255

二、重金属污染土壤的修复技术 ·· 256

第三节　复垦土壤重金属污染的物理化学修复技术

——以"醋糟生物质炭修复技术"为例 ··· 257

一、醋糟生物质炭对水体环境中铅和镉的吸附与固持 ····································· 257

二、醋糟生物质炭施用下土壤性质及重金属含量变化 ····································· 262

三、醋糟生物质炭施用下白菜的生长情况 ··· 265

第四节　复垦土壤重金属污染的生物修复技术 ··· 268

一、功能微生物固持或活化土壤重金属技术 ·· 268

二、微生物结合有机物料对重金属污染土壤的修复 ·· 277

三、生物修复剂对重金属污染土壤的修复效果 ··· 284

参考文献 ··· 291

第一章 我国煤矿区土地损毁和复垦现状

煤炭资源是我国重要的基础能源。随着社会经济的快速发展，各行各业对煤炭资源的需求量也在不断扩大。然而，煤矿大量开采过程中造成严重的生态环境问题，对土地、水资源、建（构）筑物、环境造成巨大破坏，严重威胁到国土安全、人民群众的生存和生命财产安全（李凤明，2011）。煤炭开采不仅造成水土流失、山体坍塌等地质灾害，而且大量的废石、尾矿等固体废弃物的堆积，占用大量土地，污染水体和土壤，导致生态系统破碎化、功能低下、生物多样性降低等，对人类社会经济发展影响严重，已成为制约我国经济社会发展的瓶颈之一（胡炳南和郭文砚，2018）。在煤炭开采过程中减少对自然生态系统的干扰、对废弃的采矿损毁土地开展有针对性的治理修复，已经成为国土空间生态保护修复工作的重点任务（高文文和白中科，2018）。

第一节 我国煤炭开采类型、数量与分布

中国是世界第一产煤大国，也是最大的煤炭消费国。据 2018 年《BP 世界能源统计年鉴》数据显示，截止到 2017 年年底，我国煤炭探明储量 15 659.02 亿 t，占世界 13.4%，仅次于美国、俄罗斯、澳大利亚，位居第四。2017 年，中国煤炭产量 35.2 亿 t，占世界 46.4%；中国煤炭消费量 38.0 亿 t，占世界 50.7%，产量、消费量均为世界第一。因此，我国是世界上最大的煤炭生产国和煤炭消费国。

一、我国煤炭开采的主要类型

目前，我国煤炭开采类型主要有井工开采和露天开采两种方式。

1. 井工开采

井工开采是通过由地面向地下开掘井巷采出煤的方法，又称为地下开采。其生产过程是地下作业，必须掘进到地层中进行采煤，自然条件复杂，危险系数高（吴次芳等，2019）。井工开采的主要特点是需要进行矿井通风，存在瓦斯、煤尘、顶板、火、水五大灾害。我国 85%以上的煤炭产量来自于井工开采。我国中东部煤矿区为主要的地下井工开采区。井工开采没有采掘场和排土场，永久占地主要为工业场地和附属设施，占地面积相对整个煤矿区面积较小。

与露天开采不同的是，井工开采不直接对地表产生影响，而是通过地下矿石采离后的沉陷传递来影响地表。井工开采将在地表形成一定范围的沉陷地，对沉陷地内的生态系统造成严重影响。沉陷地范围和沉陷深度视开采的具体情形与客观环境而定。井工开采同样伴随着煤矸石山的遗留，且由于工作环境位于地下，沉陷传递到地表的过程中可

能破坏地下的岩层与水文情况（吴次芳等，2019）。相比露天开采，井工开采需要考虑更大的影响范围和更多的损毁形式。

2. 露天开采

露天开采是指直接从地表揭露并采出煤的方法。露天开采通常将井田划分为若干水平分层，自上而下逐层开采，在空间上形成阶梯状。露天开采的采掘空间直接敞露于地表，且矿体周围的岩石及其上覆的土在开采过程中基本全部被采剥掉。与地下开采相比，露天开采的优点是资源利用充分、回采率高、贫化率低，适于用大型机械施工，建矿快，产量大，劳动生产率高，成本低，劳动条件好，生产安全。目前，我国共有露天煤矿 376 座，产能 9.5 亿 t/a，占全国煤矿总产能的 17.8%，产量占全国的比重由 2000 年的 4% 左右提高到 2020 年的 18% 左右。山西、内蒙古、陕西、新疆和贵州的露天煤田可采储量位居全国前五，占比分别为 37.76%、20.20%、6.49%、5.19% 和 4.17%（赵浩等，2021）。

露天开采基本损毁单元主要为露天采场、排土场和煤矸石山。露天开采的开采工艺决定了露天采场经过开采后，将在原本地表形成一个巨大的坑洞，土壤、石料等资源从原地被剥离，造成生态系统中生态对象的损毁（田会，2015）。露天开采工艺通常将剥离岩土排弃的大量岩石于采场中的排土场集中存放，以便提高采剥效率，但由于排土场占地面积较大，该过程将逐渐压覆大量土地资源。此外，露天开采获得的矿石经洗选后形成无法处理的残余废渣等，在闭矿后留下尾矿库和煤矸石山。通常，矿区露天开采的修复对象一般是露天采场、排土场和煤矸石山，以及三者产生污染过程中波及的对象，且矿山地质环境的生态修复也是基于此来开展工作的（杨博宇等，2017）。

二、我国煤炭资源的分布特点

我国煤炭资源的时空分布很不均匀，成煤时代长、成煤期多，自震旦纪至现代都有聚煤作用发生；地质历史上的成煤期达 14 个，其中最重要的成煤期有北方的晚石炭世—二叠纪，南方的晚二叠世、早—中侏罗世、晚侏罗世—早白垩世等（图 1.1）。

从空间上看，我国煤炭资源区域分布不均衡，在地理分布上的总格局是西多东少、北富南贫。煤炭主要分布在西北、华北、东北、西南几个集中地带，其中昆仑山、秦岭、大别山一线以北集中了中国 90% 的煤炭储量，华北和西北集中了 2/3 煤炭储量（宋洪柱，2013）。北方地区的煤炭资源又相对集中在太行山—贺兰山之间，形成了包括山西、陕西、宁夏、河南及内蒙古中南部的北方富煤区，占北方地区的 65% 左右；南方地区的煤炭资源又相对集中在西南地区，形成了以贵州西部、云南东部、四川南部为主的南方富煤区，约占南方地区的 90%。以大兴安岭—太行山—雪峰山为东西部分界，大致在该线以西的内蒙古、山西、四川、贵州等 11 个省份，已发现资源占全国的 89%。该线以东是我国经济最发达的地区，也是能源的主要消耗地区，而该地区已发现的资源量仅占全国的 11%。因此，这种煤炭资源赋存丰度与地区经济发达度逆向分布的特点（宋洪柱，

2013），使得我国的煤炭产地远离煤炭消费市场，而这种分布状况对我国煤炭工业的发展产生了很大的影响。

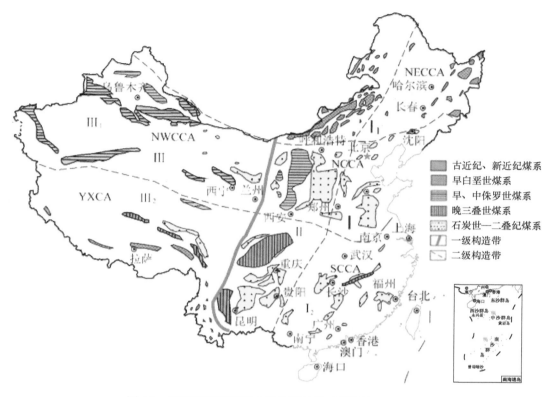

图 1.1　我国煤炭资源形成的地质时期（曹代勇，2018）

Ⅰ.东部复合变形带；Ⅰ₁.东北-华北伸展变形分区；Ⅰ₂.华南叠加变形分区；Ⅱ.中部过渡变形带；Ⅲ.西部挤压变形带；Ⅲ₁.西北正反转变形分区；Ⅲ₂.滇藏挤压变形分区；NECCA.东北赋煤构造区；NCCA.华北赋煤构造区；SCCA.华南赋煤构造区；NWCCA.西北赋煤构造区；YXCA.滇藏赋煤构造区

三、山西省煤炭资源的分布特点

山西省煤炭资源储量大、分布广、品种全、质量优，含煤面积 6.48 万 km²，约占全省面积的 40%；119 个县（市、区）中 94 个有煤炭资源。全省 2000m 以浅的煤炭预测资源储量 6652 亿 t；探明保有资源储量 2709.01 亿 t，约占全国的 17.3%。全省 2000m 以浅的含气面积 35 796.9km²，煤层气资源总量 83 097.9 亿 m³，约占全国煤层气资源总量的 1/3。

从低级别的长焰煤至高级别的无烟煤在山西省境内均有分布。其中，长焰煤、气煤、肥煤、焦煤、瘦煤、贫煤和无烟煤 7 种煤类所占比例较高，这几种煤炭资源可占全省煤炭资源的 90% 以上。煤炭种类的分布特征是：由北向南，煤的变质程度逐渐增高。我国焦煤储量占煤炭总储量的 27.65%，山西、安徽、贵州、山东四省的焦煤储量占全国焦煤总储量的 70.43%，其中山西焦煤储量最大，占全国已探明储量的 60%，且主要分布在山西中南部。河东煤田中部、霍西煤田、太原西山煤田和宁武煤田西南部多为炼焦煤，是重要的焦煤基地。山西省是全国最大的无烟煤生产基地，无烟煤年产量约占全国 29% 左右。沁水煤田东北部的阳泉、晋东南地区的晋城和阳城均以无烟煤为主，是民用煤和化工用煤的重要产地。山西省北部，特别是大同煤田、宁武煤田东北部和河东煤田北部，均以弱黏结煤和气煤为主，是重要的动力煤基地。

山西是我国重要的煤炭生产、调出和转化区域，其煤炭开发及利用相关产业不仅在山西省国民经济建设与社会发展中具有十分重要的地位，同时为保障全国能源安全稳定供应和推动当地经济社会发展也做出了巨大贡献。从新中国成立至 2018 年年底，山西省累计生产原煤 190 亿 t，占全国累计产量（800 亿 t）的 1/4 左右，外调量超过 120 亿 t，占到全国外调量的 70%。我国 14 个煤炭基地中的晋北、晋东、晋中三大基地均位于山西，是我国重要的煤电基地。其中，晋中基地是我国最大的炼焦煤生产基地，面向全国供应炼焦煤资源。截至 2018 年年底，山西省生产煤矿 616 座，产能 9.64 亿 t/a，其中产能 1000 万 t/a 及以上煤矿 7 座，500～1000 万 t/a 煤矿 20 座，120～500 万 t/a 煤矿 328 座，120 万 t/a 及以上煤炭产能的煤矿数量占全省的 74%，在建煤矿中有 8 座产能 500 万 t/a 及以上。

第二节　煤炭开采导致的土地损毁现状

伴随着煤炭开采活动，煤矿区出现了很多严重的环境问题，如水土流失、土壤污染、盐碱化等，这些都给煤矿区的生态安全、生产安全以及当地居民的生存安全带来了重大威胁。煤炭开采过程不仅改变和破坏了自然环境，还产生了各种各样的污染，给生态环境和土地资源带来了短期或长期、间接或直接、急性或慢性的影响（刘正纲，2006）。煤炭开采过程中出现不同的占地现象，代表性的占地方式包括：露天挖损地、采煤沉陷地、露天排土占地、煤矸石压占地和未被开采活动利用的不宜使用土地。土地的破坏形式主要有挖损、压占、沉陷和水土流失等（马潇潇，2011）。我国煤矿区土地复垦对象包括开采沉陷地、露天采矿场挖损地、露天采矿排土场压占地、洗选矸石压占地，其中开采沉陷地占比最高，达 90%。我国煤炭主要以井工开采为主，对地表的破坏主要是开采沉陷，因而我国煤矿区土地复垦任务主要是井工开采沉陷地复垦（卞正富，2000）。

一、井工开采引起地面沉陷

1. 我国采煤沉陷区现状

煤矿井工开采过程会造成地下岩层局部采空，导致矿井上部岩体应力失衡，引起地面下沉、断裂和沉陷，破坏地表植被，使土地丧失使用功能（康静文，2002）。长期高强度的煤炭资源开采活动势必导致出现大面积的采煤沉陷区。针对我国采煤沉陷土地损毁现状，目前暂没有国家权威部门发布的准确数据。1998 年，煤炭科学研究总院唐山研究院曾受原煤炭工业部委托，对全国重点煤矿及地方国有煤矿投产至 1997 年年底的采煤沉陷、土地复垦利用基本情况进行过专项调查。调查结果为：每采万吨煤，地表沉陷（以下沉量大于 10mm 为标准）0.07～0.33hm²，平均 0.20hm²；至 1997 年年底，全国重点煤矿及地方国有煤矿投产导致的采煤沉陷总面积 30.38 万 hm²，其中造成减产或绝产的土地 14.13 万 hm²，约占 46.51%。据此测算，至 1997 年年底，全国采煤沉陷土地约 40 万 hm²，损毁土地约 20 万 hm²（李树志，1999；李凤明，2003）。

据 2007 年煤炭科学研究总院开采设计分院对我国近 100 个原国家统配煤矿的统计资料，71 个煤矿采煤沉陷区面积 40 万 hm²，其他近 30 个原国家统配煤矿和地方煤矿合计的沉陷区面积至少 40 万 hm²，采煤沉陷区面积总计可达 80 万 hm²。采煤沉陷区与累计采出煤量相关，常用万吨沉陷率表示，一般为 0.0024 km²/万 t。至 2012 年年底，我国采煤沉陷土地面积约 156 万 hm²，损毁土地约 78 万 hm²。2017 年中国科学院发布的《全国采煤沉陷区搬迁改造政策及综合治理规划前期研究》表明，我国共有 23 个省（自治区、直辖市）151 个县（市、区）分布有采煤沉陷区，形成采煤沉陷区面积 200 万 hm²，部分资源型城市沉陷面积超过了城市总面积的 10%。我国采煤沉陷区涉及城乡建设用地 45 万～50 万 hm²，涉及人口 2000 万人左右，其中，山西省采煤沉陷区受灾人口为 230 万人。胡炳南和郭文砚（2018）根据采煤沉陷区采出煤量、沉陷面积等调研数据，同时引入反映采煤沉陷区积水情况的区域降水量和潜水位因素、采煤沉陷区居民人口密度、采煤沉陷区土地利用类型以及相对市区距离等因素，以县（市、区）为采煤沉陷区研究单元，进行因素赋值、分类加权和综合评分，综合得出采煤沉陷区治理重要性程度，形成全国重点采煤沉陷区排名（表 1.1）。

表 1.1　全国重点采煤沉陷区排名（胡炳南和郭文砚，2018）

排名	县（市、区）	排名	县（市、区）	排名	县（市、区）	排名	县（市、区）
1	淮南凤台	11	枣庄滕州	21	平顶山新华	31	邯郸武安
2	淮北濉溪	12	阜阳颍上	22	郑州新密	32	唐山丰南
3	淮南潘集	13	徐州沛县	23	曲靖富源	33	唐山丰润
4	宿州墉桥	14	泰安新泰	24	阜阳颍东	34	唐山路南
5	唐山古冶	15	大同南郊	25	淮北杜集	35	邢台内丘
6	商丘永城	16	吕梁柳林	26	淮北烈山	36	邢台沙河
7	济宁任城	17	阳泉矿区	27	淮南八公山	37	济宁高新
8	济宁微山	18	张家口蔚县	28	淮南谢家集	38	济宁嘉祥
9	济宁兖州	19	重庆巫山	29	邯郸磁县	39	济宁汶上
10	济宁邹城	20	平顶山卫东	30	邯郸峰峰	40	泰安肥城

2. 采煤沉陷区面临的生态环境问题

采煤沉陷区面临的生态环境问题主要体现在四个方面：地表土地沉陷破坏、地面建（构）筑物损坏、地表耕地积水淹没、地下水资源流失和污染。

1）地表土地沉陷破坏

煤矿开采造成大面积的地表沉陷和地表裂缝。在平原地带，原来平坦的土地变得坑坑洼洼，原来保水的水浇地变成了不保水的旱地，对地表土地的破坏十分严重。我国土地资源紧缺，人多地少，人均耕地不及 1000m²。截至 2017 年年底，我国井工煤矿采煤沉陷破坏土地已达 200 万 hm²，其中 60%是耕地或其他农用地，造成的地表土地沉陷问题非常严重。在山地和丘陵地带，采煤沉陷易引发滑坡和泥石流等地质灾害。

2）地面建（构）筑物损坏

采煤沉陷使地面建筑物和构筑物等基础设施损害，造成房屋开裂、倒塌，公路路面不均匀沉降、路面断裂，桥梁桥台下沉、错位等，供电、通讯、供水、排水等管线路基础下沉、杆路移位或错位等。2007年，煤炭科学研究总院对我国19个省份的86个煤矿区采煤沉陷区累计沉陷面积、受损建筑物面积等基础数据进行统计，其中沉陷面积为4030km^2，而受损建（构）筑物面积达7.5 km^2。当采煤沉陷区建（构）筑物损害严重、影响人民日常生活且难以治理与修复时，应实行搬迁安置。据统计，山西省2015年采煤沉陷区治理覆盖全省11个地级市48个县（区）136个乡（镇）440个村，共搬迁安置74 966户、209 769人。

3）地表耕地积水淹没

在平原地区，特别是潜水位较高的区域，如黄淮地区的徐州、淮北、淮南、枣庄及济宁兖州等矿区，往往造成大面积的地表积水，淹没耕地，改变了当地的地貌结构和生态环境。据资料统计，2000～2016年，淮南煤田开采导致的采煤沉陷区积水面积达74.7km^2，其中，65.3km^{2}积水下方为农田和村庄，而地面沉降的平均深度达到了6～7m，积水较深，农田无法恢复耕种。2014年年底，徐州市贾汪区潘安矿区采煤沉陷面积达11.66km^2，区内积水面积2.4km^2，平均深度4m以上。

4）地下水资源流失和污染

地表裂缝可能导致地表水与地下水连通，使地表水体流失并引起地下水水质恶化，使居民生活用水和灌溉用水出现困难，对于山西、陕西等水资源相对匮乏的煤矿区的影响更严重。据2014年统计，采煤造成大同市地下水位以年均1～1.5m的速度下降，水井干枯，地下水矿化度、总硬度大幅超标，污染严重。

二、露天开采挖损土地

1. 我国露天煤炭开采挖损土地现状

全国适用露天方式进行开采的煤炭资源分布于15个省（自治区），共占总量的10%～15%（田会，2015），其中适用于露天开采的煤炭资源90%以上分布于内蒙古和新疆，山西、陕西等省的露天煤矿资源已经或正在被开发利用。受矿区"剥离—开采—运输—排弃—造地"等工艺影响，其原土地生态系统在高强度采矿挖掘下产生了大量扰动剧烈和极度退化的损毁土地，地表原有植被和区域碳平衡遭到严重破坏，导致矿区碳固存能力下降甚至丧失（杨博宇等，2017）。露天煤矿每开采万吨煤，损毁土地面积0.22hm^2，其中直接挖损损毁土地面积0.12hm^2，外排土场占用土地面积0.10hm^2。年均损毁和占用的土地面积多达1万 hm^2（杨博宇等，2017）。自然资源部中国地质调查局自然资源航空物探遥感中心的调查结果显示，全国目前有露天开采矿山近19万个，占地面积200余万 hm^2，其中煤矸石山占地面积约1.5万 hm^2。

2. 露天煤炭开采引发的环境问题

露天煤炭开采容易造成土地破坏、大气污染、水环境污染、地质灾害等危害。

1）土地破坏

在进行露天煤炭开采的过程中，会对土地结构产生巨大的影响，使原有的土地结构出现损坏，最终影响周边生物的生存环境，使该区域的生态环境出现失稳现象。众所周知，露天开采是对整个原始地表的扰动破坏，主要表现为工业场地、外排土场占压土地及采掘场直接挖损等问题，导致占用非常大的土地面积，而且占用土地中的植物等都会受到破坏，严重影响了生态系统的平衡。

2）大气污染

露天煤矿开采时，会产生大量的粉尘，这些粉尘对大气环境造成巨大的污染。由于煤炭在开采完毕后会进行堆放，在堆放的过程中，煤炭是与外界环境直接接触的，而且周围也没有非常好的防风措施，如果出现大风天气，就会造成大量的煤尘随风飘散，这样一来，不仅会浪费煤矿资源，而且会严重影响大气环境。在我国所有煤矿中，具有自燃危险的煤矿已接近73%，其中1/3的煤矿安全事故与煤自然发火有关。煤炭在自燃过程中产生许多有害气体，如一氧化碳、二氧化碳、含硫气体以及一系列含氮气体，这一类气体都属于温室气体，它们将引起大气环境污染、气候变暖、酸雨增多等严重问题。

3）水环境污染

露天煤矿开采对地表水和地下水污染最严重的是煤矿排土场淋溶水。排土场的煤矸石中富含碱金属、碱土金属和硫等，大气降水淋溶了煤矸石中的无机盐类，含有无机盐类的淋溶水流入地表水体会对地表造成污染，渗入地下含水层则使地下水源也受到严重的污染。在煤矿开采过程中，周围水体和降水汇入矿坑，也会由于矿坑积水浸润采场的残煤露头，使煤层中硫和重金属污染物溶入水体而污染地下水。另外，长年累月的排水疏干处理，造成严重的地下水位降低、水资源枯竭等问题，使周围居民饮水困难、植被死亡。

4）地质灾害

由于我国部分露天煤矿处于高原山地，地质条件脆弱，极易发生地质灾害。露天煤矿开采而产生的大型矿坑，由于地表水与地下水作用，再加上地质结构变化、边坡岩体性质等各方面原因，极易造成崩塌、滑坡、泥石流等地质灾害问题，进而严重影响煤矿区周围居民的正常生产与生活，不仅造成了一定的经济损失，也威胁了煤矿区周围的地质环境与生态环境。

三、煤矸石堆放压占土地

1. 我国煤矸石排放现状

煤矸石是煤矿开采洗选加工过程中产生的固体废物，属于一种含碳率低、热值利用价值低、质地坚硬的黑灰色岩石，根据产生环节可分为井下采掘矸石和洗选过程中的分选矸石。在煤炭开采和洗选过程中会产生大量煤矸石，占煤炭产量的 15%，通常会被作为固体废弃物排放到地面，从而形成矸石山。目前，中国煤矸石的综合利用率较低，约为 62.2%，造成煤矸石堆积量日益增多。煤矸石分布整体呈"北多南少，西多东少"的特点。据 2018 年全国各地区煤矸石累计排放量数据，华北、西北地区煤矸石排放量较多，华南、东北地区排放量较少。其中，华北地区的煤矸石排放量近 35 亿 t，远超其他区域的排放量，占总排放量的 50% 左右。大量煤矸石长期堆放不仅占用土地，而且造成环境污染，甚至威胁到矿区居民生命财产安全。据不完全统计，2018 年我国煤矸石累计堆放量超过 60 亿 t，形成矸石山 1500~1700 座，占地约 1.33 万 hm^2，且以 5 亿~8 亿 t/a 的排放量逐年增加。

2. 煤矸石排放的潜在危害

大量的煤矸石排放对环境造成很大的危害，包括土地占用、地表下沉、水土流失和生态破坏等问题。在煤炭开发、加工过程中将产生大量的固体废弃物，如煤矸石、尾矿坝及排土场的土石、煤泥等。这些废弃物的堆放不仅占用大量土地，而且对地表下面及附近的土地都有不同程度的污染。煤矸石自燃释放出大量 CO、SO_2 和 H_2S 等有毒有害气体，严重污染大气环境并直接损害周围居民的身体健康（耿殿明和姜福兴，2002）。据统计，我国 20%~25% 煤矸石山正在自燃或存在自燃倾向，每平方米燃烧面积每天向大气排放出 1018kg CO、615kg SO_2、2kg NO_x 和 H_2S（张彪等，2004）。例如，山西省大同矿区、西山矿区、汾西矿的煤矸石自燃面积达 16 万 m^2，估计排放 SO_2 5480t/a、CO 37 914t/a、烟尘 743t/a（李绍京等，2001）。由于大量煤矸石露天随意堆放，煤矸石中的有毒有害物质还会随着大气沉降和风化作用进入到土壤及水环境中，严重污染土壤、河流及地下水。

第三节　山西省煤炭开采导致的土地损毁与复垦现状

山西省总面积为 15.67 万 km^2，其中含煤地层约为 6.48 万 km^2，约占全省面积的 40%。截止到 2015 年年底，山西省保有查明煤炭资源储量 2709.01 亿 t，占全国的 17.3%，仅次于新疆维吾尔自治区和内蒙古自治区，位居全国第三（党晋华，2021）。山西省作为我国重要的煤炭生产基地，1949 年全省煤矿数量已达 3676 座，经过大规模建设，在 1997 年达到最高峰（为 10 971 座），再经过安全整治、兼并整合重组和去产能等相应措施后，2018 年减少到 616 座；煤炭产量从 1949 年的 267 万 t 发展到 2018 年的 8.76 亿 t，在全国煤炭产量中的占比从 8.23% 上升至 25.2%，70 年中有 58 年煤炭产量位居全国第一；平均单井规模从 1949 年的 0.08 万 t/a 发展到 1997 年的 3 万 t/a，再发展到 2018 年的 157 万 t/a，最大矿井规模更是达到了 2000 万 t。山西省煤炭行业由矿井多、规模小、装备水平低逐步发展到矿井少、规模大、装备水平高的现代化大矿时代。然而，由于长期大规模、高强度的煤炭资源开采，导致全省范围内的矿区出现了土地资源破坏、环境污染、生态环境恶化的局面（胡振琪等，2018）。因历史上煤炭工业高速无序发展而引发的生态环境问题已经严重制约了山西省社会经济的可持续发展。

一、煤炭开采造成的土地损毁情况

1. 煤矿建设和生产过程压占土地

煤矿区永久性建设占地包括工业和生活场地、运输道路、露天采场、矸石堆场、排土场、取弃土场等，临时占地包括管线敷设、施工临时道路、施工场地、表土堆场等。土地损毁主要表现在对土地利用类型的改变、植被的破坏以及诱发水土流失等方面。调查表明，2015 年山西省矿井工业场地占地为 182.40km²，其中废弃、关闭矿井占地为 11.80km²，运煤道路占地为 3.42km²。2015 年统计，山西省有矸石场、矸石山（堆）1477 处，已堆矸量达到 26.87 亿 t。其中，矸石场 852 处，堆矸量为 22.27 亿 t；矸石山（堆）625 处，堆矸量为 4.6 亿 t（党晋华，2021）；有自燃或自燃隐患的共 619 处，堆矸量为 5.45 亿 t，在产矸石山占地 61.20km²。2018 年，山西省矸石产生量为 1.43 亿 t，综合利用量约为 0.48 亿 t，综合利用率为 33.5%。除存量矸石外，每年仍有大量矸石需采用堆存的方式处置。据初步统计，山西省累积沉陷、破坏、煤矸石和尾矿等压占土地面积已达 75.6 万 hm²，并以每年 5000 hm² 的速度递增；平均每生产万吨原煤破坏土地 0.058hm²，其中 40% 为耕地。

2. 开采造成的土地资源破坏

矿区土地破坏的分布与煤炭、矿藏资源的分布密切相关，凡是有采煤的地方就有土地破坏。煤矿区土地破坏遍及全省多个地区，以大同、朔州、晋中、晋城、长治、临汾、阳泉、吕梁、太原等地的破坏最为严重。山西作为我国的产煤大省，沉陷区已达 30 万 hm²，具有煤矿区面积大、沉陷区代表性强的特点。调查表明，井工开采在 2005 年造成的山西省采空区面积为 5115km²，影响严重的沉陷区面积为 2978km²（党晋华，2021）；2015 年利用实地调查结合遥感影像的方法进行统计，在产煤矿形成的采空区面积为 4238km²，影响严重的沉陷区面积为 1099km²；历史遗留采空区面积为 3362km²，沉陷区面积为 960km²。

煤炭开采使山西土地资源和生态环境遭受极大的破坏，因煤炭生产导致的土地挖损、沉陷、压占、破坏等现象引发的经济损失和生态破坏给我们的煤炭生产敲响了警钟。土地破坏面积逐渐增加，危害日趋加重，但对土地的复垦与治理却相对薄弱；土壤复垦率和复垦标准较低；土壤复垦法律、法规和政策还有待进一步完善；缺乏行之有效的土地复垦机制，导致农民无地可种，使越来越多的农民面临生产和生活的困难，所有这些都加剧了山西省人口、土地、资源的矛盾。据统计，山西省已取得采矿权的矿区与超过 50 万 hm² 的耕地相互叠压，占全省耕地面积的近 7%，致使煤矿区人地矛盾不断加剧，严重威胁着地区粮食安全和社会经济可持续发展（李佳洺等，2019）。因此，开展矿区土地复垦、改善生态环境、实现区域生产和资源可持续成为山西的当务之急。

二、煤矿区土地复垦现状

1. 耕地形势严峻

山西省耕地现状与发展趋势极其严峻。据统计,全省现有耕地面积 4.56 万 km²,人均耕地面积仅为 800.04m²,是土地资源严重贫乏的省份(宁静等,2013)。另外,工业建设的迅猛发展使得各行业对土地的需求不断增加,一方面压占大量土地资源,造成大量土地废弃,另一方面还会引起严重的环境问题。面对耕地减少、环境污染严重、生态系统退化的严峻形势,土地复垦已经引起了有关部门的高度重视。煤矿废弃土地的复垦已成为山西省土地资源开发利用中刻不容缓的任务。

2. 土地复垦面积大、复垦率低

山西省煤炭资源丰富,煤炭开采业发达,必然会形成大面积的采空区,造成大量的地表沉陷和土地资源损坏。改革开放至 2018 年年底,山西省累计生产原煤百亿吨以上,形成了 63 亿 m³ 的采空区,采空区面积为 5115km²,引发的地表沉陷面积达 2978km²,其中 4% 为耕地。然而,全省的土地复垦率只有 10% 左右,与破坏的土地面积相差甚远,成为实现生态可持续发展的"绊脚石"。山西省的土地复垦周期较长、效率低下,不仅源于技术困难和资金缺乏,更重要的是土地复垦与生态重建工作周期较长,很难短期见效,过去被破坏的土地尚未修复,现有煤矿区土地持续遭到破坏和坍塌,周而复始,恶性循环,因而很多人不看好土地复垦与生态重建工作的前景。

3. 土地复垦技术支撑不到位

目前,越来越多的人开始关注环境问题,煤矿区生态环境治理逐渐兴起,较大规模的煤矿区土地复垦工作已经开始,在总结了一些现有复垦技术的同时,也暴露出了煤矿废弃土地复垦技术支撑不到位的问题。在实际复垦过程中,基本沿用已有的复垦技术,没有结合当地的实际情况,而是盲目复垦,没有起到实效。废弃地复垦现状具有复杂性,但现有的复垦技术方式却比较单一,山西省大部分地区都是将煤矸石填埋在沉陷土地上,对挖损、污染破坏的土地尚未提出先进的技术(宁静等,2013)。

4. 理论研究跟不上实践的步伐

对废弃矿区土地破坏的类型及形成机制、复垦对象的规律性、环境破坏与生态修复的关系等方面的研究不够深入,未及时对土地复垦实际过程中的经验和存在问题进行分析。随着复垦工作在多地大面积开展,逐渐表现出土地复垦理论不能够指导复垦实践,严重制约了当前土地复垦的开展(高志远等,2012)。从实际情况看,煤矿区农民对复垦的积极性不高,这主要是由于复垦投入较高但收益较少,且短期内生态效果不明显(宁静等,2013)。因此,要顺利开展复垦工作,必须要经过相关研究,提出能够解决农业复垦后土地生产力问题的方法。

三、煤矿区土地复垦的优化模式

1. 基于不同区域优化的土地复垦模式

土地复垦方法的选择与当地采矿模式、开采程度等密切相关，必须按照因地制宜的原则，根据当地实际情况采取适宜的复垦模式，才能缓解人多地少的矛盾，实现矿区经济、社会、生态环境的共同发展。现就山西省各地不同情况，将复垦模式分析如下。

（1）农林牧综合复垦模式。山西省北部多是高山丘陵，自然环境较为恶劣，夏季干旱少雨，冬季干燥、多风、寒冷，地表裂缝比较严重，适合采用农林牧综合的复垦模式。该模式是先对裂缝进行修复，然后采用生物措施，修复植被、恢复生态环境、减少水土流失（宁静等，2013）。

（2）生态农业复垦模式。山西省东南部地处低山丘陵，自然资源条件好，农业产出率相对高，适合采用高效生态农业复垦模式，将恢复耕地作为复垦的首要目标，改良和熟化土壤，优化耕作条件，合理配置农作物，逐步融入畜牧业，增加农副产品的产量，建成工矿区的农副产品加工区，实现更高的经济目标（郭义强，2005）。

（3）植被重建的生态林模式。山西省西部地处山地丘陵开采区，因煤矿开采引发的土地裂缝多，宜采用植被重建的生态林模式，采用工程措施用煤矸石、采矿废弃物将裂缝填充，在此基础上实施退耕还林、还草工程，实现生态林复垦（宁静等，2013）。综合利用当前有效资源，结合煤矿区所处位置、自然环境条件建立防护林带，或发展生态农业、休闲产业、生态旅游业。

（4）综合治理复垦模式。山西省中部地处黄土丘陵开采区，有着得天独厚的资源条件，当地农民对第一产业的依赖程度低，农村剩余劳动力比较少，经济实力相对雄厚，宜采用一步到位的综合治理复垦模式（宁静等，2013），即采用全方位的复垦规划将复垦后的所有土地进行统一的综合治理，有效配置土地资源，合理安排土地利用方式，将农业、畜牧业、林业相结合，建立大型生态农业区，在此基础上，兼顾社会环境，建立森林公园、生态农业观光区、农家乐等来发展旅游业，开发旅游价值，改善煤矿区生态环境，通过综合治理，以达到增地、增效、保水、保土、改善生态环境的目的，实现煤矿区经济、社会、生态效益（侯晓丽，2010）。

2. 基于不同地块优化的土地复垦模式

（1）种植模式。对沉陷区实施工程复垦措施后，依据生态位原理，将营养结构中的各营养单元，即生物成员配置在一定的平面位置上，如农林间作、农果间作、农药间作，以及不同农作物间的间作套种，充分利用太阳能、水分和矿物质等营养元素，建立一个垂直空间上多层次、时间上多序列的产业结构，从而提高土地的使用率及产出效益，并获得较高的经济效益和生态效益（宁静等，2013）。

（2）种养结合模式。在对矸石山实施工程复垦后，依据生态位原理，在垂直面内具有不同的生态条件，适合于不同的生物物种生存，兼顾种植、养殖方面，将生物成员配置在适当的垂直位置上（冯国宝，2009）。例如，在复垦的煤矿废弃地上种果树，在果树林内养鸡,鸡以果树上的虫类为食,鸡粪则为树下的土壤增加肥力和有机质,形成鸡灭虫、粪肥泥的良性生态循环,即种养共存、相得益彰,从而增加效益(宁静等,2013)。

这两种模式是生态农业的体现,生态农业可以最大限度地循环利用大自然的资源,创建节约型发展生产的模式,提高农业生产的经济效益,减少生存空间的污染,从而开辟一条循环经济发展的道路。因此,应该加快生态农业的复垦研究,促进各生产要素的优化配置,优化国土空间开发格局,全面促进资源节约,加大自然生态系统和环境保护力度,实现物质、能量的多级分层利用,不断提高其循环转化效率和系统的生产力(宁静等,2013)。煤矿废弃地复垦必须坚持走生态农业复垦的道路,最终实现经济、生态和社会综合效益最大化。

第四节 煤矿区土地复垦的意义

一、煤矿区复垦与生态修复领域面临的重大机遇

在未来一段时间里,煤炭仍将是我国的主体能源。煤炭的生产消费为国家经济发展提供了坚实的能源保障,但同时也带来空前严峻的生态环境问题:一方面,地表土地资源与生态环境伴随开采活动而受到扰动和破坏,如土地挖损压占、地表沉陷等;另一方面,大量废气、废水、废渣等有害物质的产生严重污染了矿区的空气、水体和土壤,进而影响区域的生产生活环境。党的十九大后,习近平总书记首次调研考察就来到了曾是采煤沉陷区的徐州潘安湖国家湿地公园,指出"资源枯竭地区经济转型发展是一篇大文章,实践证明这篇文章完全可以做好"。习近平总书记多次做出批示,强调"要筑牢生态安全屏障"。此外,社会经济的发展目标也为生态修复带来新的发展动能,当前我国经济从高速发展转向高质量发展,经济高速发展时期遗留了众多待修复的矿区,而经济高质量发展要求矿区实现安全、高效、绿色、智能发展。因此可以预见,煤矿区生态修复领域将在"十四五"进入快速发展时期。

二、煤矿区复垦是国家粮食安全和生态安全的战略需求

煤炭是我国最主要的能源,其常年消费量占能源总量的比例为60%左右(国家统计局,2021)。煤炭资源开采在支撑社会经济发展的同时,也对土地资源和生态环境造成了严重的负面影响(胡振琪等,2018)。特别是在我国,矿区与耕地重叠区域大,产煤多是井工开采(李佳洺等,2019),造成了大面积的地表沉陷,使矿区良田毁损、耕地减少。据测算,我国目前有超过1亿亩[①]因煤炭开采而损毁的土地,且每年新增损毁土地约400万亩,其中60%以上是耕地或其他农用地,致使煤矿区人地矛盾不断加剧,严重威胁着我国农业和社会经济的可持续发展(李佳洺等,2019)。因此,将煤矿区损毁的耕地复垦为农田,对于坚守我国耕地红线、缓解人地矛盾、维护粮食安全和生态安全意义重大(胡振琪和袁冬竹,2021;李建华等,2018)。

---

①1 亩≈666.67m²。

三、煤矿区复垦有利于盘活存量建设用地和优化用地结构

根据《中华人民共和国土地管理法》第五十八条，公路、铁路、机场、矿场等经核准报废的，由有关人民政府土地行政主管部门报经原批准用地的人民政府或者有批准权的人民政府批准，可以收回国有土地使用权。矿业废弃地复垦利用，对落实《中华人民共和国土地管理法》、盘活存量建设用地具有积极作用。将矿业损毁地复垦区域和建新区域作为一个整体，实行增减挂钩，在确保耕地面积不减少、建设用地总量不扩大的前提下，对散乱、废弃、损毁、闲置的矿业废弃地进行复垦，优化了建设用地结构和布局，提高了集约用地水平。

为了保障经济社会发展的建设用地供给，我国形成了建设用地管理"1+8"的组合政策。煤炭等矿业废弃地复垦利用是"1+8"组合政策的组成部分。"1"就是每年的建设用地增量安排，每年下达建设用地计划约700万亩。其中，矿业废弃地的复垦利用是拓展建设用地新空间的8条途径之一，即将历史遗留的煤矿区废弃地及交通、水利等基础设施废弃地加以复垦，在治理改善矿山环境的基础上，与新增建设用地挂钩。

参 考 文 献

卞正富. 2000. 国内外煤矿区土地复垦研究综述. 中国土地科学, 14(1): 6-11.

曹代勇, 宁树正, 郭爱军, 等. 2018. 中国煤田构造格局与构造控煤作用. 北京: 科学出版社.

党晋华. 2021. 山西省煤矿区生态环境的问题与挑战. 中国煤炭, 47(1): 117-121.

冯国宝. 2009. 煤矿废弃地的治理与生态恢复. 北京: 中国农业出版社.

高文文, 白中科. 2018. 基于推理条件和规则的废弃露天矿坑再利用方式选择. 农业工程学报, 34(11): 253-260.

高志远, 王绮, 王铎霖, 等. 2012. 适宜性评价视角下的煤矿土地复垦技术措施研究——以白山市道清沟煤矿为例. 资源开发与市场, 11: 968-971.

耿殿明, 姜福兴. 2002. 我国煤炭矿区生态环境问题分析. 中国煤炭, 28(7): 21-24.

郭义强. 2005. 煤矿区土地复垦规划模式研究. 保定: 河北农业大学硕士学位论文.

国家统计局. 2021. 中华人民共和国2020年国民经济和社会发展统计公报. 北京: 国家统计局.

侯晓丽. 2010. 废弃煤矿土地复垦研究——以山西省为例. 重庆: 西南大学硕士学位论文.

胡炳南, 郭文砚. 2018. 我国采煤沉陷区现状、综合治理模式及治理建议. 煤矿开采, 23(2): 1-4.

胡振琪, 多玲花, 王晓彤. 2018. 采煤沉陷地夹层式充填复垦原理与方法. 煤炭学报, 43(1): 198-206.

胡振琪, 袁冬竹. 2021. 黄河下游平原煤矿区采煤塌陷地治理的若干基本问题研究. 煤炭学报, 46(5): 1392-1403.

康静文. 2002. 矿产资源学. 北京: 煤炭工业出版社: 271-272.

李凤明. 2003. 采煤沉陷区综合治理几个技术问题的探讨. 煤炭科学技术, 31(10): 59-60.

李凤明. 2011. 我国采煤沉陷区治理技术现状及发展趋势. 煤矿开采, 16(3): 8-10.

李佳洺, 余建辉, 张文忠. 2019. 中国采煤沉陷区空间格局与治理模式. 自然资源学报, 34(4): 867-880.

李建华, 李华, 邰春花, 等. 2018. 长期施肥对晋东南矿区复垦土壤团聚体稳定性及有机碳分布的影响. 华北农学报, 33(5): 188-194.

李绍京, 李绍迁, 艾亚明. 2001. 山西煤炭工业的环境问题及对策. 山西能源与节能, 2: 37-38.

李树志. 1999. 当前煤矿土地复垦工作中应重点研究的几个问题. 中国土地科学, 2: 13-16.

刘正纲. 2006. 基于RS和GIS的矿区土地利用变化研究. 阜新: 辽宁工程技术大学硕士学位论文.

马潇潇. 2011. 煤矿区土地利用变化及驱动力分析. 焦作: 河南理工大学硕士学位论文.

宁静, 常毅, 崔晓, 等. 2013. 生态文明对山西省废弃煤矿土地复垦的影响分析. 现代农业科技, (2): 237-238.

宋洪柱. 2013. 中国煤炭资源分布特征与勘查开发前景研究. 北京: 中国地质大学博士学位论文.

田会. 2015. 中国露天煤炭事业百年发展报告(1914—2013). 北京: 煤炭工业出版社.

吴次芳, 肖武, 曹宇, 等. 2019. 国土空间生态修复. 北京: 地质出版社.

杨博宇, 白中科, 张笑然. 2017. 特大型露天煤矿土地损毁碳排放研究——以平朔矿区为例. 中国土地科学, 31(6): 59-69.

张彪, 李岱青, 高吉喜, 等. 2004. 我国煤炭资源开采与转运的生态环境问题及对策. 环境科学研究, 17(6): 35-38.

赵浩, 毛开江, 曲业明, 等. 2021. 我国露天煤矿无人驾驶及新能源卡车发展现状与关键技术. 中国煤炭, 47(4): 45-50.

第二章　典型煤矿区土地损毁监测及影响评价

煤矿开采严重破坏了土地和生态环境，地面沉陷、地裂缝（图2.1）、山体滑坡、泥石流、土地沙化、土地退化、地下水疏干、水均衡被破坏（图2.2）等问题相当普遍（白中科等，2006；胡振琪，2019）。山西大部分矿区属于典型黄土丘陵地貌特征，多数地区黄土层厚度占采深的30%～70%，地形起伏多变，黄土沟壑地貌特征明显，地表形变破坏特征与基岩出露地区以及平地条件下有明显的不同，需采取差异化的土地复垦和生态修复方法（胡海峰等，2020）。本章主要论述山西典型煤矿区土地损毁监测的方法、结果及影响评价。

图 2.1　煤矿采后地面沉陷裂缝

图 2.2　煤矿采后地面沉陷积水

第一节　煤矿区开采沉陷损毁土地监测与评价

为使煤矿区地表建筑物、水体、道路和井巷等免受或少受开采的有害影响，减少地下资源的损失，必须研究地下开采引起的岩层与地表移动规律及其对被保护对象的损害模式。目前，对这一复杂过程认识的主要方法是通过对矿山开采沉陷进行监测，进而找出各地质采矿因素对移动过程的影响规律。岩移观测站、无人机遥感、合成孔径雷达差分干涉测量技术是目前常用的地表移动监测手段（崔希民和邓喀中，2017；张凯等，2020），可为沉陷区环境综合治理提供数据支持和理论依据。

一、基于岩移观测站的地表沉陷监测

岩移观测站，也称地表移动观测站、观测站，是一种传统、有效的煤矿区开采沉陷监测手段。所谓观测站，是指按一定要求在开采影响的地表、岩层或其他研究对象上设置一系列互相联系的观测点。在采动过程中，根据需要定期观测这些观测点的空间位置及其相对位置的变化，以确定各观测点的位移和点间的相对移动，从而掌握开采沉陷的规律（何国清等，1991）。本节对山西潞安矿区的几种开采沉陷模式下地表沉陷规律和演化进行分析及评价，包括薄表土厚基岩（如五阳矿、王庄矿、漳村矿）、厚表土薄基岩（如司马矿）、厚表土厚基岩（如余吾矿、常村矿）。

1. 薄表土厚基岩地表移动变形规律

以五阳矿开采沉陷观测结果为例（胡海峰，2012），分析薄表土厚基岩条件下地表移动变形规律。五阳矿位于襄垣县境内、潞安矿区东北部边缘，属黄土高原的低山丘陵地带，地势较为平坦，地表大多为黄土覆盖，局部零星出露中奥陶系、二叠系地层，冲沟发育。煤矿区属暖温带大陆气候，年平均气温 8.9℃，年平均降水量 583.9mm。五阳矿松散层平均厚度 20m，基岩层平均厚度 280m。

井田赋存地层由老到新为：奥陶系中统峰峰组，石炭系中统本溪组、上统太原组，二叠系下统山西组和下石盒子组、上统上石盒子组和石千峰组，第四系。区内主要含煤地层为二叠系下统山西组和石炭系上统太原组。目前主采的 3 号煤层位于山西组中下部，层厚 0.22～7.90m，平均厚度 5.75m，结构简单，为全区稳定可采煤层。该煤层近南北走向，向西倾斜，倾角 2°～22°，一般为 10°。含夹矸 0～2 层，岩性多为炭质泥岩；少数为泥岩，夹矸厚度 0.01～0.1m，平均为 0.06m，纯煤平均厚度 5.69m。

在七五采区 7503、7506、7511 工作面的上方分别建立岩移观测站，开采煤层均为 3 号煤层。每个观测站包括一条走向观测线和一条倾向观测线。观测自 1995 年 4 月开始，至 2003 年 8 月结束，历时 8 年，取得了比较完整的综采放顶煤条件下地表移动观测资料。设站工作面开采技术参数如表 2.1 所示。

表 2.1 五阳矿设站工作面开采技术参数

开采工作面	走向长/m	倾向长/m	采高/m	倾角/°	平均采深/m	推进速度/(m/d)	采煤方法
7503	716	188	6.20	4	318	1.82	综采放顶煤
7506	1450	200	5.40	7	329	1.32	综采放顶煤
7511		270	6.49	7			综采放顶煤

1）地表移动变形

根据观测站实测数据，在综放条件下，各工作面开采后的地表移动变形值都非常大（表 2.2），下沉值达到 2858～4933mm，倾斜值达到 28.1～48.7mm/m，地表下沉盆地非常陡峭。地表变形值超过了《建筑物、水体、铁路及主要井巷煤柱留设与压煤开采规范》（以下简称"三下"采煤规范）中给出的建筑物产生Ⅳ级（严重）破坏的阈值。七五采区三个工作面的地质采矿条件类似，以 7511 工作面为例，绘制了倾向观测线和走向观测线的地表移动变形曲线（图 2.3 和图 2.4）。

表 2.2 五阳矿七五采区地表移动变形极值

开采工作面	采动程度（D/H）	下沉/mm	倾斜/（mm/m）	曲率/（10^{-3}/m）	水平移动/mm	水平变形/（mm/m）
7503	0.60	3395	38.7	+0.62～−1.36	1458	+19.7～37.9
7506	0.61	2858	28.1	+0.41～−0.68	1082	+13.8～23.7
7511	0.74	4933	48.7	+0.66～−1.32	1643	+19.6～33.6

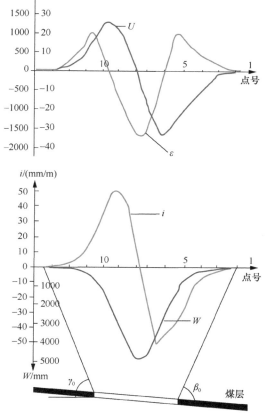

图 2.3 7511 工作面倾向观测线地表移动变形曲线
W 为下沉；i 为倾斜；U 为水平移动；ε 为水平变形（下同）

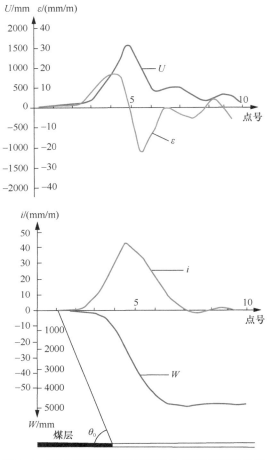

图 2.4　7511 工作面走向观测线地表移动变形曲线

根据实测资料，分别求得岩层移动的边界角、移动角和裂缝角（表 2.3）。考虑到地表黄土层厚度仅 20～40m，占整个覆岩厚度的 10%左右，实际求取的是综合移动角。"三下"采煤规范中，给出在中硬覆岩条件下，走向方向、上山方向的边界角一般为 55°～60°。五阳矿由于采用综采放顶煤开采技术，岩层移动的边界角偏大，走向边界角、上山边界角都达到了 66°，范围偏小，移动盆地陡峭，移动变形集中。

表 2.3　五阳矿岩层移动角量参数实测值

开采工作面	边界角/(°)			移动角/(°)			裂缝角/(°)		
	走向 δ_0	下山 β_0	上山 γ_0	走向 δ	下山 β	上山 γ	走向 δ''	下山 β''	上山 γ''
7503	66	64	63	74	68	71	80	79	82
7506		62	66		69	74		80	81
7511	67	63	67	72	68	73	79	78	80
平均值	66	63	66	73	68	73	79	79	81

2）概率积分法预计参数

根据实测资料，采用求参程序分别求取了各观测站的概率积分法预计参数（表 2.4）。在参数求取时，充分考虑了工作面采动程度与岩移预计参数间的相关关系，利用"三下"采煤规范中的有关方法，对参数进行了修正。为方便对比，表中同时列出了本矿以往分层综采条件下的概率积分法预计参数，以及"三下"采煤规范中一般开采、中硬覆岩条件下的概率积分法预计参数。五阳矿综采放顶煤条件下，综合的下沉系数为 0.85，水平移动系数为 0.31，主要影响角正切为 2.70，拐点偏移距系数为 0.13，开采影响传播角系数为 0.8。综采放顶煤与一般开采条件相比，下沉系数、主要影响角正切明显偏大。综采放顶煤与分层综采相比，下沉系数、水平移动系数、主要影响角正切、拐点偏移距系数介于分层综采初次采动（即综采上分层）与重复采动（即综采下分层）之间。

表 2.4　五阳矿概率积分法预计参数

开采条件	采动程度（D/H）	下沉系数（q）	水平移动系数（b）	主要影响角正切（tgβ）	拐点偏移距系数（S/H）	开采影响传播角系数（K）
规范中一般开采		0.55～0.84	0.20～0.30	1.92～2.40	0.08～0.30	1.0
综采上分层	0.73	0.72	0.26	2.50	0.15	1.0
综采下分层	0.67	1.00	0.33	3.20	0.11	1.0
7503 工作面	0.60	0.86	0.33	2.71	0.13	1.0
7506 工作面	0.61	0.82	0.28	2.70	0.12	0.8
7511 工作面	0.74	0.86	0.31	2.70	0.14	0.6
综放综合参数		0.85	0.31	2.70	0.13	0.8

3）地表破坏特征规律

在开采五阳矿 7503、7506、7511 工作面时，对地表裂缝发育规律进行了观察，发现在推进过程中位于工作面前方的地表，每隔 6～10m 出现一条与回采线大致平行的弧状裂缝，裂缝宽度一般为 10～30mm。裂缝从开裂到发育成熟一般需 20 天左右，之后再经过 60 天左右闭合消失或残留裂口、裂痕。如果出现的是沉陷台阶，则不能完全消失。在工作面开采边界的外侧，出现宽度大于 100mm 的永久性地表裂缝，其中在下山方向较发育，出现了明显的裂缝带。永久裂缝一般不会自然消失，大多数裂缝伴随有台阶落差。7511 工作面地表裂缝最大宽度达 300mm 以上，台阶落差达 300mm 以上。综采放顶煤开采与一般开采相比，地表沉陷变形值大，地表的裂缝与破坏比较严重；但与分层综采重复采动（即下分层开采后）相比，地表的裂缝与破坏又相对较轻。

为了研究五阳矿综采放顶煤条件下地表下沉盆地的发育形态，分别将 7503 工作面、7511 工作面实测的倾向下山方向的下沉曲线制作成无因次曲线（图 2.5 和图 2.6），采用典型曲线法的有关理论进行分析。峰峰煤田属石炭二叠系，煤系地层为山西组和太原组，与潞安煤田地质条件基本相近，有一定的可比性。7503 工作面、7511 工作面走向均为充分采动，倾向采动系数分别为 0.48、0.59，在图 2.5 和图 2.6 中同时绘出了峰峰矿区相同采动系数、初次采动条件下的典型曲线进行对比，结果发现：①同一采动程度条件下，五阳矿综采放顶煤下沉典型曲线与峰峰矿区的下沉典型曲线基本一致，说明综采放顶煤条件下地表下沉盆地的发育形态符合一般规律，其地表移动变形值可以采用我国常用的典型曲线法、负指数函数法、概率积分法等进行预计；②综采放顶煤条件下的下沉典型曲线与一般开采条件下的下沉典型曲线稍有差别，主要是曲线中部稍平缓，整个曲线靠近煤柱一侧，说明综采放顶煤条件下地表下沉盆地的发育形态与一般条件下初次采动基本一致，但也呈现出重复采动条件下的一些特点。

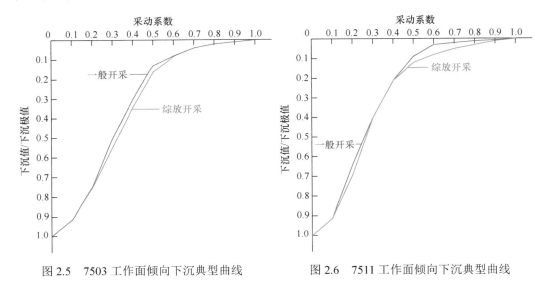

图 2.5　7503 工作面倾向下沉典型曲线　　　图 2.6　7511 工作面倾向下沉典型曲线

2. 厚表土层薄基岩地表移动变形规律

以司马矿开采沉陷观测结果为例（郝兵元，2009；郝兵元等，2011），分析厚表土薄基岩条件下地表移动变形规律。司马矿位于山西省沁水煤田东部，行政区划属长治县。井田地形总趋势是南高北低，北部地势较为平坦，地面标高 926.7～983.6m，井田内无河流。司马矿上覆岩层主要由砂岩、粉砂岩、泥岩和第四纪表土层组成，其中第四纪表土层厚度154.58～186.21m，基岩厚度为 26.44～81.98m，表土层约占上覆地层总厚度的 72.2%。

井田赋存地层由老到新主要有：上元古界震旦系，古生界寒武系、奥陶系、石炭系、二叠系，中生界三叠系，新生界第三系、第四系。除西部外缘零星出露上石盒子组地层外，其余全部为第四系所覆盖。井田内主要含煤地层为二叠系下统山西组和石炭系上统太原组。主采的 3 号煤层位于山西组中下部，煤层厚度大，层位稳定，属全区稳定可采煤层，其余煤层为极不稳定的不可采薄煤层。3 号煤层结构简单，一般含 1～2 层泥岩或炭质泥岩夹矸，平均厚 0.40m，纯煤厚 5.47～7.45m，平均厚 6.22m，属开阔的覆水泥炭沼泽沉积。煤层直接顶板一般为泥岩、砂质泥岩，局部为粉砂岩、砂岩，厚 0～11.68m，稳定性差，结构松软，吸水易软化，强度较低；老顶为砂岩及粉砂岩，厚 0～20.0m，不规则裂隙发育，见方解石及泥质充填现象。煤层底板为泥岩、砂质泥岩，局部为砂岩或粉砂岩，属软弱型。

设站工作面为司马矿一采区 3 号煤层的 1101 工作面，沿煤层倾向布置，为首采区首采面。工作面长 960m、宽 165m，开采厚度 6.5～6.8m，倾角 3°～8°，平均采深 219m。采煤方法为倾斜长臂综采放顶煤一次采全高，全部垮落法管理顶板。沿工作面走向方向和垂直工作面走向方向各布设了一条观测线（表 2.5）。整个观测站共布控制点 3 个，观测点 55 个，测线总长度约为 1275m。

表 2.5　司马矿 1101 工作面观测站设置

观测线名称	测线长/m	点数/个		
		观测点数	控制点数	小计
沿工作面走向方向测线	635	24	3	27
垂直工作面走向方向测线	640	31		31
合计	1275	55	3	58

1）地表移动变形

1101 工作面回采后地表出现了明显的下沉盆地，并伴随发育台阶状裂缝。根据观测站实测结果，计算了不同采动时期地表的下沉、倾斜、曲率、水平移动、水平变形值曲线（图 2.7 和图 2.8）和移动变形极值（表 2.6）。随着开采的进行，地表下沉逐渐增大，水平移动随工作面的推进向前平移，形态上符合开采沉陷的一般规律。

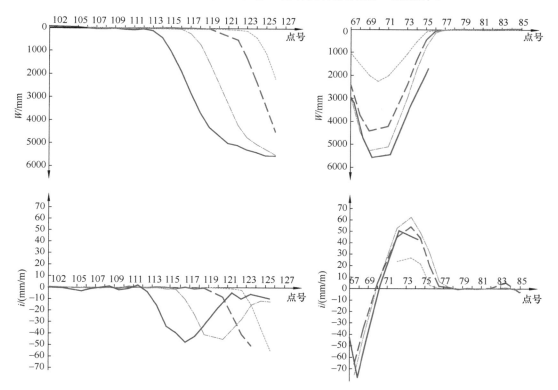

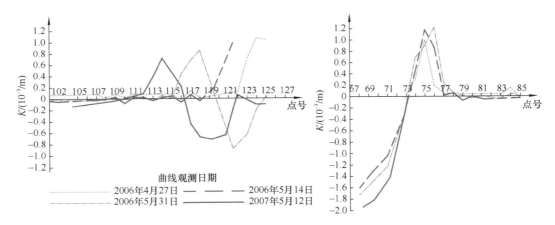

图 2.7　1101 工作面实测地表下沉、倾斜、曲率曲线图
左、右侧分别为沿工作面、垂直工作面走向结果；K 为曲率（下同）

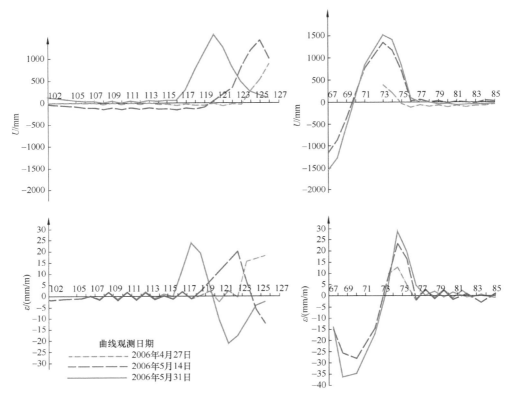

图 2.8　1101 工作面实测地表水平移动、水平变形曲线图
左、右侧分别为沿工作面、垂直工作面走向结果

表 2.6　司马矿 1101 工作面地表移动变形极值

观测线	下沉/mm	倾斜/（mm/m）	曲率/（10^{-3}/m）	水平移动/mm	水平变形/（mm/m）
沿工作面走向方向测线	5714	50.5	0.91～−0.88	1462	13.0～−12.1
垂直工作面走向方向测线	5565	77.5	1.23～−1.74	1589	28.8～−36.1

1101 工作面开采强度大、推进速度快，加之基岩薄、厚冲积层较为松散，回采过程中地表移动变形异常活跃，在不到 2 个月的时间内，地表最大下沉值就已达到 5530mm，地表最大下沉速度达 241mm/d，地表破坏十分严重。期间台阶状裂缝十分发育，且一般不能自然消失，落差最大达 500mm。煤层开采后，地表移动变形在拐点内侧下沉值较大，在拐点附近变化迅速、曲线较陡，而在拐点以外区域沉陷移动变形曲线收敛较慢，影响范围外扩较远。最大压缩变形和最大负曲率变形大于最大拉伸变形和最大正曲率变形。

2）概率积分法预计参数

根据岩移观测站的实测资料，采用曲线拟合法进行了求参计算，得到 1101 工作面概率积分法预计参数（表 2.7）。为便于分析对比，将五阳矿 7503 和 7506 工作面地表移动预计参数一并列出。两矿采矿方法和顶板管理方法相同，但由于厚松散层的作用，司马矿的下沉系数比五阳矿大，水平移动系数比五阳矿小。

表 2.7　司马矿和五阳矿概率积分法预计参数

工作面	下沉系数（q）	水平移动系数（b）	主要影响角正切（tgβ）	拐点偏移距系数（S/H）	影响传播角系数（K）
司马 1101	0.94	0.26	2.70	0.10	0.6
五阳 7503	0.86	0.33	2.71	0.13	1.0
五阳 7506	0.82	0.28	2.70	0.12	0.8

3）地表破坏特征规律

由于煤层上覆地层中 70%以上为第四纪冲积层，基岩厚度仅为 70m 左右，地表受采动影响极为敏感，地下开采活动产生的影响很快传递到地表，加之工作面推进速度快，地表移动的初始期很短，仅为 10 天左右；然后，地表快速进入沉降活跃期，活跃期内的移动与变形极为剧烈且集中，初始期结束后约 23 天，地表下沉速度达到最大值，即241mm/d，随后下沉速度逐渐减小，活跃期持续时间约为 2 个月；最后，地表沉降进入衰退期，由于冲积层较为松散，致使地表移动与变形持续时间变长，衰退期持续时间约为 12 个月。根据计算，活跃期约占总移动时间的 11%，但期间下沉量占总沉降量的 95%左右；衰退期较长，但下沉量很小。

1101 工作面采动对地表造成的破坏十分严重，采空区上方出现了一条明显东西向（工作面推进方向）的沉陷坑，下沉盆地底部下沉量大，采空区边界附近下沉量迅速减小，下沉盆地陡峭，地表倾斜变形显著。

1101 工作面采后裂缝分两种情况。一种是随着工作面不断向前推进，在工作面前方动态拉伸区不断出现的动态裂缝。该裂缝一般每隔 5～10m 出现一条，与回采线大致平行，呈弧状裂缝，裂缝宽度一般为 200mm，发育成熟一般需 10 天左右，之后裂缝逐渐闭合消失。另一种是在工作面两侧边界附近下沉盆地边缘发生的位置比较固定的裂缝，裂缝方向与采空区边界方向基本一致，形成较明显的裂缝带。这些裂缝一般不会自然消失，裂缝最大宽度达 300～500mm，台阶状裂缝十分发育，落差最大达 500mm。在压缩变形区域，地表还伴有鼓起现象。

3. 厚表土层厚基岩地表移动变形规律

以余吾矿开采沉陷观测结果为例（杜开元，2010；刘剑等，2014），分析厚表土厚基岩条件下地表移动变形规律。余吾矿位于太行山中段西侧、长治盆地西部，行政区划属于屯留县和襄垣县，距长治市约 35km，总体上地势为西北高、东南低。煤矿区属典型大陆性气候，干燥多风，四季分明，年平均气温 8.9℃、平均降水量 583.3mm、平均蒸发量 1755.3mm（是降水量的 3 倍）。冰冻期为每年 10 月末到翌年 4 月，最大冻土深度为 0.75m。余吾矿松散层厚度 0～140m，平均 44.5m，基岩层平均厚度约 510m。

井田赋存地层由老到新为：奥陶系中统峰峰组，石炭系中统本溪组、上统太原组，二叠系山西组和下统下石盒子组、上统上石盒子组和石千峰组，三叠系下统刘家沟组，第四系。井田内主要含煤地层为二叠系下统山西组和石炭系上统太原组。主采的 3 号煤层赋存于二叠系山西组地层中下部，为陆相湖泊沉积，煤层厚度稳定，结合钻孔揭露的煤层结构及巷道掘进时具体情况，煤层局部含 0～1.5m 泥岩夹矸。煤层顶、底板情况见表 2.8。

表 2.8　余吾矿 3 号煤层顶、底板情况

顶板名称	岩石名称	厚度/m	岩性特征
老顶	细粒砂岩～中粒砂岩	3.8～13.3	灰白色～黑灰色，巨厚层状，以石英为主，长石次之，含岩屑，次圆状，分选好，参差状断口
直接顶	砂质泥岩～粉砂岩	0～10.30	灰黑色，薄层状，以平行层理为主，平坦状断口，与下伏层过渡接触
直接底	泥岩	0～0.93	灰黑色，薄层状，参差状断口，含丰富的植物化石
老底	泥岩	0～0.90	黑色，中厚层状，含植物根化石。含煤纹

设站工作面 S1202 采用走向长壁综采放顶煤方法，全部垮落法管理顶板，相关开采技术参数见表 2.9。

表 2.9　余吾矿 S1202 工作面开采技术参数

参数名称		主要技术参数值
工作面尺寸	走向长	1390.6m
	倾向长	310m
边界开采深度	下山方向（平均）	410m
	上山方向（平均）	400m
	开切眼（平均）	373m
	停采线（平均）	437m
	平均采深	402m
煤层开采厚度		6.15m
煤层倾角		3°～9°
工作面走向		100°
工作面倾向		190°

在 S1202 工作面走向方向上，设计了半条观测线 A 线，全线长度 690m，共 25 个监测点；倾向方向上，设计了一条半倾向观测线 B 线和一条全倾向观测线 C 线，长度

分别为 570m 和 990m，共有 55 个监测点。为便于设点观测和实际应用，观测线选在地形较为平坦地区，尽量避开冲沟和陡崖，放样时按实际地形进行了调整，误差不超过 ±5m。观测站设计指标见表 2.10。

表 2.10　余吾矿 S1202 工作面观测站设置

观测线名称	观测点			控制点			总长度/m	总点数/个
	长度/m	点间距/m	点数/个	长度/m	点间距/m	点数/个		
走向观测 A 线	660	30	23	30	30	2	690	25
倾向观测 B 线	540	30	18	30	30	2	570	20
倾向观测 C 线	930	30	31	60	30	4	990	35
合计	2130		72	120		8	2250	80

1）地表移动变形

由 S1202 观测站走向 A 线、倾向 B 线实测数据求得的地表移动变形极值见表 2.11，实测曲线见图 2.9～图 2.12。

表 2.11　余吾矿 S1202 工作面地表移动变形极值

观测线	下沉/mm	水平移动/mm	倾斜/（mm/m）	曲率/（10^{-3}/m）		水平变形/（mm/m）	
				（+）	（-）	（+）	（-）
走向 A 线	4997	587	63.1	1.39	1.92	7.6	11.5
倾向 B 线	4965	1118	43.1	0.73	0.75	11.8	18.7

由于工作面宽深比相对较大（0.75），开采引起的地表变形也较为充分，观测到地表下沉量较大；本区地势相对平缓，观测所得地表移动变形规律较为明显，符合平地地表移动变形的特征。地表沉陷区内部有一河流低凹处，由于地表水积聚，形成了较大面积的积水沉陷区。积水沉陷也是本区地表沉陷的破坏特征之一，影响到农作物的生长。实测倾斜值、曲率、水平变形值，均达到"三下"采煤规范中建筑物IV级（严重）破坏阈值。

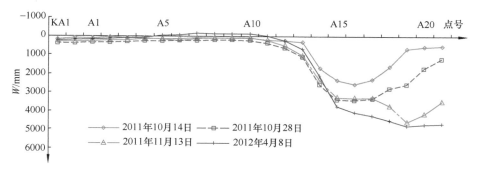

图 2.9　余吾矿 S1202 工作面走向 A 线下沉曲线图

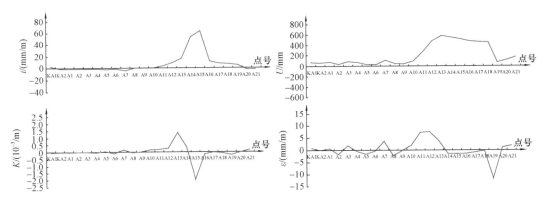

图 2.10 余吾矿 S1202 工作面走向 A 线最终水平移动、倾斜、曲率、水平变形曲线图

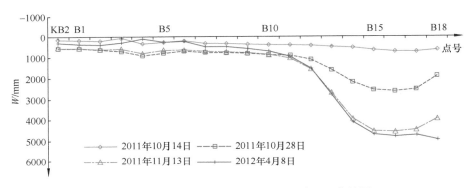

图 2.11 余吾矿 S1202 工作面倾向 B 线下沉曲线图

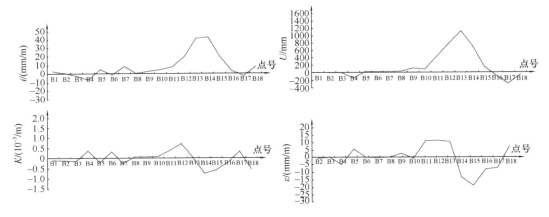

图 2.12 余吾矿 S1202 工作面倾向 B 线最终水平移动、倾斜、曲率、水平变形曲线图

2）概率积分法预计参数

观测站地面基本平坦，工作面属非充分开采，采用优化模拟方法求得概率积分法参数（表 2.12）。

表 2.12 余吾矿概率积分法预计参数

工作面	下沉系数（q）	水平移动系数（b）	主要影响角正切（tgβ）	拐点偏移距系数（S/H）	影响传播角系数（K）
S1202	0.80	0.3	2.4	0.7	0.2

3）地表破坏特征规律

余吾矿在开采过程中，地表呈现连续的移动变形，形成平缓的地表移动盆地。调查发现采空区边界部位出现个别较为细小、宽度一般为 3～5mm 的裂缝，大部分耕地中的裂缝并不明显，可在耕作过程中充填，一般不会影响到农作物的生长。但是由于沉陷盆地中央处深度较大，在雨季发生积水现象，影响农业耕种，有必要对这些区域进行土地复垦。

在工作面上方的沥青公路路面上，出现了多条垂直于公路方向的裂缝，裂缝宽度最小为 2～3mm，最大为 5～20mm，在沉陷盆地的中心部位还出现了路面隆起现象（高度约 10cm），影响到公路的正常使用。

另外，在 S2202 工作面上方中央有一建筑物，为了解沉陷对建筑物的影响，在建筑物周围设立观测点进行了观测，观测时间自 2006 年 8 月 31 日至 12 月 12 日，共进行了9 次观测。观测结果表明，处于工作面中心部位的房屋下沉和地表的下沉基本相同，房屋基础向采空区中心倾斜，房间内裂缝很大，变形破坏严重。

根据上述不同土岩比条件下三个矿的岩移观测站实测结果，地表移动变形与表土层、基岩层厚度关系密切。在一定的开采深度、中硬覆岩条件下，基岩层厚度越薄，地表破坏的程度越严重，移动变形的活跃期越集中；表土层越厚，下沉系数越大，影响范围越大，拐点偏移距越小，基岩层越厚则表现出相反的效果；松散的表土层会使地表移动变形持续时间变长。

二、沉陷区土地损毁程度评价

本节总结了现有土地损毁的评价指标，包括针对不同地类的通用指标和针对山西地区的指标。

1. 不同地类的沉陷区土地损毁通用评价指标

针对沉陷区地物的评价标准很多。对于沉陷土地而言，2011 年发布的《土地复垦方案编制规程第 3 部分：井工煤矿》（TD/T 1031.3—2011）中，提出了针对各地类的损毁程度分级标准，如表 2.13～表 2.16 所示。

表 2.13 水田损毁程度分级标准

损毁等级	水平变形/（mm/m）	附加倾斜/（mm/m）	下沉/m	沉陷后潜水位埋深/m	生产力降低/%
轻度	≤3.0	≤4.0	≤1.0	≥1.0	≤20.0
中度	3.0～6.0	4.0～10.0	1.0～2.0	0～1.0	20.0～60.0
重度	>6.0	>10.0	>2.0	<0	>60.0

表 2.14 水浇地损毁程度分级标准

损毁等级	水平变形/（mm/m）	附加倾斜/（mm/m）	下沉/m	沉陷后潜水位埋深/m	生产力降低/%
轻度	≤4.0	≤6.0	≤1.5	≥1.5	≤20.0
中度	4.0～8.0	6.0～12.0	1.5～3.0	0.5～1.5	20.0～60.0
重度	>8.0	>12.0	>3.0	<0.5	>60.0

表 2.15 旱地损毁程度分级标准

损毁等级	水平变形/（mm/m）	附加倾斜/（mm/m）	下沉/m	沉陷后潜水位埋深/m	生产力降低/%
轻度	≤8.0	≤20.0	≤2.0	≥1.5	≤20.0
中度	8.0～16.0	20.0～40.0	2.0～5.0	0.5～1.5	20.0～60.0
重度	>16.0	>40.0	>5.0	<0.5	>60.0

表 2.16 林地、草地损毁程度分级标准

损毁等级	水平变形/（mm/m）	附加倾斜/（mm/m）	下沉/m	沉陷后潜水位埋深/m	生产力降低/%
轻度	≤8.0	≤20.0	≤2.0	≥1.0	≤20.0
中度	8.0～20.0	20.0～50.0	2.0～6.0	0.3～1.0	20.0～60.0
重度	>20.0	>50.0	>6.0	<0.3	>60.0

注：附加倾斜是指受采煤沉陷影响而增加的倾斜（坡度）；任何一项指标达到相应标准即认为土地损毁达到该损毁等级。

2. 山西地区的沉陷区土地损毁评价指标

针对山西地区，太原理工大学何万龙教授提出的划分标准（表 2.17），将地质采矿条件及其相应的地表沉陷变形指标联系起来，避免了仅用沉陷深度指标评价土地破坏程度的不合理性，可操作性也较强。

表 2.17 山西采煤沉陷区土地破坏程度评价参考指标（何万龙，2003）

破坏程度	地表裂缝		地面积水	开采深厚比（H/M）		地表变形		农业减产/%	需整治面积/%
	宽度（落差）/mm	间距/m		中硬覆岩	坚硬覆岩	倾斜(i)/（mm/m）	水平变形(ε)/（mm/m）		
1级（轻微）	<10	>100	无积水	>200	>100	<3	<2	<5	基本不需整治
2级（轻度）	10～100	100～50	无积水	200～100	100～50	3～20	2～10	5～10	<20
3级（中度）	100～300	50～30	季节性积水	100～60	50～30	20～40	10～20	10～30	20～50
4级（重度）	300～500	30～10	常年积水，深度小于1m	60～30	<30	40～80	20～40	30～50	50～80
5级（灾害性）	>500 或滑坡坍塌	<10	常年积水，深度大于2m	<30	<30	>80	>40	>50	80～100

第二节 煤矿区矸石山压占损毁土地监测与评价

在煤炭生产过程中，采煤、洗煤、选煤和加工等工艺环节都会产生并排放煤矸石。

将煤矸石堆放到煤矸石山是一种常见的矸石处置方式。随着煤炭开采量的不断增加，我国矸石山也不断增多。这些矸石山存在地质灾害隐患，如矸石的过量堆积导致矸石山边坡的增高，容易引起坍塌和滑坡（董倩和刘东燕，2007）；雨水的降落和入渗使得矸石山内的有毒有害物质入侵到地下水系中，污染水资源；矸石山的自燃不仅会散发出有毒气体污染大气，也会导致山体破裂。矸石山灾害往往具有突发性、剧烈性、大破坏性和大规模性等特点。

对矸石山进行治理是目前煤矿生产面临的一个重要课题。在当前土地资源日益紧缺、土地复垦逐步得到重视的背景下，对矸石山最彻底的治理应是农业治理，即复垦种植，使其逐渐资源化（毕银丽等，2005）。矸石山的稳定性研究是对其进行绿化、复垦和治理的基本前提，了解矸石山的稳定性也可以为矸石山的覆土绿化、植被的选取和治理方案的制订提供参考依据。

一、研究区概况

1. 屯兰矿概况

屯兰矿位于古交市西南 220°方位约 6.7km 处，隶属古交市管辖。煤矿区位于吕梁山东翼，属中低山区，切割强烈，沟谷纵横，以山地地形占绝对优势。煤矿区气候属于北温带大陆性气候，多为干燥少雨。当地全年累积日照时数可达 2808h，年平均气温约为 9.5℃，且昼夜温差较大；年平均降水量约为 460mm，年平均蒸发量约为 1025mm，年平均蒸发量是降水量的 2 倍还多。当地平均冻土深度为 0.5～0.8m，全年无霜期可达 202 天。

据土壤普查资料，煤矿区共有山地棕壤、褐土 2 个土类。棕壤土土层薄，剖面发育较差，棕壤化过程不明显，腐殖质层有机质含量 7%～15%，土壤呈微酸性，pH为 6.5～7.0。褐土土壤发育较好，层次过渡明显，但碳酸钙分异不很明显，通体石灰反应较强烈。

屯兰煤矿的含煤地层属于二叠系下统山西组和石炭系上统太原组，其总厚度约为161.59m，其中煤层为 13 层，总厚度为 17.64m，含煤率为 10.92%。可采煤层厚度 15.08m，分别为 2、3、6、7、8、9 号煤层。可采煤层的直接顶多为砂质泥岩，老顶为砂岩或石灰岩，底板为泥岩或砂岩。

2. 屯兰矿矸石山基地概况

1）矸石山基地及周边地形

屯兰矿矸石山基地（刘剑，2015；夏龙，2017）位于古交市南梁村，该地区以山地为主，受地质构造的影响，地势呈现中部较低、四周较高的形态。矸石山的东部和南部被褶皱山地环绕，山脉走向为南北走向，最低高程为+1133m，最高高程为+1168m，平均高程为+1150m。根据屯兰矿矸石山基地及周边地形图（图 2.13），矸石山基地南北走向的平均长度约为 790m，东西走向平均长度约为 226m，占地面积约为 236.5 亩，最低高程为+1123m，最高高程为+1132m，平均高程为+1127.5m。矸石山边坡为东西走向，与地面夹角约为60°，边坡垂直高度约为8m。

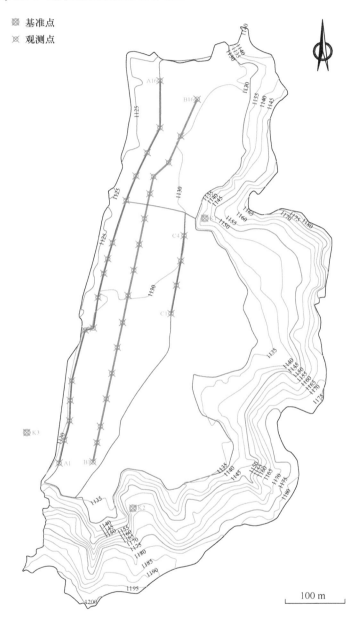

图2.13　屯兰矿矸石山基地地形和监测点布置图

2）矸石山形成过程

　　屯兰矿矸石堆放采用沟谷填充推平的方式，利用推土机、卡车等将矸石填满整个沟谷（图 2.14）。矸石倾倒完成后，进行推平和覆土，最终完成填坑造田和土地复垦。目前，矸石山基地之下地层中所赋存各煤层均未开采。

图 2.14　屯兰矿矸石山基地排矸过程

　　矸石山基地从 2008 年开始进行矸石的排弃堆积，至 2010 年将"U"形山谷填充完成。图 2.15 为 2010 年屯兰矿矸石山基地卫星影像图，"U"形山谷已被大量的矸石覆盖，矸石的充填推平基本完成。根据现场统计和调研，填充的矸石散体平均厚度为 26m。

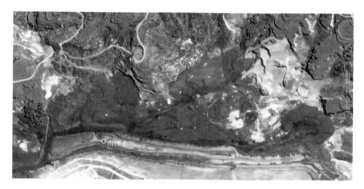

图 2.15　2010 年屯兰矿矸石山基地卫星影像图（矸石排放结束）

　　矸石填充推平结束后，从 2011 年开始在矸石表面覆土，两年后表面覆土厚度约为 1m。2013～2014 年期间，在矸石山地表进行了第二次覆土，厚度为 1m，即该基地表面覆土厚度增至 2m，然后治理为耕地。图 2.16～图 2.19 分别为 2013～2016 年屯兰矿矸石山基地卫星影像图，展示了矸石山治理的全过程。

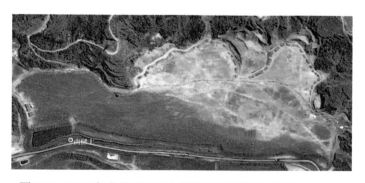

图 2.16　2013 年屯兰矿矸石山基地卫星影像图（总覆土 1 m）

图 2.17 2014 年屯兰矿矸石山基地卫星影像图（总覆土 2 m）

图 2.18 2015 年屯兰矿矸石山基地卫星影像图（田块划分完成）

图 2.19 2016 年屯兰矿矸石山基地卫星影像图（复垦为耕地）

二、矸石山变形监测

矸石山稳定性研究大多数都局限于边坡问题而忽视了矸石山内部的整体变形。从危害程度来看，边坡稳定性相对重要；而从矸石山土地恢复的再利用来看，其内部的稳定性同样应得到重视。为了解矸石山的整体变形规律，建立观测站对其进行观测是十分有必要的，以便于针对实际情况制定相应的措施，给后续的土地、生态恢复工作提供指导。

1. 矸石山基地监测方法

1）观测站布置方案

选取矸石山范围以外稳定的山体较高位置布置基准点 3 个，分别为 K1、K2 和 K3。为了监测边坡的稳定性（图 2.13），沿着矸石山边坡边缘向顶部平台方向偏移 1m 处布置第一条测线，记为测线 A，测线 A 的长度为 675m，共布置 16 个测桩，从南至北记为 A1～A16；为了监测矸石山内部的稳定性并与 A 线进行对比，在顶部平台内部布置第二条测线，记为测线 B，测线 B 距离测线 A 的平均距离为 45m，测线 B 的长度为 675m，共布置 16 个测桩，从南至北记为 B1～B16；在 B 线更偏内的区域布置第三条测线，记为测线 C，测线 C 的长度为 132.6m，共布置 4 个测桩，从南至北记为 C1～C4。观测站于 2014 年 11 月 19 日布置完成，测点为梯形断面的水泥桩。图 2.20 和图 2.21 分别为现场布点结束后，测线 A 和测线 B 上的测桩照片。

图 2.20　矸石山基地测线 A 测点布置照片

图 2.21　矸石山基地测线 B 测点布置照片

2）观测方法

基准点 K1、K2 和 K3 用 GNSS 与高等级控制点联测，然后将全站仪架在基准点 K2 上，用边角法测得各测点的坐标。

3）观测时间

2014 年 12 月 11 日对屯兰矿矸石山基地的测点进行了第一次测量，确定其初始坐标。

2015 年 1 月 13 日、2015 年 2 月 11 日、2015 年 3 月 12 日、2015 年 4 月 5 日、2015 年 6 月 8 日、2015 年 8 月 23 日、2015 年 11 月 15 日、2015 年 12 月 14 日、2016 年 3 月 16 日、2016 年 5 月 8 日、2016 年 7 月 31 日、2016 年 9 月 10 日、2016 年 11 月 5 日分别对测线 A、B、C 进行了 13 次观测。

2. 矸石山基地监测结果

基于矸石山基地监测数据，得到 A 线、B 线、C 线的下沉和水平移动曲线（图 2.22）。

1）下沉曲线分布特征和规律

基于观测得到的各测点下沉曲线[图 2.22（a）和（d）]，截止到 2016 年 11 月 5 日（最后一次观测），测线 A 上测点 A8 出现了最大下沉，为 41mm。测线 A、B、C 上各测点的平均下沉分别为 30mm、21mm、10mm，即矸石山边缘区域的下沉大于内部区域的下沉，越靠近矸石山内部，稳定性越好。

从不同观测时间数据的对比分析可知，2015 年 1 月 13 日到 2 月 11 日之间各测点的平均下沉最大（11mm），这是由于在此期间，矸石山基地所在地经历了几场降雪，雪水对矸石山表层覆土的稳定性产生了较大的影响，促进了土壤的进一步密实。之后虽然也出现了几次降雨，但其影响较观测开始阶段的降雪影响小得多。随着时间的推移，矸石山整体下沉越来越小，并逐渐趋于稳定。

2）水平移动曲线分布特征和规律

截止到最后一次观测，测线 A、B、C 上各测点的 x 方向平均水平移动[图 2.22（b）和（e）]分别为–12.4mm、–8.3mm、–4.2mm（负值表示指向西，即边坡下坡方向），y 方向平均水平移动[图 2.22（c）和（f）]分别为 13.6mm、11.5mm、7mm（正值表示指向北），总体上，测线 A 沿 x、y 方向的水平移动大于测线 B 和测线 C。由于降雪的原因，导致各测线在 2015 年 1 月 13 日到 2 月 11 日之间的 x、y 方向平均水平移动最大，均为–3mm。之后，矸石山整体水平移动越来越小（即使再受降水影响，也未见明显增大），并逐渐趋于稳定。

因此，测线 A 的移动量，包括下沉和水平移动，总体大于测线 B 和测线 C，即矸石山基地顶部平台靠近边坡区域的稳定性弱于顶部平台内部区域。随着时间的推移，矸石山顶部平台靠近边坡和内部的移动值均变小，并逐渐趋于稳定。由于观测前期矸石山表层新覆土相对松软，降水使顶部平台的表土进一步密实，导致一段时间内移动量整体较大；之后的再次降水期间未再测得移动量明显增大的情况。

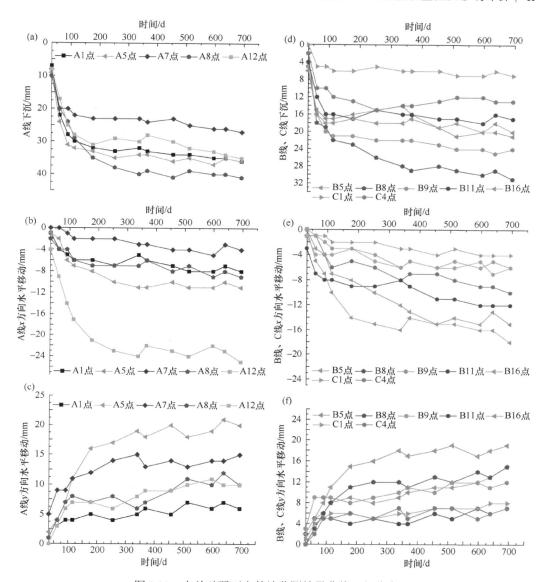

图 2.22　屯兰矿矸石山基地监测结果曲线（部分点）

（a）A 线下沉；（b）A 线 x 方向水平移动；（c）A 线 y 方向水平移动；（d）B 线、C 线下沉；（e）B 线、C 线 x 方向水平移动；（f）B 线、C 线 y 方向水平移动

三、矸石山稳定性数值模拟

本节运用 Geostudio 中的 SLOPE/W 模块和 FLAC^{3D} 软件分析自然状态下矸石山的稳定性及潜在移动情况，运用 Geostudio 中的 SEEP/W 和 SLOPE/W 模块分析降水条件下矸石山的稳定性。

1. 数值模拟软件

GeoStudio 数值模拟软件是由加拿大的 GEO-SLOPE 公司开发和研制的，功能齐全、模块全面，可对岩土、水利水电、环境、采矿、农学等多种学科的现场工程问题进行模拟分析，是一款在全球应用较广泛、可解决岩土工程问题的模拟软件，可针对不同的地形特点、地质构造和气象灾害选取对应的模块进行模拟分析。GeoStudio 中的 SLOPE/W 模块，主要用来分析涉及边坡工程背景的问题。SLOPE/W 软件中包含的极限平衡理论有 Morgenstern-Price、GLE、Spencer、Bishop、Ordinary、Janbu、Sarma 等；在进行数值模拟计算时，可以根据不同的模拟需求和材料特性选择合理的理论和模型。GeoStudio 中的 SEEP/W 模块，是非饱和土渗流方面的专业分析软件，是基于有限元方法进行土体渗流分析的数值模拟软件，广泛应用于岩土工程相关的渗流分析，如边坡、大坝、基坑、尾矿库等稳态或瞬态渗流。

FLAC^{3D} 程序由美国 ITASCA 咨询集团公司推出，目前已成为岩土力学计算中的重要数值方法之一。该程序是 FLAC（二维程序）在三维空间的扩展，用于模拟三维岩土或其他材料力学特性，尤其是达到屈服极限时的塑性流变特性，广泛应用于边坡稳定性评价、支护设计及评价、地下洞室、施工设计（开挖、填筑等）、河谷演化进程再现、拱坝稳定性分析、隧道工程、矿山工程等领域。

2. 数值模拟模型和参数

屯兰矿矸石山填充的矸石散体来源于生产过程中排出的夹矸层、砂泥土和碎石。其中，煤层中的夹矸石及工作面顶底板岩石占绝大多数，排列松散、孔隙度大。砂泥土和碎石所占比例较小，易风化，碎石颗粒的直径大小为 4～20mm。

矸石的物理力学性质通过现场取样、测试获得。由于矸石堆体下部的基岩已被多年堆积的矸石所覆盖，因此通过参考屯兰矿地质资料确定其参数。表土、矸石、基岩的物理力学参数、水力学特性参数见表 2.18 和表 2.19。

表 2.18　矸石山基地岩土体的物理力学参数

岩土体	容重/（kN/m³）	内聚力/kPa	内摩擦角/（°）	弹性模量/MPa	泊松比
表面土体	15.2	16.42	22.60	10.72	0.34
矸石散体	15.8	15.20	31.00	3823.00	0.32
基岩	18.6	—	—	6744.00	0.27

表 2.19　矸石山基地岩土体的水力学特性参数

岩土体	饱和渗透系数/（m/d）	体积含水量/（m³/m³）
表面土体	0.40	36.00
矸石散体	7.20	2.50
基岩	0.04	0.72

（1）GeoStudio 模型简述：模型由基岩、矸石散体、土体三部分组成；根据研究需要，土体部分为可选项。模型长度为 120m，基岩高度最大为 18m，矸石散体高度最大为 26m，矸石表面覆土厚度为 2m。模型采用四边形和三角形相结合的方法进行有限元网格划分（图 2.23），覆土前的模型共有 472 个节点和 430 个网格单元，覆土后的模型共有 523 个节点和 480 个网格单元，每个网格单元的边缘长度为 2.5m。

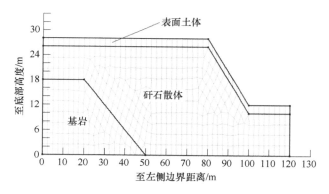

图 2.23　矸石山基地 GeoStudio 有限元模型网格划分图

（2）FLAC^{3D}模型简述：将屯兰矿矸石山适当简化后建立模型（图 2.24，侧视图）。矸石山边坡走向方向单元格设置为 1 个；边坡倾向方向长度 25m，其中坡面线以内 20m、以外 5m，边坡高度为 10m，坡底以下为 3m，坡角 60°。为了准确研究屯兰矿矸石山边坡的稳定性，根据边坡特征等条件，对模型进行不等分块体划分，坡面附近网格划分密一些，远离坡面部分网格稀疏一些。模型共计单元 1100 个，节点 2354 个。模型底部边界固定，即约束其 x、y、z 三个方向的位移；左右边界约束其 x 方向位移；整个模型约束其 y 方向位移；模型顶部边界为自由面。

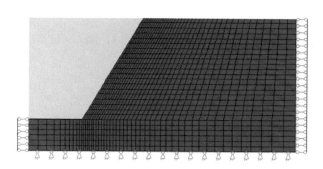

图 2.24　矸石山基地 FLAC^{3D} 有限元模型网格划分图

3. 自然状态下矸石山稳定性

边坡体的安全系数 F_S 被定义为沿假定滑裂面的抗滑力和滑动力的比值，可用于分析坡体的稳定性。当该系数大于 1 时，边坡体处于稳定状态；当该系数等于 1 时，边坡体处于极限平衡状态；当该系数小于 1 时，边坡将发生滑坡或破坏。

1）GeoStudio 模拟结果

无降水的自然状态下，使用 GeoStudio 分别对矸石山覆土前（图 2.25）和覆土后（图 2.26）的边坡稳定性进行模拟分析，得到在自然状态下的安全系数分别为 1.742、1.718，矸石山基地处于较稳定状态，不会发生滑坡和坍塌现象。屯兰矿矸石山基地在表面覆土后的安全系数比覆土前有所减小，说明表面覆土结束后，矸石山整体稳定性有所下降。图中边坡处的条块为土条块，共 30 个，属于潜在滑动面。

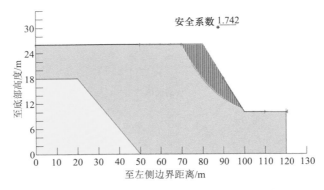

图 2.25　矸石山覆土前自然状态下的 GeoStudio 模拟结果

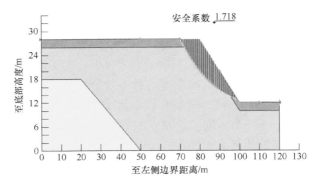

图 2.26　矸石山覆土后自然状态下的 GeoStudio 模拟结果

2）FLAC^{3D} 模拟结果

无降水的自然状态下，FLAC^{3D} 数值模拟结果见图 2.27～图 2.29。

自然状态下边坡稳定性安全系数为 1.21（图 2.27），矸石山基地处于稳定状态，不会发生滑坡和坍塌现象。边坡处分布有一个比较明显的剪切应变增量带，其范围最高处

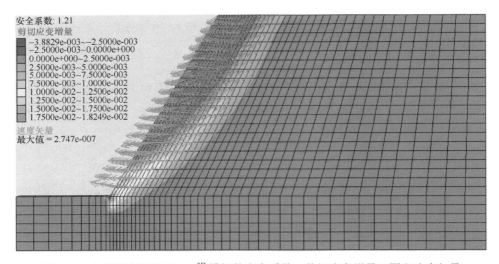

图 2.27　自然状态下的 FLAC^{3D} 模拟的安全系数、剪切应变增量云图和速度矢量

位于坡顶，最低处位于坡角以下 1m。剪切应变增量带即坡体内最软弱部位，是边坡发生失稳破坏时滑动面所在位置。速度矢量图也佐证了这一判断，即滑动面外侧区域各网格节点速度明显大于其他区域，这一区域已经出现明显滑动，可能会被破坏。速度矢量的分布规律表明，边坡的潜在破坏以浅表层圆弧形剪切破坏为主。

矸石山边坡竖直方向位移比较小，且位移主要发生在坡面附近，在远离坡面的矸石山内部区域，变形基本可以忽略（图 2.28）。沿着坡面向下位移量在坡顶处产生最大负向位移值为 9.1mm，从坡顶开始，越往下其值越小，在坡脚以上 1m 左右变为 0，继续向下其值变为正值，即产生向上的位移，在坡脚以上 0.5m 处达到正向最大位移值为 7.9mm，之后又逐渐减小。总体而言，矸石山边坡在竖直方向上几乎没有变形。

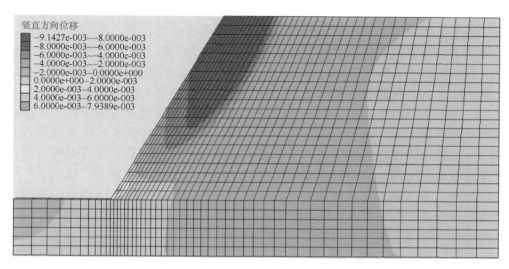

图 2.28 自然状态下的 FLAC³ᴰ 模拟的竖直位移分布云图

矸石山边坡在水平方向上的位移显著大于竖直方向上的位移（图 2.29）。由于滑体

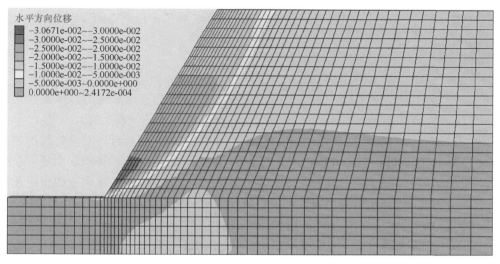

图 2.29 自然状态下的 FLAC³ᴰ 模拟的水平位移分布云图

有沿滑面向下滑动的趋势，坡体在水平方向上的位移基本上都是负值，可以看出潜在滑坡体的大致轮廓。与竖直方向上位移相类似，水平方向上的位移主要分布于坡面附近，在远离坡面的矸石山内部区域基本没有位移。沿着坡面，坡体在水平方向上的位移逐渐增加，在距离坡脚 0.5～1m 范围内达到最大值（30.6mm），在距离坡脚 0.5m 范围以内又逐渐降低至 0。从位移变化速度来看，从坡顶到坡脚，沿坡面向下，其变化速度是逐渐增加的，达到峰值之后又逐渐降低。在水平方向上，坡体位移量虽然明显高于其在竖直方向上的位移量，但是由于其最大值也仅为 30.6mm，可以认为基本没有发生变形。

4. 降水条件下矸石山稳定性分析

非饱和土力学可为降水条件下边坡稳定性的数值模拟分析提供理论依据。基质吸力可引起剪切效应，其随着土体中含水量的增加而降低，是一个不稳定的值。土体在降水条件下容易发生浅层滑坡与事故，这都与基质吸力的降低有关。孔隙水压力定义为土体或岩层中地下积水所产生的压力，其一般作用在微小颗粒及孔隙之间，包括静孔隙水压力和超静孔隙水压力，负的孔隙水压力即为基质吸力。体积含水量定义为土体中水的体积与土体的总体积的比值。雨水入渗是造成非饱和土体滑坡、失稳的重要原因之一，随着雨水大量渗入边坡土体，土体吸收水分达到饱和状态，使得边坡土体的力学性质发生了改变，如容重增加、强度降低。伴随着在边坡内部可能形成的地下水渗流，引起了边坡下滑力的增大、抗滑力的减小，改变了其原始的受力情况，导致其安全系数的降低，引起边坡的失稳。当雨水浸入到边坡的非饱和土体后，土体中的体积含水量不断增加，引起孔隙水压力的上升、基质吸力减小、土体总的抗剪强度下降。

以下对屯兰矿矸石山基地覆土前后，不同降水强度、不同降水持续时间的孔隙水压力、体积含水量、水平和垂直位移、最大剪应变和边坡稳定性进行对比分析。降水强度一般以日降水量来衡量：小雨的日降水量在 10 mm 以下；中雨的日降水量为 10～24.9 mm；大雨的日降水量为 25～49.9 mm；暴雨的日降水量为 50～99.9 mm；大暴雨的日降水量为100～250 mm；特大暴雨的日降水量在 250 mm 以上。模拟中设置中雨（24mm/d）、大雨（45mm/d）和暴雨（90mm/d）三种对比条件。

1）覆土前后降水 24mm/d 条件下边坡稳定性分析

降水 24mm/d 条件下，随着降水时间的积累，矸石山的孔隙水压力、体积含水量、水平和垂直位移、剪应变都在增大（表 2.20），安全系数减小（表 2.21）。

不覆土条件下，降水 20 天时，最大体积含水量为 2.47，已接近矸石散体的饱和体积含水量；降水 50 天时，最大体积含水量为 2.52，超过了矸石的饱和体积含水量，表明此时已经出现饱和区。覆土后，由于表面土体的饱和体积含水量较大，水分主要集中在矸石山的表面土体中，表面土体中出现较密集的体积含水量等值线，但最大体积含水量（降水90 天时为 22.62）仍小于表面土体的饱和体积含水量，未出现饱和区。覆土后矸石山孔隙水压力的增加幅度比覆土前的小，且矸石山底部的孔隙水压力几乎无变化，这主要是由于表面土体的饱和体积含水量较大，覆土后，大量的雨水都集中在了表面土体中，渗入到矸

表 2.20 覆土前后降水 24mm/d 条件下矸石山顶部孔隙水压力、底部孔隙水压力、最大体积含水量、坡脚最大水平位移、顶部最大垂直变形、最大剪应变随降雨持续时间的变化

降水持续时间/d	覆土前				覆土后			
	1	20	50	90	1	20	50	90
顶部孔隙水压力/kPa	−81.73	−80.02	−76.92	−70.62	−136.30	−136.10	−135.30	−133.50
底部孔隙水压力/kPa	105.30	106.20	106.60	120.90	64.85	64.87	64.89	64.91
最大体积含水量	2.41	2.47	2.52	2.57	21.58	21.91	22.28	22.62
坡脚最大水平位移/cm	0.03	0.67	1.68	3.02	0.39	7.70	19.26	34.66
顶部最大垂直变形/cm	0.14	2.89	7.23	13.01	0.59	11.89	29.73	53.51
最大剪应变	0.0001	0.0021	0.0053	0.0095	0.0031	0.0611	0.1527	0.2749

表 2.21 覆土前后降水 24mm/d 条件下矸石山边坡安全系数随降水持续时间的变化

降水持续时间/d	1	10	20	30	40	50	60	70	80	90
覆土前	1.728	1.393	1.367	1.359	1.354	1.352	1.350	1.349	1.348	1.347
覆土后	1.712	1.288	1.257	1.247	1.242	1.239	1.237	1.235	1.234	1.233

石山底层的雨水较少。覆土后矸石山边坡边缘的水平位移、顶部的垂直位移和矸石山体内部的最大剪切应变都比覆土前的大，覆土前后的垂直变形都大于水平变形，这主要是由于表面土体的饱和体积含水量较大，覆土后降水时，雨水大量渗入边坡土体，使土体吸水增加，土体饱和度逐渐增大，孔隙水压力上升，基质吸力即负的孔隙水压力减小，土体总的抗剪强度降低，使边坡的下滑力增大，抗滑力减小，从而易发生变形。

无论是在覆土前还是覆土后，随着降水持续时间的增加，矸石山边坡的安全系数都在减小，且在降水持续 1～10 天时，矸石山的安全系数降低得比较迅速，自 10 天往后降低得比较缓慢（表 2.21、图 2.30）。因此，矸石山如发生失稳，易发生在降水后 10 天左右。在相同的降水时间，覆土后的安全系数比覆土前的小，即矸石山在覆土后比覆土前更容易失稳。

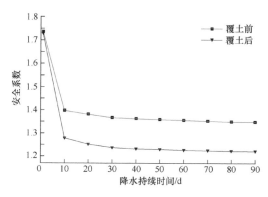

图 2.30 覆土前后降水 24mm/d 条件下矸石山边坡安全系数随降水持续时间的变化

2）覆土前后降水 45mm/d、90mm/d 条件下边坡稳定性分析

当降水强度为 45mm/d、降水 90 天时，覆土前，边坡安全系数接近 1（表 2.22），即边坡处于极限平衡状态；覆土后，安全系数刚好小于 1，即边坡处刚发生破坏。当降水强度为 90mm/d、降水 90 天时，无论是否覆土，边坡都将发生破坏。

表 2.22 覆土前后降水 45mm/d、90mm/d 条件下矸石山顶部孔隙水压力、
底部孔隙水压力、最大体积含水量、安全系数

	覆土前		覆土后	
	降水量 45mm/d	降水量 90mm/d	降水量 45mm/d	降水量 90mm/d
顶部孔隙水压力/kPa	−60.80	−49.03	−129.90	−125.60
底部孔隙水压力/kPa	164.80	175.70	64.92	64.93
最大体积含水量	2.58	2.59	23.73	25.87
安全系数（F_s）	1.099	0.802	0.931	0.715

以覆土后降水强度为 24mm/d、45mm/d 条件下第 90 天时的孔隙水压力分布、体积含水量分布、矸石山稳定性分析为例，模拟结果见图 2.31～图 2.36。

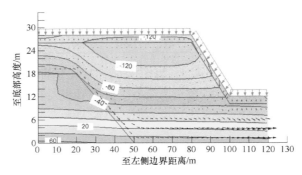

图 2.31 覆土后降水强度 24mm/d 条件下第 90 天时孔隙水压力分布图

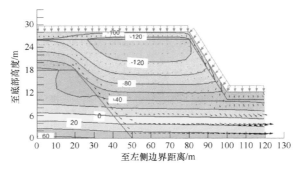

图 2.32 覆土后降水强度 45mm/d 条件下第 90 天时孔隙水压力分布图

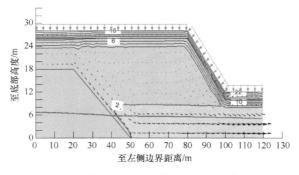

图 2.33 覆土后降水强度 24mm/d 条件下第 90 天时体积含水量分布图

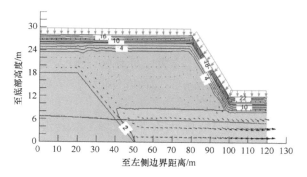

图 2.34　覆土后降水强度 45mm/d 条件下第 90 天时体积含水量分布图

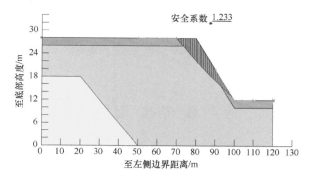

图 2.35　覆土后降水强度 24mm/d 条件下第 90 天时矸石山稳定性分析图

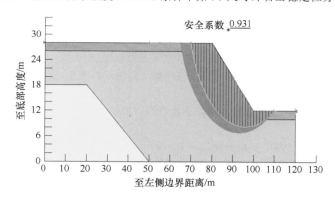

图 2.36　覆土后降水强度 45mm/d 条件下第 90 天时矸石山稳定性分析图

5. 矸石山基地模拟实验综合分析

上述模拟是建立在极端降水的前提条件下。屯兰矿地处干旱半干旱的内陆地区，发生长时间极端降水情况的可能性很低，但是这并不妨碍对这种情况下矸石山的稳定性进行研究探讨，特别是对于降水比较丰富的地区，具有较好的参考价值。

模拟结果表明：矸石山的垂直变形大于水平变形；覆土前孔隙水压力的增加幅度大于覆土后的增加幅度，覆土后矸石山底部的孔隙水压力几乎不变；覆土前在矸石山底部出现了饱和区，覆土后未出现饱和区。

在无降水的自然状态下，覆土前后矸石山的安全系数都大于 1，即矸石山处于稳定状态；在降水强度为 24mm/d、持续时间为 90 天时，安全系数也都大于 1，矸石山也处于稳定状态；在降水强度为 45mm/d、持续时间为 90 天时，安全系数接近 1，矸石山处于极限平衡状态；在降水强度为 90mm/d、持续时间为 90 天时，安全系数都小于 1，矸石山处于失稳状态，即出现了滑坡。

矸石山安全系数在连续降水 1～10 天内下降速率较快，在 10～90 天内下降较缓慢，即矸石山发生失稳的时间主要集中在连续降水 1～10 天内。

无论覆土前后，随着降水强度的增大（24mm/d、45mm/d 和 90mm/d），在相同的降雨持续时间，矸石山受到的孔隙水压力、体积水含量、水平位移、垂直位移、最大剪切应变都在增加，安全系数减小。

致谢：太原理工大学郝兵元、胡海峰、康立勋、马超、刘剑、夏龙、隋刚等专家参加了本章相关研究工作，特此致谢。

参 考 文 献

白中科, 段永红, 杨红云, 等. 2006. 采煤沉陷对土壤侵蚀与土地利用的影响预测. 农业工程学报, 22(6): 67-70.

毕银丽, 全文智, 柳博会. 2005. 煤矸石堆放的环境问题及其生物综合治理对策. 金属矿山, 34(12): 61-64.

崔希民, 邓喀中. 2017. 煤矿开采沉陷预计理论与方法研究评述. 煤炭科学技术, 45(1): 160-169.

董倩, 刘东燕. 2007. 矸石山稳定性非线性极限分析上限法. 煤炭学报, 32(2): 131-135.

杜开元. 2010. 厚松散层大采深条件下地表变形规律研究及数据处理. 太原: 太原理工大学硕士学位论文.

郝兵元. 2009. 厚黄土薄基岩煤层开采岩移及土壤质量变异规律的研究. 太原: 太原理工大学博士学位论文.

郝兵元, 胡海峰, 白文斌, 等. 2011. 地表沉陷预测参数可靠性分析及取值优化研究. 太原理工大学学报, 42(2): 184-187.

何国清, 杨伦, 凌赓娣, 等. 1991. 矿山开采沉陷学. 徐州: 中国矿业大学出版社.

何万龙. 2003. 山区开采沉陷与采动损害. 北京: 中国科学技术出版社.

胡海峰. 2012. 不同土岩比复合介质地表沉陷规律及预测研究. 太原: 太原理工大学博士学位论文.

胡海峰, 廉旭刚, 蔡音飞, 等. 2020. 山西黄土丘陵采煤沉陷区生态环境破坏与修复研究. 煤炭科学技术, 48(4): 70-79.

胡振琪. 2019. 我国土地复垦与生态修复 30 年: 回顾、反思与展望. 煤炭科学技术, 47(1): 30-40.

刘剑. 2015. 沟谷填充推平式矸石山的稳定性研究与分析. 太原: 太原理工大学硕士学位论文.

刘剑, 郝兵元, 黄辉. 2014. 大采宽工作面开采沉陷规律的 flac3d 模拟研究. 煤炭技术, 33(11): 132-134.

夏龙. 2017. 沟谷填充矸石山稳定性及覆土土地适宜性研究. 太原: 太原理工大学硕士学位论文.

张凯, 李全生, 戴华阳, 等. 2020. 矿区地表移动"空天地"一体化监测技术研究. 煤炭科学技术, 48(2): 207-213.

第三章　典型煤矿区土地复垦与生态修复区划

　　煤炭资源的开发和利用是人类社会经济发展中不可或缺的环节。然而，煤炭资源的开采往往会不可避免地毁坏土地，造成原有地形地貌和植被景观的严重破坏，甚至对生态环境产生危害，严重制约着社会经济的发展。因此，煤矿区土地复垦和生态修复工作是关乎社会经济可持续发展的重要内容。

　　山西省是我国煤炭生产大省，丰富的煤炭资源既是山西省经济发展的助推剂，同时也给山西工农业生产和经济建设带来严峻挑战。当前，在煤矿区进行土地复垦和生态修复是建设美丽宜居山西、助推山西社会经济绿色可持续发展的重要任务。本章主要介绍了山西省典型煤矿区土地复垦与生态修复区划，为未来山西省煤矿区土地复垦与生态修复工作提供科学依据。

第一节　山西省煤矿区土地复垦区划的原则与方法

　　土地复垦类型区的基本内涵包括自然地理环境要素和社会经济条件两个方面，体现了区域的自然地理环境特征和社会经济发展水平的差异，是融合了地形、地貌、土壤、生物、气候等要素和社会经济条件的同类综合性区域。土地复垦类型区划是土地复垦中重要的工作内容，它对土地复垦模式的制定实施以及土地复垦规划布局的宏观控制至关重要。

一、土地复垦类型区划的目的

　　土地复垦类型区划的目的主要有三个。

1. 寻找地域之间的差异性，为各区域土地复垦工程实施提供依据

　　不同地域拥有不同的自然和社会经济条件，因而土地复垦的重点和方向存在差异。通过类型区划分，寻找区间差异和区内共同特点，能够为不同类型区土地复垦目标的确定提供依据，使土地复垦工程更具有可行性。

2. 加强对土地复垦规划布局的宏观控制

　　通过土地复垦类型区的划分，制定相应的土地复垦模式，明确各类型区内土地复垦的主要任务和治理措施，并对土地复垦所采取的治理措施和规划布局进行宏观控制，使土地复垦措施符合当地土地利用状况，更好地解决土地复垦中存在的主要问题。

3. 根据不同类型区的特点和治理要求，指导复垦工程建设项目安排

　　根据不同类型区的特点和治理要求，明确土地复垦工程建设的主要内容，因地制宜地制定工程建设标准,以更好地指导土地复垦工程建设项目的实施,防止在土地复垦项目建设布局和内容方面出现大的偏差。

二、土地复垦类型区划的原则

土地复垦类型区划的主要原则如下。

1. 区内特征一致性原则

地质、地貌、土壤、水文、气象、生物、水资源、自然灾害等条件,是土地利用的基本条件和土地复垦工程建设的基础条件,影响土地潜力发挥、土地利用方式、农业种植模式及耕作方式。因此,土地复垦类型区内地形地貌、土壤、光热、水资源、自然灾害等自然条件要求基本一致,以保证土地复垦工程方案、措施和内容的相对一致。

2. 区内社会经济发展条件一致性原则

山西省不同区域之间的社会经济条件存在较大差异,因而在土地利用、农业种植和耕作等方面对土地及各种工程措施的要求也存在一定的差异。结合当地经济发展水平、人均耕地、农民人均收入、种植模式、灌溉水平以及道路等社会经济条件,因地制宜地划分土地复垦类型区,制定土地复垦模式,有利于复垦工程模式的统一和项目的有效实施。

3. 区内土地复垦方向及整体工程模式一致性原则

土地复垦工程是由一系列工程组合而成的一项综合性较强的工作。因此,划分土地复垦类型区,应强调土地复垦方向及整体工程模式的一致性,使同一工程类型区内土地复垦方向和所采取的主要治理措施尽量保持一致,从而有利于统一土地复垦项目工程设计、实施以及实施后的管理等工作环节。

4. 便于控制、管理和监督的原则

为了便于控制、管理和监督,划分的土地复垦类型区要尽量保持县(市)行政区域的完整性。部分县域内自然条件存在很大差异,不可划为单一区域,因此可将部分县域依照乡级行政界线划分类型区。

三、土地复垦类型区划的方法

山西省地形复杂,各地自然条件存在较大的差异,而造成这种差异的原因有很多方面。因此,影响土地复垦类型区划分的因素也有很多。鉴于各项因素影响作用的大小与广度,主要选择地形地貌、土壤、降水量、气温、煤矿分布区域以及煤矿开采方式六项对各地自然条件和类型区划分有显著影响的因素作为类型区划分的主要依据。山西省土地复垦的主要目标是农业复垦(复垦为耕地),因此,在进行复垦类型区划分时,重点考虑区划因素与农业生产之间的关系。

（一）地形地貌与农业生产的关系

地貌类型及其地域组合，以及地貌各组成要素，如高度、坡度、坡向、坡长及地表组成物质与现代地貌过程等，影响着热量、水分的再分配、能量交换及物质迁移等过程，制约着农业生态系统的平衡，是进行土地复垦类型区划分的重要依据。山西省地形地貌大致可划分为平原、丘陵和山地，它们的特点和对农业生产的影响分别论述如下。

1. 平原

平原海拔一般较低，大部分在 200 m 以下，少数超过 500 m。平原地势起伏较小，相对高度一般不超过 20 m，坡度在 5°以下的平坦地区占绝大部分。因此，平原耕地通常集中连片，有利于农业机械的使用及水利化建设，是农业发展的理想基地。平原地貌起伏不大，因此光热条件差异不太明显，但地面起伏小、坡度差别不明显，仍然显著影响着地表水的再分配和土壤的形成，从而使灌溉、排水以及农作物布局条件发生明显差异。平原地势平坦而开阔，流水侵蚀作用极小，土层深厚，土壤肥沃，灌溉方便，易于机耕，但平原地区极可能会遇到洪涝灾害，也会受到风沙、盐碱、干旱的威胁。

2. 丘陵

丘陵是指相对高度不到 200 m 的低矮山丘，或单独存在，或是以山地与平原间的过渡类型存在。与平原相比，丘陵对农业的影响主要表现在可耕地减少、坡耕地比例增加、水土流失较重，导致灌溉、机械耕作以及农业运输的困难。与山地相比，丘陵的起伏比较平缓，没有或很少有拔地而出的高峰，对农业生产的限制较小，因而丘陵区也是重要的农业区。丘陵地貌在农业生产上的主要问题是水土流失严重，特别是丘顶、丘坡的流水侵蚀。

3. 山地

山地是指海拔高度在 500 m 以上的高地，地势起伏大，山高坡陡，谷底狭窄，可耕地少而分散，垦殖率低，给发展耕作业、实现水利化和机械化带来不利影响。然而，山地能够使水热条件产生显著的地方性和垂直性差异，使得在短距离内出现多样的植物生长条件，为山区的立体农业和多种经营提供了优越的自然条件，因此具有发展大农业的优势。

（二）土壤与农业生产的关系

土壤是农林牧业生产的基本生产资料。土壤在农业生产中的地位在于它是实施农业生产中各项技术的基础。土壤由一系列不同性质和质地的土层构成，各类土壤都有一定的剖面构型。土体的剖面构型是土壤分类的主要依据，土体内物质的迁移和转化过程不但在土壤各组成部分之间进行，也在土层之间进行。山西省主要分布有褐土、栗褐土和栗钙土三种土壤类型，它们各自的特点及与农业生产的关系分别论述如下。

1. 褐土

褐土剖面的主要色调是褐色，它主要有两种质地：①发育在西部黄土母质上的褐土质地较轻，以壤土为主；②发育在石灰岩、页岩等坡积物上的褐土质地较重，常见黏壤土、黏土等。一般来说，受黏化作用影响，褐土土体中部经常有一个质地黏重的黏化层。褐土 pH 一般为 7.0~8.5，土壤呈中性-微碱性反应，盐基饱和度多在 80%以上，除淋溶褐土和部分潮褐土外，都有不同程度的石灰反应。褐土的黏土矿物组成与棕壤相似，主要为水云母，其次是蛭石，蒙脱石和高岭石较少。褐土的有机质含量较高，营养元素较丰富，特别是氮和钾含量较高。褐土的通透性强，生产性能良好，是山西省主要的农业土壤，但由于土体中大量碳酸钙的存在，使得磷的有效性降低。因此，农业生产中需要注意在褐土上进行磷肥的施用。

2. 栗褐土

栗褐土质地多为沙壤至轻壤，结构性较差，表层为屑粒状，心土层和底土层为块状，土体发育较褐土差。栗褐土的有机质含量低，土壤养分极低，通体呈强石灰反应。硅、铁、铝氧化物在栗褐土剖面中无明显变化。栗褐土的黏土矿物以水云母和蒙脱石为主。农业生产中栗褐土是需要进行培肥的土壤。

3. 栗钙土

栗钙土养分属于中等水平，丹磷素极缺，通体碳酸钙含量高，一般为 10%~14%，交换量低，颗粒组成虽因母质不同而异，但总体来说，栗钙土的质地较轻，多为砂质壤土。与褐土类似，农业生产中需要注意在栗钙土上进行磷肥的合理施用。

（三）降水量与农业生产的关系

农作物生长的各个阶段都离不开水，因此降水量的多少在很大程度上影响农作物的产量。降水量是划分土地复垦类型区的又一重要依据。根据山西省实际情况进行如下划分：①在年降水量≤450 mm 的地区，除朔州粮食作物的产量较高（3100~3500 kg/hm^2）以外，其余大部分地区粮食作物的产量均在 3000 kg/hm^2 左右；②在年降水量 450~550 mm 的地区，除忻州、离石粮食作物的产量小于 2800 kg/hm^2 以外，其余地区粮食作物的产量一般都在 3000~3500 kg/hm^2；③在年降水量≥550 mm 的地区，除阳泉粮食作物的产量较低，其余地区粮食作物产量一般均在 3500 kg/hm^2 以上。总体来说，根据年降水量与产量的正相关关系，按照年降水量分别为≤450 mm、450~550 mm、≥550 mm 三个范围，进行山西省土地复垦类型区划分。

（四）气温与农业生产的关系

气温对农业生产的影响主要表现为影响农作物的熟制。当日平均气温≥10℃的年积温为 3400℃以下时，作物熟制一般为一年一熟；当日平均气温≥10℃的年积温在 3400~4000℃时，作物熟制一般为两年三熟或一年两熟；当日平均气温≥10℃的年积温在 4000~4800℃时，作物熟制一般为一年两熟。根据《山西气候资源图集》中的日平均气温≥10℃的年积温图和年平均气温图，当≥10℃年积温为 3400℃以下时，年平均气温一般在 6℃以下；当≥10℃年积温为 3400~4000℃时，年平均气温一般介于6℃和10℃之间；当≥10℃年积温为4000～4800℃时，年平均气温一般大于10℃。因此，年平均气温的分布区域可以基本代表日平均气温≥10℃的年积温分布区域。

通常，年平均气温与无霜期有非常明显的联系。根据《山西气候资源图集》年平均气温图和无霜期分布图，当无霜期小于125 d时，年平均气温一般在6℃以下；当无霜期大于175 d时，年平均气温一般在10℃以上；当无霜期介于125 d和175 d之间时，年平均气温一般也介于6℃和10℃之间。由此可见，年平均气温的高低与无霜期的天数呈正相关关系，年平均气温高时，无霜期也相应增多。因此，可以用平均气温的高低来代表无霜期的长短。

综上，年平均气温与积温和无霜期等反映气温的指标有着密切的关系，进而与农作物的熟制和产量有着重要的关系。因此，可以将年平均气温作为划分土地复垦类型区的一个重要因素。结合山西省实际情况，可将年平均气温大致划分为≤6℃、6～10℃和≥10℃三个范围，并据此将山西省作物熟制划分为三个类型区（一年一熟、两年三熟和一年两熟），以此来反映气温与农作物熟制及产量的关系。

（五）土地复垦类型区的划分依据

在进行山西省土地复垦类型区划分时，主要的依据分别为：①反映山西省地貌条件的《山西省DEM图》；②反映山西省降水条件的《山西省年降水量图》；③反映山西省气温条件的《山西省年平均气温图》；④反映山西省土壤类型的《山西省土壤改良分区图》；⑤反映山西省行政区划的《山西省行政区划图》；⑥反映山西省煤矿分布现状的《山西省煤矿分布图》。

（六）土地复垦类型区的划分及命名

土地复垦类型区划采用演绎和归纳相结合的方法，基于山西省地形地貌、年降水量、土壤、年平均气温、煤矿分布区域以及煤矿开采方式等要素资料，在尽量保持县级行政界线完整的基础上来确定分区类型。在实际区划时，针对部分自然条件复杂的地区，也可以根据乡级行政界线进行类型区的确定。总之，土地复垦类型区划的每个分区都有一定的地理分布范围，但并不是由某个特定边界划分的封闭区域，或者只是对某个特定地理类型区域的简单界定。

土地复垦类型区的命名方法为：一级类型区基本按气候类型进行分区，并结合地理位置进行命名；二级类型区根据自然社会经济条件和煤矿开采方式等进行分区，并以地貌和开采方式相结合的方法进行命名。具体步骤为：①选取六个因素：地形地貌、年降水量、土壤、年平均气温、煤矿分布区域、煤矿开采方式；②对每个因素划分范围，地形地貌因素考虑平原、山地、丘陵三种类型；年降水量考虑≤450 mm、450～550 mm、≥550 mm三个范围；土壤考虑褐土、栗褐土、栗钙土三种类型；年平均气温考虑≤6℃、6～10℃、≥10℃三个范围；③运用GIS软件叠加处理、归并综合；④将上述GIS图叠加，提取属性，按年降水量、土壤和年平均气温三个要素的不同范围进行一级类型区划分；⑤在一级类型区内，根据地貌和开采方式的不同进行二级类型区划分；⑥根据命名原则对一、二级类型区进行命名；⑦编制《山西省土地复垦类型区分布图（1∶500 000）》。

第二节 山西省煤矿区土地复垦类型区划及复垦模式

根据山西省地形地貌、年降水量、年平均气温、土壤、煤矿分布区域、煤矿开采方式以及社会经济条件，可将山西省土地复垦类型划分为 6 个一级区、9 个二级区（图 3.1），具体包括：①晋北中温带半干旱类型区，分布有 2 个二级区，为黄土丘陵井工开采区和黄土丘陵台地露天开采区；②晋西暖温带半干旱类型区，分布有 1 个二级区，为黄土丘陵井工开采区；③芦芽山东侧暖温带半干旱类型区，分布有 1 个二级区，为低山丘陵井工开采区；

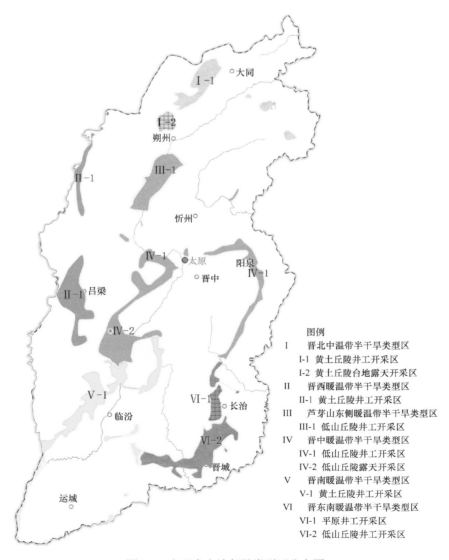

图例
I 晋北中温带半干旱类型区
 I-1 黄土丘陵井工开采区
 I-2 黄土丘陵台地露天开采区
II 晋西暖温带半干旱类型区
 II-1 黄土丘陵井工开采区
III 芦芽山东侧暖温带半干旱类型区
 III-1 低山丘陵井工开采区
IV 晋中暖温带半干旱类型区
 IV-1 低山丘陵井工开采区
 IV-2 低山丘陵露天开采区
V 晋南暖温带半干旱类型区
 V-1 黄土丘陵井工开采区
VI 晋东南暖温带半干旱类型区
 VI-1 平原井工开采区
 VI-2 低山丘陵井工开采区

图 3.1 山西省土地复垦类型区分布图

④晋中暖温带半干旱类型区，分布有 2 个二级区，为低山丘陵井工开采区和低山丘陵露天开采区；⑤晋南暖温带半干旱类型区，分布有 1 个二级区，为黄土丘陵井工开采区；⑥晋东南暖温带半湿润类型区，分布有 2 个二级区，为平原井工开采区和低山丘陵井工开采区。

山西省各土地复垦类型区的特征和生态复垦模式具体情况如下。

一、晋北中温带半干旱类型区

该类型区地貌为黄土丘陵台地，大部分地区年降水量为 380～450 mm；年平均气温为 4～8℃；土壤类型为栗褐土。由于采煤破坏，该区大部分地区为贫水区，地下水类型为变质岩裂隙水，单井出水量为 3～15 m³/h，可开采量为 1～5 m³/（km²·a）。该类型区包括两个二级区：黄土丘陵井工开采区和黄土丘陵台地露天开采区。

（一）黄土丘陵井工开采区

该类型区主要分布于右玉县、左云县、大同矿区、大同南郊区、大同城区、新荣区、怀仁县、朔州城区、平鲁区、浑源县以及应县。区内主要地形地貌为低山缓坡丘陵，海拔 1300～1700 m，相对高差 100～200 m，地势由东南向西北倾斜。

该区域内主要分布的土类为栗钙土和栗褐土，并零星分布少量红黏土及粗骨土。其中，栗钙土的理化性状较差、养分含量低，质地为砂质壤土。栗褐土养分状况也较差，质地较轻，多为粉砂壤土。红黏土质地黏重，通体以砂壤为主，呈中性或微酸性反应。

该区的年降水量为 380～450 mm，大部分地区年蒸发量为 700～800 mm；年日照数 2800～3000h；年平均气温为 4～6℃；日平均气温≥10℃的年积温为 2000～3000℃；无霜期为 100～150 d；冻土层厚度为 100～150 cm；年平均风速为 2.5～3.5 m/s。

该区域自然环境恶劣，主要限制因素为气温低、降水量少、风沙大，沉陷引起的地面裂缝多且宽，有的可达 200 cm。从目前土地复垦的可行性出发，复垦时应采取工程措施与生物措施相结合的方式，以填充裂缝和平整土地为主，并按照生态学原理，在该区农作物一年一熟的基础上，通过种植防护林带以减小风沙；通过退耕还林以恢复植被、防止水土流失；通过灌溉以补充水分；通过梯田修筑、坡沟治理、沙化地治理、改良土壤等措施，使农作物的产量有所提高。土地复垦时采取的具体措施如下。

1. 填充沉陷裂缝

对于轻度破坏、土层较厚、裂缝没有贯穿土层的耕地，可将裂缝挖开，填土夯实。对于破坏程度严重、裂缝透穿土层的地段，应用煤矸石填堵裂缝的孔洞，再用细沙土填堵。针对宽裂缝区，可按上述方法进行人工或机械回填。此外，为了防止雨水随裂缝下渗，须在裂缝边缘起垄（蔡慧敏等，2008）。

2. 整理沉陷坡地

对于未稳定的沉陷地，由于地下煤炭开采仍在进行，地层尚不稳定，地表形态在不断的变化之中，目前不宜大量投资进行综合整治与开发，应以因势利导的自然利用为主。

对于稳定的沉陷地，在坡度较缓区，可以因地就势修建水平梯田和坡度梯田，将每一块梯田统一平整到一个相对高程点，因地制宜进行农业种植；在陡坡地带，可以考虑修建鱼鳞坑，稍作局部土地平整后，植草种树。另外，根据海拔、坡向、坡度、土壤类型、土层厚度等因素，选择栽种防风固沙林、水土保持林、经济林，以增加植被覆盖率，并做好抚育、管理工作，加快生态重建。

3. 生物措施

根据"适地适树"的原则，引入适生树种，达到速生丰土、固持土壤、蓄水保墒的目的，以防止水土流失（高科和任于幽，1998）。通过种植豆科作物、绿肥、人工牧草，以及施加微生物肥料等方式，提高土壤肥力，改良土壤理化性质，从而提高土地生产力。

4. 适当调整当地农村产业结构

以土地复垦为契机，逐步调整当地农村产业结构，使其从单一的以种植业为主的产业结构逐渐转向农林牧业综合发展的产业结构。此外，部分地区可以利用靠近矿区、城区的便利条件，发展设施农业，实施"菜篮子"工程。

（二）黄土丘陵台地露天开采区

该类型区主要分布于平鲁区白堂乡。区内主要地形为黄土丘陵台地，地势北高南低，起伏和缓，最高点为蔡墩山，标高为 1537 m，最低点为七里河刘家口，标高为 1000 m。区内主要河流有马营河、马关河和七里河，均汇入桑干河。

该区域主要土壤类型为栗褐土，养分状况较差，质地较轻，一般为砂壤或壤土。区域气候类型为中温带半干旱大陆性季风气候，干燥寒冷、风沙大，年降水量平均为462 mm，年蒸发量为 750～800 mm；年日照时数为 2700～2900 h；年均气温为 4～8℃，最高气温 38.2℃，最低气温–32.4℃；日均气温≥10℃的年积温为 2000～3500℃；无霜期为 100～125 d；冻土层厚度为 100～150 cm；年平均风速为 2.5～4.5 m/s。

该区主要的制约因素为年降水量少，但时段降水强度高达 6～9 mm/h，大型的人工堆砌地貌在初期整体不稳定、易变形，水土流失十分严重，且地表覆盖的生黄土肥力很低，容重过大，不利于水分入渗。该区采取的土地复垦模式为田园式农林复合生态复垦模式，具体措施如下。

1. 改善排土工艺

采用疏松堆土法综合解决因土壤容重过大引起的水土流失和不利种植问题，即大型运输车在平台上排土后，通过轻度整理，使其表面呈蜂窝状起伏，以达到强化表层均匀入渗和防止深层集中灌渗等目的。

2. 设置排洪渠系

该区地处山西北部，年降水量集中于夏季，时段降水强度高达 6～9 mm/h，故大型排土场须设置排洪渠系，以便暴雨期间及时排水，同时控制岩土侵蚀，防止滑坡。根据排土场在煤矿区的布设位置及松散体的稳定程度，将排水渠系分为两大类：一是硬化骨干排水渠系，主要用于排泄大暴雨造成的地面径流，该渠系尽量利用硬化、碾压、稳定不变的路面和区段修筑构建；二是非硬化临时性排水渠系，在排土场非均匀沉降结束期间（一般 5～8 年），采用易修复的非刚性材料修筑（白中科和赵景逵，1996）。

3. 盖土后立即种植植物

覆盖的黄土极易遭受风蚀、水蚀，结合区域景观特点，在盖土后应立即种植植物，最好种绿肥牧草，既可使生土熟化，又可提高区域生态系统功能，利于保持水土，维持区域生态平衡（郑希伟和宋秀杰，2003）。

4. 提高土壤肥力，改善种植结构

排土场平台面地形较宽阔平展，可以通过耕作、施肥和种植绿肥牧草等方式来提高土壤肥力，将其逐渐改为耕地。在排土场边坡可以种植草、灌、乔木。此外，根据水土流失控制情况和土壤培肥情况，适当调整农、林、牧种植结构，使其逐渐形成一个良好的农林复合生态结构。

二、晋西暖温带半干旱类型区

晋西暖温带半干旱类型区包括黄土丘陵井工开采区一个二级区。该类型区主要分布于偏关县、河曲县、保德县、兴县、临县、方山县、柳林县、离石区、中阳县和石楼县。该区属黄土丘陵地貌，地势东高西低，海拔 1000～1300 m，东部翠峰山最高，海拔 1600 m，西部沿黄河区最低，海拔 800 m 左右。区内沟壑交错，沟深坡陡，梁、峁黄土地貌支离破碎，植被稀少，主要河流（偏关河、朱家川河、小河沟河、岚漪河、蔚汾河和湫水河等）自东向西流入黄河。

该区域内主要分布的土类为栗褐土，其次为黄绵土，也零星分布着粗骨土和潮土。其中，栗褐土的亚类中以栗褐土和淡栗褐土分布较多。栗褐土养分状况较差，质地较轻，多为粉沙壤土。淡栗褐土质地多为砂质壤土。黄绵土土层深厚，质地为砂质壤土或通体壤土，土壤呈弱碱性。潮土有不同程度的盐渍化现象，多为表土层积盐。

该区年降水量为 450～550 mm；除偏关、临县年蒸发量大于 800 mm 以外，其余大部分地区年蒸发量为 700～800 mm；年日照时数 2500～2900 h；大部分地区年平均气温为 6～10℃；日平均气温≥10℃的年积温为 2000～3500℃；无霜期为 100～160 d；冻土层厚度为 80～125 cm；年平均风速为 1.5～3 m/s。

该区域的主要制约因素为水资源贫乏，地表水资源开发利用十分困难，水土流失严重、土壤质量差、土地生产力低、地形破碎。该区是山西省水土流失严重的区域，复垦时应充分结合水土保持措施，如沟内修谷坊、沟头建设防护工程等。在控制好水土流失的基础上，采用梯田开发和农林牧综合发展的生态复垦模式，具体措施如下。

1. 宜耕地平整及梯田修筑工程

在沉陷旱作耕地，复垦整理之前应将 20～30 cm 的熟土剥离存放，待土地平整后，再均匀覆盖在表面。在不同坡度区实行不同的局部平整方式，平坦区在原有地块基础上平整，

不做较大变动；缓坡区因地就势修整为水平梯田，为保证田块集中连片，应将每一块梯田统一平整到一个相对高程点，平整完工后的土地应保证田块接受水分均匀。此外，土地平整应以地块为单位，采用半挖半填的方式自上而下进行，填方部位应分层压实，分层厚度为 0.3～0.5 m，单元区内土地平整时填挖方，需尽可能限制在本单元区内部。在中坡区可重点平整坡顶土地，应尽量在保持地块不变的基础上对于原有梯田进行平整。在沉陷裂缝和沉陷坑地区，应结合平整土地，就近取土充填，每填 0.3～0.5 m 夯实一次（蔡慧敏等，2008）。

2. 宜林、牧草地平整

对于丘陵地貌，由于地形起伏较大，不适宜进行大规模的平整，只填堵裂缝和沉陷坑，将土壤改良后，直接种植当地优势的经济林木、果树以及适宜草种。

3. 生物改良措施

在堆垫新造的田块，选用豆科牧草作为复垦的先锋植物，既可快速培肥熟化土壤，又可绿化矿区、减少粉尘、保持水土。

4. 生态复垦

按照"宜农则农、宜林则林、宜牧则牧"原则，在复垦的土地上，发展以先进农业科技为指导的集约化经营型农业，可以建成蔬菜、水果、特种经济作物等生产基地，也可以种植大面积牧草，发展牛奶生产、加工、销售基地，既有利于增加项目区群众的收入，又可以改善周边地区副食供应条件（刘西玲，2003）。

三、芦芽山东侧暖温带半干旱类型区

芦芽山东侧暖温带半干旱类型区包括低山丘陵井工开采区一个二级区。该区主要分布于宁武县、原平市、静乐县、神池县和五台县。区域东侧是云中山，西侧是芦芽山，其中云中山最高峰海拔 2654 m，中部有汾河流过，两岸为黄土丘陵低山地形，南部属于吕梁山脉芦芽山南端低山丘陵区，地形复杂，河谷纵横。区内平均海拔 1000～1200 m，相对高差仅 100～200 m，受河流长期侵蚀切割，地表支离破碎，地貌以梁、峁状黄土丘陵为主，局部地区可见小块黄土塬或残留的小块塬面。

该区域内主要分布的土类为褐土，其次有粗骨土、棕壤及栗褐土，并分布有少量潮土。其中，褐土的亚类主要分布有褐土性土。褐土呈中性到微酸性反应。褐土性土的土层深厚，质地砂、黏不等。粗骨土较石质土土层厚、土质粗、砾石多。棕壤土层较薄，质地较重。栗褐土养分状况较差，质地较轻，多为粉沙壤土。栗褐土亚类质地为砂质壤土。淡栗褐土质地多为砂质壤土。潮土有不同程度的盐渍化现象，多为表土层积盐。

该区域年降水量为 450～550 mm，年蒸发量为 700～800 mm；年日照时数 2600～2900 h；年均气温为 6～9℃；日平均气温≥10℃的年积温除芦芽山附近小于 2000℃以外，其余大部分地区为 2000～3500℃；无霜期为 80～135 d；冻土层厚度为 100～150 cm；年平均风速为 2.5～4 m/s。

该区域的主要制约因素为地形复杂、河谷纵横、地下水资源贫乏，地面沉陷以裂缝为主，水土流失严重，地质灾害频繁。该类型区采用农林牧综合发展的生态农业复垦模式，具体措施如下。

1. 填堵裂缝

对于轻度破坏、土层较厚、裂缝未贯穿土层的耕地，采用填堵法，即将裂缝挖开，填土夯实即可。对于破坏程度严重、裂缝透穿土层的耕地，应用煤矸石填堵裂缝的孔洞，再用细砂、土填堵宽裂缝区，最后进行人工或机械回填。为了防止降水随裂缝下渗，可在裂缝边缘起垄，以阻止水流，保证土壤持水量（张梁，2002）。

2. 修建梯田

根据坡度变化，因地就势修建水平梯田和坡度梯田。对于地形破碎、土地不平区，可以进行土地平整；在地下水资源贫乏且埋藏较深的地区，可以采用蓄水窖灌溉，以改善复垦后煤矿区农业生产条件。对于坡度较缓区，进行土地平整，修建水平沟、水平阶、边缘埂等水土保持措施，有效控制降水，使其不沿裂缝下渗；在陡坡地带，可以修建鱼鳞坑，在稍作局部土地平整后，植草种树。

3. 恢复植被

根据海拔、坡向、坡度、土壤类型、土层厚度等因素，因地制宜，栽种水保林木、经济林木及牧草等以增加植被覆盖率，并做好抚育管理工作，加快生态重建。另外，在水土流失严重的区域，可在沟道内修建谷坊、在沟头构建防护工程，以有效控制水土流失（胡少伟和周跃，2004）。

4. 生物措施

针对该区域土地生产力低、土壤贫瘠的现状，通过配合使用生物制剂等方式增加土壤的微生物群落和数量，促进土壤养分的释放，增强土壤的保肥性和供肥性，提高肥料的利用率和当地作物的产量（顾志权，2005）。

5. 生态农业

在山地丘陵区种植当地优势的经济林木和适宜草种。在农田区进行田、路、林统一规划，并配套完善灌排水利设施，改善煤矿区农业生产条件，促进农、林、牧业的全面发展。

四、晋中暖温带半干旱类型区

晋中暖温带半干旱类型区包括低山丘陵井工开采区和低山丘陵露天开采区两个二级区，具体情况如下。

（一）低山丘陵井工开采区

该类型区主要分布于阳曲县西凌井乡、清徐县马峪乡和东于镇、晋源区、小店区黄陵乡、尖草坪区王封乡、迎泽区郝庄镇、万柏林区王封乡和西铭乡、杏花岭区、古交市、交城县、文水县、介休市、孝义市、汾阳市、交口县、灵石县、平遥县、武乡县、左权县、和顺县、昔阳县、平定县、阳泉郊区、阳泉矿区、寿阳县和盂县。区内地形地貌以低山丘陵为主，地势由北向南逐渐降低，西部海拔多在 900～1300 m，东部海拔在 800～1400 m，绝大部分矿区位于汾河谷地向吕梁山地过渡地带。区内西部河流属黄河支流汾河水系，主要河流有屯兰河、石门河、南沙河、北沙河、涧河、白石南河、文峪河、孝河等；东部河流属海河支流的子牙河水系和滹沱河水系，主要河流有松溪河、城北河（安平河）、城西河（巴洲河）、怡河、阳胜河、秀水河、乌玉河、桃河等；东南部河流属黄河支流漳河水系，主要河流有洪水河、清漳西源河、和顺河等。

该区域内主要的土壤类型为褐土，其次分布有粗骨土和棕壤，并零星分布少量潮土。其中，褐土的亚类以淋溶褐土及褐土性土居多。淋溶褐土土层较薄，多在 50～100 cm，土壤质地以壤土为主；褐土性土质地砂黏不等。粗骨土较石质土土层厚、土质粗、砾石多；棕壤土层较薄，质地较重。

该区东部地区年降水量为 500～650 mm；除阳泉市区及平定、盂县年蒸发量大于800 mm 以外，其余大部分地区的年蒸发量为 700～800 mm；日照时数为 2500～3000 h；年平均气温为 6～10℃；日平均气温≥10℃的年积温为 2000～4000℃；无霜期为 125～175 d；冻土层厚度大部分地区为 50～100 cm；年平均风速为 1.5～3 m/s。区域西部地区年降水量为 450～600 mm，年蒸发量为 700～800 mm；年日照时数 2600～2900 h；年平均气温除灵石、介休中部盆地为 10～12℃，其余大部分地区为 6～10℃；日平均气温≥10℃的年积温为 2000～4000℃；无霜期为 125～170 d；冻土层厚度为 50～100 cm；年平均风速为 2.5～3 m/s。

该区域的主要制约因素为地形复杂、裂缝较多、水土流失严重、土壤质量差以及土地生产力低。该类型区采用的复垦模式包括植被重建的生态林模式、建材开发与生产建设用地模式。具体措施如下。

1. 植被重建的生态林模式

采取工程和生物措施进行综合治理，在用煤矸石、废弃物等填充裂缝的基础上，大力搞生态复垦，提高土地质量。一方面，要搞好生态防护工程建设，实施退耕还林还草工程，建立防护林带以保持水土，改善生态环境；另一方面采取措施提高土地的植被覆盖率，还可利用交通便利、距城市较近的优势，修建各种供观赏和娱乐的花草、树木、亭台等，将土地复垦为娱乐用地、森林公园等观光旅游区，发展生态旅游业（司双印等，2004）。

2. 建材开发与生产建设用地模式

对于人口密集、耕地紧张、土地矛盾突出的煤矿区，利用煤田开采产生的煤矸石进行填充复垦，一方面避免了煤矸石堆放的占地污染和煤矸石自燃等造成的环境损害，另一方面又可为沉陷区提供充填填料。复地后的土地可用作矿区或城镇生活及生产基建用地。对于靠近城镇的矿区，可以应用煤矸石回填沉陷区就地搬迁村庄以及兴建抗变形民宅等技术（卞正富等，2007），减少村庄搬迁工作量，这样既节约了废弃物对土地的占用，又满足了经济发展对建设用地的需要，还避免了村民因搬离原址带来的远距离劳作之不便。针对矿区内煤矸石和粉煤灰大量堆积、占用大量土地等问题，可将煤矸石或粉煤灰加工成建材产品进行废弃物综合利用，也可以积极发展坑口电厂，利用煤矸石或低热值煤发电，电厂灰渣或煤矸石可用于回填沉陷区进行造地。此外，还可用煤矸石烧结砖，开发以节能建筑为主的房地产业（孔令国，2005），或者以煤矸石和粉煤灰作为筑路材料等。

（二）低山丘陵露天开采区

该类型区主要分布于孝义市阳泉曲镇。区内地形以低山黄土丘陵和汾河谷地、山麓平原和堆积平原为主，地势西部和中南部较高，汾河纵贯该区东部，文峪河、孝河及其支流呈树枝状分布，大多为季节性河流。

该区域内主要分布的土类为栗褐土、黄绵土、褐土，并零星分布石质土及粗骨土。褐土的亚类中主要为淋溶褐土、石灰性褐土和褐土性土。栗褐土养分状况较差，质地较轻，多为粉沙壤土。栗褐土亚类质地为砂质壤土。淡栗褐土质地多为砂质壤土。黄绵土土层深厚，质地为砂质壤土或通体壤土，土壤呈弱碱性。褐土呈中性到微酸性反应。淋溶褐土土层较薄，多在 50～100 cm，土壤质地以壤土为主，一般无侵蚀。石灰性褐土土体深厚，以壤质为主，熟化表土层厚度约为 20 cm。褐土性土是发育程度较差的一个褐土亚类，质地砂黏不等。石质土土层厚度一般在 10 cm 以下，质地较粗，多为砂质壤土。粗骨土较石质土土层厚，土质粗，砾石多。

该区年降水量 500～550 mm；年平均气温 10～12℃，1 月平均气温–5～–4℃，7 月平均气温 23～25℃；无霜期 150～170 d；冻土深度 93 cm；结冰期从 10 月至翌年 3 月（最长 147 d）。

该区域的主要制约因素为煤矿区挖损地分布面积大，地表植被破坏严重，地表凸凹不平，土壤肥力低，基础水利设施缺乏。该类型区采用综合治理复垦模式，具体措施如下。

1. 地貌重塑工程

采取平整土地措施，改变煤矿区地表凹凸不平的现状，并引入先锋植物，结合水土保持、土壤培肥等措施，使先锋植物快速形成植被（魏丹斌等，2003）。

2. 培肥工程

通过施用有机肥、无机肥、种植绿肥、微生物改良等生物复垦措施，改善复垦土壤的理化特性和养分状况，以提高土壤肥力，为植物提供良好的条件。

3. 复垦与新农村建设相结合

以土地复垦为"切入点"，以农业产业化为"突破口"，在土地复垦中推进农村城镇化建设。在复垦为农业用地时，注意增加农产品的科技含量，提高农业综合生产力，以科技促发展、向规模要效益（祖峰，2006）。另外，复垦时可以把复垦区域内的部分土地统一进行土地复垦规划，强调土地的生态设计与建设，实行"资源置换，村企互动"的社会主义新农村建设模式，建设村公共设施建筑，进行广场、道路硬化。

五、晋南暖温带半干旱类型区

晋南暖温带半干旱类型区包括黄土丘陵井工开采区一个二级区。该区主要分布于沁源县、古县、翼城县、襄汾县陶寺乡、临汾尧都区、洪洞县、浮山县、安泽县、霍州市、蒲县、乡宁县、汾西县、垣曲县和平陆县。区内地形以丘陵为主，东北部位于沁潞高原西北，海拔多在 1200～1500 m，中南部位于吕梁山西侧、汾河谷地向吕梁山的过渡地带。

该区域主要分布的土类为栗褐土、黄绵土、褐土，并零星分布石质土及粗骨土。其中，褐土的亚类主要为淋溶褐土、石灰性褐土和褐土性土。栗褐土养分状况较差，质地较轻，多为粉沙壤土。栗褐土亚类质地为砂质壤土。淡栗褐土质地多为砂质壤土。黄绵土土层深厚，质地为砂质壤土或通体壤土，土壤呈弱碱性。褐土呈中性到微酸性反应。淋溶褐土土层较薄，多在 50～100 cm，土壤质地以壤土为主，一般无侵蚀。石灰性褐土土体深厚，以壤质为主，熟化表土层厚度为 20 cm 左右。褐土性土是发育程度较差的一个褐土亚类，质地砂黏不等。石质土土层厚度一般在 10 cm 以下，质地较粗，多为砂质壤土。粗骨土较石质土土层厚、土质粗、砾石多。

该区域平均年降水量，除沁源地区为 600～650 mm 外，其余大部分地区为 500～600 mm；年蒸发量，除沁源地区小于 700 mm、垣曲地区大于 800 mm 以外，其余大部分地区为 700～850 mm；年日照时数为 2500～4000 h；年平均气温，除垣曲、平陆等地大于 10℃，其余大部分地区为 8～10℃；日平均气温≥10℃的年积温为 3000～4000℃；无霜期为 150～200 d；冻土层厚度为 25～75 cm；年平均风速为 1.5～3 m/s。

该区域的主要制约因素为地下水资源贫乏、水土流失严重、土壤质量差、土地生产力低和地形破碎。该区土地复垦建设的重点应为保持水土和提高土地质量，因地制宜地发展农林开发相结合的土地复垦模式。具体措施如下。

1. 防治水土流失

采取工程、生物等综合措施治理水土流失，实现沟谷川台化，通过植树种草防治水土流失，修建淤地坝拦泥保土，改善地形条件，拦截降水。

2. 土壤培肥

采用"分层剥离，交错回填"的土壤重构新技术，对破碎的黄土残塬地区进行土壤重构，并通过种植绿肥、微生物改良等培肥技术，提高地力等级，使土地的生产能力和农作物的产量有所提高。另外，通过种植对干旱、盐碱等不良土地因子有强的忍耐力以及有固氮能力且根系发达、生长速度快的先锋植物（如刺槐、灌木植物、苜蓿草等），同时间种适生的乡土树种（任海和彭少麟，2002），尽快恢复植被。

3. 因地制宜，合理规划

对充填后的沉陷区进行合理规划，宜农则农、宜林则林。对复垦后的农业土地，可采取庭院模式、规模种植、特种种植、农场化模式养殖等进行合理利用，有效提高土地复垦利用率。在林业用地上设置旅游景点，改变煤矿区"脏、乱、黑"的形象，改善生态环境质量，这样不仅可为农民提供良好的休闲场所（宝力特等，2006），而且还可增加周边农村的经济收入，提高农民的生活质量。

六、晋东南暖温带半湿润类型区

晋东南暖温带半湿润类型区包括平原井工开采区和低山丘陵井工开采区两个二级区。

（一）平原井工开采区

该类型区主要分布于屯留县、长治县、长子县和长治郊区的黄碾镇、西白兔乡以及堠北庄镇。该区位于太行山西侧山前地带长治（上党）盆地的东部边缘，地势低平，海拔 900～1100 m，区域最高处位于经坊、韩川附近，标高 1103 m，最低处位于漳河河床，标高 899 m。区内为湖相沉积、红土及黄土堆积的小盆地，受漳河的切割，地面跌宕起伏，周围多为相对高度较小的中山。浊漳河为区内主要河流，自南向北流入漳泽水库，往北经襄垣县与浊漳西源汇合向东流入河北省境内。

该区域内主要分布的土类为褐土，其中石灰性褐土和褐土性土分布较多，其次分布着潮土、红黏土、中性及钙质粗骨土。褐土呈中性到微酸性反应。石灰性褐土土体深厚，以壤质为主，熟化表土层厚度为 20 cm 左右。褐土性土是发育程度较差的一个褐土亚类，质地砂黏不等。潮土有不同程度的盐渍化现象，多为表土层积盐。红黏土质地黏重，通体以砂壤为主，呈中性或微酸性反应。钙质粗骨土碳酸钙含量较高，土质较细。

该区年降水量为 550～650 mm，年蒸发量为 650～750 mm；年日照时数为 2400～2600 h；年平均气温为 9℃；日平均气温≥10℃的年积温为 3000～3500℃；无霜期为 150～175 d；最大冻土深度为 50～75 cm；年平均风速为 1.5～2.5 m/s。

该区域的主要制约因素为矿区土地破坏造成地表形变严重，平原区水利设施破坏，土地生产力降低。该区为山西省的主要粮食高产区，因此土地复垦应将复垦工程技术与生态工程技术结合起来，运用生态系统物种共生和物质循环再生等原理（赵竟英等，2008），在复垦的土地上发展生态农业，以获得较好的经济、生态和社会综合效益。该区域采取的复垦模式为高效生态农业复垦模式，具体措施如下。

1. 平整土地

该区属于平原地区，有大面积的沉陷地，在平整土地时，应先将表土剥离集中存放，然后采用机械化作业将煤矸石等固体废弃物回填至沉陷坑，再将表土层均匀覆盖于回填物之上，最后因地制宜地加以规划利用。

2. 熟化、改良土壤

覆土还田的关键是土壤的熟化（乔有成等，2007），复垦后的土地可以通过施用有机肥、无机肥、种植绿肥、微生物改良等生物措施来改善土壤的理化特性和养分状况，从而提高复垦土壤的肥力。

3. 配套建设

采用工程措施复垦为农田后，要逐步完善配套的农业水利工程设施，改善农业生产条件。在地块集中区，建立完备的道路、沟渠体系，并促进农业生产机械化作业，提高耕地的集约利用化水平和产出率。

4. 田、林式高效生态农业

在复垦区，按照"整体、协调、循环、再生"原则，合理安排景观布局、设计物种生态位，建立生态农业物质循环模式以及农业生产良性循环体系（付梅臣等，2003）。复垦时应促进耕作制度、种植结构的良性变化以及复种指数的提高（付梅臣和胡振琪，2005），种植时可以将效益较低的粮食作物改变为经济效益较高的经济作物，使中低产田变为高效农田，从而增加农民收益。通过对田、水、路、林的综合治理，使得田块平整、道路井然、沟渠发达，增加实际可利用耕地面积，有效提高土地利用效率，最终提高农业综合生产能力。

（二）低山丘陵井工开采区

该类型区主要分布于襄垣县、长治县、长子县、沁水县、阳城县、晋城城区、泽州县、高平市、陵川县及壶关县。区内地形以低山丘陵为主，地势由北向南逐渐降低。域内河流属海河支流漳河水系。其中，北部洪水河自北向南流经襄垣矿区中部，与史水河在下良以北附近汇合流入北浊漳河；北浊漳河自西向东流经夏店等地，与南浊漳河汇合；浊漳河南源由南而北流过，其支流有绛河、岚水；浊漳河西源由西向东流过，其支流有淤泥河，两者在襄垣县城附近汇合；南部丹河自北向南流经本区南部。

该区域内主要分布的土类为褐土及粗骨土，其次为红黏土。其中，褐土的各种亚类均有分布，且以褐土性土居多。粗骨土的亚类中，中性和钙质粗骨土居多。褐土是山西省主要的农业土壤，通常呈中性到微酸性反应。褐土性土是发育程度较差的一个褐土亚类，土层深厚，质地砂黏不等。粗骨土较石质土土层厚、土质粗、砾石多，其中，中性粗骨土土层较厚，呈中性反应，质地较粗。钙质粗骨土碳酸钙含量较高，土质较细。红黏土质地黏重，通体以砂壤为主，呈中性或微酸性反应。

该区内平均年降水量为 530～650 mm，年蒸发量为 700～800 mm；年日照时数，除陵川县大于 2600 h 外，其余大部分地区为 2400～2600 h；年平均气温，除晋城市和阳城附近大于 10℃外，其余大部分地区为 8～10℃；日平均气温≥10℃的年积温，除陵川县小于 3000℃以外，其余大部分地区为 3000～4000℃；无霜期为 150～200d；冻土层厚度为 25～75 cm；年平均风速为 1.5～3 m/s。

该区域的主要制约因素为煤矿区土地裂缝较多，农田水利设施破坏严重，水土流失严重，山洪和泥石流等自然灾害严重。该区属于山西省水土资源配置较好、农业产出较高的区域，复垦时要根据生态学原理和生态经济学原理，建立良性的物质能量循环系统，发挥好生态系统的整体功能（付梅臣等，2003）。按照"宜农则农、宜林则林、宜渔则渔、宜牧则牧"的原则，不仅要开展优质、高产、高效的种植农业，还要紧紧依托资源优势，积极发展特色农业、绿色有机农业和多种经营等，同时引入先锋植物，搞好植被重建工作。该区域适宜采取的土地复垦模式为高效生态农业与植被重建复垦模式，具体措施如下。

1. 平整土地

采用表土剥离法，先储存表土，然后平整土地。在填充裂缝后，再将储存的表土均匀覆盖回填。

2. 改良土壤

土壤熟化和培肥问题是废弃地植被复垦的根本，只有提高了土壤肥力，才能真正创造植物生长的条件，从而达到植被恢复与重建的目的（杨修，2001）。因此，该区域土地复垦时要实施快速土壤培肥工程，采用各种土壤改良与培肥措施，尽快熟化复垦土地，提高土地生产能力。

3. 建设水利设施

水是农业的命脉，也是土地复垦成功的关键。因此，在土地复垦时，必须完善农田水利建设，保证复垦土地获得适当的水源灌溉。

4. 建设生态农业

在加强农田水利建设的基础上，优化耕作方式，实行精准农业，保证粮食产量大幅度增加。另外，在复垦的土地上，适当扩大蔬菜、瓜果的播种面积，建设技术含量较高的蔬菜、花卉、种苗温室大棚和培育基地，加大畜禽养殖业，充分发挥靠近矿区、城市的优势，努力建成工矿区农副产品基地。

5. 植被重建

根据生态位原理，结合当地的自然条件和土地条件，以控制水土流失、恢复植被为出发点，引入先锋植物和适生树种，加快土壤熟化，并增植一些抗耐性较强的灌木或乔木，兼顾复垦土地再利用的功能协调发展，使水土保持、景观美化、经济效益一体化，为煤矿区的进一步发展创造良好的社会效益、环境效益及经济效益（范军富等，2005）。

第三节　山西省煤矿区生态恢复区划及模式

煤矿区生态恢复区划是在结合地形地貌、气候、土壤、植被等自然条件的基础上，根据煤矿区矿井属性和生态恢复的目的，对煤矿区进行合理的生态恢复分区，是煤矿区生态恢复重建的重要环节。煤矿区生态恢复区划对于确保恢复煤矿区生态服务功能，进而发挥其应有的社会经济效益具有重要的意义。

一、煤矿区生态恢复区划的内容

煤矿区生态恢复区划主要包括数据的收集与处理、生态恢复区划的原则与依据、生态恢复区划的方法。

1. 数据的收集与处理

数据的收集与处理主要包括已有图件收集、数字数据收集，以及根据数字数据生成图件。

1）已有图件收集

图件数据主要包括政区图、地形图、电子高程数据（DEM）产品、土壤类型图、年平均气温图、降水分布图、年降水日数分布图、植被类型图、气候分区图、植被分区图、作物生长季平均水分亏缺量分区图等。

2）数字数据收集

数字数据主要包括：①山西省所有 109 个气象站点 1961～2015 年气温和降水量的月数据；②山西省范围内 9915 个样点 2010 年的基本生态参数，其主要属性数据包括经纬度、海拔、坡向、坡位、坡度、地貌、植被类型、优势树种、总覆盖度、郁闭度、土壤类型及土层厚度；③山西省范围内 1086 个矿井的基本信息，其主要属性数据包括矿井名称、经纬度坐标、井田面积及 2013 年产量。

3）根据数字数据生成图件

绘制的主要图件包括：①根据山西省所有气象站的降水量、气温和日照数据绘制的山西省综合气候分区图；②根据山西省所有样地的植被类型、植被覆盖度绘制的山西省植被分区图；③根据山西省所有样地的坡向和坡度绘制的山西省地势图；④根据山西省所有矿井的基本数据绘制的属性数据图。

2. 生态恢复区划的原则

煤矿区生态恢复区划的原则主要如下。

（1）综合协调原则。以已有划片分区方案为基础，与已有的各项专题区划衔接，进一步划分亚区和地区，并进行定界。

（2）主导因素原则。以生物气候特征（即地带性因素）为主，兼顾地貌差异和土壤侵蚀特点。

（3）叠加协调原则。对不同因子分区图进行叠加处理，同时进行必要的综合调整。

（4）空间协调原则。根据"两山夹一川"的基本地貌，协调好西部（吕梁山系）、中部（河谷盆地）和东部（太行山系）的关系，做好自上而下分区或自下而上归并。

（5）县域完整原则。为利于生态恢复区的实施和监督管理，在区划时应尽量保持县（市）行政区域的完整性。

3. 生态恢复区划的依据

生态恢复区的分区依据通常会随分区对象、尺度和目的等的不同而有所改变，但是在进行实际区划时应该尽可能地体现出分区的目的并反映区域的分异规律。山西地处暖温带与温带的过渡地带，地形地貌分异明显，因此生态恢复分区的主要依据为气候、植被和土壤地带性，同时兼顾地貌差异和土壤侵蚀特点。

山西省矿区生态恢复区划的依据主要如下。

（1）以山西省近 50 年的气温、降水量和日照数据为基础，通过分层聚类方法，绘制山西省综合气候分区图。

（2）以山西省样点的植被类型数据为基础，通过分类汇总，绘制山西省植被分区图。

（3）以山西省 9915 个样点的坡向和坡度图绘制山西省地势图。

（4）绘制山西省 1086 个矿井的位置、面积和产量示意图。

（5）根据已绘制的各类图形，结合黄土高原的黄土分布及厚度图、黄土高原侵蚀强度图，采用将图集依次叠加和自上而下整合集成的方法，进行生态恢复分区。

二、山西省煤矿区生态恢复分区

根据山西省地形地貌、气候、植被、土壤地带性以及土壤侵蚀特点等条件，将山西省煤矿区生态恢复划分为 3 个大区、5 个亚区和 18 个小区（图 3.2），具体如下。①黄土丘陵沟壑地区。该区包括 2 个亚区，即晋北黄土丘陵沟壑亚区和晋西黄土丘陵沟壑亚区，6 个小区分别为晋西北黄土丘陵沟壑井下开采地区、晋北黄土丘陵低山井下开采地区、晋北黄土丘陵低山露天开采地区、大同盆地平原井下开采地区、晋西黄土丘陵沟壑井下开采地区和晋西黄土残塬沟壑井下开采地区。②河谷平原区。该区包括 1 个亚区，即中部河谷平原区，2 个小区为太原盆地平原井下开采地区、临汾和运城平原井下开采地区。③土石山区。该区包括 2 个亚区，即西部土石山亚区和东部土石山亚区，10 个小区分别为：吕梁山土石山井下开采地区，吕梁山山间黄土丘陵井下开采地区，吕梁山山间黄土丘陵露天开采地区，恒山五台山土石山井下开采地区，太行山土石山井下开采地区，太行山山间盆地丘陵井下开采地区，太岳山土石山井下开采地区，太行山太岳山山间盆地丘陵井下开采地区，太行太岳中条山山间盆地丘陵井下开采地区，中条山土石山井下开采地区。

山西省煤矿区生态恢复分区共涉及 88 个县（区），煤矿井田面积共计 15 982.81km²。每个生态恢复区的行政范围（附表 3.1）、煤矿井田面积（附表 3.2）、气候概况及主要植被类型（附表 3.3）、地势及主要土壤类型（附表 3.4）等具体信息见本章附录。

三、山西省煤矿区生态恢复模式

山西省黄土丘陵沟壑区、河谷平原区以及土石山区的特征及生态恢复模式具体情况如下。

1. 黄土丘陵沟壑区

黄土丘陵沟壑区包括晋北黄土丘陵沟壑亚区和晋西黄土丘陵沟壑亚区。该区的主要问题是水土流失严重，土壤侵蚀以水蚀为主，且风蚀亦较为严重，植被覆盖率低、生态环境十分脆弱。其中，晋北黄土丘陵沟壑亚区以风蚀为主的水土流失问题多发；在晋西黄土丘陵沟壑亚区，尽管土壤厚度较大，但采煤诱发的地表变形会引起浅层地下水和地表水的流失，从而导致水蚀加剧。

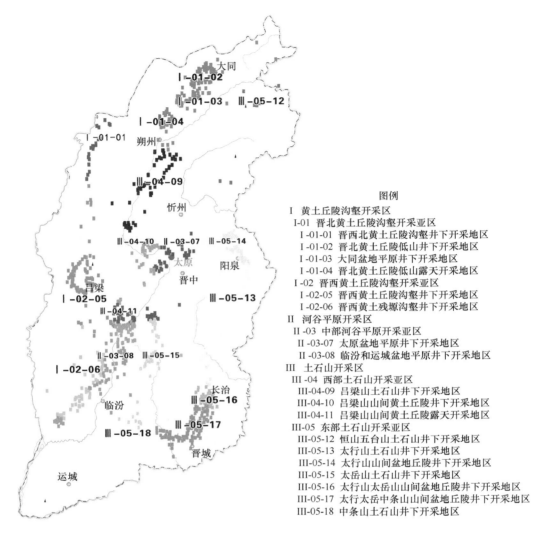

图 3.2 山西省矿区生态恢复分区图

针对晋北黄土丘陵沟壑开采区,应根据最近的梁峁走势,找准位置,实施构建多道防护体系的恢复模式,具体措施为:①梁峁顶防护体系:因地制宜,建设基本农田,以灌草为主,防风固沙,并控制梁峁顶及其附近的土壤侵蚀;②实施坡改梯,建设基本农田,以水平阶、鱼鳞坑等小型水保工程为主,拦蓄降水,保持水土;③峁边缘防护体系:以沟头防护体系为主,拦截梁峁坡防护体系剩余的径流,分割水势,防止溯源侵蚀;④沟坡防护体系:在沟坡实施人工造林种草,恢复林草植被,保土蓄水;⑤沟道防护体系:以坝系工程建设为主,将两侧平缓地改造为梯田台地,发展农业。

针对晋西黄土丘陵沟壑亚区的主要生态问题,应采取:①乔灌相结合、人工造林和飞播造林相结合,建设防风沙屏障;②因地制宜,根据不同地势推广免耕法、留茬等农耕措施,同时加强基本农田建设。

2. 河谷平原区

河谷平原区主要包括太原、临汾和运城盆地井下开采地区。该地区的主要问题是人口密集，水资源相对缺乏，但地形相对平坦，水土流失相对较轻，土壤质量较差，采煤导致的裂纹较多，地表扰动较大。因此，在本区应该建设功能完备的农田防护林，搞好四旁绿化，形成田、林、路、渠配套，为生态农业生产体系建设提供重要保障。同时，结合节水灌溉工程，建设具有特色的经济林基地，并推广旱作农业技术和保护性耕作技术，培肥地力，发展畜牧业等。

3. 土石山区

土石山区主要包括东、西部土石山井下开采亚区。该地区多为薄层土覆盖，植被条件较好，森林平均植被覆盖率较高，属于重要的水源涵养区。该地区的主要问题是水土流失及山洪、泥石流等自然灾害严重，井下开采导致的矿区地表形变严重，水利设施遭到破坏，土地生产力降低。因此，在本区应因地制宜，完善和维护山区流域生态系统，搞好农田基本建设，建设蓄水工程，推广草田轮作及免耕法、留茬等农耕措施。同时，实行人工造林，并配合必要的水土保持工程，以防止水土流失以及山洪、泥石流等自然灾害。在条件适宜的地区进行人工种植草料基地建设，坚持"宜农则农，宜林则林，宜牧则牧"的原则，以提高区域生态环境质量。

参 考 文 献

白中科, 赵景逵. 1996. 山西煤矿区土地复垦研究. 煤矿环境保护, 11(20): 29-32.

宝力特, 方彪, 王健. 2006. 采煤塌陷区土地复垦技术与模式研究. 水保与生态, 108(4): 45-46.

卞正富, 许家林, 雷少刚. 2007. 矿山生态建设. 煤炭学报, 32(1): 13-19.

蔡慧敏, 吴荣涛, 李晓伟. 2008. 山西煤矿区土地复垦和生态重建工程技术研究. 安徽农业科学, 36(12): 5158-5160, 5224.

范军富, 刘志斌, 冯蕾. 2005. 生态位原理在露天煤矿土地复垦中的应用. 露天采矿技术, 1: 26-28.

付梅臣, 谢宏全, 陈秋计. 2003. 煤矿区生态农业建设模式研究. 辽宁工程技术大学学报, 22(6): 859-861.

付梅臣, 胡振琪. 2005. 煤矿区复垦农田景观演变及其控制研究. 北京: 地质出版社.

高科, 任于幽. 1998. 井工煤矿土地复垦研究——以内蒙古赤峰市古山煤矿为例. 水土保持研究, 5(3): 12-16.

顾志权. 2005. 复垦地土壤的肥力特点和综合整治技术. 土壤, 37(2): 220-223.

胡少伟, 周跃. 2004. 铁矿山土地复垦研究初探. 矿业安全与环保, 31(1): 34-37.

孔令国. 2005. 单家村煤矿煤矸石综合利用模式与实践. 煤矿开采, 10(1): 83-84.

刘西玲. 2003. 煤矿塌陷区生态开发模式. 安徽农业, 3: 32.

乔有成, 于文德, 陈秋计. 2007. 矿区土地复垦与新农村建设研究. 山西建筑, 33(9): 193-194.

任海, 彭少麟. 2002. 恢复生态学导论. 北京: 科学出版社.

司双印, 张运备, 马敬杰, 等. 2004. 煤塌陷区生态地质环境恢复治理与可持续发展问题的探讨. 地质灾害与环境保护, 15(3): 11-16.

魏丹斌, 刘文锴, 尚凯, 等. 2003. 河南省煤矿区土地复垦与重建模式研究初探. 创新技术, 6: 56-57.

杨修. 2001. 德兴铜矿矿山废弃地植被恢复与重建研究. 生态学报, 21(11): 1932-1940.

张梁. 2002. 我国矿山生态环境恢复治理现状和对策. 中国地质矿产经济, 4: 26-29.

赵竟英, 江辉, 李玲, 等. 2008. 河南省采煤塌陷区土地复垦探析. 中州煤炭, 155(5): 39-40.

郑希伟, 宋秀杰. 2003. 北京西郊煤矿采区及塌陷区的生态恢复与生态建设. 城市管理与科技, 5(4): 164-166.

祖峰. 2006. 土地复垦促进农村社会和谐发展. 工作研究, 12: 23-24.

附 录

附表3.1 山西省煤矿区生态恢复各分区行政范围

分区	亚区	地区	市	县（区）	县（区）数量		
					市	亚区	分区
I	I-01	I-01-01	忻州市	保德县、河曲县、偏关县	3	16	28
		I-01-02	大同市	南郊区、左云县、新荣区	3		
			朔州市	平鲁区、右玉县	2		
		I-01-03	大同市	城区、天镇县、阳高县	3		
			朔州市	怀仁县、山阴县、朔城区、应县	4		
		I-01-04	朔州市	平鲁区	1		
	I-02	I-02-05	吕梁市	方山县、交口县、离石区、临县、柳林县、石楼县、兴县、中阳县	8	12	
		I-02-06	临汾市	吉县、蒲县、隰县、乡宁县	4		
II	II-03	II-03-07	晋中市	介休市、平遥县、榆次区	3	13	13
			太原市	晋源区、清徐县、万柏林、杏花岭、阳曲县	5		
		II-03-08	临汾市	汾西县、洪洞县、霍州市、尧都区	4		
			运城市	河津市	1		
III	III-04	III-04-09	吕梁市	岚县	1	13	47
			太原市	娄烦县	1		
			忻州市	静乐县、宁武县、神池县、原平市	4		
		III-04-10	太原市	古交市	1		
			吕梁市	汾阳市、交城县、文水县	3		
		III-04-11	吕梁市	孝义市	1		
			晋中市	灵石县、祁县	2		
	III-05	III-05-11	大同市	广灵县、浑源县	2	34	
			忻州市	五台县	1		
		III-05-12	晋城市	陵川县	1		
			晋中市	和顺县、寿阳县、昔阳县、左权县	4		
			长治市	郊区、壶关县、潞城市、屯留县、武乡县、襄垣县	6		
		III-05-13	阳泉市	城区、郊区、矿区、平定县、盂县	5		
		III-05-14	临汾市	安泽县、浮山县、古县、翼城县	4		
			长治市	沁县、沁源县	2		
		III-05-15	长治市	长治县、长子县	2		
		III-05-16	晋城市	城区、高平市、阳城县、泽州县	4		
		III-05-17	晋城市	沁水县	1		
			运城市	平陆县、垣曲县	2		

附表 3.2　山西省煤矿区生态恢复各分区煤矿井田面积

分区	亚区	地区	市	县（区）	井田面积/km² 县（区）	井田面积/km² 地区	井田面积/km² 亚区	井田面积/km² 分区
I	I-01	I-01-01	忻州市	保德县、河曲县、偏关县	323.19	323.19	2816.74	4820.99
		I-01-02	大同市	南郊区、左云县、新荣区	1292.24	1457.21		
			朔州市	平鲁区、右玉县	164.97			
		I-01-03	大同市	城区、天镇县、阳高县	9.21	528.56		
			朔州市	怀仁县、山阴县、朔城区、应县	519.35			
		I-01-04	朔州市	平鲁区	507.78	507.78		
	I-02	I-02-05	吕梁市	方山县、交口县、离石区、临县、柳林县、石楼县、兴县、中阳县	1364.60	2004.25	2004.25	
		I-02-06	临汾市	吉县、蒲县、隰县、乡宁县	639.65			
II	II-03	II-03-07	晋中市	介休市、平遥县、榆次区	222.16	722.38	1667.30	1667.30
			太原市	晋源区、清徐县、万柏林、杏花岭、阳曲县	500.22			
		II-03-08	临汾市	汾西县、洪洞县、霍州市、尧都区	691.02	944.92		
			运城市	河津市	253.90			
III	III-04	III-04-09	吕梁市	岚县	24.88	542.85	2076.15	9494.52
			太原市	娄烦县	47.36			
			忻州市	静乐县、宁武县、神池县、原平市	470.61			
		III-04-10	太原市	古交市	397.75	563.20		
			吕梁市	汾阳市、交城县、文水县	165.45			
		III-04-11	吕梁市	孝义市	448.69	970.10		
			晋中市	灵石县、祁县	521.41			
	III-05	III-05-11	大同市	广灵县、浑源县	42.2	54.87	7418.37	
			忻州市	五台县	12.67			
		III-05-12	晋城市	陵川县	36.29	2025.90		
			晋中市	和顺县、寿阳县、昔阳县、左权县	1129.06			
			长治市	郊区、壶关县、潞城市、屯留县、武乡县、襄垣县	860.55			
		III-05-13	阳泉市	城区、郊区、矿区、平定县、盂县	846.14	846.14		
		III-05-14	临汾市	安泽县、浮山县、古县、翼城县	250.86	1391.65		
			长治市	沁县、沁源县	1140.79			
		III-05-15	长治市	长治县、长子县	1140.79	1140.79		
		III-05-16	晋城市	城区、高平市、阳城县、泽州县	1372.05	1372.05		
		III-05-17	晋城市	沁水县	551.85	586.97		
			运城市	平陆县、垣曲县	35.12			

附表 3.3 山西省煤矿区生态恢复各分区气候概况及主要植被类型

分区名	市	县（区）	气温/℃	降水/mm	日照/h	植被覆盖度/%	主要植被类型	优势树种
I-01-01	忻州市	保德县、河曲县、偏关县	8.5	420.9	2470.2	25	草本、灌草丛、木本	柠条
I-01-02	大同市	南郊区、左云县、新荣区	6.2	399.7	2847.3	27	草本、灌草丛、木本	杨树
	朔州市	平鲁区、右玉县	4.9	415.6	2664.3	27	草本、灌草丛、木本	杨树
I-01-03	大同市	城区、天镇县、阳高县	6.8	402.9	2696.0	20	草本、灌草丛	—
	朔州市	怀仁县、山阴县、朔城区、应县	7.7	380.1	2423.5	22	草本、灌草丛、木本	杨树
I-01-04	朔州市	平鲁区	5.8	410.8	2723.1	19	草本、灌草丛、木本	柠条、杨树
I-02-05	吕梁市	方山县、交口县、离石区、临县、柳林县、石楼县、兴县、中阳县	8.8	498.9	2409.2	37	灌草丛、草本、木本	黄刺玫
I-02-06	临汾市	吉县、蒲县、隰县、乡宁县	9.7	523.2	2575.6	53	灌草丛、草本、落阔	栎类、黄栌
II-03-07	晋中市	介休市、平遥县、榆次区	10.5	421.7	2365.2	29	草本、灌草丛、木本	蚂蚱腿子
	太原市	晋源区、清徐县、万柏林、杏花岭、阳曲县	9.9	430.6	2496.2	35	落阔灌、草本、灌草丛	黄刺玫
II-03-08	临汾市	汾西县、洪洞县、霍州市、尧都区	12.0	478.1	2580.6	30	草本、落阔灌、灌草丛	锦鸡儿
	运城市	河津市	13.6	473.0	2780.3	12	草本、木本	国槐
III-04-09	吕梁市	岚县	7.0	457.2	2495.6	31	草本、落阔灌、灌草丛	虎榛子
	太原市	娄烦县	8.0	420.1	2368.6	45	灌草丛、落阔灌、木本	油樟、油松
	忻州市	静乐县、宁武县、神池县、原平市	6.9	446.4	2478.8	36	灌草丛、木本	枣树
III-04-11	太原市	古交市	9.6	411.7	2325.1	44	落阔灌、灌草丛	黄刺玫
	吕梁市	汾阳市、交城县、文水县	10.3	438.4	2579.9	44	草本、落阔、灌草丛	辽东栎
		孝义市	10.8	469.7	2363.9	15	草本、灌草丛、草木间作	—
	晋中市	灵石县、祁县	10.6	449.0	2745.5	37	灌草丛、草本	酸枣
III-05-11	大同市	广灵县、浑源县	6.8	405.2	2732.4	26	灌草丛、草本、木本	华北落叶松
	忻州市	五台县	6.9	527.3	2199.9	46	灌草丛、草甸、草本	—
III-05-12	晋城市	陵川县	8.3	618.7	2515.3	53	草本、落阔、落阔灌	鹅耳枥、黄栌
	晋中市	和顺县、寿阳县、昔阳县、左权县	7.9	508.5	2486.0	52	灌草丛、草本、落阔灌	虎榛子
	长治市	郊区、壶关县、潞城市、屯留县、武乡县、襄垣县	9.4	537.4	2383.4	26	草本、木本	刺槐
III-05-13	阳泉市	城区、郊区、矿区、平定县、盂县	9.9	527.1	2781.6	31	灌草丛、草本、落阔灌	黄刺玫
III-05-14	临汾市	安泽县、浮山县、古县、翼城县	11.4	534.0	2646.7	49	草本、灌草丛、落阔灌	其他林（化工业原材料）
	长治市	沁县、沁源县	9.0	591.6	2673.0	57	灌草丛、草本、落阔灌	流苏树
III-05-15	长治市	长治县、长子县	9.7	562.7	2373.0	17	草本、灌草丛、木本	油松
III-05-16	晋城市	城区、高平市、阳城县、泽州县	11.2	589.6	2472.9	40	草本、落阔、落阔灌、木本	榛子、鹅耳枥、黄栌、油松
III-05-17	晋城市	沁水县	10.4	595.9	2763.6	56	灌草丛、落阔灌、木本	榆树、六道木、华山松
	运城市	平陆县、垣曲县	13.6	569.3	2545.4	45	草本、落阔、木本	杨树、其他硬阔类

附表 3.4　山西省煤矿区生态恢复各分区地势及主要土壤类型

分区名	市	县（区）	海拔/m	最大坡度/(°)	平均坡度/(°)	平均土壤厚度/mm	最大土壤厚度/mm	主要土壤类型
I-01-01	忻州市	保德县、河曲县、偏关县	935.9	47	17	53	80	黄绵土、褐土、风沙土
I-01-02	大同市	南郊区、左云县、新荣区	1201.8	31	5	50	110	栗钙土
	朔州市	平鲁区、右玉县	1377.6	70	8	60	200	栗钙土
I-01-03	大同市	城区、天镇县、阳高县	1032.5	45	9	63	135	栗钙土
	朔州市	怀仁县、山阴县、朔城区、应县	1051.3	45	6	63	150	栗钙土
I-01-04	朔州市	平鲁区	1409.4	30	10	16	90	栗钙土
I-02-05	吕梁市	方山县、交口县、离石区、临县、柳林县、石楼县、兴县、中阳县	1116.0	75	21	51	200	黄绵土、褐土
I-02-06	临汾市	吉县、蒲县、隰县、乡宁县	975.0	80	21	63	150	褐土、黄绵土、栗钙土
II-03-07	晋中市	介休市、平遥县、榆次区	785.1	85	10	56	103	褐土
	太原市	晋源区、清徐县、万柏林、杏花岭、阳曲县	816.5	75	12	42	80	褐土
II-03-08	临汾市	汾西县、洪洞县、霍州市、尧都区	618.6	46	11	65	240	褐土
	运城市	河津市	459.2	38	6	57	100	褐土
III-04-09	吕梁市	岚县	1185.1	48	14	51	100	黄绵土、褐土
	太原市	娄烦县	1150.3	50	18	48	100	褐土
	忻州市	静乐县、宁武县、神池县、原平市	1250.8	50	13	42	100	褐土、风沙土
III-04-10	太原市	古交市	1006.8	80	17	42	73	褐土、黄绵土
	吕梁市	汾阳市、交城县、文水县	755.8	47	15	50	180	褐土、棕壤
III-04-11	吕梁市	孝义市	773.4	45	8	53	85	褐土
	晋中市	灵石县、祁县	795.9	75	15	49	100	栗钙土
III-05-11	大同市	广灵县、浑源县	1035.4	45	12	54	100	褐土、栗钙土
	忻州市	五台县	1096.2	46	19	41	90	褐土、棕壤
III-05-12	晋城市	陵川县	1311.6	70	20	38	150	褐土
	晋中市	和顺县、寿阳县、昔阳县、左权县	1084.6	90	18	45	150	褐土、黄绵土
	长治市	郊区、壶关县、潞城市、屯留县、武乡县、襄垣县	954.4	60	11	48	100	褐土、棕壤
III-05-13	阳泉市	城区、郊区、矿区、平定县、盂县	853.1	45	15	44	150	褐土
III-05-14	临汾市	安泽县、浮山县、古县、翼城县	727.6	65	16	64	200	褐土、潮土
	长治市	沁县、沁源县	980.4	39	16	44	200	褐土、棕壤
III-05-15	长治市	长治县、长子县	968.0	42	7	50	100	褐土、棕壤
III-05-16	晋城市	城区、高平市、阳城县、泽州县	749.8	66	14	48	150	褐土、棕壤
III-05-17	晋城市	沁水县	887.3	60	17	63	500	褐土、黄绵土
	运城市	平陆县、垣曲县	457.9	80	18	55	200	褐土、黄绵土

第四章　煤矿区复垦土壤生态景观重构技术

矿山开采扰动了区域土壤、水、植被、生态环境，改变了自然生态系统能量和物质循环特征，给人类生存带来风险。矿区复垦工作不仅需注重地形、地貌和水资源的经济再利用，还需考虑社会的可接受性和村庄的搬迁。复垦的验收标准要求复垦后的场地应具有可持续性、生态稳定性和社会可接受性。煤矿区土地复垦和生态重建是目前煤矿区生态环境治理的重要问题，是煤矿产业可持续发展的重要研究领域和新动力（周锦华等，2007）。土壤是矿区复垦和土地可持续利用的基础，是矿山复垦质量的重要因素，决定着复垦土地的利用方向和效益，因此土壤重构、培肥技术及生物修复是矿山土地复垦与生态重建技术中带有基础性及共性的修复技术，对于因采煤而损毁土地的利用有重要的理论和现实意义。

第一节　煤矿区复垦土壤重构技术

土壤重构（soil reconstruction，soil restoration）即重新构建土壤的物理、化学及生物系统。胡振琪等（2005）认为，土壤重构是以生产建设活动和自然灾害损毁土地的土壤恢复或重建为目的，采取适当的修复和重构技术工艺，采用工程、物理、化学、生物和生态措施等，重新构建一个适宜作物生长的土壤剖面、土壤肥力条件及稳定的地貌景观，在较短的时间内恢复甚至提高重构土壤的生产力，并改善重构土壤的环境质量。土壤重构的理论基础是土壤学，实质是人为增加有机质、加快生土熟化和岩石风化速度，以构建和培育新的土壤，它是土地复垦中必不可少的内容。

为比较不同土壤重构技术下土壤理化性质、生物学性质、植物生长的变化，2013年，山西省古交市屯兰煤矿采用"煤矸石分层压实、隔室堆储、上层覆土"的方式进行造地。经自然恢复一年后，2015年年初，以不同的覆土厚度作为主要的土壤重构措施（覆土 40 cm、80 cm、120 cm），土地利用类型分为种植区与撂荒区，共设置 6 个处理：种植区覆土 40cm、80cm 和 120cm，供试作物为大豆；撂荒区覆土 40cm、80cm 和 120cm，不种植作物。

一、土壤重构下的物理性质变化

1. 土壤容重

土壤容重与土壤的通气性、透水性紧密相关，其大小受土壤结构、质地和有机质含量等影响，是反映土壤紧实程度的一项重要指标（黄昌勇，2000）。土壤容重能通过影响土壤的水、肥、气、热来改变作物根系在土壤中的生长（Li et al., 2013）。撂荒区土壤容重为 1.11～1.62g/cm³（图 4.1），在 0～20cm 表土层，撂荒区的容重均表现为覆土 40cm＞120cm＞80cm；在 20～40cm 土层，撂荒区土壤容重表现为随覆土厚度的增加而降低，厚层覆土能有效降低撂荒区的土壤容重。种植区的土壤容重为 1.10～1.59g/cm³，不同覆土厚度下的土壤容重变化趋势与撂荒区一致。相同覆土厚度下撂荒区 0～20cm 和 20～40cm 的土壤容重均高于种植区，合理的施肥措施促进了种植区作物地下部的旺盛生长，改善了土壤的通气和透水性能，有助于土壤容重的降低和土壤结构的改善。

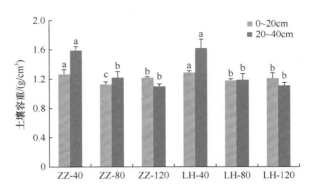

图 4.1　不同覆土厚度下重构土壤容重

ZZ-40，种植区覆土 40cm；ZZ-80，种植区覆土 80cm；ZZ-120，种植区覆土 120cm；LH-40，撂荒区覆土 40 cm；LH-80，撂荒区覆土 80cm；LH-120，撂荒区覆土 120cm。不同小写字母表示同一土层不同处理间差异显著（$P < 0.05$）。下同

2. 土壤机械组成

土壤机械组成又称土壤质地，是划分土壤类型的依据，也是土壤性质和肥力重要的影响因素之一。无论种植区还是撂荒区，砂粒含量随土层深度的增加而增大，表层土壤在自然风化和植物根系的影响下，机械组成发生改变。在 0～20cm、20～40cm 和 40～60cm 土层，砂粒含量随覆土厚度的增加而降低。相同覆土厚度条件下，种植区各土层的土壤砂粒含量均低于撂荒区，根系发达的豆科作物一定程度上影响了土壤机械组成。与播种前土壤相比，秋收后采集的土壤砂粒含量呈下降趋势（表 4.1，表 4.2），受自然风化和植物生长的影响，土壤各级颗粒含量发生变化，黏粒和粉砂粒含量逐渐增加，砂粒含量逐渐减少。

表 4.1　不同覆土厚度下重构土壤机械组成（播种前）

处理	土层/cm	各级颗粒含量/%			质地名称
		黏粒	粉砂粒	砂粒	
ZZ-40	0～20	2.81	12.86	84.34	砂质壤土
	20～40	2.79	12.40	84.82	砂质壤土
ZZ-80	0～20	2.84	13.83	83.33	砂质壤土
	20～40	2.85	13.29	83.86	砂质壤土
	40～60	2.85	12.54	84.62	砂质壤土

处理	土层/cm	各级颗粒含量/%			质地名称
		黏粒	粉砂粒	砂粒	
ZZ-120	0～20	2.89	14.53	82.58	砂质壤土
	20～40	3.15	15.66	81.20	砂质壤土
	40～60	2.96	14.83	82.22	砂质壤土
LH-40	0～20	2.56	11.60	85.85	砂土及壤质砂土
	20～40	2.86	12.51	84.63	砂质壤土
LH-80	0～20	2.87	13.60	83.54	砂质壤土
	20～40	2.75	12.30	84.96	砂质壤土
	40～60	2.66	11.84	85.51	砂土及壤质砂土
LH-120	0～20	2.74	13.70	83.57	砂质壤土
	20～40	2.93	14.99	82.09	砂质壤土
	40～60	2.84	14.36	82.81	砂质壤土

注：黏粒，<0.002 mm；粉砂粒，0.02～0.002mm；砂粒，2～0.02 mm。下同。

表 4.2　不同覆土厚度下重构土壤机械组成（秋收后）

处理	土层/cm	各级颗粒含量/%			质地名称
		黏粒	粉砂粒	砂粒	
ZZ-40	0～20	3.51	17.27	79.23	砂质壤土
	20～40	2.98	13.91	83.12	砂质壤土
ZZ-80	0～20	3.38	17.42	79.20	砂质壤土
	20～40	3.21	15.82	80.97	砂质壤土
	40～60	3.20	15.46	81.35	砂质壤土
ZZ-120	0～20	3.30	17.79	78.91	砂质壤土
	20～40	3.71	21.64	74.66	砂质壤土
	40～60	3.55	19.35	77.11	砂质壤土
LH-40	0～20	2.94	15.14	81.92	砂质壤土
	20～40	3.29	16.14	80.58	砂质壤土
LH-80	0～20	3.14	16.80	80.06	砂质壤土
	20～40	2.99	15.40	81.62	砂质壤土
	40～60	3.42	17.46	79.12	砂质壤土
LH-120	0～20	3.11	16.82	80.08	砂质壤土
	20～40	3.47	19.74	76.80	砂质壤土
	40～60	3.25	17.89	78.87	砂质壤土

3. 土壤温度

土壤温度是评价土壤环境的一项重要指标，与土壤有机质分解和微生物活性密切相关。不论土壤温度过高还是过低，对土壤水分含量和有效养分含量的变化均有影响（王月福等，2012）。土壤温度随季节变化而变化，地温表现为先上升后降低，夏季7、8月温度升高且达到峰值，进入秋季9、10月土壤温度逐渐降低（图4.2）。受光照直接影响，不同覆土厚度土壤表层 5cm 地温高于其他土层地温，相同覆土厚度下摆荒区表层 5cm 处土壤地温普遍高于种植区，植物的覆盖一定程度上降低了土壤表层地温。相同覆土厚度条件下，种植区 25cm 处的土壤温度略高于摆荒区。无论是在种植区还是摆荒区，与覆土 40cm 和 80cm 相比，覆土 120cm 下土壤 25cm 处的土壤温度表现为最低，且覆土下 80cm 土壤 25cm 处的土壤温度明显高于覆土 40cm 和覆土 120cm。

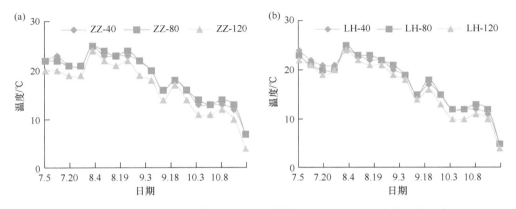

图 4.2　不同覆土厚度下种植区（a）和摆荒区（b）25cm 深度的土壤温度

4. 土壤水分

土壤水分对土壤呼吸、土壤三相比、植物根系生长和呼吸、微生物群落构成都有重要的影响。7～9 月种植区土壤含水量明显高于摆荒区（图 4.3），10 月以后，差异不明显。摆荒区和种植区各层次土壤水分含量随覆土厚度的增加而增加。摆荒区各时期 20～25cm 土壤水分含量表现为覆土 80cm＞120cm＞40cm。7 月、9 月和 10 月种植区土壤含水量随覆土厚度的增加而增加，8 月受降水影响水分含量表现为覆土 80cm＞120cm＞40cm。摆荒区覆土为 80cm 时，对土壤水分的保持效果最佳。

5. 土壤 pH

土壤 pH 对土壤养分的存在状态及有效性、微生物活性和有机质分解都起着关键的作用，直接影响土壤水、气、热。pH 过高会影响土壤结构（郑永红等，2020）。相对于摆荒区，种植区作物的生长促使了 0～20cm 土壤 pH 的降低（图 4.4）。0～20cm 土层，覆土 40cm 的土壤 pH 显著低于覆土 120cm（$P<0.01$），20～40cm 土层种植区 pH 表现为覆土 80cm＜40cm＜120cm（$P<0.01$）。覆土厚度会影响重构土壤的 pH。

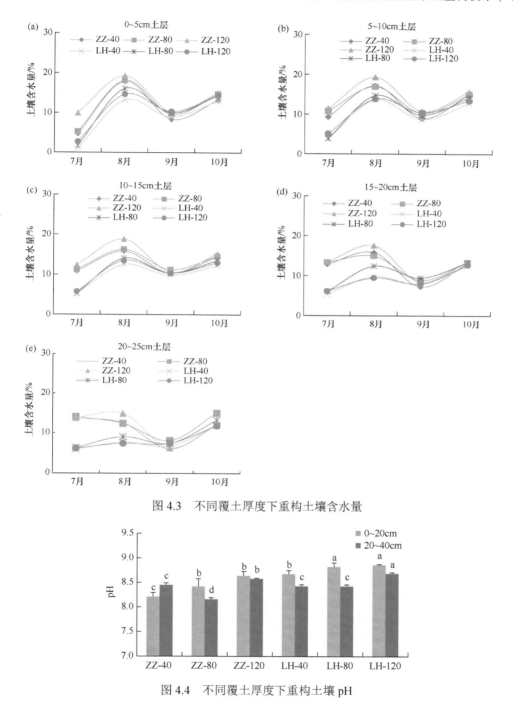

图 4.3　不同覆土厚度下重构土壤含水量

图 4.4　不同覆土厚度下重构土壤 pH

二、土壤重构下的化学性质变化

1. 土壤有机质及其组分

土壤有机质是土壤养分的储备库和微生物能量的来源，是极其重要的土壤肥力指标之一（田小明等，2012）。种植区不同覆土厚度下重构土壤 0~20cm 和 20~40cm 土层有机质含量均高于摞荒区（图 4.5），这与种植区施肥有一定的关系。种植区土壤有机质含量随土层深度的增加而降低，即种植区表层的土壤有机质含量要高于底层，种植区大豆的旺盛生长及固氮作用促进了表层土壤有机质的积累。种植区 0~20cm 的土壤有机质含量表现为随覆土厚度增加而降低。摞荒区覆土厚度对 0~20cm 土壤有机质没有显著影响，20~40cm 的土壤有机质含量均表现为覆土 40cm 高于覆土 80cm 和覆土 120cm。与种植区相比，由于摞荒区没有施肥，在复垦的初期，自然入侵植物的生长显著消耗了土壤养分，而这些养分来源于土壤有机质的分解和转化。

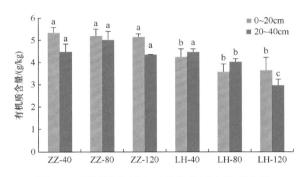

图 4.5　不同覆土厚度下重构土壤有机质含量

土壤有机质包括活性和非活性有机质。活性有机质是指土壤中易被氧化分解的那部分有机质，是土壤有机质的活性部分，是对植物养分供应有直接贡献作用的那部分有机质（Brandani et al.，2017），因此常被作为指示土壤肥力变化和土壤质量的指标之一（Kalambukattu et al.，2013；Rovira and Vallejo，2007）。种植区中无论是高活性、中活性还是活性有机质含量均高于摞荒区（表 4.3），这与施肥措施有关。施肥能提高土壤活性有机质的含量，尤其是有机肥单施或有机肥、化肥配施对土壤活性有机质的积累作用要大于单施化肥或不施肥处理（李忠佩等，2003）。种植区覆土 80cm 土壤 0~20cm 和 20~40cm 土层的土壤高活性有机质含量分别为 0.32g/kg 和 0.09g/kg，均高于覆土 40cm 和 120cm。

表 4.3　不同覆土厚度下重构土壤活性有机碳含量

处理	土层/cm	高活性有机碳/（g/kg）	中活性有机碳/（g/kg）	活性有机碳/（g/kg）
ZZ-40	0~20	0.21±0.02	0.60±0.14	0.80±0.72
	20~40	0.04±0.02	0.69±0.55	0.40±0.07
ZZ-80	0~20	0.32±0.02	0.68±0.11	0.92±0.24
	20~40	0.09±0.04	0.67±0.11	0.39±0.50
ZZ-120	0~20	0.21±0.11	1.35±0.75	0.56±0.00
	20~40	0.01±0.02	0.19±0.08	0.33±0.00
LH-40	0~20	0.13±0.01	0.33±0.15	0.22±0.02
	20~40	0.11±0.03	0.29±0.08	0.15±0.05
LH-80	0~20	0.12±0.01	0.21±0.03	0.32±0.21
	20~40	0.07±0.04	0.18±0.04	0.25±0.03
LH-120	0~20	0.10±0.01	0.69±0.06	0.20±0.01
	20~40	0.01±0.01	0.31±0.20	0.10±0.01

摞荒区不同覆土厚度下，不同活性有机质含量大都表现为随土层深度的增加而减少。薄层覆土下 0～20 cm 和 20～40 cm 土层的土壤高活性有机质含量均最高，分别为 0.13 g/kg 和 0.11 g/kg。厚层覆土下 0～20cm 和 20～40cm 的土壤中活性有机质含量均高于薄层覆土，厚层覆土植物地下部生物量最高。土壤活性有机质的含量受植被高度、盖度和地上地下部生物量因素的影响，表现为随地下部生物量增加而增加（王建林等，2009）。

2. 土壤全氮和碱解氮

氮素作为构成一切生命体的重要元素，在作物生长过程中对作物生长发育和产量有重要影响。种植区 0～20cm 土层覆土 40cm 下土壤全氮含量最高，含量为 0.50 g/kg，在 20～40 cm 土层覆土 80cm 下土壤全氮含量最高（为 0.46 g/kg）。而摞荒区覆土 40cm 下 0～20 cm 和 20～40cm 土层全氮含量均高于覆土 80cm 和 120cm（图 4.6）。各土层种植区的土壤全氮含量均高于摞荒区。摞荒区未施任何肥料，植物的生长消耗了表层土壤养分，与播前土壤相比，摞荒区的全氮含量均有所下降。

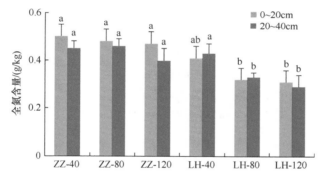

图 4.6 不同覆土厚度下重构土壤全氮含量

土壤碱解氮是土壤中的有效态氮，能反映土壤近期的氮素供应水平，与作物生长关系密切。0～20cm 土层中，种植区不同覆土厚度下的土壤碱解氮含量均高于摞荒区，施肥及大豆的生长有助于提高土壤中有效氮的含量（图 4.7）。种植区覆土 80cm 下 0～20cm 土层的碱解氮含量极显著高于覆土 40cm 和覆土 120cm（$P<0.01$），而摞荒区不同覆土厚度对 0～20cm 土层的碱解氮含量没有显著影响。

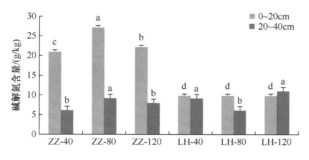

图 4.7 不同覆土厚度下重构土壤碱解氮含量

3. 土壤全磷和有效磷

覆土 40cm 和 80cm 下，种植区 0～20cm 土层全磷含量高于撂荒区，种植区表层土壤全磷含量随覆土厚度的增加而降低（图 4.8）。撂荒区表层 0～20cm 土壤各覆土厚度之间并没有显著性差异。覆土厚度对 20～40cm 土层全磷含量影响差异不显著。

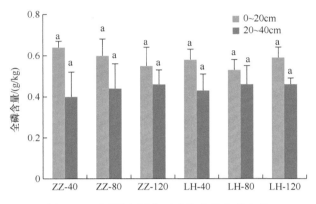

图 4.8　不同覆土厚度下重构土壤全磷含量

种植区不同覆土厚度下各土层土壤有效磷含量均高于撂荒区（图 4.9），施肥及作物生长都提高了土壤中有效磷含量。0～20cm 土层中有效磷含量表现为覆土 80cm＞120cm＞40cm，20～40 cm 土层中土壤有效磷含量则表现为覆土 120cm 显著高于覆土 40cm 和覆土 80cm（$P<0.01$）。撂荒区不同覆土厚度处理之间有效磷含量变化不大。

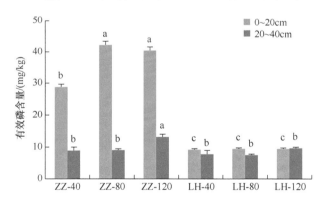

图 4.9　不同覆土厚度下重构土壤有效磷含量

4. 土壤全钾和速效钾

钾是植物生长发育过程中必需的大量营养元素，土壤中的钾素是植物生长所需钾素的主要来源。土壤水分、温度、pH、作物特性以及土壤质地等因素通过影响土壤钾素的运移来影响土壤中钾的植物有效性。种植区 0～20cm 土层全钾含量高于撂荒区，而种植区 20～40cm 土层全钾含量低于撂荒区，施肥可以减少土壤养分耗竭。覆土厚度对土壤全钾、速效钾的含量影响不大（图 4.10，图 4.11），因为所覆黄土母质全钾含量丰富。

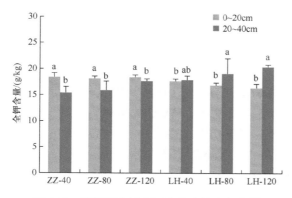

图 4.10　不同覆土厚度下重构土壤全钾含量

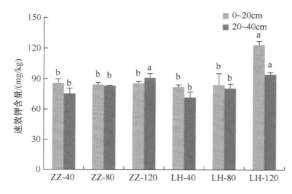

图 4.11　不同覆土厚度下重构土壤速效钾含量

三、土壤重构下的生物学性质变化

1. 土壤微生物区系

种植区覆土 40cm 和撂荒区覆土 80cm 下土壤细菌、真菌、放线菌数量最多（表 4.4）。种植区覆土 40cm 的细菌数量为 $45.00×10^5$ cfu/g，分别为覆土 80cm 的 2.02 倍和覆土 120cm 的 3.02 倍。种植区覆土 40cm 的放线菌数量为 $29.70×10^4$ cfu/g，分别为覆土 80cm 的 2.66 倍和覆土 120cm 的 1.68 倍。覆土 40cm 的真菌数量为 $41.40×10^2$ cfu/g，分别为覆土 80cm 的 7.42 倍和覆土 120cm 的 11.13 倍。撂荒区覆土 80cm 时，土壤细菌、真菌和放线菌的数量均最大，显著高于覆土 40cm 和 120cm，覆土 80cm 更有利于土壤微生物的生长与恢复。

表 4.4　不同覆土厚度下重构土壤种植区和撂荒区土壤微生物数量

处理	细菌/（$×10^5$ cfu/g）	放线菌/（$×10^4$ cfu/g）	真菌/（$×10^2$ cfu/g）
ZZ-40	45.00 b	29.70 b	41.40 a
ZZ-80	22.32 c	11.16 c	5.58 d
ZZ-120	14.88 d	17.67 c	3.72 d
LH-40	10.45 d	7.60 c	12.35 c
LH-80	100.70 a	86.45 a	26.60 b
LH-120	20.90 c	32.30 b	5.70 d

注：同列数据后不同小写字母表示处理间差异显著（$P<0.05$），下同。

2. 土壤微生物多样性

1）土壤微生物碳源代谢强度

Biolog Eco 微平板的单孔颜色平均值（AWCD 值）用于指示土壤中微生物代谢活性及微生物群落的碳源代谢强度，AWCD 值越大，微生物活性越高，其碳源代谢强度越大。不同覆土厚度下重构土壤微生物 AWCD 值随培养时间的增加呈上升趋势（图 4.12），土壤微生物在 24～48h 的培养适应后开始利用 ECO 板上的碳源，培养 96h 后，各处理的 AWCD 值大幅增加，且各处理间对碳源的利用存在差异。96～120h 的 AWCD 值的曲线斜率最大，此时间段土壤微生物活性、微生物对碳源的利用能力及微生物群落代谢活性处于最强阶段。培养 120h 之后，AWCD 值曲线进入平稳增长阶段，至 168h 种植区表现为覆土 80cm＞40cm＞120cm，撂荒区表现为覆土 80cm＞40cm＞120cm，覆土 80cm 的种植区和撂荒区土壤微生物群落代谢活性较高，对碳源的利用能力最强。

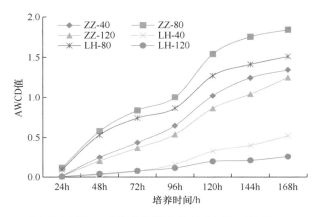

图 4.12　不同覆土厚度下重构土壤微生物单孔颜色平均值（AWCD 值）

2）土壤微生物群落结构多样性指数

Shannon 指数（H）为微生物群落物种丰富度指数，H 值越大，表示所含物种越丰富，土壤微生物群落功能多样性越高。S 指数为碳源利用丰富度指数，即被利用碳源的总数，S 值越大，表示可利用碳源越多，土壤微生物群落代谢功能多样性越大。由于微生物在培养 96h 时生长变化速率最大，故选取培养 96 h 的试验结果进行多样性指数的计算（党雯等，2015）。撂荒区的 Shannon 指数和丰富度指数都表现为覆土 80cm 大于覆土 40cm 和 120cm（表 4.5）。相同覆土厚度下种植区比撂荒区的 Shannon 指数及丰富度指数要高，种植区土壤中微生物群落功能的多样性较高，对碳源的利用种类也较多。种植区的 Shannon 指数都表现为覆土 80cm 大于覆土 40cm 和 120cm，煤矿区复垦土壤在覆土厚度为 80 cm 时的微生物群落代谢功能多样性最好，可利用的碳源种类最多。

表 4.5 不同覆土厚度下种植区和撂荒区重构土壤微生物群落多样性指数

处理	Shannon 多样性指数（H）	碳源利用丰富度指数（S）
ZZ-40	3.13±0.02b	23.00±1.73b
ZZ-80	3.24±0.01a	28.33±1.15a
ZZ-120	3.10±0.04b	20.67±1.15bc
LH-40	3.01±0.09b	7.67±2.89d
LH-80	3.03±0.04b	19.33±1.15c
LH-120	2.79±0.21b	3.33±1.15d

3. 土壤酶活性

作为土壤生物学特性的重要指标，土壤酶活性与土壤的多项理化指标密切关联，被认为是土壤生态修复或生态胁迫的早期敏感指标（张文影等，2014）。首先，不同覆土厚度下撂荒区脲酶活性表现为覆土 80 cm ＞40 cm ＞120 cm（图 4.13），撂荒区覆土 80cm 处理脲酶活性较高，厚层覆土能有效改善土壤生态环境，更好地转化土壤中的氮素供给植物生长所需。不同覆土厚度下种植区碱性磷酸酶活性大小为覆土 80cm＞40cm＞120cm，种植区覆土 80 cm 改善了土壤生态环境，对磷的利用状况较好。不同覆土厚度下种植区蔗糖酶活性表现为覆土 80cm＞40cm＞120cm，覆土 80cm 改善了土壤生态环境，提高了土壤蔗糖酶活性，为土壤微生物提供所需的碳源，可以增加土壤的有效养分含量。

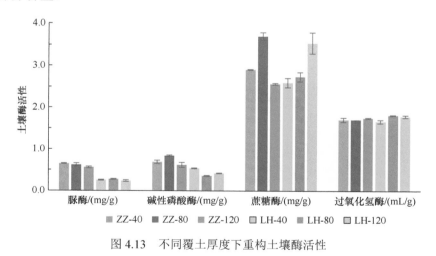

图 4.13 不同覆土厚度下重构土壤酶活性

第二节 先锋植物对复垦土壤生态修复的作用

植物修复技术是遵循生态学规律，利用某些抗逆性植物和超富集植物改善土壤理化性质（土壤结构、土壤养分等），使受到人为或自然破坏而产生的生态脆弱区重新建立植物群落，并可以和根际微生物协同作用发挥生物治理的更大效能，是恢复矿区生产潜力和景观的最有效手段（梁健，2011；张海芳，2012；Balusamy et al.，2015）。相比常规的物理化学方法，植物修复技术具有成本低、工程量小、培肥地力、无污染等特点，因此被称为"廉价的绿色修复技术"，广泛应用于土壤、水体及污泥的修复处理（Wang et al.，2016；丁自立等，2014）。此外，植被恢复除了具有恢复退化生态系统植物群落的作用外，还能促进土壤结构和肥力、土壤微生物和动物的恢复，从而实现整个生态系统结构及功能的恢复与重建，对煤矿废弃地植被恢复及土壤效应问题具有十分重要的现实意义（Liu et al.，2008；王友生等，2015）。因此，植物修复是实现煤矿废弃地生态恢复的合理途径，也是改良煤矿区复垦土壤的重要方式。由于复垦土壤较差的养分及生态条件，普通植物难以生存，筛选适应煤矿复垦区恶劣生境的抗逆性植物并使其在复垦土壤稳定生长，是决定植被恢复能否成功的关键问题。

本研究在山西省古交市屯兰煤矿矸石填埋复垦基地选择桧柏、文冠果、竹柳、紫穗槐、钙果5种植物物种，采用完全组合模式，考虑所有物种的可能组合（共31组），用物种多样性指数、生态优势度、群落均匀度对不同关键种在不同时间、不同群落结构中的相对功能进行分析，研究物种抗逆性能机理，确定在初期演变阶段的演替规律，并同步分析土壤养分及生物学性状的变化规律。

一、对土壤化学性质的作用

1. 土壤有机质

有机质是土壤养分的重要来源，能提高土壤的保蓄性和缓冲性，改善土壤物理性质，促进土壤微生物的活动，并对作物的生长有刺激作用。2015年土壤有机质含量高于2014年（图4.14）。0～20cm土层的有机质含量最高。植被类型的组合不同，土壤有机质含量也有差异。

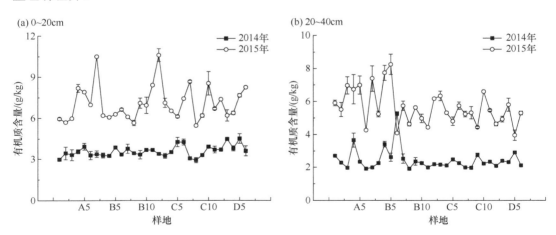

图 4.14 不同年份和不同深度土壤有机质含量

A5，钙果；B5，文冠果＋竹柳；B10，紫穗槐＋钙果；C5，桧柏＋竹柳-钙果；C10，竹柳-紫穗槐＋钙果；
D5，文冠果＋竹柳-紫穗槐＋钙果。下同

2. 土壤氮素

土壤中的全氮含量代表着土壤氮素的总储量和供氮潜力，全氮含量及有机质含量都是土壤肥力的主要指标之一。不同植被类型在不同土层对土壤全氮含量影响的程度不同（图 4.15）。2014 年，0～20 cm 土层全氮含量为 0.26～0.51 g/kg，"桧柏-文冠果-竹柳-紫穗槐"搭配模式全氮含量最高；20～40 cm 土层全氮含量为 0.18～0.36 g/kg，"竹柳-钙果"搭配模式全氮含量最高。2015 年，0～20cm 土层全氮含量为 0.144～0.595 g/kg，"桧柏＋竹柳"搭配模式全氮含量最高；20～40cm 土层全氮含量为 0.18～0.52 g/kg，"桧柏＋文冠果"搭配模式全氮含量最高。

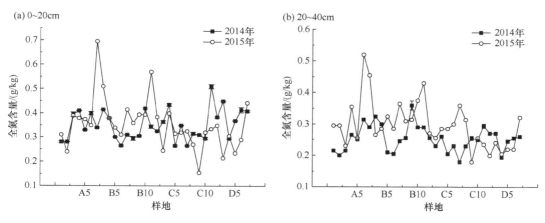

图 4.15　不同年份和不同深度土壤全氮含量

在年份变化分析上，0～20 cm 的土壤样地全氮含量变化差异不显著，其中"桧柏＋竹柳"的全氮含量增加最多。20～40 cm 的土壤样地全氮含量变化差异显著。2015 年土壤全氮含量高于 2014 年，其中"桧柏＋文冠果"的全氮含量增加最多。

碱解氮在土壤中的含量不够稳定，易受土壤水热条件和生物活动的影响而发生变化，但它能反映近期土壤的氮素供应能力。不同土层之间碱解氮含量差异显著（图 4.16）。2014 年，0～20 cm 土层碱解氮含量为 14.56～35.85 mg/kg，"桧柏-文冠果-竹柳-紫穗槐-钙果"搭配模式碱解氮含量最高；20～40 cm 土层碱解氮含量为 11.10～19.11 mg/kg，"文冠果-紫穗槐"搭配模式碱解氮含量最高。2015 年，0～20cm 土层碱解氮含量为 3.61～35.82mg/kg，"桧柏＋文冠果＋竹柳"搭配模式碱解氮含量最高；20～40 cm 土层碱解氮含量为 3.37～25.18 mg/kg，"桧柏＋文冠果-钙果"搭配模式碱解氮含量最高。在年份变化分析上，0～20 cm 的土壤样地碱解氮含量变化差异不显著，20～40 cm 的土壤样地碱解氮含量变化差异显著。2015 年土壤全氮含量高于 2014 年，其中"桧柏＋文冠果-钙果"模式下土壤全氮含量增加最多，而碱解氮含量变化不明显，这可能是由于碱解氮的不稳定性和采样时间不同所导致的。

3. 土壤有效磷

土壤有效磷是土壤磷素养分供应水平高低的指标，不同土层之间有效磷含量差异显著（图 4.17）。2014 年，0～20cm 土层有效磷含量为 3.88～26.04 mg/kg，"桧柏-竹柳-紫穗槐"搭配模式有效磷含量最高；20～40cm 土层有效磷含量为 4.46～10.57 mg/kg，"紫穗槐"搭配模式有效磷含量最高。2015 年，0～20cm 土层有效磷含量为 1.62～38.64 mg/kg，"桧柏＋文冠果＋竹柳"搭配模式有效磷含量最高；20～40cm 土层有效磷含量为 1.85～17.63 mg/kg，"桧柏＋文冠果-钙果"搭配模式有效磷含量最高。在年份变化分析上，在 0～20cm 土层的土壤有效磷含量总体变化显著，2015 年的有效磷含量大于 2014 年，"桧柏＋文冠果＋竹柳"的搭配模式增量最大。20～40cm 土层的土壤有效磷含量变化显著，2015 年的有效磷含量大于 2014 年，"桧柏＋文冠果-钙果"的搭配模式增量最大。

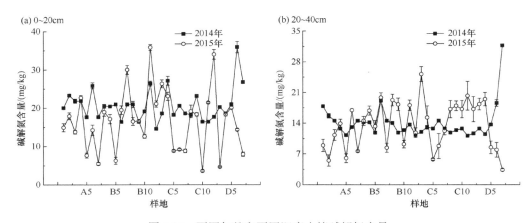

图 4.16　不同年份和不同深度土壤碱解氮含量

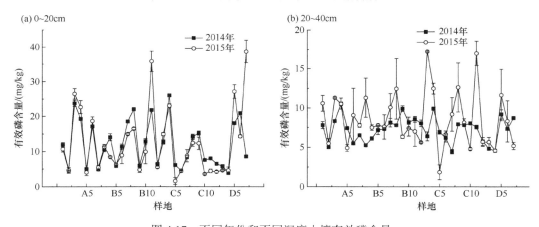

图 4.17　不同年份和不同深度土壤有效磷含量

4. 土壤速效钾

不同土层之间速效钾含量差异显著（图 4.18）。2014 年，0～20 cm 土层速效钾含量为 88.49～148.57 mg/kg，"桧柏-文冠果-竹柳-紫穗槐-钙果"搭配模式速效钾含量最高；20～40 cm 土层速效钾含量为 75.99～98.57 mg/kg，"桧柏"搭配模式速效钾含量最高。2015 年 0～20 cm 土层速效钾含量为 60.99～141.80 mg/kg，"桧柏＋竹柳-钙果"搭配模式速效钾含量最高；20～40 cm 土层速效钾含量为 57.98～142.42 mg/kg，"桧柏＋文冠果-钙果"搭配模式速效钾含量最高。从年份变化来看，在 0～20cm 土层的土壤速效钾含量总体变化显著，2015 年的速效钾含量大于 2014 年，"桧柏＋文冠果＋竹柳"的搭配模式增量最大。20～40 cm 土层的土壤速效钾含量变化显著，2015 年的有效磷含量多于 2014 年，"桧柏＋文冠果-钙果"的搭配模式增量最大。

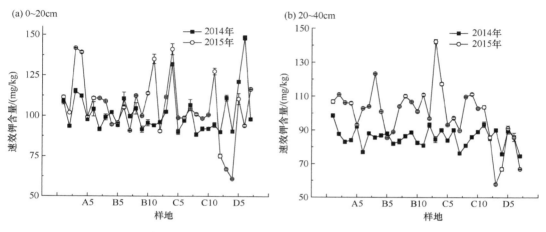

图 4.18　不同年份和不同深度土壤速效钾含量

5. 土壤阳离子交换量

阳离子交换量的大小，可作为土壤保肥能力的指标。阳离子交换量是土壤缓冲性能的主要决定因素，是改良土壤和合理施肥的重要依据。2014 年，0～20 cm 土层阳离子交换量为 8.34～19.45 cmol/kg，20～40 cm 土层阳离子交换量为 8.08～21.88 cmol/kg（图 4.19）。表层土壤和深层土壤有机质含量不同，土壤颗粒的风化程度也不一样，阳离子交换量就不一样。由于样地的土壤是工程覆土，所以上、下层的阳离子交换量差异不明显。

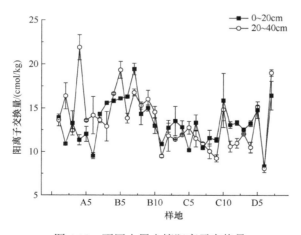

图 4.19　不同土层土壤阳离子交换量

二、对土壤生物学特性的作用

1. 土壤微生物量碳

微生物量碳在土壤肥力和植物营养中具有重要的作用。不同植被类型对土壤微生物量碳的含量影响程度不同（图 4.20）。2014 年，土壤微生物量碳含量为 0.64～11.51 mg/kg，2015 年为 1.18～9.98 mg/kg。"紫穗槐＋钙果"搭配模式微生物量碳增量最大。植被类型不同，微生物量碳的增加也有差异。在 31 种植被类型中，增量较大的有 B7 文冠果-钙果、B9 竹柳-钙果和 B10 紫穗槐＋钙果。

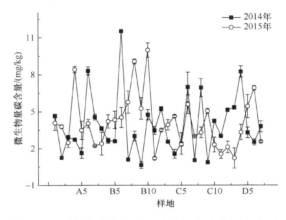

图 4.20 不同年份和不同深度土壤微生物量碳含量

2. 土壤生物酶活性

酶在土壤生态系统的物质循环和能量转化中起着非常重要的作用，它催化土壤中的生物化学反应，其活性大小是土壤肥力的重要标志。不同年份和不同深度土壤的酶活性均有显著层次性差异（图 4.21）。2015 年，土壤脲酶、蔗糖酶、过氧化氢酶活性均高于 2014 年脲酶活性，且随着土壤深度的加深而递减。这可能由于土壤微生物数量及活性均以表层土最高，且随着土壤深度的增加，酶活性递减。植被类型不同，酶的活性也有差异。

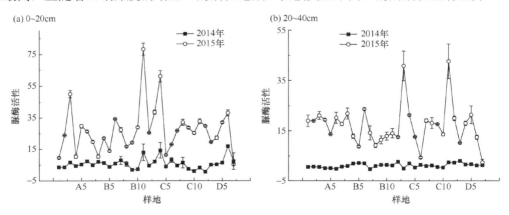

图 4.21 不同年份和不同深度土壤酶活性

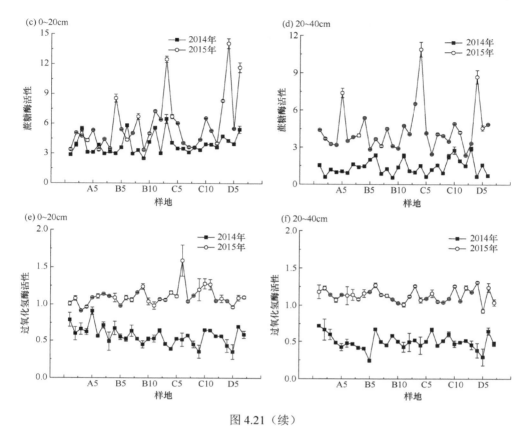

图 4.21（续）

3. 土壤微生物区系

随着物种搭配模式的丰富，土壤中微生物总量呈上升趋势，细菌和放线菌数量呈上升趋势，真菌数量则呈下降趋势（图 4.22）。E1 模式的土壤微生物最为丰富，肥力水平最高。

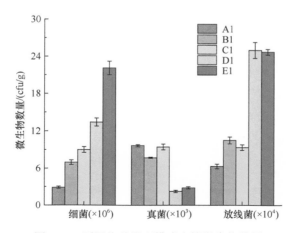

图 4.22　不同物种搭配模式土壤微生物数量

A1，桧柏；B1，桧柏-文冠果；C1，桧柏-文冠果-竹柳；D1，桧柏-文冠果-竹柳-紫穗槐；E1，桧柏-文冠果-竹柳-紫穗槐-钙果

三、对植被恢复生态的作用

1. 乔木、灌木

在物种搭配模式中，A1（桧柏）、B3（桧柏+紫穗槐）、B8（竹柳+紫穗槐）、C2（桧柏+文冠果+紫穗槐）、C3（桧柏+文冠果+钙果）、C6（桧柏+紫穗槐+钙果）和D4（桧柏+竹柳+紫穗槐+钙果）是树种存活率达到50%以上的配置模式。在植被稀疏、生态环境恶劣的煤矸石废弃地，经过近两年的不同搭配模式的种植实验，相对适合生长的物种有桧柏（表4.6）。经过三年的恢复生长，存活的乔木高度和盖度增长显著。

表 4.6 复垦后五种乔、灌木的存活率

植物	桧柏	文冠果	竹柳	紫穗槐	钙果
存活率/%	76	0	1	10	0

2. 草本

植被复垦时栽种了两种草本植物，经过两年的生长后，出现了更多的草本植物，物种丰富度有所提高（图 4.23）。其中增加的品种以豆科、菊科、禾本科的植物为主。物

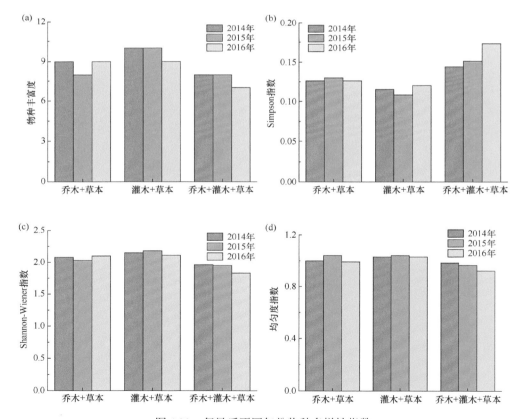

图 4.23 复垦后不同年份物种多样性指数

种 Simpson 优势度指数第二年低于第一年，而在第三年稍有提高，这也表明优势种呈先增加后降低的趋势。物种 Shannon-Wiener 多样性指数在第二年均高于第一年，第三年有所回落，有可能是出现病虫害等因素。物种均匀度指数第三年低于第一年，但是乔木+草本、乔木+灌木+草本、灌木+草本三种植被搭配模式之间无显著性差异。2014 年、2015 年、2016 年三次生态调查得出结论：复垦前生境受破坏干扰严重，物种分布不均；植被复垦后，随着时间的推移，群落内生物种类数目增多，物种丰富度增多，经过一年环境适应，物种多样性下降，但是群落环境更复杂、更稳定，群落多样性有所增加。

　　"桧柏＋文冠果＋竹柳"的搭配模式是复垦土壤生态修复的一个较优模式，可以在煤矿区加以推广。

参 考 文 献

党雯, 邰春花, 张强, 等. 2015. Biolog 法测定土壤微生物群落功能多样性预处理方法的筛选. 中国农学通报, 31(2): 153-158.

丁自立, 李书谦, 周旭, 等. 2014. 植物修复土壤重金属污染机制与应用研究. 湖北农业科学, 53(23): 5617-5623.

胡振琪, 魏忠义, 秦萍. 2005. 矿山复垦土壤重构的概念与方法. 土壤, 37(1): 8-12.

黄昌勇. 2000. 面向 21 世纪课程教材 土壤学. 北京: 中国农业出版社.

李忠佩, 张桃林, 陈碧云, 等. 2003. 红壤稻田土壤有机质的积累过程特征分析. 土壤学报, 40(3): 344-352.

梁健. 2011. 子午岭植物群落演替与土壤养分及微生物群落的关系. 西安: 陕西师范大学博士学位论文.

田小明, 李俊华, 危常州, 等. 2012. 连续 3 年施用生物有机肥对土壤有机质组分、棉花养分吸收及产量的影响. 植物营养与肥料学报, 18(5): 1111-1118.

王建林, 欧阳华, 王忠红, 等. 2009. 贡嘎南山-拉轨岗日山南坡高寒草原生态系统植被碳密度分布特征及其影响因素. 植物营养与肥料学报, 15(6): 1253-1259.

王友生, 吴鹏飞, 侯晓龙, 等. 2015. 稀土矿废弃地不同植被恢复模式对土壤肥力的影响. 生态环境学报, 24(11): 1831-1836.

王月福, 王铭伦, 郑建强. 2012. 不同覆盖措施对丘陵地土壤水分和温度及花生生长发育的影响. 农学学报, 2(7): 16-21.

张海芳. 2012. 呼伦贝尔沙地不同植被恢复模式土壤微生物多样性. 天津: 天津师范大学硕士学位论文.

张文影, 姚多喜, 孟俊, 等. 2014. 采煤沉陷复垦区重金属污染与土壤酶活性的关系. 水土保持通报, 34(2): 20-24, 29.

郑永红, 张治国, 陈永春, 等. 2020. 人工林树种对矿区复垦土壤肥力质量影响及评价研究. 煤炭科学技术, 48(4): 156-168.

周锦华, 胡振琪, 高荣久. 2007. 矿山土地复垦与生态重建技术研究现状与展望. 金属矿山, 10(3): 11-13.

Balusamy B, Taştan B E, Ergen S F, et al. 2015. Toxicity of lanthanum oxide (La$_2$O$_3$) nanoparticles in aquatic environments. Environmental Science: Processes & Impacts, 17(7): 1265-1270.

Brandani C B, Abbruzzini T F, Conant R T, et al. 2017. Soil organic and organic mineral fractions as indicators of the effects of land management in conventional and organic sugar cane systems. Soil Research, 55(2): 145.

Li J, Wang X, Wang X J, et al. 2013. P and SH velocity structure in the upper mantle beneath Northeast China: Evidence for a stagnant slab in hydrous mantle transition zone. Earth Planet Sci Letts, 367: 71-81.

Kalambukattu J G, Singh R, Patra A K, et al. 2013. Soil carbon pools and carbon management index under different land use systems in the Central Himalayan region. Acta Agricultural Scandinavica, 63(3): 200-205.

Liu Z, Liu G, Fu B, et al. 2008. Relationship between plant species diversity and soil microbial functional diversity along a longitudinal gradient in temperate grasslands of Hulunbeir, Inner Mongolia, China. Ecological Research, 23(3): 511-518.

Rovira P, Vallejo V R. 2007. Labile, recalcitrant, and inert organic matter in Mediterranean forest soils. Soil Biology and Biochemistry, 39(1): 202-215.

Wang Q, Gu Z, Zhou L. 2016. Study on the soil and plant community characteristcs at an early ecological restoration stage in an abandoned quary. 2016 International Conference on Advances in Energy, Environment and Chemical Engineering (AEECE 2016).

第五章　煤矿区复垦土壤的物理性质及其结构改良

土地复垦是对生产建设活动和自然灾害损毁的土地采取整治措施，使其达到可供利用状态的活动。我国大部分煤矿采用井工开采的方式，矿井通常位于耕地或林地下方，煤炭开采往往造成土地沉陷，导致耕作层厚度减小，土壤各土层发生垮落、错动，甚至上下反转，从而改变土壤剖面，使原有土壤质量受到影响。通常由采煤引起的土体下沉会增加土壤紧实度，从而使土壤孔隙特性发生变化，土壤结构性变差，土壤物理性质恶化，导致农作物减产（张发旺等，2003）。

在采煤沉陷地区进行土地复垦时，大型机械的使用必然会扰动土壤，使复垦土壤的物理、化学和生物特性发生巨大的变化。其中，在土壤物理性质方面主要造成复垦土壤严重压实，导致土壤容重增加、结构破坏、透气性变差、土壤团聚体结构及数量发生变化，严重影响土壤养分的转化和存在方式，以及土壤微生物数量和活性，进而导致农作物的产量减少（黄晓娜等，2014）。通常，采用土壤改良剂可以改善复垦土壤的结构，促进复垦土壤质量提升。本章主要论述不同改良措施下土壤孔隙结构、团聚体等的变化特征，进一步深化认识改良剂对复垦土壤结构改良的机制和原理。

第一节　复垦土壤的物理性质及其改良重点

在复垦施工过程中，复垦机械设备在反复通行以搬运所需土壤物料进行回填造地时，不可避免地会对复垦土壤产生压实作用。压实是复垦土壤中很常见的，也是很严重的问题。在复垦土壤上，较差的土壤物理条件，特别是土壤压实问题已经被证实是复垦土壤限制植物生长的最主要因素（Caudlerd et al.，1990；Dunker et al.，1990）。

一般情况下，土壤的容重为 $1.0\sim1.5g/cm^3$，自然沉实的表土容重为 $1.25\sim1.35g/cm^3$。与农田土壤或自然土壤不同，复垦土壤通常在物理特性上有独特的性状，表现为土壤容重大（通常大于 $1.65g/cm^3$）、穿透阻力大、入渗慢（胡振琪，1991）。在露天矿区，煤炭开采活动往往破坏了土壤原有的结构，在复垦施工过程中，推土机等重型设备的回填土壤活动会使 $0\sim60cm$ 的复垦土壤容重大大超过未采动的土地（张学礼等，2004），严重影响植物的生长。因此，容重的改良是土地复垦初期重要的目标之一。

通常，压实对土壤中孔隙度具有强烈的影响，从而影响到土壤的透气性、渗水性和毛管持水量。在复垦土壤重构过程中，由于土壤被大型重型机械压实，与未受扰动的土壤相比，复垦土壤往往缺少合适的、连续的大孔隙网络来提供水的流动、空气的渗透和根系的延伸（Potter et al.，1988），从而限制了植物的生长，也降低了植物根系对土壤的穿插作用。复垦土壤中的总孔隙度减少、大孔隙的比例降低，导致土壤的透气性能和渗水性能降低（Yao and Wilding，1994），而较小的下渗能力会造成径流增加、土壤的蓄水量降低，因此过度压实的复垦土壤毛管持水量低。不同复垦年限的土壤，毛管孔隙数量的多少是影响毛管持水量的主要因素（迟仁立等，2001）。

不同的复垦模式对土壤物理性质的恢复有较大影响。通常，不同的复垦模式会造成土壤容重、总孔隙度、毛管孔隙度、毛管持水量等物理性质的改变。因此，选择优良的、合适的复垦模式是提高复垦土壤质量的关键（李清芳等，2005；赵广东等，2005）。与混推复垦相比，剥离复垦后，0～20cm 的土壤容重、土壤硬度明显更低，土壤孔隙度较高。与剥离复垦相比，混推复垦土壤剖面毛管持水量相对较高（焦晓燕等，2009）。

土壤结构是土壤物理性质的一个重要方面，它的好坏直接影响到土壤的通气、透水性，以及土壤中营养物质的循环，最终影响土壤质量。土壤水稳性团聚体是表征土壤结构状况的重要指标，其含量的高低能很好地反映土壤保持和供应养分能力的强弱（王清奎和汪思龙，2005）。通常，在露天开采过程中，对表土的直接挖掘改变了土壤的理化性质和生物学性质，导致土壤结构发生了明显变化；而井工开采中，地表土体沉陷也会导致土壤结构的恶化，严重影响着土地复垦。在矿区土地复垦中，土壤结构的恢复也是复垦土壤质量提升的重要内容。

第二节　不同改良剂施用下复垦土壤的容重及孔隙结构特征

土壤改良剂是修复土壤的重要措施，施用土壤改良剂可改善土壤物理性质，改良土壤结构，提高土壤肥力。土壤改良剂按照属性和来源不同主要分为有机改良剂（如泥炭、腐殖酸、生物炭等）、无机改良剂（如珍珠岩、石灰石、蛭石等）、人工合成改良剂（如聚丙烯腈、聚丙烯酰胺等）和生物改良剂（如蚯蚓、微生物菌剂等）（赵英等，2019）。施用有机改良剂可直接增加土壤有机碳含量，培肥地力，对提高土壤总孔隙度、降低土壤容重、加速土壤大团聚体形成、提高土壤团聚体稳定性具有重要作用。因此，施用有机改良剂有利于土壤结构稳定性的提高和有机碳的固存。

通常，土壤改良中泥炭和腐殖酸是最常用的两种改良剂。泥炭是在水分过多、通气不良、气温较低的沼泽环境下，植物残体经过长期累积而形成的一种不易分解、稳定的有机物质，它具有有机质和腐殖酸含量高、疏松多孔、比表面积大等优点（赵文慧等，2020）。腐殖酸是动植物残体通过各种生物和非生物的降解、缩合等作用形成的一种天然有机高分子聚合物，富含多种官能团结构，不仅可提高土壤氮磷钾养分有效性，还具有促根、抗逆、增产与提质等作用（周爽等，2015）。泥炭和腐殖酸可增加土壤有机碳及其组分的含量，有利于增加复垦土壤大团聚体含量及稳定性（刘新梅等，2021）。腐殖酸可有效降低土壤容重，增加土壤的持水量（Liu et al.，2020）。本节主要论述不同改良剂施用下，复垦土壤容重及孔隙结构特征的变化。

一、不同改良剂施用下复垦土壤粒径分布的变化

土壤粒径分布（PSD）是土壤的基本性质参数，它能表征土壤结构的优劣程度。土壤粒径大小影响土壤水分、养分的转运和截留，与土壤的生产力、土壤侵蚀程度以及当地的生态恢复状况密切相关（董智今等，2022）。通常，土壤中小颗粒的增加会促进土

壤团聚体形成，增加团聚体的稳定性（郭月峰等，2020）。

泥炭、腐殖酸等土壤改良剂的施用可以改变复垦土壤粒径分布，从而影响其物理性质。施用改良剂后，复垦土壤颗粒组成表现为大颗粒（2000～20μm）>中颗粒（20～2μm）>小颗粒（<2μm）。一次性施用泥炭和腐殖酸改良剂 2 年后，复垦土壤的黏粒含量增加；而一次性施用蛭石改良剂 2 年后，复垦土壤的砂粒含量增加（表 5.1）。施用泥炭和腐殖酸可增加复垦土壤的黏粒含量，施用蛭石可增加复垦土壤的砂粒含量，继续施用泥炭和腐殖酸后，复垦土壤的砂粒含量呈增加的趋势。

表 5.1　施用改良剂后 2 年和 3 年时复垦土壤的粒径分布（%）

	处理	<2μm 黏粒	20～2μm 粉粒	2000～20μm 砂粒
2 年	CK	4.71±0.64c	34.43±1.10c	60.87±0.89c
	1%N	5.77±1.03b	35.87±2.23c	58.35±3.24c
	3%N	5.45±1.10b	35.79±1.97c	58.74±3.00c
	5%N	5.38±0.60b	37.14±1.65bc	57.49±1.31c
	1%F	6.64±0.51a	35.96±3.29c	57.38±3.79c
	3%F	6.67±0.30a	36.45±1.62bc	56.88±1.57c
	5%F	6.41±0.27a	33.45±0.61c	60.15±0.90c
	1%Z	3.94±1.06cd	23.50±4.48de	72.54±5.51b
	3%Z	0.94±0.16g	19.41±1.07f	89.60±1.26a
	5%Z	0.99±0.67g	11.19±3.29g	87.68±3.67a
3 年主区	CK	2.96±0.12e	40.57±0.63b	56.48±0.77cd
	1%N	2.88±0.22e	41.87±1.20b	55.25±1.34cd
	3%N	3.31±0.10d	42.98±3.09b	53.72±3.16cd
	5%N	4.22±1.21cd	47.91±5.15a	47.88±6.12d
	1%F	4.18±0.23cd	41.50±0.28b	54.33±0.50cd
	3%F	4.75±0.55cd	41.29±5.04b	53.95±5.58cd
	5%F	3.82±0.94d	40.88±0.56b	55.31±1.52cd
	1%Z	2.09±0.59ef	28.29±3.68d	69.60±4.17b
	3%Z	2.25±0.75ef	33.79±3.95c	63.94±4.68c
	5%Z	0.81±0.49g	17.16±5.11e	82.01±5.61a
3 年副区	1%N+N	3.57±0.41d	40.46±1.67b	55.98±2.06cd
	3%N+N	3.62±0.30d	36.62±2.15bc	59.76±2.34c
	5%N+N	3.58±0.46d	38.56±2.56bc	57.87±2.53c
	1%F+F	3.78±0.42d	39.39±1.86bc	56.84±2.25c
	3%F+F	3.34±0.28d	39.68±3.06bc	56.98±3.11c
	5%F+F	3.05±0.46de	36.10±2.95bc	60.84±3.25c
	1%Z+Z	3.43±0.66d	38.83±6.03bc	57.76±6.35c
	3%Z+Z	2.14±0.77ef	23.52±2.95de	74.33±3.71b
	5%Z+Z	2.21±0.48ef	24.57±3.04de	73.22±3.20b

注：CK、N、F、Z 分别表示空白处理，以及施用泥炭、腐殖酸和蛭石的处理；N+N、F+F、Z+F 分别表示在裂区试验中，继续施用泥炭的泥炭+泥炭处理、继续施用腐殖酸的腐殖酸+腐殖酸处理以及蛭石+腐殖酸处理。不同小写字母表示某一粒径在同一复垦年限下不同处理间的差异显著（P<0.05）。

二、不同改良剂施用下复垦土壤容重的变化

土壤容重是表示土壤通透性和土壤肥力的重要指标。通常，土壤容重越小，表示土壤越疏松，孔隙度越大，土壤保持水分的能力相对越大。一次性施用改良剂2年后，复垦土壤的容重均随改良剂施用量的增加而降低（表5.2）。施用改良剂3年后，复垦土壤容重与2年时的变化趋势相同，均表现为随改良剂施用量的增加而降低。与主区一次性施用改良剂的处理相比，试验副区继续施用改良剂处理的土壤容重降幅更大。因此，一次性或多次施用泥炭、腐殖酸和蛭石改良剂均可显著减小复垦土壤的容重，且随着复垦年限的增加，复垦土壤的容重仍会减小。

表 5.2　施用改良剂 2 年和 3 年后复垦土壤的容重　　（单位：g/cm³）

处理	1%N/N+N	3%N/N+N	5%N/N+N	1%F/F+F	3%F/F+F	5%F/F+F	1%Z/Z+F	3%Z/Z+F	5%Z/Z+F
2 年	1.32	1.31	1.27	1.48	1.42	1.18	1.34	1.36	1.34
3 年主区	1.32	1.29	1.23	1.33	1.26	1.22	1.24	1.18	1.12
3 年副区	1.22	1.19	1.12	1.28	1.23	1.15	1.18	1.17	1.13

注：试验开始的土壤容重为 1.62 g/cm³。

三、不同改良剂施用年限时土壤孔隙结构特征

土壤孔隙结构的常规研究方法包括地统计学法、分形理论和三维重构法等。通常，常规研究方法对土壤孔隙结构定量化表征缺乏一定的精确度，因此需要把各种理论方法与实验信息有机结合起来进行综合研究以减少误差。许多方法可用于量化土壤孔隙结构，包括直接观测法、染色示踪法、水分特征曲线法、汞侵入曲线法和图像分析法等（阮芯竹等，2015；盛丰和方妍，2012；Zhao et al.，2010）。在众多定量测定土壤孔隙的研究方法中，CT 扫描和数字图像处理技术可以在不影响土壤结构的前提下，更直观地了解土壤团聚体的孔隙结构。此外，CT 扫描技术在一定程度上还能定量分析团聚体间及内部孔隙的连通性和复杂性，从而可以对土壤团聚体形成机制及团聚体与土壤性质、环境等因素间的关系有更深的理解。

近年来，CT 扫描技术在土壤孔隙结构定量测定方面获得很大进步。与其他定量测量技术相比，CT 扫描技术具有较多优点，如成像速度快、无损土壤结构、分层识别土体内部结构、分析精度较高等（Kim et al.，2010；Rachman et al.，2005)）。CT 扫描还可以与图像处理技术相结合，对土壤三维结构进行定量表征（杨永辉等，2013）。通常，根据 CT 扫描仪的工作方式、X 射线强度、空间分辨率以及适用范围的不同，可以将 CT 扫描技术分为医学 CT、同步辐射 CT 和工业纳米 CT 三种类型。目前，这三种 CT 扫描技术均在土壤领域得到广泛应用（Ferro et al.，2014）。

1. 施用风化煤腐殖酸不同年限时复垦土壤孔隙结构

土壤孔隙数、孔隙直径、平均孔隙体积和孔隙表面积是表征土壤孔隙结构的重要参

数。施用风化煤腐殖酸 0.5 年时，土壤孔隙直径、孔隙数和孔隙表面积增大；施用风化煤腐殖酸 1 年时，土壤平均孔隙体积、孔隙数最大，而土壤孔隙直径和孔隙表面积降低（表 5.3）。

表 5.3　施用风化煤腐殖酸 0.5 年和 1 年时土壤孔隙结构参数

处理	孔隙数	平均孔隙体积/cm³	孔隙表面积/cm²	孔隙直径/μm	分形维数
CK(0.5)	53 321.33±970.21b	6 209.87±7.48a	2 204.37±178.67b	7.62±0.41ab	2.73±0.041ab
F(0.5)	31 323.73±5 259.52a	23 809.28±4 464.91a	6 634.30±830.42a	10.79±0.70a	2.83±0.023a
CK(1)	51 576.33±6 730.14b	6 196.71±1 259.27a	2 476.47±157.00b	7.47±0.60ab	2.73±0.029ab
F(1)	61 914.67±14 981.83b	24 398.92±3 0424.92a	2 815.49±860.27b	7.19±3.43b	2.75±0.090b

注：CK(0.5)代表不施用风化煤腐殖酸 0.5 年处理，F(0.5)代表施用风化煤腐殖酸 0.5 年处理，CK(1)代表不施用风化煤腐殖酸 1 年处理，F(1)代表施用风化煤腐殖酸 1 年处理，下同。不同小写字母代表不同处理之间差异显著（$P<0.05$）。

土壤孔隙直径施用风化煤腐殖酸 0.5 年时最大，与施用风化煤、腐殖酸 1 年时差异显著，说明施用风化煤、腐殖酸 0.5 年时的孔隙形态更大、更粗壮。结合孔隙数看，施用风化煤、腐殖酸 1 年时，与 0.5 年时相比，土壤平均孔隙体积接近，而孔隙数却增加了 49.40%，且孔隙表面积降低，表明该阶段土壤孔隙以细小孔隙为主；施用风化煤、腐殖酸 0.5 年时孔隙数量虽然少，但其孔隙表面积大，土体中存在的孔隙较粗壮、形态较大。造成这种后果的原因与施用风化煤、腐殖酸的措施和时间长短有关。一方面，土壤扰动后需要有恢复时间；另一方面，随着时间逐步推移，土壤孔隙数量增多，形状发生变化，土壤结构得到进一步优化。施用风化煤、腐殖酸 0.5 年时恢复时间短，土壤中以粗壮大孔隙为主；施用风化煤腐殖酸 1 年时土体逐步稳定，土壤结构逐步完善，土壤孔隙数增多，土壤孔隙直径降低，土壤中以细长孔隙为主。

土壤分形维数是土壤结构与土体内孔隙形态分布的综合表现参数，反映了土壤孔隙大小和土壤气相与土壤固相接触界面的不规则性。较高的分形维数意味着较高的孔隙度，同时水分入渗能力增强。施用风化煤腐殖酸 0.5 年时土壤分形维数最高（表 5.3），说明施用风化煤腐殖酸可以提高分形维数，改变土壤孔隙形状，改善土壤结构。施用风化煤腐殖酸 0.5 年和 1 年时分形维数均较高，表明施用风化煤腐殖酸能提高土壤水分含量，且应该具有较高的总孔隙度，这与图 5.1 显示情况一致。

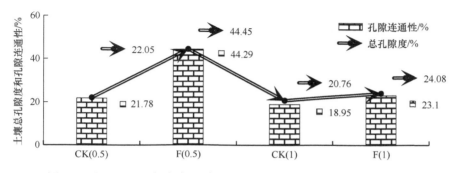

图 5.1　施用风化煤腐殖酸 0.5 年和 1 年时土壤总孔隙度和孔隙连通性
CK(0.5)代表不施用风化煤腐殖酸 0.5 年处理，F(0.5)代表施用风化煤腐殖酸 0.5 年处理，CK(1)代表不施用风化煤腐殖酸 1 年处理，F(1)代表施用风化煤腐殖酸 1 年处理。下同

土壤中水分和空气流动的关键指标是土壤孔隙连通性和土壤总孔隙度，这两个指标对于农作物生长发育有重要意义。施用风化煤腐殖酸 0.5 年和 1 年时，土壤的总孔隙度和孔隙连通性增加，其中，以施用风化煤腐殖酸 0.5 年土壤的总孔隙度和连通性增幅最大（图 5.1）。因此，施用风化煤腐殖酸措施可以增加土壤的总孔隙度和孔隙连通性，有助于改善土壤结构。

2. 施用风化煤腐殖酸不同年限时复垦土壤孔隙三维结构

土壤孔隙三维结构图可以直观反映出土壤孔隙结构的好坏。未受扰动的对照土壤即未施用风化煤腐殖酸的土壤比施用风化煤腐殖酸的土壤中分布更多数量的小孔隙，随着时间推移，小孔隙数降低；施用风化煤腐殖酸 0.5 年和 1 年的土壤具有相对较多的连通孔隙，且存在一定量的大孔隙，孔隙较未受扰动的土壤孔隙粗壮。与施用风化煤腐殖酸 0.5 年土壤相比，施用风化煤腐殖酸 1 年后，土壤的孔隙网络复杂，孔隙数量多且呈零星分布，细长大孔隙数量多且分布紧密，土壤结构较好（图 5.2）。因此，施用风化煤腐殖酸能促进孔隙数增大，改变土壤孔隙形状，特别是能促进狭长、连通孔隙增多，使土壤孔隙结构更合理；施用风化煤腐殖酸时间越长，土壤孔隙结构越复杂，对土壤结构的改善作用越明显。

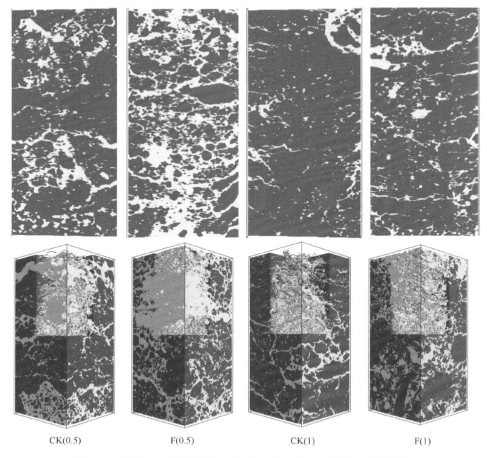

CK(0.5)　　　　　F(0.5)　　　　　CK(1)　　　　　F(1)

图 5.2　施用风化煤腐殖酸 0.5 年和 1 年时的土壤孔隙三维结构图

第三节　不同改良剂施用下复垦土壤团聚体形成过程及机制

土壤团聚体是土壤结构的基本单位，其组成和稳定性直接影响土壤肥力和农作物的生长。土壤团聚体的形成是一个非常复杂的过程，包括一系列的物理、化学和生物的作用。其中，物理过程包括：①絮凝作用，黏粒絮凝成微小的土块或絮状物；②黏性物质的体积变化，土壤水分减少导致黏团乃至整个土体体积收缩，加强团聚过程。

土壤改良剂种类繁多，不同改良剂的来源、结构、比表面积和有机质含量等各不相同，对复垦土壤团聚体的影响也不尽相同，故研究施用不同改良剂对复垦土壤团聚体形成的影响，对于选择更优的土壤改良剂具有重要的指导意义。

一、不同改良剂施用下复垦土壤团聚体组成

土壤团聚体分为四个等级（Six et al.，2004），分别是：①大团聚体，由很多微团聚体通过大量真菌菌丝和细微的植物根系黏结在一起形成；②微团聚体，由细砂粒、粉粒、黏粒和有机碎屑黏结形成的微小团块组成；③次微团聚体，由附有有机碎屑的细粉粒，以及一些与黏粒、腐殖质和铁铝氧化物黏结在一起的微小植物或微生物残体组成；④原始颗粒，由层状或无序排列的黏粒晶片与铁铝氧化物、有机聚合物相互作用形成。

按照抵抗不同性质外力干扰的能力大小，可以将土壤团聚体分为机械稳定性团聚体和水稳性团聚体。通常把<0.25mm 粒级的团聚体称为微团聚体，>0.25mm 粒级的团聚体称为大团聚体。土壤中大团聚体含量越多，表明土壤团聚结构越好。

1. 土壤机械稳定性团聚体组成

机械稳定性团聚体是能够抵抗外力破坏的团聚体，也是自然状态下稳定的团聚体。一次性施用泥炭和腐殖酸改良剂 2 年时，复垦土壤>0.25mm 粒级机械稳定性团聚体百分含量显著增加，尤其是>5mm 和 2~5mm 粒级机械稳定性团聚体，而<0.25mm 粒级机械稳定性团聚体的百分含量减少（图 5.3）。随着复垦年限的增加，继续施用泥炭和腐殖酸改良剂后，复垦土壤>5mm 粒级机械稳定性团聚体百分含量呈增加的趋势。因此，施用泥炭和腐殖酸可以增加复垦土壤大团聚体数量，且随着复垦年限的增加，复垦土壤的机械稳定性大团聚体（>0.25mm）含量增加，尤其是>5 mm 和 2~5mm 粒级团聚体的百分含量。

2. 土壤水稳性团聚体组成

水稳性团聚体是指可以抵抗水力分散的团聚体。与机械稳定性团聚体相比，水稳性团聚体可以更灵敏地反映土壤供应养分的能力和抗侵蚀能力。通常，采用土壤团聚体湿筛法（Elliott，1986）来测定水稳性团聚体含量。一次性施用腐殖酸、泥炭 2 年后，复垦土壤>2mm 粒级团聚体的百分含量显著增大，且这种效应随改良剂施用量的增加而增大（图5.4）。此外，随着复垦年限的增加，复垦土壤的大团聚体百分含量减少，而微团聚体的百分含量增加；继续施用泥炭和腐殖酸后，复垦土壤的大团聚体百分含量显著增加，且蛭石+

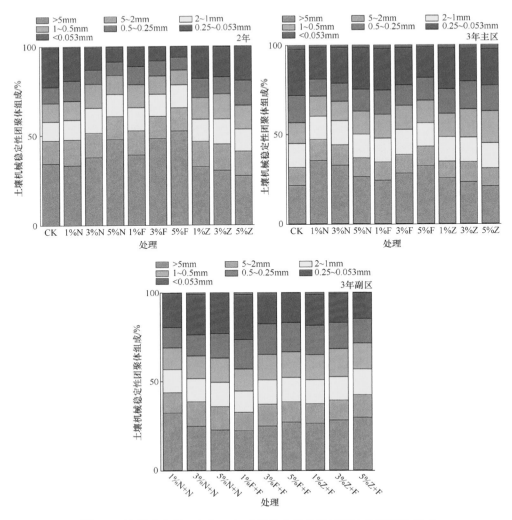

图5.3　施用改良剂2年和3年时复垦土壤的机械稳定性团聚体组成

CK、N、F、Z分别表示空白处理，施用泥炭、腐殖酸和蛭石的处理；N+N、F+F、Z+F分别表示在裂区试验中，继续施用泥炭的泥炭+泥炭处理、继续施用腐殖酸的腐殖酸+腐殖酸处理以及蛭石+腐殖酸处理。下同

腐殖酸处理的＞2mm粒级团聚体百分含量显著高于施用等质量改良剂的其他处理（图5.4）。因此，施用泥炭、腐殖酸改良剂可增加复垦土壤水稳性大团聚体含量，并且随施用量的增加，土壤微团聚体含量呈减少的趋势。一次性施用改良剂后复垦土壤大团聚体会破碎，向微团聚体转变，需要继续施用改良剂，且腐殖酸1年的施用效果优于泥炭。

二、不同改良剂施用下复垦土壤团聚体的稳定机制

土壤团聚体稳定性是指团聚体在外部环境发生变化时，仍能保持其原有形态及功能的能力，可作为土壤质量的评价指标。通常，提高土壤团聚体的稳定性能够起到提高土壤碳汇功能的作用，可以减弱农田土壤呼吸，协调土壤中的水、肥、气、热等条件，还可以稳定和维持土壤的疏松熟化层。

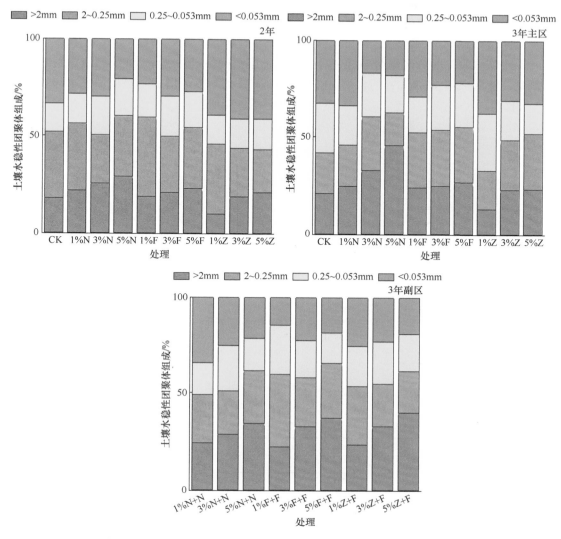

图 5.4　施用改良剂 2 年和 3 年时复垦土壤的水稳性团聚体组成

通常,土壤团聚体的稳定性可以体现土壤结构的稳定性。因此,提高土壤团聚体的稳定性对保持土壤生产力、减少水土流失和改善土壤结构具有重要意义(Zeng et al.,2018)。

土壤团聚体破坏率(percentage of aggregate destruction,PAD)是湿筛法相比干筛法破碎的团聚体比例,其值越小,说明土壤团聚体结构越稳定(刘文利等,2014)。土壤团聚体平均重量直径(mean weight diameter,MWD)和几何平均直径(geometric mean diamete,GMD)是反映土壤团聚体和土壤水稳性团聚体分布及稳定性的重要指标。一般认为,>0.25mm 水稳性团聚体含量(water stable aggregate content,$WSA_{>0.25}$)值越大,表明土壤的团聚体含量越高,团聚体越稳定。土壤 MWD 和 GMD 值越大,代表大粒径团聚体百分含量越多,土壤团聚体稳定性越高(Zheng et al.,2011;Zhang and Horn,2001)。一次性施用改良剂 3 年后,复垦土壤 WSA>0.25 的含量增加,PAD 值减小,且施用泥炭和腐殖酸可显著增加复垦土壤 MWD 值和 GMD 值(表 5.4 和表 5.5)。因此,施用泥炭和腐殖酸可提升复垦土壤大团聚体百分含量及团聚体稳定性，且施用量越高，土壤团聚体越稳定。

土壤团聚体的分形维数 D 值越小，表示土壤结构稳定性越好。继续施用腐殖酸改良剂后，复垦土壤 WSA$_{>0.25}$ 的含量、MWD 和 GMD 值均显著增加，PAD 值显著减小（表5.4 和表 5.5）。因此，连续施用腐殖酸可显著增加复垦土壤团聚体的稳定性和团聚体抗水蚀性，促进土壤结构改善和土壤质量的提升。

表 5.4 施用改良剂后复垦土壤的大团聚体含量及团聚体破坏率

处理	>0.25mm 团聚体含量（WSA$_{>0.25}$）/%			团聚体破坏率（PAD）/%		
	2 年	3 年主区	3 年副区	2 年	3 年主区	3 年副区
CK	47.75±1.10ab	41.82±0.97e	—	38.32±3.17a	48.59±0.49b	—
1%N/N+N	48.40±1.56ab	45.85±2.67d	44.79±2.05e	40.16±3.38a	36.58±0.37c	33.51±2.87ab
3%N/N+N	47.22±1.87ab	60.73±1.96b	51.00±2.14d	45.74±4.13a	22.94±0.23e	30.84±7.78bc
5%N/N+N	48.92±1.27ab	62.81±2.22a	61.70±0.16ab	46.56±2.66a	24.08±0.24e	21.57±2.54ef
1%F/F+F	46.28±1.88ab	52.48±1.87bc	59.70±1.05b	47.90±3.75a	33.94±0.94cd	19.06±0.89f
3%F/F+F	48.64±1.56ab	53.81±3.74b	57.61±4.24bc	47.13±2.74a	31.01±0.31d	27.32±2.47cd
5%F/F+F	52.99±3.95a	55.39±0.89b	65.62±3.71a	43.65±6.30a	24.77±0.25e	24.38±1.5de
1%Z/Z+F	45.88±1.79ab	32.76±1.03f	53.43±0.84cd	44.06±2.91a	56.88±0.57a	36.46±0.97a
3%Z/Z+F	43.78±2.45ab	48.76±3.39cd	54.76±2.25cd	47.15±4.29a	37.75±0.38c	35.32±3.17ab
5%Z/Z+F	43.17±4.81b	52.00±1.80bc	61.53±1.69ab	46.56±10.22a	30.27±0.30d	29.41±2.19bc

注：CK、N、F、Z 分别表示空白处理及施用泥炭、腐殖酸和蛭石的处理；N+N、F+F、Z+F 分别表示在裂区试验中继续施用泥炭的泥炭+泥炭处理、继续施用腐殖酸的腐殖酸+腐殖酸处理以及蛭石+腐殖酸处理。不同小写字母表示同期不同处理的差异显著（$P<0.05$）。下同。

表 5.5 施用改良剂后复垦土壤团聚体的平均重量直径及几何平均直径

处理	平均重量直径（MWD）/mm			几何平均直径（GMD）/mm		
	2 年	3 年主区	3 年副区	2 年	3 年主区	3 年副区
CK	0.73±0.03abc	0.71±0.01f	—	0.29±0.01bc	0.28±0.01g	—
1%N/N+N	0.74±0.04abc	0.78±0.05e	0.74±0.03e	0.31±0.01bc	0.31±0.04fg	0.36±0.01f
3%N/N+N	0.76±0.04abc	1.01±0.03b	0.87±0.05d	0.32±0.01abc	0.52±0.04b	0.38±0.36ef
5%N/N+N	0.78±0.03abc	1.15±0.06a	1.03±0.02ab	0.33±0.01ab	0.57±0.04a	0.51±0.01ab
1%F/F+F	0.77±0.04abc	0.84±0.03cde	0.91±0.02cd	0.31±0.01abc	0.37±0.02de	0.49±0.01ab
3%F/F+F	0.81±0.04ab	0.87±0.04cd	0.97±0.06bc	0.33±0.01abc	0.40±0.04cd	0.47±0.03bc
5%F/F+F	0.86±0.12a	0.90±0.01c	1.10±0.06a	0.37±0.07a	0.43±0.01c	0.58±0.07a
1%Z/Z+F	0.65±0.05bc	0.55±0.03g	0.85±0.03d	0.27±0.02c	0.21±0.01i	0.39±0.02ef
3%Z/Z+F	0.70±0.05bc	0.80±0.06e	0.95±0.04c	0.28±0.02bc	0.33±0.04ef	0.43±0.03de
5%Z/Z+F	0.72±0.16bc	0.83±0.02de	1.08±0.02a	0.29±0.05bc	0.35±0.01ef	0.53±0.02ab

三、不同改良剂施用下复垦土壤中有机碳及其组分含量

1. 土壤有机碳含量

土壤有机碳是土壤团聚体形成和稳定的主要胶结物质（彭新华等，2004），且对土壤团聚体的形成和稳定有重要作用。土壤团聚体形成初期主要发挥作用的是土壤有机碳的黏结（崔芯蕊等，2021）。在土壤团聚体形成过程中，植物残渣和其他有机物质腐解产生的复杂

有机聚合物通过化学过程与硅酸盐黏土矿物、铁铝氧化物颗粒结合，使被包裹的黏粒进入黏团中，最后单个土壤颗粒以黏团作为介质被黏结在一起，从而形成土壤团聚体。

一次性施用泥炭、腐殖酸改良剂 2 年后，复垦土壤中有机碳含量增加，且有机碳含量随改良剂施用量的增加而增加，而施用腐殖酸处理的有机碳含量均高于等质量泥炭处理的含量。施用蛭石处理的有机碳含量与 CK 处理差异性不显著（图 5.5）。一次性施用改良剂 3 年后，复垦土壤的有机碳含量均随改良剂施用量的增加而增加。随着复垦年限的增加，施用泥炭改良剂的土壤有机碳含量呈增加的趋势，而施用腐殖酸改良剂则呈降低的趋势。3 年时继续施用改良剂，复垦土壤的有机碳含量增加。蛭石+腐殖酸处理的有机碳含量高于施用等质量改良剂的泥炭+泥炭和腐殖酸+腐殖酸处理。因此，针对煤矿区复垦土壤有机碳含量低的现象，施用泥炭和腐殖酸可显著增加复垦土壤有机碳含量；随着复垦年限的增加，复垦土壤有机碳含量呈减小的趋势，需持续施用改良剂。

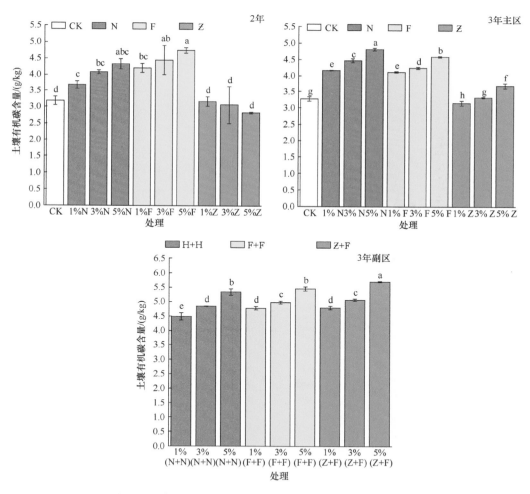

图 5.5 施用改良剂 2 年或 3 年后复垦土壤的有机碳含量

CK、N、F、Z 分别表示空白处理，施用泥炭、腐殖酸和蛭石的处理；N+N、F+F、Z+F 分别表示在裂区试验中，继续施用泥炭的泥炭+泥炭处理、继续施用腐殖酸的腐殖酸+腐殖酸处理以及蛭石+腐殖酸处理。不同小写字母表示不同处理的差异显著（$P<0.05$）。下同

2. 土壤颗粒态有机碳（POC）含量

颗粒态有机碳（POC）是土壤活性有机碳组分，由新进入土壤的未分解或半分解动植物残体、根系分泌物和土壤腐殖酸组成（Haynes，2005），对土壤团聚体变化和有机碳周转非常重要（徐文静等，2016）。矿物结合态有机碳（MOC）属于惰性有机碳，由土壤中极微小颗粒通过配位体交换、氢键和疏水键等作用吸附土壤有机质分解过程中的产物形成（Diekow et al.，2005），其含量间接表征有机碳的抗氧化程度与难利用程度（唐光木等，2013）。通常，施用改良剂可显著影响土壤颗粒态有机碳含量。大团聚体黏结的是活性有机碳，微团聚体黏结的是非活性有机碳（乌达木等，2021），故测定复垦土壤颗粒态有机碳含量可为土壤团聚体形成和稳定性的研究提供理论依据。

一次性施用改良剂后 2 年时，复垦土壤中的 POC 含量增加，且施用腐殖酸改良剂对土壤 POC 含量增幅最显著（图 5.6）。随着复垦年限的增加，一次性施用改良剂后 3 年时，复垦土壤的 POC 含量减少。3 年时继续施用改良剂，复垦土壤中的 POC 含量增

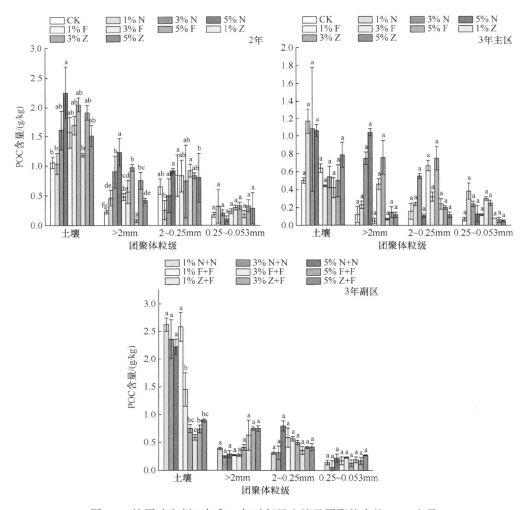

图 5.6　施用改良剂 2 年和 3 年时复垦土壤及团聚体中的 POC 含量

加。因此，施用泥炭、腐殖酸和蛭石均可增加复垦土壤 POC 含量，随着复垦年限的增加，复垦土壤中的 POC 含量减少，需继续施用改良剂。

3. 土壤矿物结合态有机碳（MOC）含量

土壤矿物结合态有机碳作为土壤稳定碳库的主要成分（高梦雨等，2018），被认为是比较稳定的非活性有机碳，短期内很难降解，可对有机碳起固存作用（Christensen，1992）。

一次性施用泥炭和腐殖酸后 2 年时，复垦土壤中的 MOC 增加，且泥炭和腐殖酸施用量越大，增幅越明显，施用蛭石则会减少复垦土壤中的 MOC 含量（图 5.7）。随着复垦年限的增加，复垦土壤中的 MOC 含量增加，且随改良剂施用量的增加而增加。3 年时继续施用改良剂，复垦土壤中的 MOC 含量均随改良剂施用量的增加而增加。因此，施用泥炭和腐殖酸可增加复垦土壤 MOC 含量，随着复垦年限的增加，复垦土壤中的 MOC 含量仍呈增加的趋势。继续施用改良剂后，复垦土壤的 MOC 含量随改良剂施用量的增加呈增加的趋势，说明复垦土壤在继续施用腐殖酸类改良剂后未达土壤碳饱和，仍具有固碳潜力，所以对复垦土壤固碳能力的研究还需更长的时间尺度。

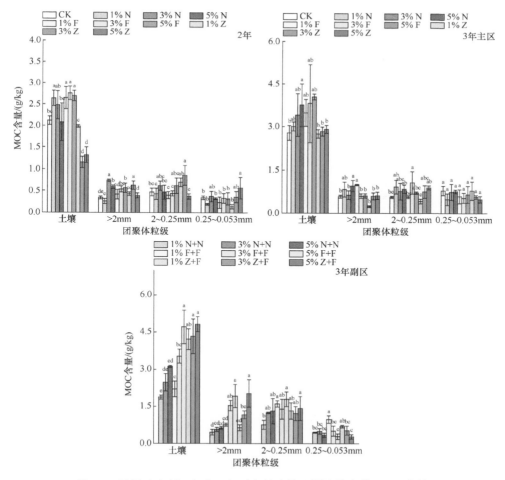

图 5.7　施用改良剂 2 年和 3 年时复垦土壤及团聚体中的 MOC 含量

四、不同改良剂施用下复垦土壤团聚体中有机碳及其组分含量

1. 土壤团聚体有机碳含量

土壤团聚体对有机碳有物理保护和稳定的作用（Denef et al.，2001）。外源有机碳进入土壤后，会被团聚体包裹在内部，从而使有机碳的矿化速率减缓、微生物分解作用减弱（朱锟恒等，2021），当有机碳和团聚体逐渐达到稳定时，可以共同改善土壤结构。此外，有机碳中的腐殖质可作为主要胶结物质将土壤颗粒和小级别团聚体胶结成大团聚体。因此，外源有机碳进入土壤对土壤固碳能力和大团聚体的形成具有促进作用（高洪军等，2020），二者相辅相成。

一次性施用泥炭和腐殖酸后 2 年，复垦土壤中各个粒级的团聚体有机碳含量均增加。随着复垦年限的增加，施用泥炭改良剂的土壤中＞2mm 和 2～0.25mm 粒级团聚体有机碳含量增加。继续使用改良剂，3 年时，复垦土壤中＞2mm 和 2～0.25mm 粒级团聚体中有机碳的含量增加，继续施用泥炭改良剂的土壤＜0.053mm 粒级团聚体中有机碳含量增加，而继续施用腐殖酸改良剂的土壤＜0.053mm 粒级团聚体中有机碳含量则减少（图 5.8）。

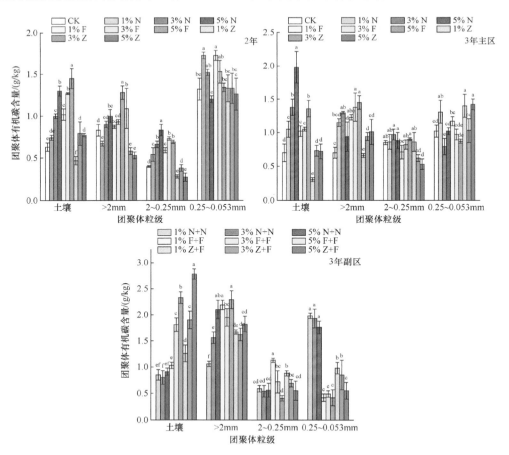

图 5.8　施用改良剂 2 年和 3 年时复垦土壤及团聚体的有机碳含量

因此，施用泥炭和腐殖酸可增加复垦土壤各粒级团聚体中有机碳含量，尤其是>2mm粒级团聚体的有机碳含量；随着复垦年限的增加，各粒级团聚体中有机碳含量均呈减小的趋势；继续施用泥炭和腐殖酸可显著增加>2mm和2~0.25mm粒级团聚体中有机碳含量。

2. 土壤团聚体 POC 和 MOC 含量

一般来说，土壤大团聚体黏结的是活性有机碳，微团聚体黏结的是非活性有机碳。土壤 POC 不仅可以增加大团聚体中有机碳的数量，同时也可增加大团聚体的稳定性（Haynes，1999）。MOC 在土壤大团聚体结构形成过程中起着黏结的作用（赵承森，2020）。故研究复垦土壤团聚体碳组分含量可为土壤团聚体形成和稳定性的研究提供理论依据。施用改良剂后 2 年时，复垦土壤中>2mm、2~0.25mm 粒级团聚体的 POC 和 MOC 含量均增加；0.25~0.053mm 粒级团聚体中 POC 含量增加而 MOC 含量减少。随着复垦年限的增加，复垦土壤中>2mm、2~0.25mm 和 0.25~0.053mm 粒级团聚体中 POC 含量减少而 MOC 含量均增加。继续施用泥炭和腐殖酸改良剂后，复垦土壤的>0.25mm 粒级团聚体中 POC 含量增幅显著，>2mm、2~0.25mm 粒级团聚体中的 MOC 含量增加（图 5.6，图 5.7）。因此，施用改良剂可增加复垦土壤团聚体中 POC 和 MOC 的含量，随着复垦年限的增加，复垦土壤团聚体中 POC 含量减少而 MOC 含量增加。

五、土壤团聚体与土壤固碳能力的相关性

土壤有机碳库是表示土壤肥力的重要指标。在施用泥炭和腐殖酸改良剂后，复垦土壤的固碳量增加。随着复垦年限的增加，复垦土壤的固碳量减少。施用腐殖酸改良剂的土壤固碳量高于施用泥炭改良剂的固碳量。复垦土壤的固碳速率随腐殖酸改良剂的增加呈先增后减的趋势，而施用泥炭改良剂的固碳速率则随泥炭施用量的增加而增加。此外，复垦土壤的固碳效率均随改良剂施用量的增加而降低（表 5.6）。因此，施用泥炭和腐殖

表 5.6　施用腐殖酸、泥炭后复垦土壤的有机碳储量、固碳量、固碳速率及固碳效率

项目	时间/a	1%腐殖酸	3%腐殖酸	5%腐殖酸	1%泥炭	3%泥炭	5%泥炭
土壤容重/(g/cm³)	1	1.36±0.14aC	1.54±0.18aA	1.42±0.07aB	1.41±0.16aB	1.42±0.10aB	1.45±0.13aB
	2	1.32±0.05aB	1.31±0.08bB	1.27±0.02bC	1.44±0.05aA	1.42±0.08aA	1.23±0.02bC
改良剂施入有机碳量/(kg/m²)	-	1.08	3.25	5.41	0.64	1.93	3.22
土壤有机碳储量/(kg/m²)	1	1.215±0.13aC	1.538±0.18aA	1.524±0.08aA	1.090±0.12aD	1.243±0.09aC	1.435±0.12aB
	2	1.116±0.13bA	1.171±0.20bA	1.207±0.16bA	1.086±0.05aA	1.130±0.05bA	1.153±0.06bA
土壤固碳量/(kg/m²)	1	0.66	0.98	0.97	0.54	0.69	0.88
	2	0.56	0.62	0.65	0.53	0.58	0.60
土壤固碳速率/[kg/(m²·a)]	1	0.66	0.98	0.97	0.54	0.69	0.88
	2	0.28	0.31	0.33	0.27	0.29	0.30
土壤固碳效率/%	1	61.20	30.26	17.94	83.31	35.67	27.39
	2	52.06	18.99	12.08	82.73	29.84	18.63

注：改良剂于试验初始一次性施入。施入的改良剂有机碳储量由改良剂有机碳含量与施入数量相乘所得。土壤固碳量均为与试验初始相比，表示土壤有机碳储量的增量。不同小写字母表示同一处理不同年限差异显著（$P<0.05$），不同大写字母表示同一年限不同处理差异显著（$P<0.05$）。

酸可增加复垦土壤的固碳量和有机碳储量。然而，随着复垦年限的增加，施用泥炭、腐殖酸下复垦土壤的固碳速率和固碳效率均减小。

参 考 文 献

迟仁立, 左淑珍, 夏平, 等. 2001. 不同程度压实对土壤理化性状及作物生育产量的影响. 农业工程学报, 17(6): 39-43.

崔芯蕊, 张嘉良, 王云琦, 等. 2021. 甘肃小陇山林区不同林分对土壤团聚体稳定性的影响. 水土保持学报, 35(4): 275-281.

董智今, 展秀丽, 丁小花. 2022. 毛乌素沙地西南缘不同土地利用类型土壤颗粒分形特征. 水土保持研究, 29(3): 43-48, 56.

高洪军, 彭畅, 张秀芝, 等. 2020. 秸秆还田量对黑土区土壤及团聚体有机碳变化特征和固碳效率的影响. 中国农业科学, 53(22): 4613-4622.

高梦雨, 江彤, 韩晓日, 等. 2018. 施用炭基肥及生物炭对棕壤有机碳组分的影响. 中国农业科学, 51(11): 2126-2135.

郭月峰, 祁伟, 姚云峰, 等. 2020. 小流域梯田土壤有机碳与土壤物理性质的关系研究. 生态环境学报, 29(4): 748-756.

胡振琪. 1991. 矿山复垦土壤物理特性及其在深耕措施下的改良. 徐州: 中国矿业大学博士学位论文.

黄晓娜, 李新举, 刘宁, 等. 2014. 不同施工机械对煤矿区复垦土壤颗粒组成的影响. 水土保持学报, 28(1): 136-140.

焦晓燕, 王立革, 卢朝东, 等. 2009. 采煤塌陷地复垦方式对土壤理化特性影响研究. 水土保持学报, 23(4): 123-125.

李清芳, 马成仓, 周秀杰, 等. 2005. 煤矿塌陷区不同复垦方法及年限的土壤修复效果研究. 淮北煤炭师范学院学报, 26(1): 49-51.

刘文利, 吴景贵, 傅民杰, 等. 2014. 种植年限对果园土壤团聚体分布与稳定性的影响. 水土保持学报, 28(1): 129-135.

刘新梅, 樊文华, 张昊, 等. 2021. 改良剂对复垦土壤水稳性团聚体及POC和MOC的影响. 水土保持学报, 35(2): 225-234.

彭新华, 张斌, 赵其国. 2004. 土壤有机碳库与土壤结构稳定性关系的研究进展. 土壤学报, (4): 618-623.

阮芯竹, 程金花, 张洪江, 等. 2015. 重庆四面山不同林地土壤大孔隙特征及其影响因素. 水土保持学报, 29(3): 68-74, 80.

盛丰, 方妍. 2012. 土壤水非均匀流动的碘-淀粉染色示踪研究. 土壤, 44(1): 144-148.

唐光木, 徐万里, 周勃, 等. 2013. 耕作年限对棉田土壤颗粒及矿物结合态有机碳的影响. 水土保持学报, 27(3): 237-241.

王清奎, 汪思龙. 2005. 土壤团聚体形成与稳定机制及影响因素. 土壤通报, 36(3): 415-421.

乌达木, 范茂攀, 赵吉霞, 等. 2021. 不同种植模式下坡耕地红壤团聚体有机碳矿化特征. 农业环境科学学报, 40(7): 1519-1528.

徐文静, 丛耀辉, 张玉玲, 等. 2016. 黑土区水稻土水稳性团聚体有机碳及其颗粒有机碳的分布特征. 水土保持学报, 30(4): 210-215.

杨永辉, 武继承, 毛永萍, 等. 2013. 利用计算机断层扫描技术研究土壤改良措施下土壤孔隙. 农业工程学报, 29(23): 99-108.

张发旺, 侯新伟, 韩占涛, 等. 2003. 采煤塌陷对土壤质量的影响效应及保护技术. 地理与地理信息科学, 19(3): 67-70.

张学礼, 胡振琪, 初士立. 2004. 矿山复垦土壤压实问题分析. 能源环境保护, 18(3): 1-4.

赵承森. 2020. 秸秆和生物炭对退化黑土有机碳库和细菌群落的影响机制. 哈尔滨: 东北农业大学博士学位论文.

赵广东, 王兵, 苏铁成, 等. 2005. 煤矸石山废弃地不同植物复垦措施及其对土壤化学性质的影响. 中国水土保持科学, 3(2): 65-69.

赵文慧, 马垒, 徐基胜, 等. 2020. 秸秆与木本泥炭短期施用对潮土有机质及微生物群落组成和功能的影响. 土壤学报, 57(1): 153-164.

赵英, 喜银巧, 董正武, 等. 2019. 土壤改良剂在沙漠治理中的应用进展. 鲁东大学学报(自然科学版), 35(1): 51-58.

周爽, 其力莫格, 谭钧, 等. 2015. 腐植酸提高土壤氮磷钾养分利用效率的机制. 腐植酸, (2): 1-8.

朱锟恒, 段良霞, 李元辰, 等. 2021. 土壤团聚体有机碳研究进展. 中国农学通报, 37(21): 86-90.

Caudlerd, Chong S K, Kadakia Z, et al. 1990. Effects of deep tillage on hydraulic conductivity of reclaimed soils. Proceedings of first midwestern region reclaimation conference, Southern Illinois University at Carbondale. Carbondale. IL, July 18-19.

Christensen B T. 1992. Physical fractionation of soil and organic matter in primary particle size and density separates. New York: Springer: 2-3.

Denef K, Six J, Bossuyt H, et al. 2001. Influence of dry-wet cycles on the interrelationship between aggregate, particulate organic matter, and microbial community dynamics. Soil Biology & Biochemistry, 33(12): 1599-1611.

Diekow J, Mielniczuk J, Knicker H, et al. 2005. Carbon and nitrogen stocks in physical fractions of a subtropical Acrisol as influenced by long-term no-till cropping systems and N fertilisation. Plant and Soil, 268(1): 319-328.

Dunker R E, Hooks C L, Vance S L, et al. 1990. Reclamation research at the University of Illinois. Proceedings of first midwestern region reclamation conference, Southern Illinois University at Carbondale. Carbondale. IL, July 18-19.

Elliott E T. 1986. Aggregate structure and carbon, nitrogen, and phosphorus in native and cultivated soils. Soil Science Society of America Journal, 50(3): 627-633.

Ferro N D, Sartori L, Simonetti G, et al. 2014. Soil macro- and microstructure as affected by different tillage systems and their effects on maize root growth. Soil and Tillage Research, 140(5): 55-65.

Haynes R J. 1999. Labile organic matter fractions and aggregate stability under short- term, grass- based leys. Soil Biology & Biochemistry, 31(13): 1821-1830.

Haynes R J. 2005. Labile organic matter fractions as central components of the quality of agricultural soils: An overview. Advances in Agronomy, 85: 221-268.

Kim H, Anderson S H, Motavalli P P, et al. 2010. Compaction effects on soil macropore geometry and related parameters for an arable field. Geoderma, 160(2): 244-251.

Liu M L, Wang C, Liu X L, et al. 2020. Saline-alkali soil applied with vermicompost and humic acid fertilizer improved macroaggregate microstructure to enhance salt leaching and inhibit nitrogen losses. Applied Soil Ecology, 156: 103705.

Potter K N, Carter F S, Doll E C.1988. Physical properties of constructed and unconstructed soils. Soil Science Society of America Journal, 52: 1435-1438.

Rachman A, Anderson S H, Gantzer C J. 2005. Computed-tomographic measurement of soil macroporosity parameters as affected by stiff-stemmed grass hedges. Soil Science Society of America Journal, 69(5): 1609-1616.

Six J, Bossuyt H, Degryze S, et al. 2004. A history of research on the link between (micro)aggregates, soil biota, and soil organic matter dynamics. Soil & Tillage Research, 79(1): 7-31.

Yao L, Wilding L P. 1994. Micromorphological study of compacted mine soil in east Texas. Developments in Soil Science, 22: 707-718.

Zeng Q, Darboux F, Man C, et al. 2018. Soil aggregate stability under different rain conditions for three vegetation types on the Loess Plateau (China). Catena, 167(8): 276-283.

Zhang B, Horn R. 2001. Mechanisms of aggregate stabilization in Ultisols from subtropical China. Geoderma, 99(1-2): 123- 145.

Zhao S W, Zhao Y G, Wu J S. 2010. Quantitative analysis of soil pores under natural vegetation successions on the Loess Plateau. Science China Earth Sciences, (4): 617-625.

Zheng Z C, Li T X, He S Q. 2011. Characteristics and stability of soil aggregates in tea plantation. Advanced Materials Research, (343-344): 968-974.

第六章　煤矿区复垦土壤有机碳库变化特征及提升技术

煤炭资源开采导致土地尤其是耕地被严重破坏（薛玉晨等，2020），土壤层次发生变化、肥力降低，尤其是有机碳含量极度降低（栗丽等，2016；Smith et al.，1993）。有机碳作为土壤固相部分的重要组成成分，是土壤肥力的中心，对土壤的物理化学及生物学性质产生重要影响（潘根兴等，2000），是评价人为管理措施影响土壤肥力和农业可持续发展的重要指标（Pan et al.，2009；Xu et al.，2011）。本章基于不同有机物料在复垦土壤中的腐解特征，主要论述不同复垦年限、不同培肥模式下，复垦土壤有机碳碳库及其组分的变化特征，提出有机碳库提升的关键技术。

第一节　不同有机物料在复垦土壤中的腐解特征及其驱动因素

提升土壤有机碳含量最直接有效的途径就是增加土壤有机碳的输入（Six et al.，2002；Zhang et al.，2010）。通常情况下，土壤有机碳的输入是由外源有机碳的投入数量和转化效率共同决定的。投入碳的转化效率一直是土壤固碳领域科学研究和生产实践中备受关注的参数，它是指投入到土壤中的有机碳经过在一定周期后转化成土壤有机碳的数量占其总投入量的百分比（张丽娟等，2001；Stewart et al.，2007）。投入碳的转化效率除受到水热条件和土壤质地影响外，更受到有机物料种类和性质的显著影响。研究表明，华北地区农田粪肥的转化效率平均为 18%，比小麦和玉米秸秆的平均转化效率高 6 个百分点，主要是因为这些有机物料的成分不同（徐明岗等，2015）。因此，我们将重点分析煤矿区复垦土壤有机物料的腐解特征及影响因素。

有机物料腐解试验于山西省长治市襄垣县王桥镇西山底村开展。试验采用田间尼龙网袋填埋法，2018 年 9 月 13 日填埋于水平填埋试验区（3m ×40 m）土壤 15 cm 深处。填埋后，补充地表含水量，通过 3 个地温仪（EL-USB-1-PRO）实测每小时的土壤温度。填埋区不种植任何作物，试验期间处于撂荒状态。试验时期为 1 年，分 6 次破坏性取样，按照积温累积梯度，在累计积温为 260℃、454℃、754℃、1228℃、2504℃、4600℃时进行样品采集，分别对应的取样时间为填埋后第 12 天、23 天、55 天、218 天、281 天、365 天。采样后，把尼龙网袋外面擦拭干净、烘干、过筛，测定有机碳、氮、磷、钾、木质素、纤维素和半纤维素含量；采用烘干法测定有机物料的含水率；采用固态核磁共振测定有机物料的化学结构。

一、复垦土壤中有机物料的腐解特征

有机物料腐解试验填埋地土壤的基本性质为：有机质含量 16.63 g/kg，全氮含量 0.87 g/kg，全磷含量 0.51 g/kg，有效磷含量 7.25 mg/kg，速效钾含量 155.00 mg/kg，pH7.98。

有机物料采自山西省长治市襄垣县，分别为小麦秸秆（WS）、玉米秸秆（MS）、牛粪（CM）、猪粪（PM）、堆肥（CP）、沼渣（BR）和生物炭（BC），其初始养分含量见表 6.1。

表 6.1　供试有机物料的初始养分含量

有机物料	有机碳/（g/kg）	全氮/（g/kg）	全磷/（g/kg）	全钾/（g/kg）	C/N
小麦秸秆（WS）	448.8	6.08	0.79	22.92	73.82
玉米秸秆（MS）	440.8	8.54	0.67	8.68	51.62
牛粪（CM）	225.2	11.31	2.38	15.56	19.92
猪粪（PM）	299.7	29.96	19.92	17.78	10.01
堆肥（CP）	123.5	11.41	6.63	20.89	10.82
沼渣（BR）	114.6	11.66	26.96	4.33	9.83
生物炭（BC）	429.5	7.11	2.69	31.46	60.45

1. 有机物料的腐解残留率

有机物料腐解残留率越低，说明有机物料腐解得越快，留存在土壤中的有机物质越少。有机物料腐解残留率的变化具有阶段性，随着时间的延长，有机物料腐解残留变化整体呈现下降的趋势，具体表现为前期腐解快速、后期腐解缓慢的特点（图 6.1）。0～12 天时，有机物料腐解速率最快，小麦秸秆、玉米秸秆、堆肥、沼渣、牛粪、猪粪和生物炭的质量残留率分别为 78.8%、82.1%、92.1%、89.7%、92.5%、77.1% 和 94.0%；23～365 天时，有机物料进入缓慢腐解阶段，1 年后 7 种有机物料的质量残留率表现为生物炭＞沼渣、堆肥、牛粪＞玉米秸秆、猪粪＞小麦秸秆。

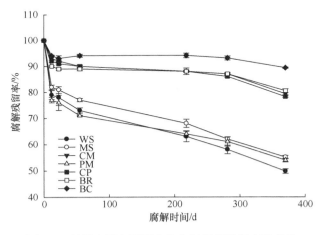

图 6.1　复垦土壤上不同有机物料腐解残留率的变化

2. 有机物料腐解中结构的变化

1）有机物料的初始化学结构特征

采用固态 ^{13}C 核磁共振波谱分析有机碳官能团种类，主要参考 Trinsoutrot 等（2001）

和 Vidal 等（2016）。波谱均可划分为：烷基碳区（0～45 ppm，主要为蜡、角质和长链脂肪族碳等）；含氧烷基碳区（45～60 ppm，主要为含氧烷基、木质素和氨基酸等）；炔基碳区（60～94 ppm，主要为氨基糖、醇类和聚炔烃等）；双氧烷基碳区（94～110 ppm，主要为半纤维素、多聚糖中的异头物碳和双烧氧基碳）；芳香碳区（110～145 ppm，主要为木质素、环中的 C-C 和 C-H 官能团、单宁等）；酚基碳区（145～160 ppm，主要为木质素、软木质和单宁等）；羧基碳区（160～212 ppm，主要为酰胺、酮和酯）。

不同有机物料的波谱差异较大，主要体现在秸秆类、沼渣、粪肥类与生物炭之间的差异（图 6.2）。小麦秸秆、生物炭在 0～45 ppm 区间没有明显的吸收峰，沼渣和猪粪在 30 ppm 附近有明显的吸收峰。例如，烷氧碳区的吸收峰多数集中在 56 ppm、75 ppm 和 105 ppm 附近，而在 56 ppm、72 ppm 附近所在的吸收峰被碳水化合物中的伯醇碳所吸收。在 105 ppm 附近的吸收峰被多糖中的双氧碳所吸收，小麦秸秆、沼渣和猪粪都有明显的吸收峰。有研究表明，有机碳含量越高，烷氧碳的相对含量就越高，吸收峰

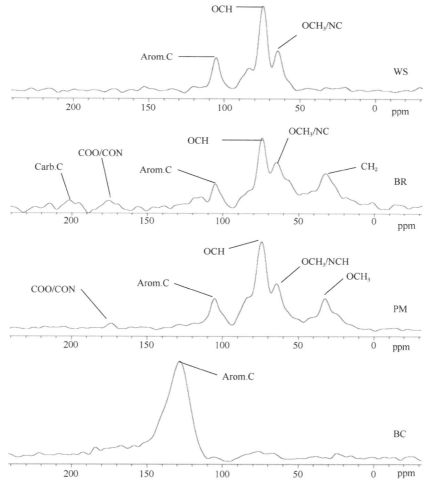

图 6.2 有机物料初始样品的化学结构核磁共振谱图

CH₃ 为烷基碳，OCH 为烷氧碳，Arom.C 代表芳香碳，Carb.C 代表羧基碳

表现得越明显。例如，芳香碳区的吸收峰大多集中在 130 ppm 和 150 ppm 附近，而在 130 ppm 附近的吸收峰被木质素中的芳香族碳和烷基苯等所吸收。在 150 ppm 附近的吸收峰多数为木质素中的酚基碳所吸收，生物炭主要集中在 130 ppm 附近。羧基碳区的吸收峰大多集中在 173 ppm 和 188 ppm 附近，在 173 ppm 处吸收峰被酯、氨基化合物和羧酸基所吸收，而在 188 ppm 处吸收峰被醛酮类化合物的羧基碳所吸收，沼渣和猪粪在 173ppm 附近有明显的吸收峰。由此可知，不同类型的有机物料有机碳的官能团结构差异较大。秸秆以烷氧碳为主，粪肥和沼渣以烷氧碳和烷基碳为主，生物炭以芳香碳为主。

2）有机物料腐解中有机碳化学结构的变化

7 种有机物料腐解前后的有机碳官能团百分含量见表 6.2。小麦秸秆、玉米秸秆、堆肥、沼渣、牛粪和猪粪的初始烷氧碳含量均最高，秸秆类的平均烷氧碳含量约为 88.1%，堆肥和沼渣的约为 67.2%，粪肥的约为 61.0%。其次是初始烷基碳，秸秆类约为 8.1%，堆肥和沼渣的约为 28.1%，粪肥的约为 20.8%。接着，初始总芳香碳含量仅次于烷基碳，秸秆类约为 4.0%，堆肥和沼渣的约为 8.4%，粪肥的约为 11.2%。而初始羧基碳含量最少，秸秆类约为 0.9%，堆肥和沼渣的约为 2.5%，粪肥的约为 7.1%；生物炭与其他有机物料的差异很大，总芳香碳含量最高（为 85.6%），其次是羧基碳（含量为 13.3%），然后是烷氧碳（含量为 6.1%），最少的是烷基碳（含量为 0.3%）。

表 6.2　不同有机物料初始（0 d）和腐解 1 年（365d）的有机碳各官能团相对含量（%）

有机物料	羧基碳 (160~212ppm)	芳香碳		烷氧碳			烷基碳 (0~45ppm)
		酚基碳 (145~160ppm)	芳基碳 (110~145ppm)	双氧烷基碳 (94~110ppm)	碳水化合物碳 (60~94ppm)	甲氧基碳 (45~60ppm)	
WS（0 d）	0.78	2.15	4.11	14.83	66.98	4.77	6.37
WS（365d）	5.36	3.63	8.77	11.84	47.58	10.62	12.19
MS（0 d）	1.09	0.22	1.57	13.65	67.11	8.83	9.72
MS（365d）	6.18	3.80	10.25	10.85	42.21	11.66	15.04
CP（0d）	2.28	1.99	7.97	7.71	36.19	15.68	28.19
CP（365d）	10.99	4.16	11.91	7.70	27.48	12.76	25.00
BR（0d）	2.85	0.72	6.08	7.68	44.34	12.75	27.92
BR（365d）	7.16	3.29	12.94	7.77	31.12	11.61	26.12
CM（0d）	10.32	4.61	11.25	7.29	35.10	8.63	22.80
CM（365d）	8.01	3.73	12.98	8.31	29.76	12.22	24.98
PM（0d）	3.77	1.06	5.48	10.85	52.47	7.68	18.70
PM（365d）	10.86	2.36	9.33	7.40	30.17	12.12	27.74
BC（0d）	13.27	12.71	72.89	1.54	3.44	1.07	0.30
BC（365d）	8.73	3.93	69.66	1.45	7.80	1.99	6.46

7 种有机物料经过 365 天的腐解后，各处理的有机碳官能团含量均发生明显的变化（表 6.2），秸秆类的烷氧碳含量平均下降了 20.8%；烷基碳含量平均上升了 5.5%；总芳香碳含量平均上升了 9.2%；羧基碳含量平均上升了 4.9%。堆肥和沼渣的烷氧碳含量平

均下降了 18.0%；烷基碳含量平均下降了 2.6%；总芳香碳含量平均上升了 7.7%；羧基碳含量平均上升了 6.5%。粪肥的烷氧碳含量平均下降了 11.0%；烷基碳含量平均上升了 5.5%；总芳香碳含量平均上升了 3.0%；羧基碳含量平均上升了 2.3%。而生物炭的总芳香碳含量平均下降了 12.1%，羧基碳含量平均下降了 4.5%，烷氧碳含量平均上升了 5.1%，烷基碳含量平均上升了 6.1%。

烷基碳/烷氧碳比和芳香度常被作为作物残留降解的指标，烷基碳/烷氧碳和芳香度越高，表明作物残体的腐解程度就越大（Adiku et al.，2010）。7 种有机物料的烷基碳/烷氧碳比值从 0 天到 365 天分别增加了：小麦秸秆 10.0%、玉米秸秆 12.3%、堆肥 4.8%、沼渣 8.6%、牛粪 5.0%、猪粪 29.5%、生物炭 52.5%。小麦秸秆、玉米秸秆、堆肥、沼渣、牛粪和猪粪的芳香度分别增加了 6.8%、13.2%、7.9%、10.6%、0.5% 和 6.4%，而生物炭的芳香度减少了 12.4%（表 6.3）。

表 6.3　不同有机物料初始（0 d）和腐解 1 年（365d）的芳香度及烷基碳/烷氧碳比值

处理	烷基碳/烷氧碳[(0～45ppm)/(45～110ppm)×100]	芳香度[(110～160ppm)/(0～160ppm)×100]
WS（0 d）	7.36b	6.31b
WS（365d）	17.40a	13.10a
MS（0 d）	10.85b	1.77b
MS（365 d）	23.24a	14.98a
CP（0 d）	47.31b	10.19b
CP（365 d）	52.15a	18.05a
BR（0 d）	43.11b	6.83b
BR（365 d）	51.72a	17.48a
CM（0 d）	44.69a	17.69a
CM（365 d）	49.67a	18.17a
PM（0 d）	26.34b	6.80b
PM（365 d）	55.83a	13.12a
BC（0 d）	4.96b	93.09a
BC（365 d）	57.47a	80.61b

注：同列数字后不同字母表示处理间差异显著（$P<0.05$）。

二、不同复垦年限土壤中有机物料的腐解特征

1. 有机物料残留率的变化特征

在复垦 1 年的土壤中，7 种有机物料的残留率随时间的延长而下降（图 6.3）。小麦秸秆（WS）、玉米秸秆（MS）、猪粪（PM）、牛粪（CM）的腐解分为快速腐解和缓慢腐解两个阶段，而沼渣（BR）、堆肥（CP）和生物炭（BC）的残留率在腐解过程中基本保持不变。在 0～55 天，有机物料腐解较快，有机物料腐解的残留率表现为：堆肥（CP）（96.11%）、沼渣（BR）（90.37%）、生物炭（BC）（92.26%）＞牛粪（CM）（88.23%）＞小麦秸秆（WS）（82.66%）、玉米秸秆（MS）（79.84%）＞猪粪（PM）（74.86%），

表现出显著差异。在 55～365 天，有机物料腐解缓慢，有机物料的残留率差异显著，呈堆肥（CP）（90.91%）、沼渣（BR）（87.74%）、生物炭（BC）（84.21%）＞牛粪（CM）（71.97%）＞小麦秸秆（WS）（45.97%）、玉米秸秆（MS）（45.29%）、堆肥（CP）（47.23%）的变化趋势。总的来说，在整个腐解过程中，有机物料的残留率均逐渐降低，小麦秸秆、玉米秸秆、猪粪的腐解速率很快，牛粪的腐解速率较快，沼渣、堆肥、生物炭的腐解速率很慢。

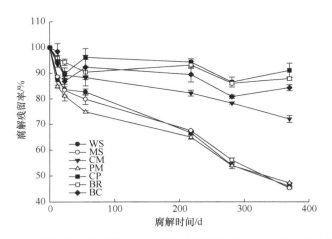

图 6.3　在复垦 1 年土壤中有机物料腐解残留率（R_1）的动态变化

在复垦 10 年的土壤中，7 种有机物料的腐解与其在复垦 1 年土壤中的腐解规律相似（图 6.4）。小麦秸秆（WS）、玉米秸秆（MS）和猪粪（PM）的腐解分为快速腐解和缓慢腐解阶段，牛粪（CM）的腐解过程分为快速腐解、缓慢腐解和平稳腐解阶段，沼渣（BR）、堆肥（CP）和生物炭（BC）的残留率在整个腐解过程中缓慢降低。在 0～23 天，有机物料的腐解残留率差异显著，表现为沼渣（BR）（89.63%）＞堆肥（CP）（87.35%）、生物炭（BC）（90.40%）＞牛粪（CM）（88.87%）＞小麦秸秆（WS）（82.37%）、玉米秸秆（MS）（83.25%）、猪粪（PM）（80.63%）。在 23～55 天，有机物料的腐解残留率表现为沼渣（BR）（96.15%）、生物炭（BC）（88.79%）、堆肥（CP）（96.47%）、牛粪（CM）（87.27%）＞小麦秸秆（WS）（80.03%）、玉米秸秆（MS）（80.81%）＞猪粪（PM）（75.25%），且差异显著。在 55～365 天，随着时间的逐渐延长，有机物料的残留率动态表现出不同的规律：沼渣（BR）（90.74%）、堆肥（CP）（89.99%）、生物炭（BC）（81.71%）＞牛粪（CM）（71.47%）＞小麦秸秆（WS）（45.30%）、玉米秸秆（MS）（48.89%）、猪粪（PM）（47.28%），且差异显著。在整个腐解过程中，小麦秸秆、玉米秸秆、猪粪的腐解速率很快，牛粪的腐解速率较快，沼渣、堆肥、生物炭的腐解速率很慢。

在复垦 30 年的土壤中，7 种有机物料的腐解与其在复垦 1 年和复垦 10 年土壤中的腐解规律一致（图 6.5）。小麦秸秆（WS）、玉米秸秆（MS）和猪粪（PM）在 0～55 天快速腐解，55～365 天腐解缓慢，365 天的残留率约为 45%。牛粪（CM）在 23 天时的腐解残留率为 88.38%，腐解较快，之后腐解缓慢，最后稳定，365 天后的腐解残留率为 71.68%。堆肥（CP）、沼渣（BR）和生物炭（BC）在整个过程中腐解残留率维持稳定，约为 83%。总的来说，小麦秸秆、玉米秸秆、猪粪在复垦 30 年土壤上整个时期的腐解速率均快于其他有机物料，并表现出显著差异。

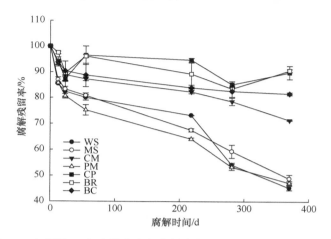

图 6.4　在复垦 10 年土壤上有机物料腐解残留率（R_{10}）的动态变化

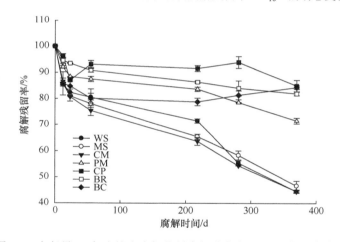

图 6.5　在复垦 30 年土壤上有机物料腐解残留率（R_{30}）的动态变化

7 种有机物料的整体腐解不受土壤复垦年限的影响，只有秸秆腐解速率在 3 种复垦土壤间表现出阶段性差异：腐解前期，秸秆在 R_{30} 中的腐解速率显著高于 R_1；腐解后期，秸秆分解速率在 3 种复垦土壤之间无显著差异。

2. 有机物料的腐殖化系数

相同复垦年限的不同有机物料腐殖化系数差异显著（表 6.4），在复垦 1 年土壤中，有机物料腐殖化系数的动态变化表现为堆肥、沼渣、生物炭＞牛粪＞猪粪、小麦秸秆、玉米秸秆。在复垦 10 年土壤和复垦 30 年土壤中，有机物料的腐殖化系数与在复垦初期土壤上表现出类似的规律。从物料类型和土壤类型来看，用双因素分析得出物料类型在整个腐解过程中起着主导作用。

表 6.4　不同复垦年限土壤中有机物料的腐殖化系数（%）

有机物料	1 年复垦土壤 R_1	10 年复垦土壤 R_{10}	30 年复垦土壤 R_{30}
WS	45.97±0.27 d	45.30±0.87 d	44.51±0.32 c
MS	45.29±0.29 d	48.89±1.54 d	46.69±1.85 c
PM	47.23±0.13 d	47.25±0.72 d	44.54±0.60 c
CM	71.97±1.35 c	71.47±0.16 c	71.68±1.13 b
BR	87.74±0.60 ab	90.74±0.57 a	82.07±0.70 a
CP	90.91±2.79 a	89.99±2.60 a	85.09±2.20 a
BC	84.21±1.16 b	81.71±0.54 b	84.45±0.66 a

注：同列数字后不同字母表示处理间差异显著（$P<0.05$）。

3. 有机物料残留率的积温量化方程

在复垦 1 年土壤中，利用一级动力学方程 $S_t=S_0+S_1 e^{-kx}$ 对有机物料残留率与积温进行拟合（表 6.5），结果表明，小麦秸秆、玉米秸秆、猪粪、牛粪的腐解残留率能用积温进行很好的拟合，决定系数达 95% 以上，并达到显著水平；稳定性有机碳在复垦初期土壤中表现为牛粪＞猪粪＞玉米秸秆＞小麦秸秆；易分解有机碳表现出相反的趋势，周转积温分别为 1603℃、1605℃、1157℃、1316℃，小麦秸秆和玉米秸秆相似，猪粪和牛粪却差异显著；易分解有机碳库分解速率常数（k）表现为猪粪＞牛粪＞小麦秸秆＞玉米秸秆，猪粪分解易分解有机碳所需的积温最少。沼渣、堆肥、生物炭的拟合效果极差，决定系数低，未达到显著水平，但是大致可以得到沼渣、堆肥、生物炭的稳定性有机碳含量；随着时间的推移，三种有机物有少量被分解。

表 6.5　在复垦 1 年土壤上有机物料残留率的积温拟合方程参数

物料类型	S_0/%	S_1/%	k/（%/℃）	R^2（$n=7$）
WS	42.54±4.71	56.22±4.51	0.0624±0.0137	0.98**
MS	42.83±4.71	55.68±2.88	0.0623±0.00882	0.98**
PM	47.10±2.10	51.01±2.34	0.0864±0.0105	0.99**
CM	72.31±2.02	26.47±2.11	0.0760±0.0165	0.98**
BR	87.11±1.72	12.41±2.63	0.12±0.05	0.88
CP	89.64±2.99	8.83±4.20	0.14±0.16	0.52
BC	82.78±3.55	17.18±4.61	0.12±0.08	0.78

**表示极显著差异。下同。

在复垦 10 年土壤中，有机物料残留率与积温拟合的一级动力学方程与在复垦 1 年土壤中相似（表 6.6），小麦秸秆、玉米秸秆、猪粪、牛粪的拟合效果很好，易分解有机碳呈现小麦秸秆＞猪粪＞玉米秸秆＞牛粪的规律，稳定性有机碳则表现出相反的规律；易分解有机碳的周转积温分别为 1980℃、1479℃、1124℃、1294℃，且表现出显著差异。在复垦 10 年土壤上，沼渣、堆肥、生物炭的残留率用积温模拟不理想，易分解有机碳和稳定性有机碳的模拟具有一定的说明性。从这一结果来看，沼渣、堆肥、生物炭稳定。

表 6.6　在复垦 10 年土壤中有机物料残留率的积温拟合方程参数

物料类型	S_0/%	S_1/%	k/（%/℃）	R^2（n=7）
WS	39.51±6.86	57.10±6.26	0.0505±0.0145	0.98**
MS	47.83±3.94	50.03±3.89	0.0676±0.0145	0.98**
PM	46.96±1.82	55.56±2.04	0.0882±0.00925	0.99**
CM	72.22±2.30	26.36±2.40	0.0763±0.0189	0.97**
BR	87.55±3.21	12.44±4.61	0.14±0.13	0.64
CP	90.91±2.47	9.17±5.45	0.644	0.41
BC	81.89±0.58	17.95±0.85	0.15±0.02	0.78

在复垦 30 年土壤中，有机物的残留率与积温拟合同前两种土壤拟合大致相同（表6.7）。秸秆和粪便的拟合效果非常好，决定系数 95% 以上，并达到显著水平，小麦秸秆的易分解有机碳含量最高，牛粪的易分解有机碳含量最低，而易分解有机碳的周转积温表现为小麦秸秆（2000℃）＞牛粪（1451℃）＞玉米秸秆（1339℃）＞猪粪（1245℃）。秸秆和粪便的稳定性有机碳与易分解有机碳表现出相反的规律。在复垦 30 年土壤中，沼渣和生物炭的决定系数虽然达到 95% 以上，但是模拟效果不好。由此可见，沼渣、堆肥、生物炭的性质稳定，不易分解，很难被土壤利用，稳定性有机碳库占比都为 80% 以上，易分解有机碳碳库占比较小。

表 6.7　在复垦 30 年土壤中有机物料残留率的积温拟合方程参数

物料类型	S_0/%	S_1/%	k/（%/℃）	R^2（n=7）
WS	39.04±6.49	57.45±5.91	0.0500±0.0134	0.98**
MS	47.07±4.03	50.30±4.61	0.0747±0.0169	0.98**
PM	44.72±2.51	53.62±2.67	0.0803±0.0109	0.99**
CM	71.97±2.93	25.79±2.92	0.0689±0.0214	0.96**
BR	82.22±1.20	17.43±0.89	0.10±0.01	0.98
CP	90.32±2.44	9.98±4.97	0.43	0.50
BC	81.38±1.20	18.59±2.55	0.51±0.18	0.93

7 种有机物料的残留率与积温的拟合效果在 3 种复垦土壤上相似。堆肥、沼渣和生物炭的腐解过程不适合用积温方程。秸秆和粪肥的腐解过程用积温拟合效果很好，在复垦30 年土壤中，玉米秸秆易分解有机碳碳库分解速率常数（k）显著大于复垦 1 年土壤。

4. 有机物料腐解的因素贡献率

1）有机物料腐解的主要影响因素

将秸秆和粪肥分解残留率综合进行方差分解分析（VPA），结果表明各因子及其交互作用对有机物料分解的总贡献率达 94.8%（图 6.6），其中水热条件、物料性质和土壤因子对有机物料分解的贡献率分别为 1.1%、16.2% 和 0.1%。三个因子的交互作用（H×O×S）贡献率最高，为 40.6%；水热条件和物料性质的交互作用（H×O）和物料性质与土壤因子的交互作用（H×S）贡献率分别为 29.6% 和 1.3%。

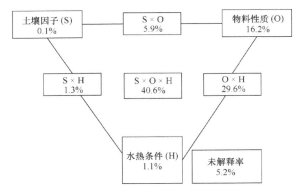

图 6.6　各因子对有机物料腐解的贡献率

S 表示土壤因子，O 表示有机物料性质，H 表示水热条件。土壤因子包括土壤含水率、土壤有机碳、土壤全氮和土壤可溶性碳氮、土壤微生物生物量碳氮；物料性质包括有机物料碳、氮、磷、钾，以及有机物料木质素、纤维素、半纤维素；水热条件包括地积温和累积降水。下同

2）各因素对不同类型物料分解的贡献率

将 4 种有机物料按性质分为秸秆和粪肥后，对其腐解残留率分别进行方差分解分析，水热条件（H）、物料性质和土壤因子总共对秸秆和粪肥腐解残留率变化解释率分别为 97.0% 和 98.1%（表 6.8）。对于秸秆分解，3 个因子的交互作用（H×S×O）贡献率最高，为 79.0%；其次是水热条件（H）与物料性质的交互作用（H×O），为 15.3%；单一因子贡献率均较低。对于粪肥分解，物料性质的贡献率较高，为 17.9%；物料性质与土壤、水热条件（H）的交互作用（S×O、S×O）均很高，分别为 24.4%、22.5%；3 个因子的交互作用（C×S ×O）贡献率最高，为 32.3%。

表 6.8　土壤、物料和气候因子对秸秆和粪肥腐解贡献率

因子	贡献率/%	
	秸秆	粪肥
水热条件（H）	0.5 **	0.3 **
物料性质（O）	0.5 **	17.9 **
土壤（S）	0.2 *	0.04 *
交互作用		
C×O	15.3**	22.5**
C×S	1.1*	0.7*
S×O	0.5*	24.4**
C×S×O	79.0**	32.3**
总共	97.0 **	98.1 **

*表示 $P < 0.05$，**表示 $P < 0.01$。

三、不同施氮量下复垦土壤中秸秆的腐解特征

供试玉米秸秆和小麦秸秆均采自于山西省长治市襄垣县农田，秸秆 60℃烘干，过 2 mm 筛备用。玉米和小麦秸秆的全氮含量之间差异显著，分别为 7.83 g/kg 和 5.01 g/kg；

半纤维素含量之间也存在显著差异，分别为 298.2 g/kg 和 311.9 g/kg；木质素含量之间同样差异显著，分别为 57.2 g/kg 和 72.3 g/kg；两种秸秆的有机碳和纤维素含量无显著差异。

试验采用等有机碳量大田填埋试验，秸秆按有机碳 8 g 称量。玉米秸秆均称取 18.3g，分别添加尿素 0 g、0.36 g、1.39g，添加氮后秸秆的 C/N 依次为 52（MN0）、25（MN1）和 10（MN2）；小麦秸秆均称取 18.0g，分别添加尿素 0 g、0.45 g、1.48g，添加氮后秸秆的 C/N 依次为 74（WN0）、25（WN1）、10（WN2）。试验共 6 个处理、3 次重复，每个处理 24 袋，共 144 袋。

1. 不同施氮量下秸秆腐解残留率与碳素残留率的变化规律

在整个腐解过程中，不同处理下玉米和小麦秸秆的腐解过程均呈前期快速腐解、后期缓慢腐解的特点（图 6.7）。在 0～55 天，玉米和小麦秸秆腐解率平均分别为 25.2% 和 31.1%；在 55～365 天，腐解率平均分别为 14.7% 和 19.9%。玉米秸秆腐解第 12 天、23 天和 55 天，以调节玉米秸秆 C/N 为 25 和 10 处理的腐解残留率少于不添加尿素的玉米秸秆，分别少 3.3%、4.7% 和 2.3%，但以调节玉米秸秆 C/N 为 25 和 10 处理之间差异不显著；腐解第 218 天、281 天和 365 天，玉米秸秆三个处理之间的腐解残留率无显著差异，分别为 75.2%、68.0%、60.1%。小麦秸秆腐解第 12 天和 218 天，以调节小麦秸秆

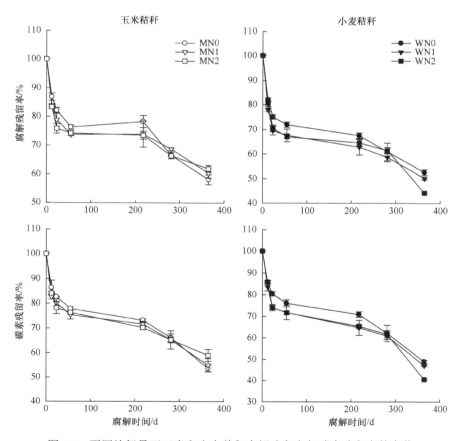

图 6.7　不同施氮量下玉米和小麦秸秆腐解残留率与碳素残留率的变化

C/N 为 25 处理的腐解速率显著大于不添加尿素的小麦秸秆，分别增加 4.1%、4.8%；腐解第 23 天和 55 天，调节小麦秸秆 C/N 为 25 和 10 处理的腐解残留率均显著低于不添加尿素的小麦秸秆，分别降低 5.0%、4.6%，而以调节小麦秸秆 C/N 为 25 和 10 之间无显著差异；腐解第 281 天，小麦秸秆三个处理之间的腐解残留率无显著差异，均值为 60.4%；腐解第 365 天，调节小麦秸秆 C/N 为 25 和 10 处理的腐解残留率均显著低于不添加尿素的小麦秸秆，且以调节小麦秸秆 C/N 为 25 和 10 处理之间差异显著。

秸秆碳素残留率与秸秆的腐解残留率变化趋势基本相同，也是呈前期腐解快速、后期腐解缓慢的特点（图 6.7）。玉米秸秆腐解第 12 天和 55 天，调节玉米秸秆 C/N 为 25 处理碳素残留率低于不添加尿素的玉米秸秆，分别少 3.7%、2.5%，调节玉米秸秆 C/N 为 25 和 10 处理之间无显著差异；腐解第 23 天和 218 天，以调节玉米秸秆 C/N 为 10 处理碳素腐解小于不添加尿素的玉米秸秆，分别快 4.4%、2.9%，以调节玉米秸秆 C/N 为 25 和 10 处理之间无显著差异；腐解第 281 天，玉米秸秆 3 个处理之间的碳素残留率无显著差异，均值为 65.6%。小麦秸秆腐解第 12 天和 281 天时，小麦秸秆碳素分别为 83.7%~85.9%、60.9%~62.1%，小麦秸秆 3 个处理之间无显著差异；腐解第 23 天、55 天和 281 天，以调节小麦秸秆 C/N 为 25 处理碳素残留率显著低于不添加尿素的小麦秸秆，但以调节小麦秸秆 C/N 为 25 和 10 处理之间差异不显著；腐解第 365 天，以调节小麦秸秆 C/N 为 25 和 10 处理之间差异显著。

2. 不同施氮量下秸秆腐解残留率动力学方程的选择

秸秆的腐解过程能较好地用积温或时间方程 $S_t=S_0+S_1\mathrm{e}^{-kx}$ 拟合（$P<0.05$）（表 6.9，表 6.10）。拟合方程的决定系数（R^2）均达显著水平，但积温方程的 R^2 均明显大于时间方程，表明积温方程的拟合效果好于时间方程。秸秆还田配施氮肥后，秸秆的腐解过程用积温与用时间的拟合效果相同。用积温代替腐解时间进行拟合，可以消除季节性气候的差异（Manzoni et al., 2012），更能模拟出有机物料的分解过程，对于秸秆还田具有重要的指导意义。当累积积温为 4600℃即腐解时间为 1 年时，玉米秸秆的残留率约为 63.6%，小麦秸秆约为 55.4%。与不添加尿素的玉米秸秆相比（积温或时间），以调节玉米秸秆 C/N 为 25 和 10 处理的稳定有机碳占比（S_0）和易分解有机碳占比（S_1）均无显著差异；以调节玉米秸秆 C/N 为 25 和 10 处理的易分解有机碳的分解速率常数（k）均显著增加，但两者之间无显著差异。与不添加尿素的小麦秸秆相比（积温或时间），以调节小麦秸秆 C/N 为 10 处理的 S_0、S_1 和 k 均无显著差异，而以调节小麦秸秆 C/N 为 25 处理的 k 均显著增加。

表 6.9　玉米和小麦秸秆腐解的时间拟合方程参数

秸秆类型	处理（C/N）	S_0/%	S_1/%	k/d⁻¹	R^2（n=7）
MS	MN0（52）	67.93±4.25	30.51±7.82	0.03±0.02	0.801*
	MN1（25）	68.34±2.88	30.78±4.56	0.05±0.02	0.883*
	MN2（10）	68.34±2.62	31.17±5.34	0.06±0.02	0.897*
WS	WN0（74）	61.36±3.63	36.67±6.88	0.04±0.02	0.882*
	WN1（25）	58.86±3.21	40.14±6.48	0.05±0.02	0.908*
	WN2（10）	57.94±4.65	41.00±9.09	0.04±0.02	0.841*

注：S 为时间，单位为 d。

表 6.10　玉米和小麦秸秆腐解的积温拟合方程参数

秸秆类型	处理（C/N）	S_0/%	S_1/%	k/（%/℃）	R^2（$n=7$）
MS	MN0（52）	59.47±4.87	36.79±5.23	0.08	0.932*
	MN1（25）	65.43±2.93	32.91±4.56	0.18±0.06	0.929*
	MN2（10）	65.82±2.55	32.83±4.21	0.21±0.06	0.938*
WS	WN0（74）	56.83±3.20	40.60±4.55	0.14±0.04	0.952*
	WN1（25）	55.97±2.98	42.46±4.93	0.21±0.06	0.949*
	WN2（10）	53.26±5.14	44.25±7.65	0.16±0.06	0.893*

注：S 为积温，单位为℃。

3. 不同施氮量下秸秆氮、磷、钾素释放规律

不同施氮量下玉米和小麦秸秆氮素释放规律相似（图 6.8），玉米秸秆氮素均表现为直接释放，添加氮肥加快了玉米秸秆氮素的释放。腐解 0~281 天，玉米秸秆 3 个处理之间无显著差异；腐解第 365 天，不添加氮肥的玉米秸秆处理的氮素释放率为 41.3%，且与调节玉米秸秆 C/N 为 25 和 10 处理氮素释放率（均值为 45.05%）差异显著。小麦秸秆氮素也表现为直接释放，腐解 0~218 天，不添加氮肥的小麦秸秆氮素的释放显著快于以调节小麦秸秆 C/N 为 25 和 10 的处理，腐解 218 天后小麦秸秆 3 个处理氮素的释放无显著差异；腐解第 365 天，小麦秸秆氮素释放率的均值为 41.6%。

不同施氮量下玉米和小麦秸秆磷素释放规律存在一些差异（图 6.8），玉米秸秆磷素表现为先富集后释放，而添加尿素后，表现为直接释放。在腐解 0~218 天，添加氮肥使玉米秸秆磷素释放加快，以调节玉米秸秆 C/N 为 25 和 10 处理的磷素释放率显著高于不添加氮肥的玉米秸秆处理，且以调节玉米秸秆 C/N 为 25 和 10 处理之间差异显著。在 218 天后，以调节玉米秸秆 C/N 为 25 的磷素释放率显著高于不添加尿素的玉米秸秆处理。腐解第 365 天，不添加氮肥的玉米秸秆处理的磷素释放率为 32.2%，以调节玉米秸秆 C/N 为 25 和 10 的均值为 37.2%。小麦秸秆磷素均表现直接释放过程，腐解 0~12 天快速释放；12~55 天，以调节小麦秸秆 C/N 为 25 和 10 处理的磷素释放率显著低于不添加氮肥的玉米秸秆处理，但调节 C/N 处理之间差异不显著。腐解 55 天后，以调节小麦秸秆 C/N 为 10 处理的磷素释放率变缓，只有以调节小麦秸秆 C/N 为 10 处理的磷素释放率显著低于不添加氮肥的小麦秸秆处理。腐解第 365 天，调节小麦秸秆 C/N 处理的磷素释放率（47.6%）高于不添加氮肥的小麦秸秆处理（42.9%）。

不同施氮量下玉米和小麦秸秆钾素释放规律相似（图 6.8），玉米和小麦秸秆的钾素均表现为快速直接释放，添加氮肥对秸秆钾素的释放无显著影响。在腐解第 55 天，玉米和小麦秸秆的平均钾素释放率分别为 75.3%、82.5%；在腐解 55~365 天，玉米秸秆的钾素释放率基本上保持不变，小麦秸秆钾的释放变得平缓，在腐解第 365 天为 98.2%。

总的来说，小麦和玉米秸秆中氮素和磷素释放过程比较相似，表现出缓慢的直接释放特征，添加氮肥加快了玉米和小麦秸秆氮素和磷素的释放。秸秆钾素均为快速的直接释放过程，添加氮肥对秸秆钾素的释放无显著影响，秸秆的钾素平均释放速率大于氮素和磷素。

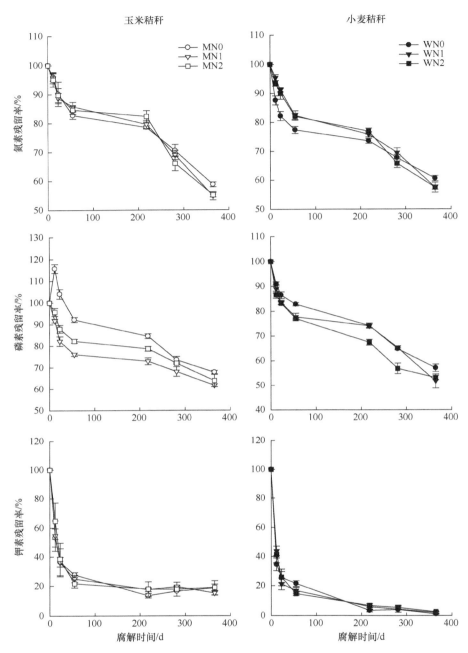

图 6.8　不同施氮量下玉米和小麦秸秆氮（上）、磷（中）和钾（下）残留率的动态变化

4. 秸秆氮、磷、钾释放特征的拟合方程

秸秆养分（N、P、K）残留率（R_t）与腐解时间（t）或积温（T）可以用衰减指数方程 $R_t = a\,e^{-bx}$ 拟合，且达到显著水平（$P < 0.05$）。秸秆调节碳氮比后，氮素和钾素的残留率可以较好地用时间或腐解积温衰减指数方程 $R_t = a\,e^{-bx}$ 拟合，拟合方程均达到显著水平（表 6.11，表 6.12）。只有小麦秸秆磷的残留率能用时间或腐解积温衰减指数方程拟合。腐

解速率常数与平均温度之间有很强的线性关系,用积温代替时间更能反映秸秆氮钾的释放过程（Wang et al.，2012；Bradford et al.，2016）。秸秆氮素和钾素的拟合用积温拟合的效果普遍好于时间,秸秆氮素的平均释放率为 0.13 %/d（或 0.01%/℃）；而小麦秸秆钾素的平均释放率（6.39 %/d 或 0.30%/℃）显著快于玉米秸秆（3.61 %/d 或 0.19 %/℃）。小麦秸秆磷素的平均释放率为 0.14%/d（或 0.01%/℃）,且用时间和用积温的拟合效果相同。

表 6.11　不同施氮量下玉米和小麦秸秆腐解过程中氮、磷、钾素残留率的时间指数拟合方程

养分种类	秸秆类型	处理（C/N）	a/%	b/（%/d）	R^2（n=7）
N	MS	MN0（52）	95.56±2.63	0.12±0.02	0.911*
		MN1（25）	96.19±2.84	0.13±0.02	0.911*
		MN2（10）	96.12±3.24	0.13±0.02	0.888*
	WS	WN0（52）	89.57±3.43	0.11±0.02	0.801*
		WN1（25）	95.62±2.40	0.13±0.02	0.932*
		WN2（10）	94.81±2.49	0.13±0.02	0.928*
P	MS	MN0（52）	—	—	—
		MN1（25）	—	—	—
		MN2（10）	94.28±2.64	0.10±0.02	0.882*
	WS	WN0（52）	93.31±2.40	0.13±0.02	0.931*
		WN1（25）	91.30±3.60	0.13±0.03	0.860*
		WN2（10）	90.36±3.16	0.15±0.02	0.905*
K	MS	MN0（52）	94.60±14.12	3.59±1.29	0.800*
		MN1（25）	95.74±14.37	3.75±1.34	0.793*
		MN2（10）	98.44±13.76	3.48±1.17	0.820*
	WS	WN0（52）	97.36±9.84	6.66±1.51	0.931*
		WN1（25）	98.89±6.97	6.36±1.01	0.966*
		WN2（10）	98.21±6.82	6.16±0.96	0.966*

表 6.12　不同施氮量下玉米和小麦秸秆腐解过程中氮、磷、钾素残留率的积温指数拟合方程

养分种类	秸秆类型	处理（C/N）	a/%	b/（%/℃）	R^2（n=7）
N	MS	MN0（52）	95.78±2.24	0.01	0.937*
		MN1（25）	96.81±1.53	0.01	0.976*
		MN2（10）	96.98±1.62	0.01	0.973*
	WS	WN0（52）	89.49±3.54	0.01	0.801*
		WN1（25）	95.66±2.54	0.01	0.937*
		WN2（10）	94.98±2.48	0.01	0.931*
P	MS	MN0（52）	—	—	—
		MN1（25）	—	—	—
		MN2（10）	94.16±2.74	0.01	0.875*

续表

养分种类	秸秆类型	处理（C/N）	a/%	b/（%/℃）	R^2（$n=7$）
P	WS	WN0（52）	93.32±2.75	0.01	0.913*
		WN1（25）	92.01±2.78	0.01	0.921*
		WN2（10）	90.32±4.09	0.02	0.850*
K	MS	MN0（52）	96.52±11.08	0.19±0.04	0.878*
		MN1（25）	96.43±11.14	0.19±0.04	0.875*
		MN2（10）	99.19±11.38	0.18±0.04	0.877*
	WS	WN0（52）	97.41±6.95	0.31±0.04	0.965*
		WN1（25）	99.14±4.22	0.30±0.03	0.987*
		WN2（10）	98.72±4.05	0.30±0.03	0.988*

*表示差异达显著水平（$P<0.05$）；**表示差异达极显著水平（$P<0.01$）。

5. 秸秆化学组成的变化特征

玉米和小麦秸秆的木质素残留率随时间延长逐渐降低（图6.9），添加氮肥加快了秸秆木质素的腐解。在前55天，玉米和小麦秸秆的木质素腐解均较快，在55天后变缓。在玉米秸秆整个腐解过程中，以调节玉米秸秆C/N为25和10处理木质素的腐解速率显著快于MN0处理，且以调节玉米秸秆C/N为25和10处理之间差异显著；小麦秸秆木质素的腐解表现出相同的变化规律。腐解第365天，玉米秸秆的木质素残留率分别为65.2%、62.8%、58.9%，小麦秸秆分别为65.2%、60.3%、56.5%。

玉米和小麦秸秆的纤维素残留率随时间的变化与木质素的整体变化趋势相似（图6.9）。在玉米秸秆整个腐解过程中，添加氮肥均加快了纤维素的腐解，且玉米秸秆三个处理之间差异显著；腐解第365天，玉米秸秆三个处理的纤维素腐解残留率分别为54.4%、49.9%、47.2%。在小麦秸秆整个腐解过程中（第12天除外），添加氮肥加快了纤维素的腐解；第12～281天，以调节小麦秸秆C/N为25和10处理纤维素的腐解速率显著快于不添加氮肥的小麦秸秆，但以调节小麦秸秆C/N为25和10处理之间差异不显著；第365天，小麦秸秆三个处理的纤维素残留率分别为47.9%、42.4%、38.9%，它们之间差异显著。

玉米和小麦秸秆的半纤维素残留率随时间的变化与前两者表现出相同的规律（图6.9）。在玉米秸秆整个腐解过程中（第23天除外），添加氮肥均加快了半纤维素的腐解，且玉米秸秆三个处理之间差异显著；在腐解第365天，玉米秸秆半纤维素残留率分别为45.4%、41.0%、36.9%。在小麦秸秆腐解第12天、281天和365天，添加氮肥加快了半纤维素的腐解，且三个处理之间差异显著；腐解第23天，半纤维素的腐解速率在以调节小麦秸秆C/N为10处理显著快于不添加氮肥的小麦秸秆；腐解第55天和第218天，添加氮肥同样加快了半纤维素的腐解，但以调节小麦秸秆C/N为25和10处理之间差异不显著。在腐解第365天，小麦秸秆的半纤维素腐解残留率分别为47.9%、42.4%、38.9%。总的来说，添加氮肥加快了秸秆木质素、纤维素和半纤维素的腐解，且以调节C/N为25时秸秆腐解效果最佳。

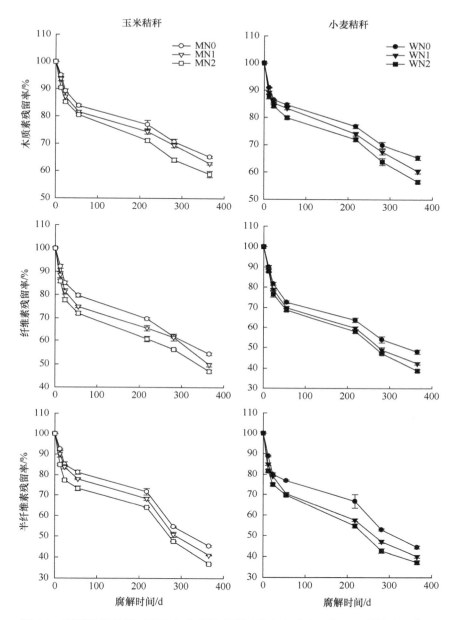

图 6.9　不同施氮量下玉米和小麦秸秆腐解过程中木质素（上）、纤维素（中）
和半纤维素（下）残留率的动态变化

6. 秸秆腐解的驱动因素

由随机森林分析结果可知（图 6.10）：从元素组成看，玉米和小麦秸秆的腐解主要受有机碳的影响；从结构组成来看，玉米和小麦秸秆的腐解主要受木质素和半纤维素的影响。此外，秸秆受温度的影响也较大。

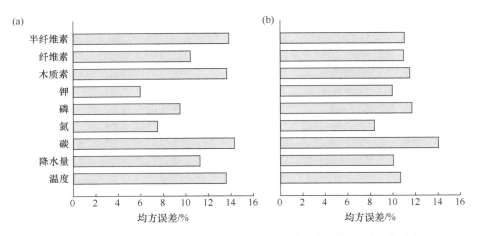

图 6.10 不同施氮量下玉米（a）和小麦（b）秸秆腐解的主要影响因素

有机物料的腐解主要受到物料性质影响。施氮可以显著加快玉米秸秆前期的腐解和碳、磷的释放，且以调节 C/N 为 25 时腐解效果最好。施氮可以显著加快小麦秸秆的腐解和碳、氮、磷的释放，以调节 C/N 为 10 时腐解效果最好。温度能更好地拟合秸秆的腐解与氮钾释放的过程；当积温为 1125℃，秸秆氮磷残留率为 80% 左右，而秸秆钾素残留率仅为 15%。秸秆的腐解主要受温度、有机碳含量、秸秆木质素和半纤维素含量的影响。

第二节　不同培肥模式下复垦土壤有机碳及其组分演变

土壤有机碳由于其化学组成的非均一性而构成不同的有机碳碳库组分，不同组分的分解速率或活性不同，对土壤管理措施的反应差异也很大。基于土壤不同有机碳碳库中的碳在本质特性上的差异，以及寻找快速判断人为因素对土壤质量影响指标的需求，不同组分有机碳碳库的研究成为当前土壤碳库和土壤质量研究方面的热点，因为它们更能反映土壤质量的变化和固碳机理（Six et al.，2002；Stewart et al.，2007）。最新的现代物理–化学联合分组方法，可以将有机碳大致分为未保护游离活性有机碳（cPOC + fPOC）、物理保护有机碳（iPOC）、化学保护有机碳（Hy-MOC）和生物化学保护有机碳（NHy-MOC）。根据这些碳库组分特征，未保护游离活性有机碳和物理保护有机碳为活性碳库，而化学保护有机碳和生物化学保护有机碳为惰性碳库。其中，活性碳库在指示土壤质量的变化时比总有机碳（TOC）更灵敏，能更准确、更实际地反映土壤性质的变化。本节主要论述不同复垦方式（覆土复垦、混推复垦和剥离复垦）、不同培肥模式下，复垦土壤有机碳及其组分演变规律。

一、覆土复垦方式下土壤总有机碳和组分含量的变化

覆土回填复垦试验于山西省古交市屯兰工矿复垦区（112°06′E，37°53′N）开展。山西煤电集团屯兰矿 2002 年开始排煤矸石于天然沟壑内，2013 年排矸活动结束，然后在矸石

山填埋区表面进行覆土，土源来自于周围山坡黄土，初次覆土平均厚度为 50 cm，经一年自然恢复后，于 2014 年布置试验。试验开始时耕层（0～20 cm）土壤的有机碳含量是 2.76～3.46 g/kg，虽然数值波动较大，但因为复垦土壤养分含量贫瘠且存在空间异质性，各处理间的差异不显著（表 6.13）。本研究于复垦第 5 年（2018 年）进行采样分析。

表 6.13　覆土复垦开始时表层土壤的基本性质（2014 年）

处理代码	施肥处理	有机碳/(g/kg)	碱解氮/(mg/kg)	有效磷/(mg/kg)	速效钾/(mg/kg)	pH
ZH	未复垦自然恢复	3.04 a	12.69 a	10.33 a	78.43 a	8.64 a
CK	轮作，不施肥	3.03 a	14.06 a	8.90 a	84.90 a	8.62 a
NPK	轮作，单施化肥	2.76 a	14.63 a	9.81 a	83.02 a	8.58 a
M	轮作，单施有机肥	3.46 a	8.58 b	7.33 a	75.35 a	8.57 a
MNPK	轮作，有机肥配施化肥	2.95 a	12.69 a	9.58 a	83.71 a	8.67 a

注：同列数字后不同字母表示处理间差异显著（$P<0.05$）。

试验设置 5 个处理：①未复垦自然恢复（ZH）；②不施肥（CK）；③单施化肥（NPK）；④单施有机肥（M）；⑤有机肥配施化肥（MNPK）。根据复垦试验区地势不同布置小区，面积分别为 230～1120 m^2 不等，每个处理三次重复。种植作物为大豆（1 年）和玉米（2 年）轮作，采样时（2018 年）种植作物为玉米。未复垦自然恢复处理为覆土后没有经过复垦的撂荒地，施肥量为 0，其他处理按照等氮量 150 kg/hm^2 施肥，无机肥为复合肥（N：P_2O_5：K_2O=18：12：10），有机肥为市售有机肥，MNPK 施肥量为 1/2 M+1/2 NPK，所施肥料全部作为基肥在春播前施入。

2018 年 10 月玉米收获后，采集表层（0～20 cm）新鲜土样，每个小区采用方格法，设置 10 个样点。复垦土壤有机碳分组的方法采用改进的 Stewart 等（2008；2009）的最新物理-化学联合分组方法，土壤有机碳被分为游离活性有机碳组分（cPOC、fPOC）、物理保护有机碳组分（iPOC）、化学保护有机碳组分（H-dsilt、H-dclay、H-μsilt、H-μclay）和生物化学保护有机碳组分（NH-dsilt、NH-dclay、NH-μsilt、NH-μclay）4 个有机碳组分。

1. 土壤总有机碳含量的变化

相比于未复垦自然恢复，不同方式培肥 5 年后的土壤有机碳含量均得到了显著提升（图 6.11）（$P<0.05$），尤其是添加有机肥（单施有机肥、有机肥配施化肥），其有机碳含量分别提高到了 6.05 g/kg 和 5.62 g/kg，分别比未复垦自然恢复提高了 49.3% 和 38.8%。其中，施用有机肥的效果最佳，分别是不施肥、施化肥、有机肥配施化肥的 1.34 倍、1.20 倍和 1.08 倍。施化肥和不施肥分别比未复垦自然恢复提高了 24.0% 和 11.8%。

2. 土壤有机碳组分含量和分配比例的变化

覆土复垦土壤各组分有机碳储量在不同培肥模式下存在差异（表 6.14）。对于游离活性有机碳组分，单施有机肥和有机肥配施化肥相比于未复垦自然恢复、不施肥和单施化肥均显著增加了粗颗粒组分（cPOC）的有机碳含量，分别提高了 104.9%～109.8% 和 56.3%～60.0%；对于细颗粒组分（fPOC），单施有机肥和有机肥配施化肥处理相比于其余处理同样显著提升了该组分有机碳含量，平均提高了 2.34 倍和 1.91 倍；物理保护有机碳组分中，各施肥处理相比于未复垦自然恢复和不施肥都显著提升了有机碳储量，提升幅度分别达到 1.87～2.71 倍和 1.64～2.37 倍。

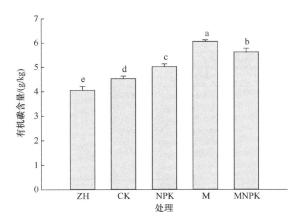

图 6.11　不同施肥下复垦土壤总有机碳含量

不同字母表示处理间差异显著（$P < 0.05$）

表 6.14　不同施肥下复垦土壤各组分有机碳储量　（单位：$t\,C/hm^2$）

处理	土壤有机碳储量						
	游离活性有机碳		物理保护有机碳	化学保护有机碳		生物化学保护有机碳	
	粗颗粒 cPOC	细颗粒 fPOC	iPOC	粉粒组 H-silt	黏粒组 H-clay	粉粒组 NH-silt	黏粒组 NH-clay
ZH	1.80±0.05 c	0.68±0.10 cd	0.74±0.13 c	2.00±0.05 a	1.33±0.10 a	4.84±0.15 a	0.54±0.04 a
CK	1.76±0.07 c	1.04±0.10 bc	0.65±0.09 c	1.93±0.01 a	1.30±0.25 a	4.86±0.08 a	0.57±0.04 a
NPK	1.76±0.09 c	0.54±0.08 d	1.70±0.08 a	2.21±0.10 a	1.01±0.04 a	5.11±0.14 a	0.38±0.04 b
M	3.69±0.32 a	1.63±0.26 a	1.76±0.14 a	1.86±0.15 a	1.01±0.05 a	4.73±0.33 a	0.60±0.04 a
MNPK	2.82±0.27 b	1.33±0.12 ab	1.22±0.06 b	2.14±0.26 a	1.07±0.06 a	4.70±0.31 a	0.63±0.05 a

注：同列数字后不同字母表示处理间差异显著（$P < 0.05$），下同。

　　不同施肥下复垦土壤各组分有机碳含量在总有机碳中的分配比例差异较大（图 6.12）。其中，生物化学保护有机碳组分占总有机碳的比例最大，为 34.9%～45.2%；其次为游离活性有机碳和化学保护有机碳组分，平均比例分别为 25.4%和 24.4%；最少的为物理保护有机碳组分，只占 5.4%～13.4%。与未复垦自然恢复相比，有机肥（单施有机肥、有机肥配施化肥）显著提高了游离活性有机碳组分的占比，也显著降低了生物化学保护有机碳组分的占比。与不施肥相比，单施化肥显著提高了物理保护有机碳组分的含量。

二、混推复垦方式下土壤总有机碳和组分含量的变化

　　混推复垦试验于山西省典型煤矿复垦基地——长治市襄垣县王桥镇西山底村（36°27′N，113°1′E）开展，为黄土塬地貌，土壤为褐土。该地区于 20 世纪 70 年代因采煤开始出现地面沉陷，到 2000 年前后沉陷趋于稳定，地形在沉陷后呈马鞍状，最大落差 4～5 m，原有农田变成旱薄地，土壤肥力严重下降。2008 年 3 月，选择年限相同的

沉陷农田，采用混推（直接推高垫低后整平土地）的方式进行复垦，2008 年 4 月对试验地进行整平和均匀处理，以保证试验地耕层土壤性质一致。种植作物为春玉米，种植制度为一年一熟，种植密度为 6 万株/hm²，于每年 5 月左右播种、10 月左右收获，到 2018 年共种植 11 年。

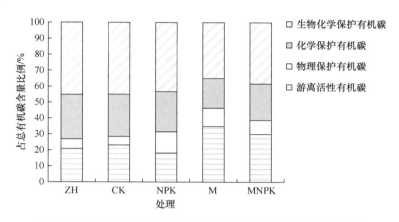

图 6.12 不同施肥下复垦土壤各组分有机碳占总有机碳的比例

2008 年试验开始前，耕层（0～20 cm）土壤有机碳含量 5.36 g/kg、全氮 0.63 g/kg、有效磷 3.2 mg/kg、速效钾 143.8 mg/kg、土壤容重 1.53 g/cm³，土壤比较紧实，氮磷养分含量十分贫瘠。

试验设置 4 个处理：①不施肥（CK）；②单施化肥（NPK）；③化肥配施低量有机肥（LMNPK）；④化肥配施高量有机肥（HMNPK）。其中，供试有机肥为完全腐熟的羊粪，2008～2011 年，羊粪含有机碳 44.2%、氮 2.5%、磷 1.2%和钾 3.2%；2012～2018 年，优化施肥结构，实现有机肥减量增效，羊粪含有机碳 31.0%、氮 0.8%、磷 3.5%和钾 0.1%。每年化肥和有机肥均作为基肥在玉米播种前一周一次性撒施，之后翻耕入土。试验采用裂区设计，每处理 3 次重复，每个小区面积 150 m²（表 6.15）。

表 6.15 不同施肥下的肥料种类和用量 （单位：kg /hm²）

施肥处理	化肥			有机肥	
	N	P₂O₅	K₂O	2008～2011 年	2012～2018 年
CK	0	0	0	0	0
NPK	108	72	60	0	0
LMNPK	108	72	60	4 425	2 700
HMNPK	108	72	60	17 700	10 800

于 2018 年春玉米收获前，用环刀法测定土壤容重。春玉米收获后，每个小区加大采样点，方格法采取 10～15 个样点，以减小复垦地空间异质性带来的影响，采集耕层（0～20 cm）新鲜土样。土壤有机碳分组的方法采用改进的最新物理-化学联合分组方法。

1. 土壤总有机碳含量的变化

经 11 年培肥后，各施肥措施均显著提高了土壤有机碳含量（图 6.13）。与不施肥相比，施肥使总有机碳含量提高了 23.8%～82.1%。其中以化肥配施高量有机肥的效果最为显著，有机碳含量达到 13.45 g/kg，分别是施化肥和化肥配施低量有机肥的 1.47 倍和 1.30 倍。

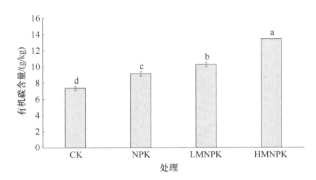

图 6.13　不同施肥 11 年后复垦土壤总有机碳含量
不同字母表示不同处理间差异显著（$P < 0.05$），下同

2. 土壤有机碳组分含量和分配比例的变化

混推复垦下由于施肥的作用不同，土壤各组分有机碳储量存在差异（表 6.16）。对于游离活性有机碳组分，各施肥处理相比于不施肥处理均显著增加了游离态粗颗粒（cPOC）的有机碳含量，分别提高了 36.9%、38.9% 和 66.1%；对于细颗粒组分（fPOC），各处理间差异不显著。物理保护有机碳组分中，施用有机肥处理（化肥配施低量有机肥、化肥配施高量有机肥）相比于不施肥和单施化肥而言都显著提升了有机碳含量，提升幅度分别为 112.2%～180.5% 和 54.0%～103.6%。对于稳定碳组分（化学保护有机碳组分和生物化学保护碳组分），化肥配施高量有机肥处理相比于不施肥处理显著提高了粉粒组（H-silt 和 NH-silt）的有机碳含量，分别提升了 58.1% 和 48.0%；而在黏粒组（H-clay 和 NH-clay）中，施肥处理相比于不施肥处理均提高了有机碳含量，提升幅度分别为 47.5% 和 63.0%。

表 6.16　不同施肥下 11 年后复垦土壤各组分有机碳储量　（单位：t C/hm²）

处理	土壤有机碳储量						
	游离活性有机碳		物理保护有机碳	化学保护有机碳		生物化学保护有机碳	
	粗颗粒 cPOC	细颗粒 fPOC	iPOC	粉粒组 H-silt	黏粒组 H-clay	粉粒组 NH-silt	黏粒组 NH-clay
CK	8.06±0.36 c	0.74±0.17 a	1.03±0.12 c	1.44±0.10 c	1.07±0.10 b	5.23±0.64 bc	1.08±0.16 b
NPK	11.04±0.29 b	1.03±0.10 a	1.41±0.07 c	1.22±0.12 c	1.63±0.12 a	4.26±0.26 c	2.09±0.08 a
LMNPK	11.20±0.61 b	0.66±0.04 a	2.18±0.20 b	1.79±0.03 b	1.51±0.06 a	6.51±0.24 ab	1.64±0.21 a
HMNPK	13.39±0.22 a	0.87±0.12 a	2.88±0.11 a	2.30±0.09 a	1.59±0.05 a	7.73±0.27 a	1.76±0.07 a

注：同列数字后不同字母表示处理间差异显著（$P < 0.05$），下同。

各组分有机碳含量在总有机碳中的分配比例为：游离活性有机碳组分（48.5%）＞生物化学保护有机碳组分（31.2%）＞化学保护有机碳组分（12.9%）＞物理保护有机碳组分（7.4%）（图 6.14）。相比于不施肥处理，化肥配施低量有机肥和化肥配施高量有机肥处理显著提高了物理保护有机碳组分的占比,单施化肥处理显著降低了生物化学保护组分的有机碳储量。

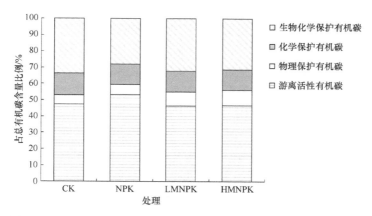

图 6.14 不同施肥 11 年后复垦土壤各组分有机碳占总有机碳的比例

三、剥离复垦方式下土壤总有机碳和组分含量的变化

剥离复垦试验设于山西省长治市襄垣县王桥镇西山底村。2008 年 3 月,选择年限相同的沉陷农田,采用剥离(先剥离表层土壤,推高垫低后回填表层土壤)的方式进行土地复垦。

试验开始前,耕层(0~20 cm)土壤有机碳含量 5.96 g/kg、全氮 0.66 g/kg、有效磷 5.01 mg/kg、速效钾 152.06 mg/kg、土壤容重 1.53 g/cm³,土壤比较紧实,氮磷养分含量十分贫瘠。剥离复垦的试验处理和施肥方式与混推复垦完全一致。

1. 土壤总有机碳含量的变化

复垦 11 年后,与不施肥相比,各施肥处理均显著增加了土壤有机碳含量,单施化肥、化肥配施低量有机肥和化肥配施高量有机肥使土壤有机碳含量分别提高了 40.2%、77.02%、125.9%(图 6.15)。各施肥处理中,以化肥配施高量有机肥的提升效果最显著,有机碳含量达到 17.63 g/kg,分别是化肥和化肥配施低量有机肥的 1.61 倍和 1.28 倍。

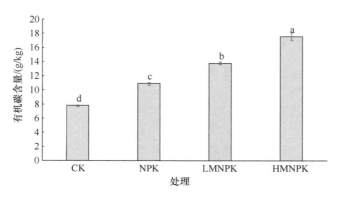

图 6.15 不同施肥 11 年后复垦土壤总有机碳含量

2. 土壤有机碳组分含量和分配比例的变化

剥离复垦土壤各组分有机碳储量在不同处理下存在差异（表 6.17）。对于游离活性有机碳组分，相比于不施肥处理，施用有机肥处理（化肥配施低量有机肥、化肥配施高量有机肥）均显著增加了游离态粗颗粒（cPOC）和细颗粒（fPOC）的有机碳含量，分别提高了 47.0%、84.7%和 102.4%、58.9%；施用化肥处理显著提高了细颗粒（fPOC）的有机碳含量（提高了 102.2%）。物理保护有机碳组分中，各施肥处理相比于不施肥处理均显著提升了有机碳含量，提升幅度为 68.3%～225.1%。对于稳定碳组分（化学保护有机碳组分和生物化学保护碳组分），各施肥处理相比于不施肥处理显著提高了粉粒组（H-silt 和 NH-silt）的有机碳含量，分别提高了 2.13 倍和 2.15 倍；化肥配施高量有机肥处理相比于不施肥处理显著提升了化学保护黏粒组（H-clay）的有机碳含量，提升幅度为 95.0%。

表 6.17　不同施肥 11 年后复垦土壤各组分有机碳储量　　（单位：t C/hm²）

处理	土壤有机碳储量						
	游离态颗粒有机碳		物理保护有机碳	化学保护有机碳		生物化学保护有机碳	
	粗颗粒 cPOC	细颗粒 fPOC	iPOC	粉粒组 H-silt	黏粒组 H-clay	粉粒组 NH-silt	黏粒组 NH-clay
CK	10.12±0.08 c	1.49±0.25 b	1.42±0.03 d	1.34±0.05 d	0.99±0.12 c	4.37±0.06 d	1.93±0.17 ab
NPK	10.28±0.33 c	3.02±0.25 a	3.47±0.17 b	1.80±0.07 c	1.45±0.09 b	7.02±0.24 c	2.06±0.22 ab
LMNPK	14.87±0.56 b	3.02±0.38 a	2.39±0.13 c	3.13±0.16 b	1.26±0.04 bc	9.27±0.44 b	1.56±0.07 b
HMNPK	18.69±0.69 a	2.37±0.24a	4.61±0.23 a	3.64±0.23 a	1.93±0.10 a	11.96±0.34 a	2.37±0.13 a

各组分有机碳含量在总有机碳含量中所占比例为：游离活性有机碳组分（49.0%）＞生物化学保护有机碳组分（30.6%）＞化学保护有机碳组分（11.6%）＞物理保护有机碳组分（8.8%）（图 6.16）。在不同处理间，施化肥和化肥配施低量有机肥处理显著提高了游离活性有机碳组分的占比。

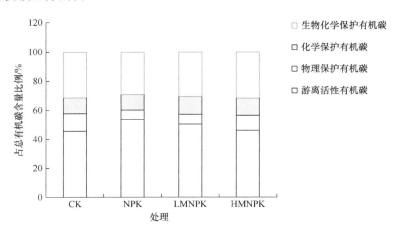

图 6.16　不同施肥 11 年后复垦土壤各组分有机碳占总有机碳的比例

总体来说，矿区复垦土壤的有机碳含量在不同的施肥处理下均得到显著提高。覆土复垦中各施肥处理相比于 CK 处理，使有机碳含量提高了 10.9%～33.5%，其中以单施有机肥（M）的效果最为显著；混推复垦和剥离复垦中各施肥处理有机碳含量与 CK 处理相比分别提高了 23.8%～82.1% 和 40.2%～125.9%，其中均以 HMNPK 处理的效果最为显著，分别达到 13.45 g/kg 和 17.63 g/kg，说明施用有机肥尤其是化肥配施高量有机肥能够显著提升土壤总有机碳含量，是矿区复垦土壤快速恢复和培肥的有效措施。

与 CK 相比，施用有机肥处理（M、MNPK、LMNPK、HMNPK）中游离活性组分和物理保护组分的有机碳储量在覆土复垦中平均提高了 48.2%～90.3% 和 87.3%～171.2%、混推复垦中提高了 34.7%～62.0% 和 112.2%～180.5%、剥离复垦中提高了 54.1%～81.4% 和 68.3%～225.1%；化学保护组分和生物化学保护组分的有机碳储量在混推复垦中提高了 32.0%～55.1% 和 29.1%～50.4%、剥离复垦中提高了 88.5%～139.0% 和 71.8%～127.4%，但在覆土复垦中无显著提高。单施化肥（NPK）与 CK 相比，在覆土复垦中均未显著提高各组分有机碳储量；在混推复垦中主要提高了游离活性组分有机碳储量，提升幅度为 37.1%；在剥离复垦中，所有组分的有机碳储量均显著得到了提高，增幅为 14.6%～144.7%，说明有机肥尤其是有机肥配施化肥能显著提高复垦土壤组分的有机碳储量，其中游离活性有机碳组分和物理保护有机碳组分对施肥的响应相对较敏感，可以作为评价土壤有机碳早期变化的主要指标。

不同复垦方式下，土壤有机碳各组分在总有机碳中的分配比例不同。在覆土复垦中，稳定有机碳组分（化学保护有机碳和生物化学保护有机碳）＞游离活性有机碳组分＞物理保护有机碳，平均占比为 65.6%、25.4% 和 9.0%；在混推复垦和剥离复垦中，游离活性有机碳＞稳定有机碳＞物理保护有机碳，平均占比分别为 48.5% 和 49.0%、44.1% 和 42.2%、7.4% 和 8.8%，说明在当前条件下覆土复垦的有机碳主要储存在稳定有机碳碳库中，而混推复垦和剥离复垦则主要储存在游离活性有机碳碳库。

第三节　不同培肥模式和复垦方式下土壤有机碳提升的差异与机制

农田土壤有机碳含量是土壤肥力的核心指标，对改善土壤质量、提高作物生产力及维持农业可持续发展影响巨大，而煤矿区复垦土壤有机碳含量低，成为地力提升的限制因素（栗丽等，2016）。因此，深入探讨复垦土壤有机碳的固持机理，对于煤矿区复垦土壤肥力快速提升具有重要意义。输入外源有机碳固存为土壤有机碳的比例即为土壤固碳效率，其受到土壤属性、施肥管理措施及气候等因素的共同影响（Yan et al.，2013）。Zhang 等（2010）在我国 6 种典型农田土壤中研究发现，土壤有机碳增长量与碳投入量之间呈现出极显著线性正相关关系，其中，张掖灌漠土的固碳效率最高（31.0%），最低的为郑州潮土（6.9%）。但也有研究表明，土壤有机碳含量随着碳投入的增加而表现出曲线增长（Six et al.，2002；曹寒冰等，2020）。土壤各组分有机碳因为其不同的固碳能力，在土壤有机碳的累积和稳定方面起着不同的作用，所以分组方法是研究土壤有机碳固持机理的重要方法（佟小刚等，2008）。其中，Stewart 等（2009）对 Six 等（2002）的团聚体分组方法进行了改进，提出了最新的物理-化学联合分组方法，该方法在原理上将土壤有机碳的稳定机制联系起来，进而将土壤有机碳固存分为非保护、物理、化学及生物化学保护机制，更能说明各组分有机碳在土壤有机碳中的固存作用。曹寒冰等

（2020）研究表明，6年施肥措施下复垦土壤各组分有机碳含量均显著增加，但粉、黏粒组分有机碳在不同施肥下基本不变。Xu 等（2016）在东北褐土中的研究也发现稳定有机碳组分不变，总有机碳仍然随施肥量显著增长。Tong 等（2014）研究也表明，各种施肥措施下矿物结合态颗粒的固碳效率均最大。Stewart 等（2008）研究提出，当土壤总有机碳增加时，化学和生物化学保护组分有机碳可能不变，碳的积累可能发生在未保护和物理保护组分中。目前，有关施肥对土壤有机碳组分影响的相关研究较多，但多集中于农田生态系统；煤矿区复垦土壤有机质含量仅是煤矿开采前的20%~30%；土壤质地较粗，特别是土壤团聚体中微团聚体比例较少，显著低于煤矿开采前的土壤（张志权等，2002）。本节利用 Stewart 土壤有机碳分组方法，揭示复垦耕地总有机碳及各组分有机碳与外源有机碳投入量之间的关系，探讨不同施肥下土壤有机碳的固存特征和固碳机理，为复垦土壤培肥提供理论依据。

一、土壤总有机碳的固碳速率

1. 覆土复垦下土壤总有机碳的固碳速率

经覆土复垦的农田土壤起始固碳速率为 $6.37\sim8.98$ t C/hm²，5年复垦后，各处理下复垦土壤有机碳储量均得到提升（表 6.18），其中各处理（不施肥、单施化肥、单施有机肥和有机肥配施化肥）相比于未复垦自然恢复处理土壤固碳量都有提高，分别提升了53.5%、115.2%、132.4%和94.0%。相比于未复垦自然恢复处理的固碳量中，单施有机肥处理是提高覆土复垦土壤有机碳储量的最佳方式，达到不施肥处理的2.47倍。各施肥处理（单施化肥、单施有机肥、有机肥配施化肥）的固碳速率分别是 0.68 t C/(hm²·a)、0.78 t C/(hm²·a)和 0.55 t C/(hm²·a)。

表 6.18　不同施肥下覆土复垦土壤有机碳储量和固碳速率

处理	有机碳储量/（t C/hm²）		固碳量/（t C/hm²）	相对于 ZH 固碳量/（t C/hm²）	固碳速率/[t C/(hm²·a)]
	2014 年	2018 年			
ZH	8.98 a	11.93 c	2.95 c	—	—
CK	7.58 ab	12.10 c	4.53 bc	1.58 b	0.32 b
NPK	6.37 b	12.72 c	6.35 a	3.40 ab	0.68 ab
M	8.43 a	15.29 a	6.86 a	3.91 a	0.78 a
MNPK	8.18 a	13.90 b	5.72 ab	2.77 ab	0.55 ab

注：同列数字后不同字母表示处理间差异显著（$P<0.05$）。

2. 混推复垦下土壤总有机碳的固碳速率

经混推复垦的农田土壤起始有机碳储量为 16.40 t C/hm²，11年复垦后，各处理下复垦土壤有机碳储量均得到提升（表 6.19），其中三种施肥处理（施化肥、化肥配施低量有机肥和化肥配施高量有机肥）相比于不施肥处理分别提高了21.7%、36.7%和63.7%，化肥配施高量有机肥处理是提高复垦土壤有机碳储量的最佳方式，其固碳量分别是不施肥、施化肥和化肥配施低量有机肥处理的 6.29 倍、2.24 倍和 1.55 倍。各施肥处理（施化肥、化肥配施低量有机肥、化肥配施高量有机肥）的固碳速率分别为 0.57 t C/(hm²·a)、0.83 t C/(hm²·a)和 1.28 t C/(hm²·a)。

表 6.19　不同施肥 11 年后混推复垦土壤有机碳储量和固碳速率

处理	有机碳储量/（t C/hm²）		固碳量/（t C/hm²）	固碳速率/[t C/(hm²·a]]
	2008 年	2018 年		
CK	16.40	18.65 d	2.25 d	0.20 d
NPK	16.40	22.69 c	6.29 c	0.57 c
LMNPK	16.40	25.49 b	9.09 b	0.83 b
HMNPK	16.40	30.52 a	14.12 a	1.28 a

注：同列数字后不同字母表示处理间差异显著（$P<0.05$）。

3. 剥离复垦下土壤总有机碳的固碳速率

经剥离复垦的农田土壤起始有机碳储量为 18.23 t C/hm²，11 年复垦后，各处理下复垦土壤有机碳储量均得到提升（表 6.20），其中三种施肥处理（施化肥、化肥配施低量有机肥和化肥配施高量有机肥）相比于不施肥处理分别提高了 34.4%、63.9%和 110.4%，化肥配施高量有机肥处理是提高复垦地有机碳储量的最佳方式，其固碳量分别是不施肥、施化肥和化肥配施低量有机肥处理的 7.96 倍、2.51 倍和 1.58 倍。各施肥处理（施化肥、化肥配施低量有机肥、化肥配施高量有机肥）的固碳速率分别为 0.99 t C/(hm²·a)、1.57 t C/(hm²·a)和 2.49t C/(hm²·a)。

表 6.20　不同施肥 11 年后剥离复垦土壤有机碳储量和固碳速率

处理	有机碳储量/（t C/hm²）		固碳量/（t C/hm²）	固碳速率/[t C/(hm²·a]]
	2008 年	2018 年		
CK	18.23	21.66 d	3.43 d	0.31 d
NPK	18.23	29.10 c	10.88 c	0.99 c
LMNPK	18.23	35.50 b	17.28 b	1.57 b
HMNPK	18.23	45.57 a	27.34 a	2.49 a

注：同列数字后不同字母表示处理间差异显著（$P<0.05$）。

二、土壤有机碳及其组分的固碳效率

1. 覆土复垦下土壤有机碳及组分的固碳效率

覆土复垦 5 年有机碳累积碳投入量中（图 6.17），未复垦自然恢复处理因未种植作物，不考虑碳投入。与不施肥处理相比，各施肥处理均显著提高了根茬源的碳投入（提高了 1.63～2.29 倍），其中有机肥配施化肥处理的提升效果最显著，达到 9.72 t C/hm²。考虑有机肥来源的碳投入后，累积碳投入在施用有机肥（单施有机肥、有机肥配施化肥）处理下显著提高，效果最显著的是单施有机肥处理（20.11 t C/hm²），分别是不施肥、单施化肥和有机肥配施化肥的 4.67 倍、2.19 倍和 1.24 倍。

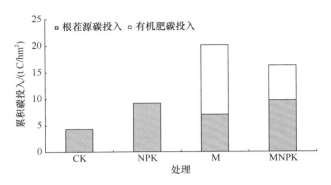

图 6.17　不同施肥下覆土复垦土壤有机碳累积碳投入量（2014～2018 年）

覆土复垦土壤总有机碳固定量是不同施肥处理减去未复垦自然恢复处理固碳量后的值。总有机碳固定量与累积碳投入呈现显著的正相关线性关系（$P<0.05$）（图6.18），其斜率为固碳效率拟合方程表明，覆土复垦下土壤的固碳效率为 15.9%，当碳投入为 $0\ t\ C/hm^2$ 时，固碳量为 $1.21\ t\ C/hm^2$，说明目前复垦土壤在复垦的 5 年期间不需外源碳投入便可保持土壤有机碳储量的稳定和增长。

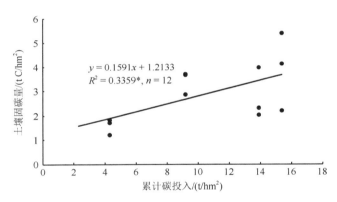

图 6.18　覆土复垦下土壤固碳量与累积碳投入的关系
*表示显著相关（$P<0.05$）

对覆土复垦土壤在不同施肥下各组分有机碳储量与累积碳投入的关系进行相关分析，结果表明游离活性有机碳组分 [图 6.19（a）]、物理保护有机碳组分 [图 6.19（b）] 均与累积碳投入量呈极显著正相关（$P<0.01$），其斜率为固碳效率，分别为22.5%和7.2%。化学保护有机碳组分 [图 6.19（c）] 和生物化学保护有机碳组分 [图 6.19（d）] 与累积碳投入的相关性均不显著。

2. 混推复垦下土壤有机碳及组分的固碳效率

混推复垦 11 年累积有机碳投入量中（图 6.20），相比于不施肥处理，各施肥处理均显著提高了根茬源的碳投入，分别提高了 2.76～3.21 倍，其中以化肥配施低量有机肥的提升效果最显著，达到 $39.42\ t\ C/hm^2$。在考虑有机肥来源的碳投入后，累积碳投入在各处理间表现出递增的现象，其中效果最显著的是化肥配施高量有机肥处理（69.21 t C/hm²），分别是不施肥、施化肥和化肥配施低量有机肥的 5.64 倍、2.04 倍和 1.46 倍。

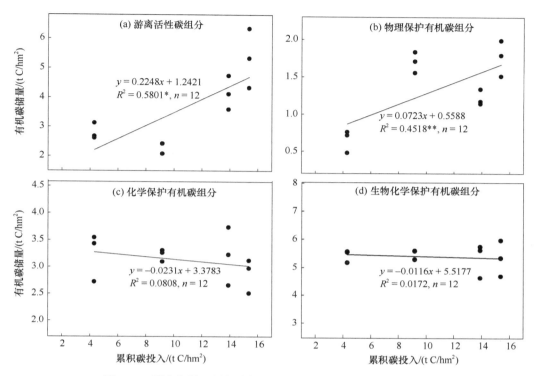

图 6.19 覆土复垦下累积碳投入量与各组分有机碳储量的关系
**表示极显著相关（P<0.01）

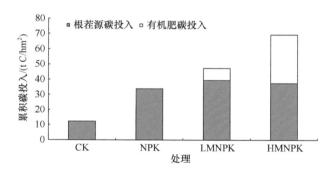

图 6.20 不同施肥下混推复垦土壤有机碳累积碳投入量（2008～2018 年）

混推复垦土壤固碳量与累积碳投入呈显著线性正相关（图 6.21）。拟合方程表明，混推复垦下土壤的固碳效率为 20.9%，且要维持土壤有机碳储量的稳定，复垦 11 年下需要的最低碳投入为 2.63 t C/hm²，年均碳投入为 0.24 t C/(hm²·a)。

对混推复垦土壤在不同施肥下各组分有机碳储量与累积碳投入进行相关分析，游离活性有机碳组分 [图 6.22（a）]、物理保护有机碳组分 [图 6.22（b）]、化学保护有机碳组分 [图 6.22（c）] 和生物化学保护有机碳组分 [图 6.22（d）] 均与累积碳投入量之间呈现为极显著的线性正相关关系（$P<0.01$）。相关方程的斜率表示单位累计碳投入下的组分碳变化率即固碳效率，各组分分别为 9.0%、3.4%、2.5% 和 6.0%。

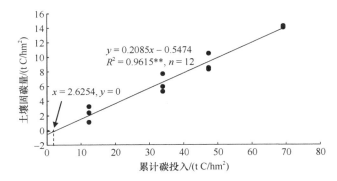

图 6.21　混推复垦下土壤固碳量与累积碳投入的关系

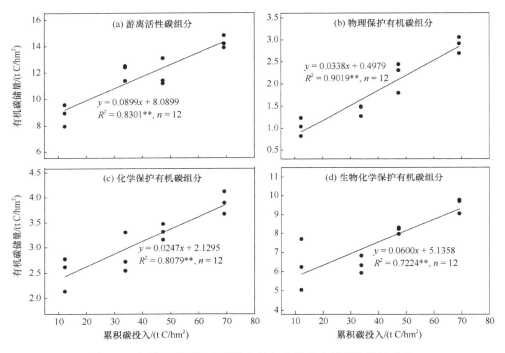

图 6.22　混推复垦下累积碳投入量与各组分有机碳储量的关系

3. 剥离复垦下土壤有机碳及组分的固碳效率

剥离复垦 11 年后，相比于不施肥处理，各施肥处理均显著提高了根茬源的碳投入（提高了 1.76~2.18 倍），其中化肥配施低量有机肥和化肥配施高量有机肥的提升效果最显著，分别达到 42.81 t C/hm² 和 42.86 t C/hm²（图 6.23）。综合考虑有机肥来源的碳投入，累积碳投入在各处理间表现出递增的现象，其中效果最显著的是化肥配施高量有机肥处理（74.60 t C/hm²），分别是不施肥、施化肥和化肥配施低量有机肥的 3.80 倍、2.16 倍和 1.47 倍。

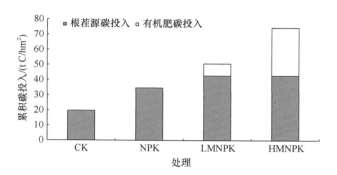

图 6.23　剥离复垦不同施肥下有机碳累积碳投入量（2008～2018 年）

剥离复垦土壤有机碳储量固碳量与累积碳投入呈现显著的正相关线性关系（图 6.24），拟合方程表明，剥离复垦下土壤的固碳效率为 43.0%，且要维持土壤有机碳储量的稳定，复垦 11 年下需要的最低累积碳投入为 10.63 t C/hm²，年均碳投入为 0.97 t C/(hm²·a)。

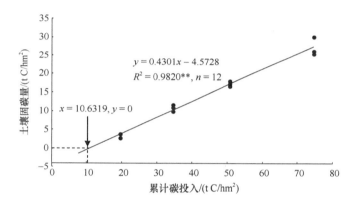

图 6.24　剥离复垦下土壤固碳量与累积碳投入的关系

对剥离复垦土壤在不同施肥下各组分有机碳储量与累积碳投入进行相关分析，游离活性有机碳组分 [图 6.25(a)]、物理保护有机碳组分 [图 6.25(b)]、化学保护有机碳组分 [图 6.25(c)] 和生物化学保护有机碳组分 [图 6.25(d)] 均与累积碳投入量之间呈极显著的线性正相关关系（$P < 0.01$）。各组分固碳效率分别为 18.1%、4.8%、5.9% 和 14.2%。

总体而言，土壤固碳速率在不同复垦方式中大体表现为：覆土复垦[0.32～0.78 t C/(hm²·a)]＜混推复垦[0.20～1.28 t C/(hm²·a)]＜剥离复垦[0.31～2.49 t C/(hm²·a)]，说明剥离复垦是更有利于煤矿区复垦土壤有机碳固存的复垦方式。

在覆土复垦、混推复垦和剥离复垦中，土壤的固碳效率分别为 15.9%、20.9% 和 43.0%。要维持不同复垦土壤中现有的有机碳储量水平，在覆土复垦中不需外源碳投入便可保持土壤有机碳储量的稳定和增长，说明该复垦方式下的农田还处于恢复的早期快速阶段；在混推复垦和剥离复垦中，需要最小的年均碳投入量为 0.24 t C/(hm²·a) 和 0.97 t C/(hm²·a)，才能维持现有的有机碳储量水平。

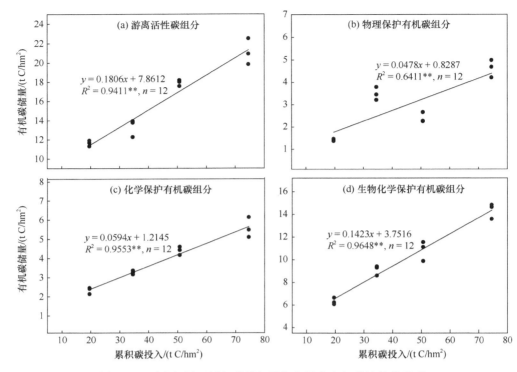

图 6.25　剥离复垦下累积碳投入量与各组分有机碳储量的关系

第四节　复垦土壤有机碳快速提升技术

一、有机物料还田快速提升土壤有机碳

　　煤炭资源的大力开采使耕地遭到严重破坏，因此需要采取相应的工程措施对土地进行复垦。工程复垦过程中，由于对煤矿区土壤的扰动较大，导致煤矿区复垦土壤有机碳含量低下（张志权等，2002）。提升复垦土壤有机碳含量最直接有效的途径就是外源有机碳输入（Zhang et al.，2010），最具有代表性的外源有机碳源是农作物秸秆。我国农作物秸秆资源丰富，每年秸秆产量高达 9 亿 t（周治，2021）。秸秆还田既可以增加农田土壤有机碳含量和减少化肥施用量，又能避免资源浪费及其露天焚烧对环境的负面作用（虞铁俊等，2020）。长期秸秆直接还田不仅显著提高了土壤有机碳和全氮含量，还可通过改变土壤环境影响养分利用与积累，进而影响作物产量（杜衍红等，2016）。加入秸秆使得单施化肥处理真菌残体碳在微生物残体碳中的占比提高，而秸秆还田促进了化肥配施有机肥处理黑土中细菌细胞残体的积累，秸秆还田与肥料施用相结合是促进黑土微生物残体含量提高的有效途径（李庭宇等，2022）。砂质潮土实施秸秆还田配施氮肥可提高土壤养分含量，改善土壤物理性状，其可为优化秸秆还田技术、改善砂质潮土肥力状况提供理论依据（周孟椋等，2022）。

　　大量研究表明（张志权等，2002），矿区复垦土壤有机质含量仅是煤矿开采前土壤有机质含量的 20%～30%；土壤质地较粗，特别是土壤团聚体中微团聚体比例较少，显著低于煤矿开采前土壤的团聚体结构；土壤微生物生物量和多样性仅为开采前的 10% 左右。添加生物炭、堆肥、沼渣、牛粪和秸秆均能显著增加土壤有机碳含量的增长率、年变化量和固碳量，其中添加生物炭对土壤有机碳累积效果优于添加其他有机物料。对于土壤有机碳组分而言，添加堆肥有利于易氧化有机碳的增加，添加牛粪可显著提高土壤活性碳碳库 I 和活性碳碳库 II，添加生物炭和牛粪可显著增加土壤稳定性有机碳。生物炭添加对土壤碳库管理指数的提升幅度最大，秸秆添加对土壤碳库管理指数的影响最低。总体上，生物炭、堆肥、沼渣、牛粪和秸秆均能提高土壤有机碳组分含量，有利于土壤有机碳积累，促进土壤固碳，但生物炭在改善矿区复垦土壤结构、提升复垦土壤肥力方面效果最佳（张云龙等，2020）。秸秆施用在短时间内对土壤活性有机碳的提升效应强于秸秆生物炭，但对土壤固碳潜力的提高弱于生物炭，二者均可以作为有益物质施用于复垦土壤中（贾俊香等，2016）。

二、高量有机肥配施化肥提升土壤有机碳

前人在物理分组的基础之上，考虑到土壤有机碳的不同稳定机制，把湿筛、密度浮选和酸解等技术手段有机地组合在一起，提出了物理-化学联合分组方法，用此方法可将土壤有机碳分成游离活性、物理保护、化学保护和生物化学保护四个有机碳组分。物理-化学联合分组技术统筹结合了土壤有机碳的多种稳定机制，能更清晰地体现出土壤有机碳的固存和累积特征，有助于更好地了解土壤中不同组分有机碳的变化特征。

关于施用有机肥（单施有机肥或有机肥配施化肥）的研究中，大量结果显示其能显著提高土壤有机碳及其各组分有机碳含量。刘骅等（2010）和柳影等（2011）在灰漠土及黑土上的研究表明，与不施肥处理相比，长期有机肥配施无机肥能提升土壤中各组分有机碳含量，其中增加最明显的是活性有机碳组分；Tong 等（2014）以长期施肥达 17 年的我国南方试验点土壤为研究对象，发现活性有机碳组分以及稳定有机碳组分的固碳速率在有机肥施用的处理中都得到了显著提升；王朔林等（2015）的研究表明在长期施肥的栗褐土中，总有机碳以及游离态有机碳的含量在有机肥施用的处理下能够得到显著提升，其中效果最佳的是高量有机肥配施化肥的处理；李建华等（2018）在连续施肥 8 年的煤矿复垦地中研究发现，高量有机肥配施化肥显著提高了总有机碳含量和各粒级团聚体的含量，其中对 1～2 mm 和 0.25～0.5 mm 粒级团聚体的提升效果最为明显；高继伟等（2018）研究发现，在采煤沉陷复垦地保持不同施肥处理但养分相同的前提下，活性有机碳组分的变化主要受到单施有机肥处理的影响。所以，总体来说，有机肥尤其是有机肥与化肥配施是提高总有机碳和各组分有机碳，特别是活性有机碳的有效手段。复垦方式中采用剥离复垦的方式、施肥措施中采用施有机肥尤其高量有机肥配施化肥的方式，是煤矿区复垦土壤快速恢复和培肥的有效措施。将土壤总有机碳及各组分有机碳储量与累积碳投入做相关分析发现，覆土复垦中稳定碳组分与累积碳投入间无显著相关关系，表明在当前条件下采用覆土的方式对矿区进行复垦，在短时间内的固碳作用较小；混推复垦和剥离复垦中各组分与碳投入间均呈现极显著的线性关系，说明目前混推和剥离复垦中的土壤各组分均未达到碳饱和，还具有很大的固碳能力。

综上所述，有机物料还田与氮肥配合施用，通过改善土壤团聚体结构而提升复垦土壤有机碳含量。复垦方式中，采用剥离复垦的方式、施肥措施中采用施有机肥尤其高量有机肥配施化肥的方式，是煤矿区复垦土壤快速恢复和培肥的有效措施。将土壤总有机碳及各组分有机碳储量与累积碳投入做相关分析发现，覆土复垦中稳定碳组分与累积碳投入间无显著相关关系，表明在当前条件下采用覆土的方式对煤矿区进行复垦，在短时间内的固碳作用较小；混推复垦和剥离复垦中各组分与碳投入间均呈现极显著的线性关系，说明目前混推和剥离复垦中的土壤各组分均还未达到碳饱和，还具有很大的固碳潜力。

参 考 文 献

曹寒冰, 谢均宇, 强久次仁, 等. 2020. 施肥措施对复垦土壤团聚体碳氮含量和作物产量的影响. 农业工程学报, 36(18): 135-143.

杜衍红, 蒋恩臣, 王明峰, 等. 2016. 炭-肥互作对芥菜产量和肥料利用率的影响. 农业机械学报, 47(4): 59-64.

高继伟, 谢英荷, 李廷亮, 等. 2018. 不同培肥措施对矿区复垦土壤活性有机碳的影响. 灌溉排水学报, 37(5): 6-12.

贾俊香, 谢英荷, 李廷亮, 等. 2016. 秸秆与秸秆生物炭对采煤塌陷复垦区土壤活性有机碳的影响. 应用与环境生物学报, 22(5): 787-792.

栗丽, 李廷亮, 孟会生, 等. 2016. 菌剂与肥料配施对矿区复垦土壤养分及微生物学特性的影响. 应用与环境生物学报, 22(6): 1156-1160.

李建华, 李华, 郜春花, 等. 2018. 长期施肥对晋东南矿区复垦土壤团聚体稳定性及有机碳分布的影响. 华北农学报, 33(5): 188-194.

李庭宇, 刘旭, 刘瑶岑, 等. 2022. 秸秆还田对长期不同施肥黑土微生物残体碳的影响. 植物营养与肥料学报, 28(5): 763-774.

刘骅, 佟小刚, 许咏梅, 等. 2010. 长期施肥下灰漠土有机碳组分含量及其演变特征. 植物营养与肥料学报, 16(4): 794-800.

柳影, 彭畅, 张会民, 等. 2011. 长期不同施肥条件下黑土的有机质含量变化特征. 中国土壤与肥料, (5): 7-11.

潘根兴, 曹建华, 周运超. 2000. 土壤碳及其在地球表层系统碳循环中的意义. 第四纪研究, 20(4): 325-334.

佟小刚, 徐明岗, 张文菊, 等. 2008. 长期施肥对红壤和潮土颗粒有机碳含量与分布的影响. 中国农业科学, 11: 3664-3671.

王朔林, 王改兰, 赵旭, 等. 2015. 长期施肥对栗褐土有机碳含量及其组分的影响. 植物营养与肥料学报, 21(1): 104-111.

薛玉晨, 郝鲜俊, 韩阳, 等. 2020. 不同有机肥对矿区复垦土壤氮素矿化的影响. 应用与环境生物学报, 26(2): 378-385.

徐明岗, 张文菊, 黄绍敏, 等. 2015. 中国土壤肥力演变(第二版). 北京: 中国农业科学技术出版社.

虞轶俊, 马军伟, 陆若辉, 等. 2020. 有机肥对土壤特性及农产品产量和品质影响研究进展. 中国农学通报, 36(35): 64-71.

张丽娟, 刘树庆, 李彦慧, 等. 2001. 栗钙土有机物料的腐解特征及土壤有机质调控. 土壤通报, 32: 201-205.

张云龙, 郜春花, 刘靓, 等. 2020. 矿区复垦土壤碳组分对外源碳输入的响应特征. 中国生态农业学报

(中英文), 28(8): 1219-1229.

张志权, 束文圣, 廖文波, 等. 2002. 豆科植物与矿业废弃地植被恢复. 生态学杂志, 21(2): 47-52.

周孟樵, 高焕平, 刘世亮, 等. 2022. 秸秆与氮肥配施对潮土微生物活性及团聚体分布的影响. 水土保持学报, 36(1): 340-345.

周治. 2021. 我国农业秸秆高值化利用现状与困境分析. 中国农业科技导报, 23(2): 9-16.

Adiku S G K, Amon N K, Jones J W, et al. 2010. Simple formulation of the soil water effect on residue decomposition. Communications in Soil Science and Plant Analysis, 41(3): 267-276.

Bradford M A, Berg B, Maynard D S, et al. 2016. Understanding the dominant controls on litter decomposition. Journal of Ecology, 104(1): 229-238.

Manzoni S, Pineiro G, Jackson R B, et al. 2012. Analytical models of soil and litter decomposition: solutions for mass loss and time-dependent decay rates. Soil Biology and Biochemistry, 50: 66-76.

Pan G X, Smith P, Pan W N. 2009. The role of soil organic matter in maintaining the productivity and yield stability of cereals in China. Agriculture Ecosystems & Environment, 129(1): 344-348.

Parfitt R L, Newman R H. 2000. 13C-NMR study of pine needle decomposition. Plant and Soil, 219(1-2): 273-278.

Six J, Conant R T, Paul E A, et al. 2002. Stabilization mechanisms of soil organic matter: Implications for C-saturation of soils. Plant and Soil, 241(2): 155-176.

Smith J L, Halvorson J J, Papendick R I. 1993. Using multiple-variable indicator kriging for evaluating soil quality. Soil Science Society of America Journal, 57(3): 743-749.

Stewart C E, Paustian K, Conant R T, et al. 2007. Soil carbon saturation: concept, evidence and evaluation. Biogeochemistry, 86(1): 19-31.

Stewart C E, Plante A F, Paustian K, et al. 2008. Soil carbon saturation: Linking concept and measurable carbon pools. Soil Science Society of America Journal, 72(2): 379-392.

Stewart C E, Paustian K, Conant R T, et al. 2009. Soil carbon saturation: Implications for measurable carbon pool dynamics in long-term incubations. Soil Biology & Biochemistry, 41(2): 357-366.

Tong X G, Xu M G, Wang X J, et al. 2014. Long-term fertilization effects on organic carbon fractions in a red soil of China. Catena, 113: 251-259.

Trinsoutrot I, Monrozier L J, Cellier J, et al. 2001. Assessment of the biochemical composition of oilseed rape (*Brassica napus* L.) C-13-labelled residues by global methods, FTIR and 13C NMR CP/MAS. Plant and Soil, 234(1): 61-72.

Vidal A, Remusat L, Watteau F, et al. 2016. Incorporation of ^{13}C labelled shoot residues in *Lumbricus terrestris* casts: A combination of transmission electron microscopy and nanoscale secondary on mass spectrometry. Soil Biology and Biochemistry, 93: 8-16.

Wang X Y, Sun B, Mao J D, et al. 2012. Structural convergence of maize and wheat straw during two-year decomposition under different climate conditions. Environmental Science & Technology, 46: 7159-7165.

Xu M G, Lou Y L, Sun X L, et al. 2011. Soil organic carbon active fractions as early indicators for total carbon change under straw incorporation. Biology and Fertility of Soils, 47(7): 745-752.

Xu X R, Zhang W J, Xu M G, et al. 2016. Characteristics of differently stabilised soil organic carbon fractions in relation to long-term fertilisation in Brown Earth of Northeast China. Science of The Total Environment, 572: 1101-1110.

Yan X, Zhou H, Zhu Q H, et al. 2013. Carbon sequestration efficiency in paddy soil and upland soil under long-term fertilization in southern China. Soil and Tillage Research, 130: 42-51.

Zhang W J, Wang X J, Xu M G, et al. 2010. Soil organic carbon dynamics under long-term fertilizations in arable land of northern China. Biogeosciences, 7: 409-425.

第七章 煤矿区复垦土壤氮素形态转变与提升技术

氮素在作物产量和品质形成中起关键作用，植物生长需要的氮主要来自于土壤。土壤含氮量与施肥、土壤理化性质、耕作制度等密切相关，其中以施肥影响最为明显。有机肥配施化肥能显著改变土壤氮素形态，增加土壤活性氮和有机氮组分含量，有利于提高土壤氮素供应能力；酸解氨基酸态氮、酸解未知氮和酸解氨态氮是土壤活性氮的主要贡献因子（巨晓堂等，2004）。王媛等（2010）研究表明，长期单施化肥土壤有机氮组分均有不同程度的增加，配施秸秆和厩肥后各有机氮组分含量显著增加，其中氨基酸态氮增加幅度最大。

煤矿区土壤氮素养分含量低，煤矿区复垦土壤肥力是矿区土地复垦成功的关键，而土壤所含营养元素的多少决定了土壤肥力恢复的状况。因此，氮素是限制采煤沉陷区土壤复垦的重要因素之一。但是煤矿区土壤养分贫瘠、氮素缺乏，远远不能满足作物生长发育的需求，需要通过施肥来补充。近年来，如何通过高效合理施肥和适当农艺措施快速提升土壤氮素，已成为国内外复垦土壤研究的热点。本章主要论述了煤矿区高效固氮菌的筛选鉴定及在复垦土壤中的定殖，以及固氮菌与不同肥料配施、化肥与有机肥配施、大豆与玉米轮作对复垦土壤氮素累积的影响特征。

第一节 高效固氮菌筛选鉴定及在复垦土壤中定殖

生物固氮是全球生态系统最主要的氮素来源。固氮菌是一类能固定大气中游离态氮气的微生物，能改善植物的氮素营养，也能形成生长素刺激植物生长发育。在复垦土壤中，引入自生固氮菌可以增加土壤氮素，提高土壤微生物数量，恢复微生物群落结构（毛晓洁等，2017）。有研究发现，自生固氮菌相比共生固氮的根瘤菌固氮量要少，但自生固氮菌的宿主专一性不强（陈廷伟，1996），便于生产和推广使用。因此，筛选高效、固氮能力强的自生固氮菌具有非常重要的意义。

一、高效固氮菌筛选与鉴定

1. 高效自生固氮菌的筛选

从山西省 11 个地区共 40 个市（县）的农田、温室大棚采集土壤样品，然后准确称取采集好的新鲜土样 10 g，放入装有 90 ml 无菌水的三角瓶中，振荡 30 min，将菌液接种于无氮培养基平板上，培养 4～7 d。通过观察菌落的形态特征，选取长势良好、不同种类的菌株，将单菌落接种到无氮培养基平板上进行纯化培养，按此方法连续划线纯化 5 次以上，将纯化好的菌株接种到斜面培养基试管中保存。

通过半微量凯氏定氮法测定 18 株长势良好菌株的固氮量，并对其固氮量进行单因素方差分析（表 7.1）。

表 7.1　筛选的自生固氮菌固氮量

菌株编号	固氮量/（mg/L）	菌株编号	固氮量/（mg/L）
N4-1	3.93±0.15 d	N45-1	3.35±0.04 fg
N6-2	4.08±0.19 bcd	N45-2	3.95±0.10 cd
N7-1	3.86±0.18 de	N45-5	4.10±0.14 bcd
N12-2	3.52±0.05 ef	N55-5	4.29±0.09 abc
N14-1	3.10±0.24 gh	N57-1	3.42±0.11 fg
N21-1	4.38±0.24 ab	N64-1	4.54±0.08 a
N21-7	4.42±0.08 ab	N86-2	3.52±0.34 ef
N23-2	3.34±0.14 fgh	N129-1	3.40±0.22 fg
N42-2	3.09±0.08 gh	N137-1	4.44±0.15 ab

注：表中不同小写字母表示在 0.05 水平下差异显著。

N64-1 菌株的固氮量最高，与 N137-1、N21-1、N21-7、N55-5 之间没有显著差异，但与其余 13 株菌株之间差异显著。N64-1 菌株的固氮量为 4.54 mg/L，固氮量最低的是 N42-2 菌株（3.09 mg/L）。综合上述分析，选取 N64-1、N137-1、N21-1、N21-7、N55-5、N6-2 菌株进行细菌形态观察及生理生化鉴定。

2. 高效自生固氮菌的鉴定

经平板划线，进行革兰氏染色、明胶液化、淀粉水解、接触酶反应等生理生化鉴定（表 7.2）。N64-1、N137-1 两株菌均为革兰氏阴性菌，在阿须贝（Ashby）无氮平板培养基上形成了浅白色、透明、有光泽的圆形凸起，单个菌体为小杆状，大小为（1.50～2.15）μm×（0.50～0.71）μm。明胶液化、脲酶反应、接触酶反应均为阳性，说明两株菌均可以水解明胶、分解尿素和 H_2O_2，具有运动性。

表 7.2　自生固氮菌形态及生理生化特性

生理生化指标	菌株标号					
	N6-2	N21-1	N21-7	N55-5	N64-1	N137-1
革兰氏染色	G^+	G^-	G^+	G^-	G^-	G^-
菌落黏性	+	+	+	+	+	+
菌落颜色	-	-	-	-	-	-
明胶液化	+	+	+	-	+	+
脲酶反应	+	+	+	+	+	+
接触酶反应	+	+	+	+	+	+
淀粉水解	+	-	+	-	-	-
油脂水解	-	+	-	-	-	-
葡萄糖产酸	+	+	+	+	+	+
吲哚试验	-	-	-	+	-	-
甲基红（M.R.）	-	-	-	-	-	-
乙酰甲基甲醇（V.P.）	-	-	-	-	-	-
硝酸还原试验	+	+	+	+	+	+

注："+" 代表阳性结果，"-" 代表阴性结果。

将所测得的序列结果在 GenBank 数据库中进行 BLAST 比对，运用 MEGA 软件比对分析，确定 N6-2 菌株为球形节杆菌（*Arthrobacter globiformis*），N21-7 菌株为滋养节杆菌（*Arthrobacter pascens*），N64-1、N137-1 菌株为荧光假单胞菌（*Pseudomonas fluorescens*）。

采用乙炔还原法测定的 10 株自生固氮菌的固氮酶活性见图 7.1。N64-1、N137-1 菌株固氮酶活性分别为 41.39 nmol/(mg·h)、40.71 nmol/(mg·h)，二者之间无显著性差异，但显著高于其他菌株。结合菌株固氮量，在后续试验中选取 N64-1、N137-1 菌株进行深入研究。

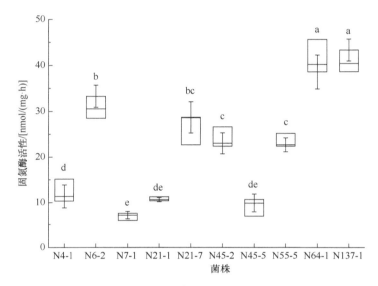

图 7.1　不同自生固氮菌菌株的固氮酶活性

图中不同小写字母代表在 0.05 水平下差异显著

将 N64-1、N137-1 两株自生固氮菌培养至对数期，进行拮抗试验。固氮菌株 N64-1、N137-1 交叉点处生长正常，两者间不存在拮抗作用，可以组合培养（图 7.2）。

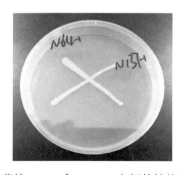

图 7.2　菌株 N64-1 和 N137-1 之间的拮抗试验结果

对数生长期的自生固氮菌 N64-1、N137-1 在不同温度下的生长量见图 7.3。

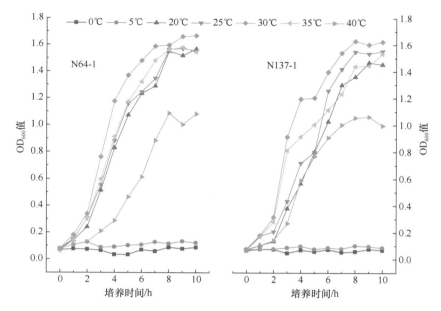

图 7.3　不同温度下自生固氮菌 N64-1（左）和 N137-1（右）的生长量

　　N64-1 和 N137-1 在 25～35℃范围内的菌株生长速率处于较高水平，在 30℃时菌体生长量达到最高值，当温度达到 40℃时生长量会有一定程度的降低。两株菌均表现出较广的温度适应范围。

　　以上结果表明，筛选出的自生固氮菌 N64-1 和 N137-1 之间无拮抗作用，对温度、酸碱度（pH）有较强的适应能力，同时具有一定的耐 NH_4^+、耐盐、耐旱能力。因此，这两株固氮菌对环境因子具有较强的适应性。

二、高效固氮菌在复垦土壤中的定殖

1. 自生固氮菌绿色荧光蛋白（GFP）标记

　　为了探索自生固氮菌在复垦土壤中的定殖规律，采用绿色荧光蛋白（GTP）基因标记技术探究 N64-1、N137-1 两株自生固氮菌与其对应的标记菌 GFP64-1、GFP137-1 的定殖情况，以荧光显微镜观察标记固氮菌株与未标记固氮菌的定殖情况，以平板计数法测定固氮菌株的动态，为进一步研究固氮菌在复垦土壤中的应用提供依据。

　　N64-1 和 N137-1 菌株标记前后生长曲线的比较见图 7.4。

　　N64-1 和 GFP64-1 的生长曲线相重合，其中，0～2 h 菌株生长速率缓慢；2～5 h 菌株生长旺盛，进入对数生长期，生长速率约为 0～2 h 的 3 倍；6 h 后生长速率放缓，N64-1 在 7 h 后 OD_{600} 值稳定在 1.60，GFP64-1 则是在 8 h 后保持在 1.60。N137-1 和 GFP137-1 的生长曲线也有相同的变化趋势。由此可见，GFP 标记并未对 N64-1 和 N137-1 菌株的生长产生显著影响。

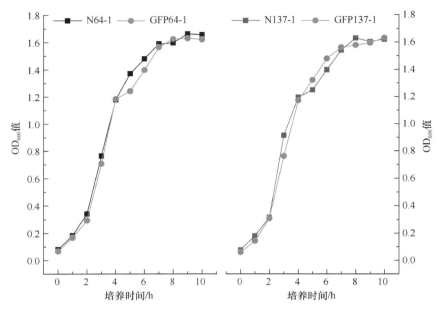

图 7.4 N64-1 和 N137-1 菌株标记前后的生长曲线
GFP64-1 和 GFP137-1 分别为 N64-1 和 N137-1 的标记菌株，下同

为了检验标记菌株固氮能力的强弱，分别测定菌株标记前后固氮量和固氮酶活性（图
7.5）。N64-1、GFP64-1、N137-1、GFP137-1 的固氮量分别为 4.54 mg/L、4.44 mg/L、4.51 mg/L
和 4.34 mg/L，固氮酶活性分别为 41.39 nmol/(mg·h)、40.71 nmol/(mg·h)、41.31 nmol/(mg·h)
和 39.45 nmol/(mg·h)。虽然 GFP64-1、GFP137-1 固氮量和固氮酶活性均低于 N64-1、N137-1，
但并无显著差异。由此可见，GFP 标记并未对 N64-1 和 N137-1 菌株的固氮量和固氮酶活性
产生显著影响。

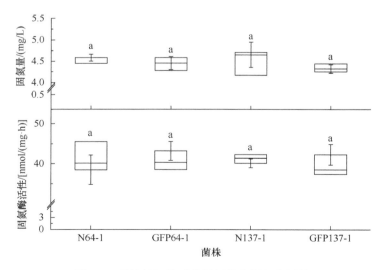

图 7.5 菌株标记前后的固氮量和固氮酶活性
图中不同字母代表在 0.05 水平下差异显著

2. 标记固氮菌在不同肥力复垦土壤中的定殖动态

采集复垦土壤的根际样品,稀释涂布双抗平板,长出的菌落形态单一。平板在荧光显微镜下激发出的荧光清晰可见。图 7.6 显示了 GFP64-1、GFP137-1、混合菌($C_{GFP64-1}$:$C_{GFP137-1}$=1:1)在不同肥力复垦土壤中的定殖动态。

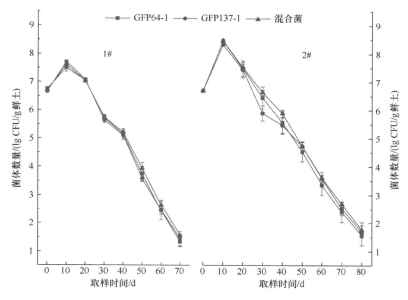

图 7.6 标记菌株在低肥力(1#)和高肥力(2#)复垦土壤中的定殖数量

GFP64-1、GFP137-1、混合菌在低肥力(1#)和高肥力(2#)复垦土壤中,随着时间的增加,菌株浓度均表现为先增加后降低的变化趋势,且无数量级差异。在低肥力(1#)复垦土壤中,GFP64-1、GFP137-1、混合菌均在接种 10 d 时达到定殖数量的峰值,约为接种时的 10 倍;之后开始持续下降,下降速率分别为 0.1059 cfu/g、0.1073 cfu/g 和 0.1025 cfu/g,至 70 d 后低于检测水平。GFP64-1、GFP137-1、混合菌在高肥力(2#)复垦土壤中的定殖情况与低肥力复垦土壤类似,接种 10 d 时达到定殖数量的最高值,之后分别以 0.0999 cfu/(g·d)、0.0973 cfu/(g·d)和 0.0968 cfu/(g·d)的速率持续下降,至 80 d 后低于检测水平。GFP64-1、GFP137-1 和混合菌在低肥力复垦土壤中的下降速率高于高肥力复垦土壤,定殖时间小于高肥力复垦土壤。

由此可见,肥力是影响菌株在复垦土壤中定殖的因素之一,且高肥力的复垦土壤更有利于荧光假单胞菌的定殖。筛选出的两株高效固氮菌 N64-1 和 N137-1 具有良好的环境适应性,可以在不同肥力复垦土壤中长期定殖,可作为菌剂制备的菌源应用于复垦土壤中,快速培肥土壤。

第二节 固氮菌与肥料配施对复垦土壤氮素累积的影响

固氮菌不仅可以促进作物生长、提高肥料利用率、防治作物病虫害,而且固氮菌肥还能够明显提高土壤养分及生物活性。尽管已有研究表明固氮菌剂在农业生产上的优势,但是由于固氮菌剂对环境要求较高,将其施用于土壤中后,不能充分发挥其固氮作用。煤炭开采严重破坏了土壤中动植物及微生物的生存条件,造成土壤微生物量锐减、土壤氮素匮乏(栗丽等,2016),单施固氮菌剂难以在土壤中形成大量菌群;同时,菌剂本身不含植物生长所需营养成分,增产效果有限,与其他肥料配合施用效果更好(梁利宝等,2014)。因此,在复垦土壤中固氮菌与不同肥料配施下,研究不同形态氮素的组成和转化,从而提高复垦土壤氮素累积,是一个亟待解决的问题。

一、固氮菌与不同形态氮肥配施下复垦土壤氮素累积特征

通过盆栽试验,以复垦 1 年的土壤为研究对象,分析不同形态氮肥与固氮菌配施对土壤微生物量碳氮、酶活性及土壤氮素形态的影响,旨在找出何种氮肥形态下固氮菌能够发挥最大效能,这对煤矿区复垦土壤培肥、促进农业可持续性发展具有重要意义。

固氮菌与不同形态氮肥配施下复垦土壤微生物量碳、氮有差异(表 7.3)。硝铵态氮+固氮菌的土壤微生物量碳、氮最高,与单施硝铵态氮相比分别提高了 18.65%和 16.47%,差异显著;铵态氮+固氮菌与单施铵态氮相比,土壤微生物量碳、氮分别提高 25.86%和 23.71%,与硝铵态氮+固氮菌差异不显著;硝态氮+固氮菌、尿素+固氮菌与单施硝态氮、单施尿素相比,土壤微生物量碳、氮略有提高,差异不显著。可以看出,硝铵态氮+固氮菌提高复垦土壤微生物量碳、氮效果更佳(曹泂锐,2022)。

表 7.3 固氮菌与不同形态氮肥配施下土壤微生物量碳和微生物量氮

处理	土壤微生物量碳/(mg/kg)	土壤微生物量氮/(mg/kg)
硝态氮	84.16 ± 11.06 bcd	4.81 ± 0.58 d
硝态氮+固氮菌	96.04 ± 11.33 abc	5.16 ± 0.59 cd
尿素	61.55 ± 4.21 ef	3.55 ± 0.40 e
尿素+固氮菌	75.62 ± 11.49 de	4.51 ± 0.52 d
硝铵态氮	93.48 ± 4.58 bc	5.83 ± 0.46 bc
硝铵态氮+固氮菌	110.91 ± 8.09 a	6.79 ± 0.42 a
铵态氮	79.77 ± 9.98 cd	5.23 ± 0.46 cd
铵态氮+固氮菌	100.40 ± 7.46 ab	6.47 ± 0.50 ab
CK+固氮菌	56.31 ± 6.54 f	3.05 ± 0.42 e
CK(不施肥)	55.28 ± 9.15 f	2.88 ± 0.56 e

注:平均值±标准误($n=3$),表内同列数据后不同小写字母表示处理间差异显著($P<0.05$),下同。每个处理的氮肥施用量为 0.2g N/kg。

固氮菌与不同形态氮肥配施下复垦土壤氮素含量也有一定差异(表 7.4)。与单施不同形态氮肥相比,配施固氮菌土壤全氮量略有增加,但各施肥处理差异不显著;硝铵态氮+固氮菌的土壤溶解性总氮、铵态氮含量最高,与硝铵态氮相比分别提高 4.37%和 15.75%,差异显著。此外,各施肥处理的硝态氮含量与不施肥相比均有显著提高,但配

施固氮菌的硝态氮含量均低于相应单施不同形态氮肥处理。硝铵态氮与固氮菌配施可以有效提高复垦土壤中全氮、溶解性总氮及铵态氮含量。

表 7.4　固氮菌与不同形态氮肥配施下复垦土壤氮素含量

处理	全氮/（mg/kg）	溶解性总氮/（mg/kg）	铵态氮/（mg/kg）	硝态氮/（mg/kg）
硝态氮	249.37 ± 6.48 a	15.86 ± 0.71 d	3.55 ± 0.30 e	4.86 ± 0.57 a
硝态氮+固氮菌	254.48 ± 10.28 a	16.39 ± 0.24 d	4.59 ± 0.52 d	3.89 ± 0.30 b
尿素	258.33 ± 29.18 a	15.70 ± 0.62 d	4.60 ± 0.37 d	3.38 ± 0.64 b
尿素+固氮菌	262.97 ± 37.94 a	16.48 ± 0.68 cd	5.24 ± 0.40 c	2.40 ± 0.14 c
硝铵态氮	248.46 ± 11.36 a	17.39 ± 0.41 b	5.65 ± 0.36 bc	4.80 ± 0.41 a
硝铵态氮+固氮菌	267.97 ± 12.93 a	18.15 ± 0.02 a	6.54 ± 0.28 a	3.68 ± 0.35 b
铵态氮	262.45 ± 14.40 a	16.23 ± 0.67 d	5.31 ± 0.07 c	3.67 ± 0.56 b
铵态氮+固氮菌	275.99 ± 11.23 a	17.21 ± 0.55 bc	6.19 ± 0.27 b	3.27 ± 0.37 b
CK+固氮菌	79.38 ± 5.23 b	2.83± 0.41 e	0.71 ± 0.17 f	1.56 ± 0.52 d
CK（不施肥）	63.34 ± 7.88 b	2.64 ± 0.27 e	0.30 ± 0.08 f	1.04 ± 0.37 d

硝铵态氮+固氮菌、铵态氮+固氮菌与单施硝铵态氮、单施铵态氮相比，均可显著提高复垦土壤脲酶和蛋白酶活性（表 7.5）。其中，铵态氮+固氮菌的土壤脲酶活性最大，与硝态氮+固氮菌、尿素+固氮菌相比差异显著，与硝铵态氮+固氮菌差异不显著，与相应未配施固氮菌处理相比，脲酶活性以硝铵态氮+固氮菌处理增幅最大，相比于单施硝酸铵提高 6.12%。蛋白酶活性在硝铵态氮+固氮菌处理达到最大，同单施硝铵态氮相比提高了 12.53%。以上结果说明，硝铵态氮+固氮菌可以有效提高复垦土壤脲酶和蛋白酶活性。

表 7.5　固氮菌与不同形态氮肥配施下复垦土壤脲酶和蛋白酶活性

处理	脲酶活性/[mg/(g·24h)]	蛋白酶活性/[mg/(g·24h)]
硝态氮	0.573 ± 0.002 d	0.873 ± 0.039 b
硝态氮+固氮菌	0.574 ± 0.009 d	0.917 ± 0.022 ab
尿素	0.552 ± 0.011 d	0.856 ± 0.044 bc
尿素+固氮菌	0.571 ± 0.030 d	0.912 ± 0.054 ab
硝铵态氮	0.605 ± 0.014 c	0.862 ± 0.031 bc
硝铵态氮+固氮菌	0.642 ± 0.003 ab	0.970 ± 0.034 a
铵态氮	0.625 ± 0.012 bc	0.803 ± 0.050 c
铵态氮+固氮菌	0.660 ± 0.006 a	0.902 ± 0.022 ab
CK+固氮菌	0.223 ± 0.015 e	0.489 ± 0.024 d
CK（不施肥）	0.214 ± 0.027 e	0.445 ± 0.028 d

二、固氮菌与不同有机肥配施下复垦土壤氮素累积特征

为了筛选出与固氮菌配施效果最佳的有机肥料，使得固氮菌能够在复垦土壤中高效利用，以煤矿区复垦 1 年的土壤为研究对象，采用盆栽试验的方式研究了不同有机肥与固氮菌配施对复垦土壤氮素形态的影响。

1. 复垦土壤氮素形态的变化

固氮菌与不同有机肥配施下复垦土壤全氮和无机氮含量不同（表 7.6）。单施有机肥、有机肥与固氮菌配施的土壤全氮含量差异不显著，说明施用固氮菌对复垦土壤全氮含量没有影响。

表 7.6　固氮菌与不同有机肥配施下复垦土壤全氮和无机氮含量

处理	全氮/（g/kg）	硝态氮/（mg/kg）	铵态氮/（mg/kg）
CK（不施肥）	0.05±0.02 c	9.61±0.35 d	1.37±0.16 f
CK+固氮菌	0.05±0.02 c	9.71±0.34 d	1.56±0.17 f
猪粪	0.26±0.08 b	11.08±0.24 c	5.19±0.18 e
猪粪+固氮菌	0.28±0.05 ab	11.82±0.35 bc	6.20±0.17 bcd
牛粪	0.29±0.01 ab	10.88±0.26 c	5.81±0.19 d
牛粪+固氮菌	0.30±0.03 a	11.79±0.32 bc	6.09±0.21 cd
鸡粪	0.28±0.03 ab	12.01±0.30 bc	5.77±0.11 d
鸡粪+固氮菌	0.30±0.03 a	13.81±0.29 a	6.77±0.16 ab
羊粪	0.26±0.03 b	12.91±0.28 ab	6.58±0.24 bc
羊粪+固氮菌	0.27±0.05 ab	13.67±0.26 a	7.18±0.21 a

注：表内同列数据后不同小写字母表示处理间差异显著（$P<0.05$），下同。不同有机肥的施用量以 0.2g N/kg 计算。

单施有机肥、有机肥与固氮菌配施的土壤硝态氮含量与不施肥相比差异显著。所有单施有机肥处理中，羊粪的土壤硝态氮含量最高，鸡粪次之，与羊粪差异不显著；猪粪次于鸡粪，与鸡粪差异不显著，与羊粪差异显著；牛粪最低，与鸡粪和猪粪差异不显著，与羊粪差异显著。在配施菌剂的处理中，土壤中硝态氮含量大小为鸡粪+固氮菌＞羊粪+固氮菌＞猪粪+固氮菌＞牛粪+固氮菌，鸡粪+固氮菌与羊粪+固氮菌差异不显著，猪粪+固氮菌与牛粪+固氮菌差异不显著。相比于单施有机肥，配施固氮菌的土壤硝态氮含量均有所增加，猪粪+固氮菌相比于猪粪增加了 6.68%，牛粪+固氮菌相比于牛粪增加了8.36%，鸡粪+固氮菌相比于鸡粪增加了 14.99%，羊粪+固氮菌相比于羊粪增加了 5.89%，只有鸡粪+固氮菌与单施鸡粪之间差异显著，其他差异均不显著。

与不施肥相比，单施有机肥、有机肥与固氮菌配施均可显著提高土壤中铵态氮含量。单施猪粪的土壤铵态氮含量在四种有机肥处理中最低，牛粪相比于猪粪增加了 11.95%，鸡粪相比于猪粪增加了 11.18%，羊粪相比于猪粪增加了 26.78%。配施固氮菌在单施有机肥的基础上提高了土壤中铵态氮含量，猪粪+固氮菌相比于猪粪增加了 19.46%，鸡粪+固氮菌相比于鸡粪增加了 17.33%，羊粪+固氮菌相比于羊粪增加了 9.12%。在不施用有机肥的情况下单施固氮菌，增加土壤铵态氮含量的效果不显著。

由表 7.7 可知，单施有机肥和有机肥与固氮菌配施的处理对土壤中酸解总氮均有显著增加作用，与对照和对照+固氮菌相比差异显著。所有处理的土壤酸解总氮含量在27.69～237.54 mg/kg 范围内，大小顺序为鸡粪+固氮菌＞牛粪+固氮菌＞牛粪＞鸡粪＞猪粪+固氮菌＞羊粪+固氮菌＞猪粪＞羊粪＞对照+固氮菌＞对照。在单施有机肥的处理中，牛粪处理的土壤酸解总氮含量最高，为 233.55 mg/kg，与鸡粪处理差异不显著，与猪粪和羊粪处理差异显著。配施固氮菌处理的酸解总氮在单施有机肥的基础上有所提高，增加了 0.55%～6.03%，但差异均不显著。

表 7.7　固氮菌与不同有机肥配施下复垦土壤有机氮组分含量

处理	酸解氨基酸态氮/ （mg/kg）	酸解氨态氮/ （mg/kg）	酸解氨基糖态氮/ （mg/kg）	酸解未知态氮/ （mg/kg）	酸解总氮/ （mg/kg）
CK	10.96±1.51 d	8.83±0.95 g	2.21±0.14 e	5.69±0.32 f	27.69±0.90 d
CK+固氮菌	12.35±2.72 d	10.23±0.93 g	2.84±0.17 e	5.38±0.29 f	30.80±3.39 d
猪粪	84.25±6.44 c	64.62±3.88 ef	17.30±1.15 cd	41.34±1.51 b	207.50±5.76 c
猪粪+固氮菌	102.56±5.22 b	69.11±3.21 de	17.57±1.12 bcd	27.50±0.99 c	216.74±9.98 bc
牛粪	95.93±6.29 b	78.88±2.63 b	18.41±0.87 bcd	40.33±2.12 b	233.55±4.71 a
牛粪+固氮菌	103.76±8.13 b	74.84±3.22 bc	19.71±1.69 abc	39.53±3.78 b	237.84±9.42 a
鸡粪	114.59±7.22 a	75.39±4.87 bc	19.79±1.44 ab	14.26±1.23 e	224.03±12.19 ab
鸡粪+固氮菌	117.51±6.67 a	85.73±3.55 a	21.92±2.39 a	12.37±2.17 e	237.54±3.42 a
羊粪	82.20±2.53 c	60.62±3.33 cd	16.53±1.22 d	44.75±1.19 a	204.11±4.57 c
羊粪+固氮菌	102.43±8.33 b	72.79±2.65 cd	17.73±0.99 bcd	21.85±2.49 d	214.80±12.86 bc

　　土壤氮素中已知的数量最多的有机含氮化合物是酸解氨基酸态氮，其含量约占土壤全氮的 30%～50%，在动植物残骸分解产生的物质和土壤微生物活动过程中含量较高(Stevenson，1982)。Amelung 和 Zhang(2001)研究表明，土壤中的 AAN 与微生物活动密切相关，是土壤无机氮向有机氮转化的重要储存库。由数据可知，不施肥处理土壤酸解氨基酸态氮仅为 10.96 mg/kg，占土壤全氮的 24.09%，施用有机肥后，明显增加了土壤酸解氨基酸态氮的含量，也提高了酸解氨基酸氮在全氮中的比例，其中，鸡粪处理含量最高，为110.59 mg/kg，占全氮的 38.87%，其他三种有机肥处理的含量在 82.20～95.93 mg/kg，占全氮的 31.25%～32.58%。在配施固氮菌后，相比于单施有机肥，各处理中的酸解氨基酸态氮均有一定程度的提高，分别提高了 21.73%（猪粪）、8.16%（牛粪）、6.26%（鸡粪）、24.61%（羊粪），猪粪+固氮菌与猪粪、羊粪+固氮菌与羊粪两两相比差异显著，其他两种有机肥均不显著。同时，配施固氮菌也提高了土壤中酸解氨基酸态氮在全氮中的比例，五种施用了固氮菌的处理，酸解氨基酸态氮占全氮的比例为 24.95%～39.15%。

　　酸解氨态氮指的是土壤在酸解后产物中包含的氨，占土壤全氮含量的 20%～35%。吴汉卿等（2018）认为酸解氨态氮是土壤中的有效氮，可被当季作物直接摄取转化，能直接反映土壤的供氮潜力。有机肥配施固氮菌后，土壤中酸解氨态氮比单施有机肥要高2.69%～20.08%，其中鸡粪+固氮菌配施的酸解氨态氮含量最高，为 85.73 mg/kg，占土壤全氮的 28.56%；牛粪+固氮菌次之，为 74.84 mg/kg，占土壤全氮的 24.88%；羊粪+固氮菌为 72.79 mg/kg，占土壤全氮的 26.57%；猪粪+固氮菌为 69.11 mg/kg，占全氮的 25.02%。

　　酸解氨基糖态氮属非蛋白质形态的含氮化合物，占土壤全氮量的 4%～10%，在微生物的细胞壁中含量较高，影响着微生物的数量、活性和群落结构，能反映土壤微生物的氮素同化吸收利用情况。单施有机肥的土壤酸解氨基糖态氮含量为 16.53～19.79 mg/kg，以鸡粪的酸解氨基糖态氮含量最高，比猪粪高 14.39%（$P<0.05$），比羊粪高 19.72%（$P<0.05$），

与不施肥相比差异均显著。配施固氮菌的土壤酸解氨基糖态氮含量为 17.57～21.92 mg/kg，鸡粪+固氮菌的含量最高，猪粪+固氮菌的含量最低。相较于单施有机肥，配施固氮菌的土壤酸解氨基糖态氮含量均有相应的提高，增加了 1.56%～10.76%，各相应处理间差异均不显著。

酸解未知态氮占土壤全氮含量的 10%～20%，指的是在土壤酸解进程中没有被定义的含氮物质，也有学者认为酸解未知态氮是土壤活性氮的重要影响因子（Nannipieri and Eldor，2009；郝小雨等，2015）。配施固氮菌的土壤酸解未知态氮含量明显低于单施有机肥。所有处理中，酸解未知态氮的含量范围为 5.38～44.75 mg/kg，其中，羊粪的酸解未知态氮含量最高，不施肥+固氮菌的含量最低。四种有机肥处理的酸解未知态氮含量为 18.26～44.75 mg/kg，与固氮菌配施处理的酸解未知态氮含量为 12.37～36.53 mg/kg，其中猪粪+固氮菌比猪粪低 33.48%（$P<0.05$），鸡粪+固氮菌比鸡粪低 32.26%（$P<0.05$），羊粪+固氮菌比羊粪低 51.17%（$P<0.05$），其他处理之间差异不显著。

2. 固氮菌与不同有机肥配施下复垦土壤微生物量碳氮的变化

固氮菌与不同有机肥配施下复垦土壤微生物量碳（SMBC）和微生物量氮（SMBN）的含量见图 7.7。

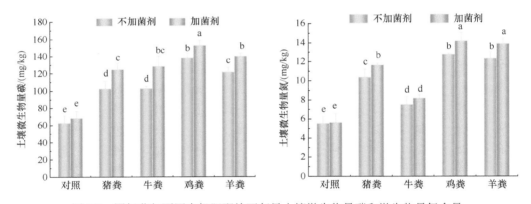

图 7.7　固氮菌与不同有机肥配施下复垦土壤微生物量碳和微生物量氮含量

土壤微生物量碳、氮在土壤中有机质分解转化与氮素循环过程中发挥着重要作用，可以作为衡量土壤肥力变化的指标（郭振等，2017）。复垦土壤中微生物量碳的含量为 62.80～152.90 mg/kg，从大到小依次为鸡粪+固氮菌＞羊粪+固氮菌＞鸡粪＞牛粪+固氮菌＞猪粪+固氮菌＞羊粪＞牛粪＞猪粪＞对照+固氮菌＞对照（不施肥）。施用有机肥使得土壤中的微生物量碳相比于对照增加了 63.54%～119.90%，其中鸡粪的含量最高，与其他三种有机肥处理之间差异显著，猪粪的含量最低。有机肥与固氮菌配施均显著增加了土壤中的微生物量碳，与不施固氮菌的处理相比，猪粪+固氮菌增加了 21.52%（$P<0.05$），牛粪+固氮菌增加了 24.35%（$P<0.05$），鸡粪+固氮菌增加了 10.72%（$P<0.05$），羊粪+固氮菌增加了 14.87%（$P<0.05$）。

各施肥处理的微生物量氮要明显高于对照（不施肥），且配施固氮菌可提高土壤中的微生物量氮。土壤中微生物量氮的含量为 5.56～14.21 mg/kg，其中，在单施四种有机肥的处理中，牛粪的微生物量氮最低，为 7.54 mg/kg，比对照高 35.61%，猪粪比对照高 87.05%，羊粪比对照高 121.76%；鸡粪的含量最高，为 12.77 mg/kg，比对照高 129.68%。与单施有机肥相比，配施固氮菌可以提高土壤中的微生物氮含量，但有机肥不同，增加效果也不一样，其中猪粪与猪粪+固氮菌、鸡粪与鸡粪+固氮菌、羊粪与羊粪+固氮菌两两相比差异显著，分别增加了 12.12%、11.28% 和 12.73%，而牛粪与牛粪+固氮菌、对照与对照+固氮菌两两相比差异不显著。

3. 固氮菌与不同有机肥配施下复垦土壤脲酶和蛋白酶活性的变化

固氮菌与不同有机肥配施下复垦土壤脲酶和蛋白酶活性见图 7.8。

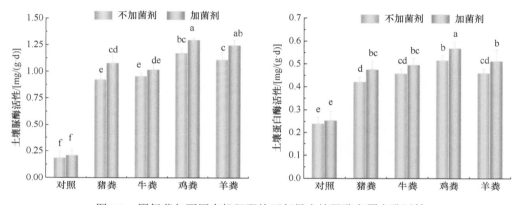

图 7.8　固氮菌与不同有机肥配施下复垦土壤脲酶和蛋白酶活性

施用有机肥可以明显提高土壤中脲酶活性，与对照相比差异显著，不同有机肥的增加效果是不一样的，依次为鸡粪＞羊粪＞牛粪＞猪粪。配施固氮菌处理的土壤脲酶活性为 0.203～1.301 mg/g，相比于单施有机肥，猪粪+固氮菌处理增加了 16.54%（$P<0.05$），鸡粪+固氮菌增加了 10.63%（$P<0.05$），羊粪+固氮菌增加了 12.20%（$P<0.05$），牛粪+固氮菌与牛粪、对照+固氮菌与对照两两相比差异不显著。

在单施有机肥的处理中，鸡粪的土壤蛋白酶活性最高，为 0.581 mg/g，与其他三种有机肥和对照处理相比差异显著，分别比猪粪、牛粪、羊粪和对照处理高 22.46%、12.61%、12.12% 和 114.94%。配施固氮菌可以提高土壤蛋白酶活性，从大到小依次为：鸡粪+固氮菌＞羊粪+固氮菌＞牛粪+固氮菌＞猪粪+固氮菌＞对照+固氮菌。相比于单施有机肥，各处理的蛋白酶活性增加幅度分别为猪粪 12.77%、牛粪 8.04%、鸡粪 10.04%、羊粪 11.26%。牛粪与牛粪+固氮菌、对照与对照+固氮菌两两相比差异不显著，其他处理间两两相比差异均显著。

通过上述研究发现，固氮菌与氮肥中的硝铵态氮肥、腐熟鸡粪等配合施用后，可以有效提高固氮菌的施用效果，显著地影响了复垦土壤的氮素形态，提升了氮素的累积。

第三节　有机肥、化肥配施提升土壤氮素累积的效果与机制

有机肥与化肥配合施用可以减少化肥的投入量，提高土壤肥力，减轻环境污染。有机肥与化肥施入复垦土壤后，与原有的土壤氮库发生复杂的生物化学反应，且各种形态

氮的含量与分布受环境因子作用而改变,因此研究有机肥与化肥配施后氮的累积和转化,对于准确反映土壤氮素供应的有效性有着非常重要的意义。

本研究基于长期定位试验研究,有机肥配施化肥下复垦土壤(复垦4年和复垦8年土壤)氮素的变化特征,以期为煤矿区复垦土壤氮素提升提供理论依据。

一、有机肥配施化肥下复垦土壤氮素形态

有机肥配施化肥下复垦土壤中全氮、铵态氮和硝态氮含量有较大差异(表7.8)。与不施肥相比,复垦4年和复垦8年的土壤在不同施肥处理下均能显著提高土壤全氮和铵态氮含量,且复垦8年的土壤全氮、铵态氮含量在相同施肥下整体高于复垦4年的土壤;在相同复垦年限下,不同处理间均以单施有机肥最高。与不施肥相比,复垦4年和复垦8年的土壤中,施用有机肥土壤全氮含量分别提高了113.33%和96.15%,土壤铵态氮含量分别提高了69.77%和61.48%。与单施化肥相比,单施有机肥和有机肥配施化肥均能显著提高土壤全氮、铵态氮和硝态氮含量。但单施有机肥与有机肥配施化肥相比差异不显著。土壤硝态氮含量大致也遵循以上规律,但在不同处理间,复垦4年土壤在单施有机肥下含量最高,与不施肥相比提高了287.69%,而复垦8年土壤在有机肥配施化肥条件下含量最高,与不施肥相比提高了205.61%。

表 7.8　有机肥配施化肥下复垦土壤中全氮、铵态氮和硝态氮含量

复垦时间	施肥处理	全氮/(g/kg)	铵态氮/(mg/kg)	硝态氮/(mg/kg)
4年	CK(不施肥)	0.45 c	3.97 c	1.95 c
	NPK(化肥)	0.72 b	5.44 b	4.81 b
	M(有机肥)	0.96 a	6.74 a	7.56 a
	MNPK(有机肥+化肥)	0.89 a	6.42 a	7.32 a
8年	CK(不施肥)	0.52 c	4.57 c	2.85 c
	NPK(化肥)	0.85 b	6.06 b	5.44 b
	M(有机肥)	1.02 a	7.38 a	8.32 a
	MNPK(有机肥+化肥)	0.95 a	7.23 a	8.71 a

注:有机肥处理为等化肥氮量的鸡粪;有机肥+化肥处理为50%的有机肥氮+50%化肥氮。

有机肥配施化肥下复垦土壤中有机氮组分也发生了变化(表7.9)。与不施肥相比,不同施肥处理均能显著提高土壤有机氮各组分的含量,且复垦8年土壤有机氮各组分含量在相同施肥条件下整体高于复垦4年土壤。与不施肥相比,复垦4年土壤酸解总氮提高了72.39%,复垦8年提高了77.04%;复垦4年土壤氨态氮提高了70.05%,复垦8年提高了95.37%;复垦4年土壤酸解氨基酸态氮提高了76.69%,复垦8年提高了81.81%;复垦4年土壤酸解氨基糖态氮提高了144.38%,复垦8年提高了131.04%;复垦4年土壤酸解未知态氮提高了60.27%,复垦8年提高了42.99%。

相同复垦年限下,与单施化肥相比,单施有机肥和有机肥配施化肥土壤酸解总氮、酸解氨态氮、酸解氨基酸态氮、酸解氨基糖态氮、酸解未知态氮含量均得到了提高且差异显著,但单施有机肥与有机肥配施化肥之间相比差异不显著。

表 7.9　有机肥配施化肥下复垦土壤中有机氮组分含量

复垦时间	施肥处理	酸解总氮/（mg/kg）	酸解氨态氮/（mg/kg）	酸解氨基酸态氮/（mg/kg）	酸解氨基糖态氮/（mg/kg）	酸解未知态氮/（mg/kg）
4 年	CK（不施肥）	322.33e	116.83 e	76.83 e	17.87 e	110.80 e
	NPK（化肥）	458.53d	168.33 d	116.33 d	35.70 c	138.13 de
	M（有机肥）	555.67c	198.67 c	135.75 c	43.67 b	177.58 c
	MNPK（有机肥+化肥）	534.33c	187.50 c	129.90 c	41.07 b	175.87 c
8 年	CK（不施肥）	435.70 d	153.42 d	110.50 d	28.51d	143.26 d
	NPK（化肥）	623.55 b	246.17 b	148.33b	43.80 b	185.25 bc
	M（有机肥）	771.37 a	299.75 a	200.90 a	65.87 a	204.85 ab
	MNPK（有机肥+化肥）	759.97 a	282.33 a	196.93a	60.68 a	220.03 a

二、有机肥配施化肥下复垦土壤微生物量碳氮和酶活性

有机肥配施化肥下复垦土壤微生物量碳、微生物量氮也有差异（表 7.10）。与不施肥相比，复垦 4 年和复垦 8 年的土壤在不同施肥处理下均能显著提高土壤微生物量碳、微生物量氮，且复垦 8 年的土壤微生物量碳、微生物量氮含量在相同施肥条件下整体高于复垦 4 年的土壤。

表 7.10　有机肥配施化肥下复垦土壤微生物量碳和微生物量氮含量

复垦时间	施肥处理	微生物量碳/（mg/kg）	微生物量氮/（mg/kg）
4 年	CK（不施肥）	56.48 c	4.53 c
	NPK（化肥）	91.53 b	10.66 b
	M（有机肥）	102.64 ab	13.84 a
	MNPK（有机肥+化肥）	104.43 a	13.01 ab
8 年	CK（不施肥）	64.69 c	8.53 c
	NPK（化肥）	99.35 b	11.77 b
	M（有机肥）	113.16 a	16.46 a
	MNPK（有机肥+化肥）	118.54 a	16.17 a

在相同复垦年限下，不同施肥处理的微生物量碳均以有机肥配施化肥下最高，与不施肥相比，复垦 4 年提升了 84.90%、复垦 8 年提升了 83.24%。其中，复垦年限为 4 年时，单施化肥与单施有机肥相比差异不显著，有机肥配施化肥与单施化肥相比差异显著，单施有机肥和有机肥配施化肥相比差异不显著；复垦年限为 8 年时，单施有机肥和有机肥配施化肥与单施化肥相比，土壤微生物量碳显著提高，但单施有机肥与有机肥配施化肥之间差异不显著。

微生物量氮在相同复垦年限，不同施肥处理均以单施有机肥含量最高，与不施肥相比，复垦 4 年提升了 205.51%、复垦 8 年提升了 92.97%。其中，复垦年限为 4 年时，单施化肥与单施有机肥相比差异显著，但单施有机肥分别与单施化肥、有机肥配施化肥差异均不显著。复垦年限为 8 年时，单施有机肥和有机肥配施化肥与单施化肥相比，土壤微生物量

氮均有所提高且差异显著，但单施有机肥与有机肥配施化肥相比差异不显著。

有机肥配施化肥下复垦土壤脲酶和蛋白酶活性见表7.11。与不施肥相比，复垦4年和复垦8年的土壤在不同施肥处理下均能显著提高土壤脲酶和蛋白酶活性，且复垦8年的土壤脲酶活性、土壤蛋白酶活性在相同施肥下整体高于复垦4年的土壤，土壤脲酶活性和蛋白酶活性在相同复垦年限下均以单施有机肥为最高。复垦4年和复垦8年土壤中单施有机肥与不施肥相比，土壤脲酶活性分别提高了131.51%和178.91%，土壤蛋白酶活性分别提高了508.22%和300.39%。土壤脲酶活性在复垦年限为4年时，不同施肥处理间两两相比差异均显著；复垦年限为8年时，单施化肥和单施有机肥相比差异显著，但单施有机肥分别与单施化肥、有机肥配施化肥相比差异均不显著。

表 7.11　有机肥配施化肥下复垦土壤脲酶和蛋白酶活性

复垦时间	施肥处理	脲酶活性/[mg/(g·d)]	蛋白酶活性/[mg/(g·d)]
4 年	CK（不施肥）	12.25 d	1.58 c
	NPK（化肥）	16.75 c	5.80 b
	M（有机肥）	28.36 a	9.61 a
	MNPK（有机肥+化肥）	24.16 b	8.60 a
8 年	CK（不施肥）	14.27 c	2.54 c
	NPK（化肥）	26.65 b	5.16 b
	M（有机肥）	39.80 a	10.17 a
	MNPK（有机肥+化肥）	37.86 ab	9.29 a

与单施化肥相比，单施有机肥和有机肥配施化肥均显著提高了土壤蛋白酶活性，但单施有机肥和有机肥配施化肥相比差异不显著。

三、有机肥配施化肥下复垦土壤氮代谢功能多样性

土壤微生物多样性反映了土壤微生物自身代谢特性以及与土壤环境条件相互作用的多样化程度，土壤微生物多样性与土壤碳氮代谢关系密切，施肥措施通过改变土壤环境条件可进一步影响微生物群落碳氮代谢方式（李猛等，2017；Hu et al.，2020）。Biolog-ECO法是一种解析土壤微生物碳源利用特征、反映土壤微生物群落功能多样性的典型方法。

土壤氮素循环对土壤氮库固存与氮素供应起着协调平衡作用，土壤氮代谢功能基因丰度与土壤氮素循环密切相关，目前有关氮转化功能基因研究多关注于固氮作用的 *nifH* 基因、硝化作用过程中氨氧化细菌（AOB）和氨氧化古菌（AOA）的 *amoA* 基因，以及反硝化作用过程中的 *nirK*、*nirS*、*nirG*、*nirZ* 基因（Bossolani et al.，2020；张晶等，2009）。施用有机肥或有机肥配施化肥较单施化肥可提高土壤 AOA 和 AOB 的 *aomA* 基因丰度（储成等，2020）。

采用 Biolog-ECO 法分析了煤矿区复垦4年和复垦8年土壤的微生物群落功能多样性。复垦土壤微生物的香浓指数（*H*）、优势度指数（*D*）、McIntosh 指数（*U*）、丰富度指数（*R*）及 Pielou 均匀度指数（*J*）见表 7.12。由此可见，复垦土壤上香浓指数和 Pielou 均匀度指数变化趋势一致，复垦8年土壤总体高于复垦4年土壤，不同处理间均以有机

肥配施化肥最高，且复垦 8 年土壤下有机肥配施化肥的香浓指数和 Pielou 均匀度指数接近于周边未破坏的农田熟土，较撂荒生土分别高 28.6%和 27.8%，同时显著高于其他施肥处理。不同复垦年限和培肥处理下土壤微生物优势度指数无显著变化，与撂荒地和农田熟土之间亦无明显差异，均值为 0.95。McIntosh 指数和丰富度指数均以有机肥和有机肥配施化肥最高，显著高于化肥和不施肥，但有机肥和有机肥配施化肥之间差异不显著。各培肥处理的 McIntosh 指数随复垦年限增加总体提升，而丰富度指数则对复垦年限无明显响应。化肥和不施肥之间的 5 个多样性指数无显著差异。

表 7.12　有机肥配施化肥下复垦土壤中微生物多样性指数

复垦时间	施肥处理	香浓指数（H）	优势度指数（D）	McIntosh 指数（U）	丰富度指数（R）	Pielou 均匀度指数（J）
4 年	CK	3.18±0.12d	0.95±0.06a	3.79±0.20c	22.67±1.01b	0.94±0.03c
	NPK	3.18±0.05d	0.96±0.06a	4.10±0.17b	23.67±1.06b	0.95±0.03c
	M	3.20±0.12d	0.96±0.07a	4.63±0.14a	26.00±0.85a	0.96±0.06c
	MNPK	3.25±0.16c	0.96±0.11a	4.63±0.14a	25.00±0.80a	0.96±0.03c
8 年	CK	3.20±0.16cd	0.96±0.08a	3.85±0.15b	23.33±0.73b	0.96±0.04c
	NPK	3.24±0.14c	0.95±0.11a	3.95±0.17b	20.33±1.32b	1.01±0.07bc
	M	3.56±0.16b	0.95±0.04a	6.00±0.30a	25.33±0.81a	1.06±0.04b
	MNPK	3.78±0.10a	0.95±0.10a	6.46±0.20a	25.33±0.81a	1.15±0.04a
撂荒生土		3.92±0.16	0.94±0.09	7.44±0.30	26.00±0.85	1.15±0.05
未破坏农田		2.94±0.15	0.94±0.05	3.97±0.21	19.00±0.57	0.90±0.06

测定各处理的土壤氮代谢功能基因丰度，包括：与硝化作用相关的 *amoA* 基因（包括 AOA 和 AOB），与反硝化作用相关的 *nirS*、*nirK* 基因，固氮细菌的 *nifH* 基因（表 7.13），由此评价复垦土壤微生物氮代谢功能多样性。

表 7.13　有机肥化肥配施下复垦土壤氮代谢功能基因丰度

复垦时间	施肥处理	*amoA*（AOA）	*amoA*（AOB）	*nirS*	*nirK*	*nifH*
4 年	CK	9.60±1.56g	2.59±0.52f	0.70±0.04fc	0.46±0.05g	0.41±0.07f
	NPK	13.51±1.34f	12.29±0.89e	1.09±0.08e	0.78±0.05f	0.63±0.01e
	M	17.81±0.90e	15.03±1.36d	1.62±0.08d	1.21±0.18e	1.01±0.09d
	MNPK	22.30±1.59d	19.68±1.11c	2.04±0.10c	1.80±0.09d	1.57±0.14bc
8 年	CK	16.35±1.21e	10.52±1.31e	1.10±0.10e	0.96±0.08ef	0.53±0.12ef
	NPK	38.41±2.48c	21.61±2.54c	2.18±0.09c	2.71±0.11c	1.22±0.21cd
	M	83.61±7.27b	27.74±1.28b	2.98±0.12b	3.82±0.22b	1.93±0.09b
	MNPK	109.71±5.42a	43.67±6.89a	3.76±0.04a	4.83±0.09a	2.46±0.37a
撂荒生土		4.21±0.75	3.11±0.88	0.46±0.05	0.66±0.07	0.44±0.09
未破坏农田		95.39±5.12	55.02±5.68	3.63±0.12	4.78±0.17	2.88±0.16

复垦土壤 5 种功能基因总体丰度从大到小依次为 *amoA*（AOA）、*amoA*（AOB）、*nirS*、*nirK*、*nifH*，初步推测复垦土壤氮循环过程中硝化作用强于反硝化作用，并优于固氮作用。随复垦年限增加，土壤中 5 种功能基因丰度均呈增加趋势，复垦 8 年土壤 AOA 和 AOB 的 *amoA* 基因拷贝数分别较复垦 4 年土壤增加 0.70～3.92 倍和 0.76～3.06

倍，*nirS* 和 *nirK* 基因拷贝数分别增加 0.57～1.01 倍和 1.10～2.15 倍，*nifH* 基因拷贝数增加了 0.29～0.93 倍，以 AOA 和 AOB 的 *amoA* 基因增加幅度最大。不同培肥处理间 5 种功能基因丰度均表现为有机肥配施化肥＞有机肥＞化肥＞不施肥，且差异达显著水平。复垦 8 年的有机肥配施化肥各基因拷贝数接近或高于周边未破坏农田熟土水平（王宇峰等，2020）。

复垦土壤微生碳氮代谢多样性与土壤养分及玉米产量的相关性见表 7.14，土壤有机质含量与反硝化基因 *nirS*、*nirK* 和固氮基因 *nifH* 丰度亦存在显著相关性，相关系数在 0.707～0.766。另外，土壤 5 种氮代谢功能基因丰度均与玉米产量存在显著或极显著的相关性，相关系数在 0.824～0.949。

表 7.14　复垦土壤氮代谢功能基因丰度与土壤养分及玉米产量的相关性

项目	*amoA*（AOA）	*amoA*（AOB）	*nirS*	*nirK*	*nifH*
有机质	0.639	0.704	0.766*	0.707*	0.759
硝态氮	0.459	0.584	0.572	0.594	0.495
有效磷	0.550	0.528	0.636	0.641	0.592
速效钾	0.457	0.443	0.504	0.488	0.462
玉米产量	0.824**	0.919**	0.949**	0.920**	0.942**

* $P<0.05$；** $P<0.01$。

总之，有机肥配施化肥可以显著增强土壤微生物活性，改善复垦土壤肥力，使得复垦土壤中有效氮的固持量增加，这部分固定态氮基本上可以在短期内矿化，被植物吸收利用。同时，配施有机肥有利于复垦土壤氮代谢功能多样性的提升，增加了复垦土壤氮的累积，促进了作物产量增加，从而提高了氮素的利用效率。

第四节　复垦土壤氮转化特征与氮素高效利用技术

施用氮肥对复垦土壤氮素的累积与提升具有非常重要的作用，但过量施用氮肥，作物产量的增加有限，却带来了大量的氮素浪费，给粮食安全、生态系统和经济发展带来潜在的危害。因此，为了保障粮食安全，提升复垦土壤氮素利用率成为需要解决的问题之一。复垦土壤氮素高效利用的途径有多种，如氮肥总量控制分期调控技术、水肥一体化技术、测土配方施肥技术、新型肥料施用技术等综合农业措施。本节主要研究通过大豆/玉米轮作、配施生物炭等手段进行复垦土壤氮素的高效利用。

一、玉米/大豆轮作体系下复垦土壤氮素高效利用技术

不同的轮作制度会对土壤氮素形态产生明显影响，周年轮作中不同种植季节环境条件的差异、有机残落物（包括落叶、根茬和根系分泌物等），以及土壤微生物量和活性等均会影响土壤氮素的含量及其组分（贾倩等，2017）。有研究指出，豆科作物和谷类作物轮作促进了土壤有机氮累积；与玉米连作相比，玉米/玉米/大豆轮作能显著增加土壤氨基酸态氮含量（李小涵等，2008）。徐阳春等（2002）在水稻/小麦轮作中的研究表

明，施用有机肥和化肥对土壤氮素组分贡献差异明显。本研究以矿区复垦土壤为对象，探讨单施化肥、单施有机肥、有机肥配施化肥下复垦土壤氮素形态的变化，为复垦土壤氮素高效利用提供理论支持。

玉米/大豆轮作下复垦土壤全氮含量见表 7.15，与不施肥相比，各施肥处理在 2019 年玉米季、2020 年大豆季、2021 年玉米季均能显著提高复垦土壤全氮含量（$P<0.05$）。2019 年玉米季、2020 年大豆季均是单施有机肥的土壤全氮含量最高，分别为 1.16 g/kg 和 1.20 g/kg，与不施肥相比分别提高了 118.87%和 106.90%。单施有机肥与单施化肥相比，差异显著（$P<0.05$），2019～2021 年三年分别提高了 31.82%、34.83%和 16.16%。有机肥配施化肥与单施有机肥差异不显著。

表 7.15 玉米/大豆轮作下复垦土壤全氮含量 （单位：g/kg）

施肥处理	2019 年玉米	2020 年大豆	2021 年玉米
CK（不施肥）	0.53 c	0.58 c	0.57 c
NPK（化肥）	0.88 b	0.89 b	0.99 b
M（有机肥）	1.16 a	1.20 a	1.15 a
MNPK（有机肥+化肥）	0.97 ab	1.15 a	1.17 a

注：同列数据后不同小写字母表示处理间差异显著（$P<0.05$），下同。

与不施肥相比，各施肥处理在 2019 年玉米季、2020 年大豆季、2021 年玉米季均能显著提高复垦土壤碱解氮含量（$P<0.05$）。

2019 年玉米季单施有机肥和有机肥配施化肥的土壤碱解氮含量最高，为 37.41mg/kg，与不施肥相比提高了 90.87%，且与单施化肥差异显著（表 7.16）。2020 年大豆季各施肥处理的碱解氮含量均显著高于不施肥，但施肥处理之间差异不显著。2021 年玉米季各施肥处理的土壤碱解氮含量与 2019 年玉米季规律相似。

表 7.16 玉米/大豆轮作下复垦土壤碱解氮含量 （单位：mg/kg）

施肥处理	2019 年玉米	2020 年大豆	2021 年玉米
CK（不施肥）	19.60 c	27.54 b	26.24 c
NPK（化肥）	27.32 b	42.46 a	45.24 b
M（有机肥）	37.41 a	47.29 a	55.42 a
MNPK（有机肥+化肥）	37.41 a	44.93 a	56.32 a

与不施肥相比，各施肥处理在 2019 年玉米季、2020 年大豆季、2021 年玉米季均能显著提高复垦土壤酸解性氮含量（$P<0.05$）（表 7.17）。

表 7.17 玉米/大豆轮作下复垦土壤酸解性氮含量 （单位：mg/kg）

施肥处理	2019 年玉米	2020 年大豆	2021 年玉米
CK（不施肥）	235.67 d	252.32 c	274.00 c
NPK（化肥）	508.80 c	453.12 b	570.93 b
M（有机肥）	621.62 a	544.83 a	647.87 a
MNPK（有机肥+化肥）	540.41 b	513.51 a	660.67 a

2019 年玉米季、2020 年大豆季均在单施有机肥下复垦土壤酸解性氮含量最高，分别为 621.62 mg/kg 和 544.83 mg/kg，与不施肥相比分别提高了 163.76 % 和 115.93 %；2021 年玉米季在有机肥配施化肥下复垦土壤碱解氮含量最高，为 660.67mg/kg，与不施肥相比提高了 141.12 %。单施有机肥与有机肥配施化肥相比差异不显著。

总之，玉米/大豆轮作，在一定程度上可以有效提高土壤的全氮、碱解氮、酸解性氮含量以及脲酶活性，其中施用有机肥的提升幅度最高。

二、施用生物炭下复垦土壤氮素转化特征

施用生物炭对土壤肥力和农作物产量均有一定的促进作用，生物炭的应用直接或间接地改变着土壤质量。近年来，相关学者研究了生物炭对不同质地土壤氮素运移规律的影响、对土壤无机氮素淋失风险的影响、对氮素释放和转化的影响，以及对土壤硝化、反硝化作用及土壤固氮的影响，发现生物炭对不同土壤氮素的影响有很大差别。研究表明，生物炭的输入能够增强土壤有机氮的矿化，但对土壤微生物生物量氮的影响偏小（邹娟，2017），添加不同量的生物炭对旱地土壤氮素淋失也有不同的表现，对不同类型土壤如黄棕壤、红壤、砂壤、紫色土中有效氮、总氮影响各不相同。

本文以煤矿区复垦 5 年的土壤为研究对象，采用田间试验的方式，在化肥和有机肥的处理下配施生物炭（不施肥、化肥、化肥+生物炭、有机肥、有机肥+生物炭、有机肥+化肥、有机肥+化肥+生物炭共 7 个处理），探讨配施生物炭后复垦土壤氮素形态的变化。

与不施肥相比，各施肥处理均有效提高了土壤全氮含量且差异均显著（表 7.18）。其中，有机肥+生物炭与单施有机肥相比差异显著，全氮含量增加了 1.5%；有机肥+化肥+生物炭与有机肥+化肥相比差异显著，全氮含量增加了 0.9%；化肥+生物炭与单施化肥相比差异不显著；配施生物炭 3 个处理之间差异不显著。因此，配施生物炭有效提高了土壤全氮含量，其原因可能是生物炭作为一种良好的改良剂，具有优良的结构和特性，通过直接或间接地影响土壤条件，吸附保持土壤氮素，减少氮素各种形态的流失，从而能使土壤中的全氮含量有所提高。

表 7.18　有机肥和化肥配施生物炭下复垦土壤全氮、酸解性氮和非酸解性氮含量

施肥处理	全氮/（g/kg）	酸解性氮/（mg/kg）	非酸解性氮/（mg/kg）
CK（不施肥）	0.486±0.004c	301.9±12.17e	185.1±9.87f
NPK（化肥）	1.252±0.011a	869.8±15.62d	382.3±14.16a
NPKC（化肥＋生物炭）	1.260±0.014a	888.5±20.45cd	365.5±5.23b
M（有机肥）	1.227±0.032b	943.5±9.18b	283.6±8.51e
MC（有机肥＋生物炭）	1.245±0.025a	970.1±7.35a	275.4±6.73e
MNPK（有机肥＋化肥）	1.223±0.018b	904.1±19.32c	318.6±3.14c
MNPKC（有机肥＋化肥＋生物炭）	1.234±0.031a	932.2±15.21b	302.5±11.65d

注：同列数据后不同小写字母表示处理间差异显著（$P<0.05$），下同。

各施肥处理的土壤酸解性氮含量与不施肥相比均显著提高。有机肥+生物炭比单施

有机肥增加了 2.8%，有机肥+化肥+生物炭与有机肥+化肥相比显著增加了 3.1%。就配施生物炭的处理来看，有机肥+生物炭＞有机肥+化肥+生物炭＞化肥+生物炭，且处理之间差异显著，说明有机肥对土壤酸解性氮含量提升有很大贡献。

与不施肥相比，各施肥处理的非酸解性氮含量显著增加，单施化肥的非酸解性氮含量最高。有机肥+生物炭与有机肥之间差异不显著；化肥+生物炭与化肥、有机肥+化肥+生物炭与有机肥+化肥相比，非酸解性氮含量分别降低了 4.3%和 5.1%，说明施用生物炭可以降低复垦土壤中非酸解性氮含量。有机肥+生物炭＜有机肥+化肥+生物炭＜化肥+生物炭，处理之间差异显著，说明有机肥与生物炭配施可以最大限度降低非酸解性氮含量。而没有配施生物炭的处理，有机肥＜有机肥+化肥＜化肥，处理之间差异也显著，说明有机肥对土壤非酸解性氮含量降低作用明显。

有机肥和化肥配施生物炭下复垦土壤酸解性氮组分发生了显著的变化（表 7.19）。与不施肥相比，各施肥处理的酸解氨基酸态氮、酸解氨态氮、酸解氨基糖态氮和酸解未知态氮含量均显著提高。化肥+生物炭与单施化肥相比，酸解氨基酸态氮含量增加了5.3%，有机肥+生物炭与单施有机肥相比增加了 7.7%，有机肥+化肥+生物炭与有机肥+化肥相比增加了 7.4%，均差异显著。化肥+生物炭、有机肥+生物炭、有机肥+化肥+生物炭这三个处理之间差异显著，有机肥+生物炭的土壤酸解氨基酸态氮含量最高，说明有机肥与生物炭配施可以显著提高复垦土壤酸解性氮组分中酸解氨基酸态氮的含量，效果比其他处理相对较好（樊晓东，2020）。

表 7.19　有机肥和化肥配施生物炭下复垦土壤酸解性氮组分含量

施肥处理	酸解氨基酸态氮 / (mg/kg)	酸解氨态氮 / (mg/kg)	酸解氨基糖态氮 / (mg/kg)	酸解未知态氮 / (mg/kg)
CK（不施肥）	113.0±8.19f	104.3±7.58e	21.38±1.58e	63.2±3.75g
NPK（化肥）	344.3±9.31e	334.5±13.37a	52.50±4.36d	138.6±4.82f
NPKC（化肥＋生物炭）	362.5±10.98d	322.8±12.65a	56.88±2.24d	146.3±4.46e
M（有机肥）	425.3±9.65b	275.9±13.21c	64.17±5.18c	178.1±5.98b
MC（有机肥＋生物炭）	458.2±18.13a	260.3±10.10d	70.08±3.59b	184.6±4.52a
MNPK（有机肥＋化肥）	368.1±5.62d	302.5±10.64b	70.18±4.21b	163.2±3.61d
MNPKC（有机肥＋化肥＋生物炭）	395.3±12.15c	285.1±11.87c	81.65±4.88a	170.2±6.17c

化肥+生物炭与化肥、有机肥+生物炭与有机肥、有机肥+化肥+生物炭与有机肥+化肥相比，酸解氨态氮的含量除化肥+生物炭与单施化肥差异不显著外，其他处理差异均显著，分别降低了 3.5%、5.7%和 5.8%；各处理之间酸解氨基糖态氮含量差异不显著。化肥+生物炭、有机肥+生物炭、有机肥+化肥+生物炭这三个处理的酸解氨态氮含量差异显著，而且化肥+生物炭的土壤酸解氨态氮含量最高，有机肥+化肥+生物炭的土壤酸解氨基糖态氮含量最高。

化肥+生物炭与单施化肥相比，酸解未知态氮的含量增加了 5.6%，有机肥+生物炭与有机肥相比，酸解未知态氮含量增加了 3.6%，有机肥+化肥+生物炭与有机肥+化肥相比增加了 4.3%，且均为差异显著。化肥+生物炭、有机肥+生物炭、有机肥+化肥+生物炭这三个处理之间差异显著，有机肥+生物炭较化肥+生物炭、有机肥+化肥+生物炭分别提高 20.7%和 7.8%，说明有机肥与生物炭配施有利于酸解未知态氮的提高。

不同施肥处理降低了酸解未知态氮组分占酸解性总氮的比例，化肥、化肥+生物炭、有机肥、有机肥+生物炭、有机肥+化肥、有机肥+化肥+生物炭处理分别比对照处理降低了 23.8%、23.8%、9.5%、9.5%、14.3%和 14.3%。

有机肥和化肥配施生物炭下复垦土壤碱解氮、硝态氮与微生物量氮见表 7.20。复垦土壤碱解氮含量的变化与硝态氮、微生物量氮含量变化大致相同，各个施肥处理与不施肥相比均差异显著，并且以有机肥+生物炭的碱解氮、硝态氮、微生物量氮含量最高。化肥+生物炭与单施化肥相比，碱解氮和硝态氮含量差异不显著，微生物量氮增加 26.7%（$P<0.05$）；有机肥+生物炭与有机肥相比，碱解氮、硝态氮、微生物量氮分别增加了 11.1%、20.3%和 8.8%，有机肥+化肥+生物炭与有机肥+化肥相比，碱解氮、硝态氮、微生物量氮的含量分别增加了 16.6%、23.2%和 10.4%。有机肥+生物炭＞有机肥+化肥+生物炭＞化肥+生物炭，且差异显著，说明有机肥+生物炭的碱解氮、硝态氮、微生物量氮最大。原因可能是生物炭和有机肥为固氮菌提供了适宜的生长环境和丰富的碳源，有利于固氮菌更好地发挥固氮功效，而且施用生物炭对土壤 NO_3-N 有吸附截留作用。生物炭、有机肥也增加了微生物的活性；由于生物炭具有较强的保水和持水能力，在一定用量范围内，土壤含水量随生物炭施用量的增加而增加（高海英等，2011）。

表 7.20　有机肥和化肥配施生物炭下复垦土壤碱解氮、硝态氮与微生物量氮含量

施肥处理	碱解氮/（mg/kg）	硝态氮/（mg/kg）	微生物量氮/（mg/kg）
CK（不施肥）	24.18±5.38e	13.25±3.78e	10.61±2.05f
NPK（化肥）	50.30±7.59d	26.18±4.31d	14.61±1.29e
NPKC（化肥+生物炭）	53.84±2.17d	28.32±6.47d	18.51±1.58d
M（有机肥）	84.41±3.31b	45.21±5.32b	27.23±0.89b
MC（有机肥+生物炭）	93.76±5.25a	54.38±1.29a	29.62±1.91a
MNPK（有机肥+化肥）	71.74±1.83c	35.19±3.58c	23.72±2.16c
MNPKC（有机肥+化肥+生物炭）	83.65±8.31b	43.37±2.16b	26.19±0.83b

总之，配施生物炭均有效地提高了复垦土壤的全氮含量和酸解有机氮含量。配施生物炭处理的土壤非酸解性氮含量呈现有机肥+生物炭＜有机肥+化肥+生物炭＜化肥+生物炭，其含量均有所下降，相当于其他形态的氮素所占比例增加，可矿化氮的比例增加，提高了复垦土壤氮素有效性，土壤熟化作用增强（李菊梅等，2003）。

酸解氨基酸态氮和酸解氨态氮是酸解性氮组分中有效氮的重要来源，占有较大的比例，可转化为土壤中的可矿化态氮（刘祥宏，2013）。配施生物炭后，氨基酸态氮含量有明显的提高，对于酸解氨态氮、酸解氨基糖态氮表现差异不明显，配施生物炭会降低氨基糖态氮的比例，酸解未知态氮的含量呈上升趋势（樊晓东和孟会生，2019）。其原因是生物炭的施用改变了土壤微生物的生存环境，生物炭表面活跃的碳增强了微生物活性，促进土壤中微生物的生长代谢，土壤中比较复杂的大分子物质，经微生物作用分解，从而增加了土壤中酸解氨基酸态氮、酸解未知态氮等的含量。不同施肥处理降低了土壤中酸解未知态氮组分占酸解总氮的比例，但没有影响酸解有机态氮在酸解总氮中的占比

大小顺序，各施肥处理下均为酸解氨基酸态氮＞酸解氨态氮＞酸解未知态氮＞酸解氨基糖态氮。

参 考 文 献

曹洞锐. 2022. 有机无机肥配施荧光假单胞菌对复垦土壤油菜玉米氮素利用的影响. 太古: 山西农业大学硕士学位论文.

陈廷伟. 1996. 微生物肥料生产应用及发展. 北京: 中国农业科技出版社.

储成, 吴赵越, 黄欠如, 等. 2020. 有机质提升对酸性红壤氮循环功能基因及功能微生物的影响. 环境科学, 41(5): 2468-2475.

樊晓东, 孟会生. 2019. 有机肥和化肥配施生物炭对采煤塌陷区复垦土壤氮素形态的影响. 山西农业科学, 47(11): 1960-1964.

樊晓东. 2020. 有机无机与生物炭菌肥配施对采煤复垦土壤氮素累积和玉米产量的影响. 太古: 山西农业大学硕士学位论文.

高海英, 何绪生, 耿增超, 等. 2011. 生物炭及炭基氮肥对土壤持水性能影响的研究. 中国农学通报, 27(24): 207-213.

郭振, 王小利, 徐虎. 2017. 长期施用有机肥增加黄壤稻田土壤微生物量碳氮. 植物营养与肥料学报, 23(5): 1168-1174.

郝小雨, 马星竹, 高中超, 等. 2015. 长期施肥下黑土活性氮和有机氮组分变化特征. 中国农业科学, 48(23): 4707-4716.

贾倩, 廖世鹏, 卜容燕, 等. 2017. 不同轮作模式下氮肥用量对土壤有机氮组分的影响. 土壤学报, 54(6): 1547-1558.

巨晓堂, 刘学军, 张福锁. 2004. 长期施肥对土壤有机氮组成的影响. 中国农业科学, 37(1): 87-91.

李菊梅, 王朝辉, 李生秀. 2003. 有机质、全氮和可矿化氮在反映土壤供氮能力方面的意义. 土壤学报, 40(2): 232-238.

李猛, 张恩平, 张淑红, 等. 2017. 长期不同施肥设施菜地土壤酶活性与微生物碳源利用特征比较. 植物营养与肥料学报, 23(1): 44-53.

李小涵, 王朝辉, 郝明德, 等. 2008. 黄土高原旱地种植体系对土壤水分及有机氮和矿质氮的影响. 中国农业科学, 41 (9): 2686- 2692.

栗丽, 李廷亮, 孟会生, 等. 2016. 菌剂与肥料配施对矿区复垦土壤养分及微生物学特性的影响. 应用与环境生物学报, 22 (6): 1156-1160.

梁利宝, 许剑敏, 张小红. 2014. 菌肥与有机无机肥配施对北方石灰性土壤物理性质的影响. 灌溉排水学报, 33 (6): 105-108.

刘祥宏. 2013. 生物炭在黄土高原典型土壤中的改良作用. 杨凌: 中国科学院研究生院博士学位论文.

毛晓洁, 王新民, 赵英, 等. 2017. 多功能固氮菌筛选及其在土壤生态修复中的应用. 生物技术通报, 33(10): 148-155.

王宇峰, 孟会生, 李廷亮, 等. 2020. 培肥措施对复垦土壤微生物碳氮代谢功能多样性的影响. 土壤通报, 36(24): 81-90.

王媛, 周建斌, 杨学云. 2010. 长期不同培肥处理对土壤有机氮组分及氮素矿化特性的影响. 中国农业科学, 43(6): 1182-1189.

吴汉卿, 张玉龙, 张玉玲, 等. 2018. 土壤有机氮组分研究进展. 土壤通报, 49(5): 1240-1246.

徐阳春, 沈其荣, 茆泽圣. 2002. 长期施用有机肥对土壤及不同粒级中酸解有机氮含量与分配的影响. 中国农业科学, 35 (4): 403-409.

张晶, 林先贵, 尹睿. 2009. 参与土壤氮素循环的微生物功能基因多样性研究进展. 中国生态农业学报,

17(5): 1029-1034.

邹娟. 2017. 生物炭对不同地表条件下土壤 N_2O 释放及氮素形态转化的影响. 武汉: 中国地质大学硕士学位论文.

Amelung W, Zhang X. 2001. Determination of amino acid enantiomers in soils. Soil Biology and Biochemistry, 33(4): 553-562.

Bossolani J W, Crusciol C A C, Merloti L F, et al. 2020. Long-term lime and gypsum amendment increase nitrogen fixation and decrease nitrification and denitrification gene abundances in the rhizosphere and soil in a tropical no-till intercropping system. Geoderma, 375: 114476.

Hu R, Wang X P, Xu J S, et al. 2020. The mechanism of soil nitrogen transformation under different biocrusts to warming and reduced precipitation: From microbial functional genes to enzyme activity. Science of the Total Environment, 722: 137849.

Nannipieri P, Eldor P. 2009. The chemical and functional characterization of soil N and its biotic components. Soil Biology and Biochemistry, 41(12): 2357-2369.

Stevenson F J. 1982. Nitrogen in agricultural soils. Madison: American Society of Agronomy: 67-122.

第八章　煤矿区复垦土壤磷素形态转变与提升技术

磷是植物生长所必需的营养元素，是植物进行光合作用和体内生化过程必不可少的物质。磷在土壤中主要以难溶性矿物态存在，不能被作物直接吸收和利用。全世界缺磷的耕地面积为 5.67 亿 hm^2，约占耕地总面积的 43%，而我国 1.07 亿 hm^2 耕地中有 2/3 左右严重缺磷（Cai et al.，2019）。据报道，至少有 70% 的磷肥进入土壤后被土壤固定，成为难以被作物吸收利用的固定形态。土壤中的大多数磷素被钙、铁、铝等离子及土壤黏粒固定，形成无效态磷。土壤中存在许多微生物，能够将植物难以吸收利用的磷转化为可吸收利用的形态，提高植物对磷的利用效率，增加农作物产量，培肥土壤地力。

解磷微生物（phosphate-solubilizing microorganisms，PSM）又称磷细菌、溶磷菌，是一类能将植物难以吸收的磷转化为可利用状态的微生物。解磷微生物种类繁多，目前已经报道的解磷菌有 20 多个属（池景良等，2021）。细菌、真菌和放线菌中都有具解磷功能的微生物种类，在不同生态环境土壤中也均有解磷功能微生物分布。解磷微生物在土壤中的数量非常庞大，其中解磷细菌数量占微生物总量的 1%～60%，解磷放线菌数量占 15%～45%，而解磷真菌数量仅占 0.1%～0.5%。在土壤解磷微生物中，解磷真菌虽然种类和数量均没有解磷细菌多，但其解磷能力一般是解磷细菌的几倍甚至更多，且遗传性状更稳定，在生产上应用较多的主要是菌根真菌。

黄土丘陵区沉陷土地整治过程中通常采用混推工程复垦方式，但这种方式往往造成上下土层错位翻动，导致根层土壤养分匮乏，尤其是有效磷含量仅有 1.87～4.84mg/kg（张恺珏，2017）。磷素缺乏是制约复垦土地质量提升的限制因子。煤矿复垦土壤中施入解磷微生物，是对复垦区土壤进行综合治理与改良的一项生物技术措施。解磷微生物对土壤中难溶磷的释放和利用起到了一定的作用，可以增加土壤中的有效磷，使生土熟化，提高土壤有效磷含量和其他养分指标，从而缩短复垦周期并促进作物生长（乔志伟，2014）。

第一节　土壤中解磷菌的筛选和鉴定

一、解磷菌的分离筛选

从山西省 10 个地区 44 个县（市）的农田和蔬菜大棚采集 0～20cm 的石灰性土样 440 个，除去植物根系和杂草，保存于 4℃ 冰箱，用于筛选解磷菌（郝晶等，2006；贺梦醒等，2012）。通过对 440 个土样进行溶磷细菌的分离，初步分离出具有溶磷圈的细菌菌株 147 株。其中，玉米和小麦地上分离出的溶磷菌数量多于其他农田（表 8.1）。

表 8.1 分离出溶磷菌的土样采集地、作物类型及分离出的菌数

样品采集地点	作物种类	分离出溶磷菌的数量	样品采集地点	作物种类	分离出溶磷菌的数量
大同南郊	大棚	2	运城河津	果树	1
	菜地	2		玉米	3
朔城区	玉米	5		菜地	2
	菜地	1	运城闻喜	小麦	5
忻州定襄	玉米	5	运城平陆	小麦	7
	大棚	2		果树	2
	菜地	2	晋中太谷	玉米	15
忻州五寨	玉米	4		大棚	4
	土豆	2	晋中寿阳	玉米	8
忻州岢岚	玉米	3	晋中榆次	番茄	5
太原清徐	玉米	4		玉米	8
长治屯留	大棚	2		大棚	2
	玉米	6	晋中祁县	玉米	9
长治长子	红薯	2		菜地	4
晋城高平	菜地	3		红薯	6
	玉米	5	晋中平遥	果树	2
吕梁孝义	玉米	4		玉米	10

将初步筛选出的 147 株解磷菌分别接种在磷酸三钙液体培养基中,测定培养液中有效磷含量,各菌株对磷酸三钙的溶解能力差异较大。其中,溶磷能力最大的为菌株 W137,溶磷能力为 563.5 mg/L,比空白增加了 532.1mg/L;其次是 W134,比不接菌培养液中有效磷含量增加了 14.4 倍;W92 溶磷能力最小,为 34.0mg/L。147 株溶磷细菌在磷酸三钙培养液中溶磷量大于 200mg/L 的有 25 株,将 25 株解磷菌经过 5 次分离纯化后,有12 株溶磷能力显著降低甚至丧失溶磷能力,最终筛选出遗传稳定且对磷酸三钙溶解能力仍然大于 200mg/L 的细菌 13 株。

二、解磷菌溶磷能力的测定

将分离纯化的菌株活化后,点种在 NBRIP 固体培养基平板上,28℃下培养 3～5 天,观察菌株在平板上产生溶磷圈的直径(D)和菌落直径(d),根据 D/d 的比值初步断定各菌株的溶磷能力。13 株解磷菌在磷酸三钙固体平板上点种后都出现了溶磷圈,D/d 值为 1.20～2.79,其中 W137 菌株的 D/d 值最大(2.79),W28 菌株的 D/d 值最小(1.20)。13 株解磷菌在磷酸三钙液体培养基中的溶磷能力为 296.5～563.5mg/L;W137 对磷酸三钙的溶解能力最强,为 563.5mg/L。

13 株解磷菌对难溶态磷酸盐都有一定的溶解能力,各菌株对磷矿粉、磷酸铁和磷酸铝培养液中的有效磷含量分别为 8.13～21.27mg/L、88.54～223.84mg/L、66.91～106.95mg/L。对磷矿粉溶解能力最大的是 W137,培养液有效磷含量为 21.27mg/L;W25 次之,为20.27mg/L;W10、W11、W27 和 W134 溶磷能力也都在 16mg/L 以上;W4 和 W28 溶解

磷矿粉的能力较差，仅分别为 8.13mg/L 和 8.88mg/L。

W25 菌株对磷酸铁和磷酸铝的溶解能力最强，分别达 223.84mg/L 和 72.07mg/L；W10 和 W27 对磷酸铁的溶磷能力也较强，分别为 173.38mg/L 和 169.45mg/L；W4 和 W28 对磷酸铁和磷酸铝的溶磷能力较差。

三、解磷菌的鉴定

首先对解磷菌进行形态学和生理生化试验，然后将菌株的 16S rDNA 基因进行扩增及分子鉴定。13 株解磷菌送至上海生工生物工程有限公司，将解磷菌测序获得的 DNA 序列输入 GenBank，用 BLAST 程序与 GenBank 数据库中的所有序列进行比较分析，结合形态特征和生理生化试验，对各菌株 16S RNA 进行测定，鉴定结果如下（表 8.2）。13 株溶解磷菌中 7 株属于肠杆菌属（*Enterobacter*），3 株属于拉恩氏菌属（*Rahnella*），1 株属于蜡样芽孢杆菌（*Bacillus cereus*），2 株属于荧光假单胞菌（*Fluorescent pseudomonas*）。

表 8.2　13 株解磷菌鉴定结果

菌株	鉴定结果	菌株	鉴定结果
W4	*Enterobacter* sp.	W25	*Rahnella* sp.
W7	*Enterobacter* sp.	W26	*Enterobacter* sp.
W9	*Enterobacter* sp.	W27	*Rahnella* sp.
W10	*Rahnella* sp.	W28	*Enterobacter* sp.
W11	*Bacillus cereus*	W134	*Fluorescent pseudomonas*
W12	*Enterobacter* sp.	W137	*Fluorescent pseudomonas*
W13	*Enterobacter* sp.	—	—

总之，利用解磷菌选择性培养基对山西省 10 个地区 44 个县（市）的 440 个土样进行分离筛选，最终筛选出遗传性稳定且在磷酸三钙液体培养基中溶磷量仍大于 200mg/L 的细菌 13 株；13 株解磷菌对各种无机态磷酸盐都有一定的溶解能力，可以作为解磷菌肥料的菌源。

第二节　解磷菌在煤矿复垦土壤中的定殖

功能微生物的定殖能力是决定其应用潜力的关键因素，一些研究者利用其定殖能力进行功能微生物的筛选（李晓婷等，2010；杨晓玫等，2019）。影响功能微生物植物根际定殖能力的因素很多，有生物因素[包括外来微生物本身的生理特性，以及土著微生物和外来微生物之间的相互影响等（马莹等，2013]和非生物因素[土壤的类型、温度、湿度、pH、根系分泌物、矿质营养元素等（吴翔等，2020）]。因此，如何对功能微生物进行分离和筛选，以确定其在复杂环境中的定殖能力，是实现功能性微生物从研究到应用的必然途径。农业微生物以土壤为最主要的栖息场所，现有测定方法有盆栽试验和田间试验等，在土壤中使用功能微生物，然后根据培养基中的功能微生物数目来判定其定殖能力。

为准确回收投放到环境中的功能微生物、检测微生物在植物根际和土壤中的定殖情况，首先要对微生物进行标记，目前多使用外源基因标记法。在诸多标记法中，绿色荧光蛋白（GFP）标记因具有基因小、灵敏度高、稳定性好、可以实时原位监测等优点，在研究微生物与环境、宿主相互作用及基因表达调控等方面得到广泛的应用，是目前理想的报告基因（王向英等，2021）。

一、解磷菌定殖试验概况

采用盆栽试验，以绿色荧光蛋白（GFP）标记解磷假单胞菌 W134 和 W137。将标记菌 W134 和 W137 分别接入煤矿复垦土壤中，按照 5%（V/m）的接种量接入标记菌的菌悬液（$1.0×10^9$ cfu/ml），土壤中菌体的初始含量为 $5.0×10^7$ cfu/g 土。试验设未灭菌土壤（N）和灭菌土壤（S），并与是否添加有机肥（M）进行组合，共 4 个处理，每处理 3 个重复（表 8.3）。

表 8.3　标记菌在煤矿复垦土壤中定殖试验设计

试验处理	鸡粪/（g/盆）	W134GFP/（ml/盆）	W137GFP/（ml/盆）
未灭菌土壤+W134GFP	0	32.5	
未灭菌土壤+有机肥+W134GFP	20	32.5	
灭菌土壤+W134GFP	0	32.5	
灭菌土壤+有机肥+W134GFP	20	32.5	
未灭菌土壤+W137GFP	0		32.5
未灭菌土壤+有机肥+W137GFP	20		32.5
灭菌土壤+W137GFP	0		32.5
灭菌土壤+有机肥+W137GFP	20		32.5

二、解磷菌的定殖检测及其生长状况

荧光显微镜中可以观察到 W134 和 W137 标记后都带有强烈的绿色荧光[图 8.1（a）]，说明标记基因已分别转入 W134 和 W137 中且 GFP 基因成功表达。提取质粒，酶切后的条带如图 8.1（b）所示，与大肠杆菌 DH5α 的 GFP 质粒酶切后的条带相同，且都有一个大约 1.4kb 的条带，和组成型的 GFP 大小一致，再次证明 GFP 质粒已成功转入 W134 和 W137。

在不加抗生素的条件下，将连续传代培养 15 代后的 W134 和 W137 标记菌进行荧光检测和质粒提取，仍可以看见强烈的绿色荧光并提取出相应的质粒，说明标记质粒（GFP）在 W134 和 W137 传代过程中能够稳定表达，可进行后续的定殖实验。

两株解磷菌 W134 和 W137 在标记前后的生长曲线基本一致（图 8.2）。0～2h 为延迟期，2～8h 是对数生长期，8h 后进入稳定期。值得注意的是，W134 标记菌的 OD 值

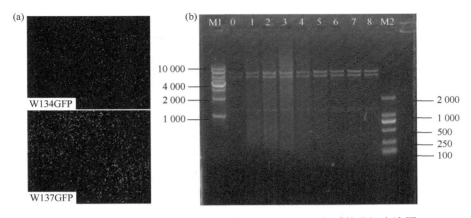

图 8.1 W134GFP 和 W137GFP 的荧光检测（40×）（a）与质粒酶切电泳图（b）

M1：10kb DNA Marker，0：大肠杆菌 GFP 质粒，1～4：W134GFP 质粒，5～8：W137GFP 质粒，M2：2000bp DNA Marker

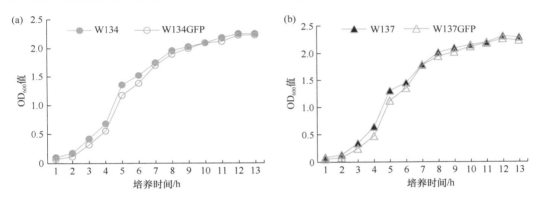

图 8.2 GFP 标记前后菌株 W134（a）和 W137（b）的生长曲线

在前 8h 内略低于 W134，W137 标记菌的 OD 值在前 7h 内略低于 W137。由此可见，绿色荧光蛋白标记对解磷菌的生长速度略有影响，但均未影响两菌株最终的生长量。

三、解磷菌在煤矿区复垦土壤中的定殖动态

不论土壤是否灭菌、是否添加有机肥，W134 和 W137 标记后的定殖数量都是随时间的延长逐渐降低的（图 8.3）。两株菌在接种 7d 达到定殖数量的最高值，W134 在煤矿复垦土壤中的最大定殖数量为 $7.6×10^8$ cfu/g，W137 的最大定殖数量为 $9.8×10^9$ cfu/g。接种 35d 时，两株菌数量分别降到 $4.6×10^4$ cfu/g 和 $4.5×10^4$ cfu/g。接种 93d，两株菌数量已降至 10～20 cfu/g，已是检测的下限。

从两株标记菌的整个定殖过程来看，4 个处理的定殖效果也不尽相同。0～28d，灭菌土壤+有机肥（SM）处理的菌体数量高于其他 3 个处理；28～58d，不灭菌土壤+有机肥（NM）的菌体数量高于其他 3 个处理；58d 之后，4 个处理之间菌体数量差异不大。总之，解磷菌可在煤矿复垦土壤中定殖 93d 左右。W134 和 W137 可以作为解磷菌在煤矿复垦土壤中定殖能力的特征材料（王向英等，2021）。

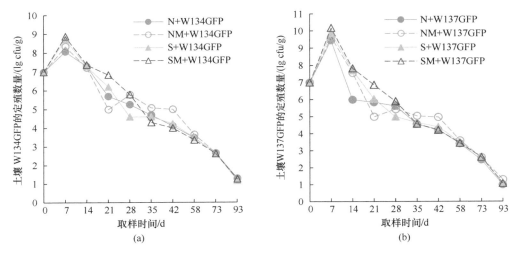

图 8.3　不同处理下 W134GFP（a）和 W137GFP（b）在煤矿复垦土壤中的定殖数量

N，不灭菌；S，灭菌；NM，不灭菌+有机肥；SM，灭菌+有机肥（SM）

第三节　解磷菌改善煤矿区复垦土壤性质的机制

试验设在山西省襄垣县玉桥镇洛江沟村（36°27'16"N，113°00'56"E，属潞安集团五阳煤矿）。试验区地处低山丘陵地带，平均海拔 970m，属暖温带半湿润大陆性季风气候，年均气温 9.5℃，年均降水量 532.8mm，无霜期 160d。研究区土壤因采煤沉陷后，采用表土剥离复垦技术将研究区土地分期复垦，2009 年开始第一期，2015 年开始第二期。

采集煤矿复垦土壤（为第二期复垦第 1 年的土壤），设计盆栽试验。初始理化性质为：Olsen-P 4.35 mg/kg，有机质 9.45 g/kg，全氮 0.31 g/kg，全钾 17.8 g/kg，全磷 0.41 g/kg，碱解氮 18.74 mg/kg，pH 8.21。利用上述分离鉴定的无拮抗反应的溶磷细菌 W25（属于拉恩式菌）、W134 和 W137（属于荧光假单胞菌）进行试验，试验设计如表 8.4 所示。

表 8.4　高效解磷菌施用下复垦土壤有效磷、pH、有机磷和有机质含量

不同处理	有效磷/（mg/kg）	pH	有机磷/（mg/kg）	有机质/（g/kg）
CK	4.86±0.42g	8.17±0.025a	112.70±7.07c	9.99±0.65d
基质	177.13±7.17b	8.05±0.031c	224.97±16.02a	27.86±1.24b
解磷菌	7.86±0.30e	8.08±0.015bc	103.70±1.67d	10.97±0.94e
解磷菌+葡萄糖	9.19±0.42d	7.80±0.082d	95.95±2.28e	18.63±1.58c
解磷菌+尿素	6.99±0.12f	8.09±0.021bc	102.37±1.87d	10.06±0.52d
解磷菌+葡萄糖+尿素	10.59±0.42c	7.79±0.05d	72.88±1.64f	17.95±1.28c
解磷菌+葡萄糖+尿素+基质	193.76±8.41a	7.80±0.015d	172.42±7.59b	32.52±0.85a

注：基质为有机肥+不接菌的培养液，有机肥为腐熟鸡粪。解磷菌菌液浓度为 1.2×10⁸ cfu/ml。

一、解磷菌在煤矿区复垦土壤中的生长规律

随培养时间延长，土壤解磷菌数量呈现先增加后减少的趋势，在第 7 天达到最大值

（图 8.4），不同处理下煤矿复垦土壤解磷菌数量依次为：解磷菌+葡萄糖+尿素+基质（有机肥+不接菌的培养液）>解磷菌+葡萄糖+尿素>解磷菌+葡萄糖>解磷菌+尿素>解磷菌，并且解磷菌+葡萄糖+尿素+基质处理土壤解磷菌数量显著高于其他处理（$P<0.05$）。培养 7~60d 时，随着培养时间的延长，虽然土壤中解磷菌数量不断减少，然而解磷菌+葡萄糖+尿素+基质处理下土壤解磷菌的数量仍然高于其他处理。

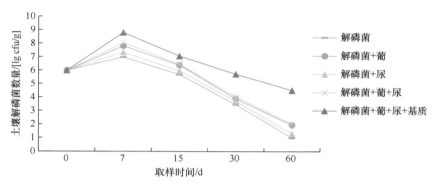

图 8.4　解磷菌在矿区复垦土壤中的数量动态变化

二、解磷菌在煤矿区复垦土壤生长过程中改善土壤性质

解磷菌在生长繁殖过程中可以通过分泌有机酸和磷酸酶等，将土壤中难溶态磷转化为有效磷，对土壤有效磷、有机磷以及 pH 有较大影响（表 8.4）。

1. 土壤有效磷含量

解磷菌施用下提高复垦土壤有效磷（Olsen-P）含量顺序依次为：解磷菌+葡萄糖+尿素+基质>基质对照>解磷菌+葡萄糖+尿素>解磷菌+葡萄糖>解磷菌>解磷菌+尿素>CK。单接种解磷菌下复垦土壤有效磷含量为 7.86mg/kg，与 CK 相比增加了 61.7%，说明解磷菌可以显著增加复垦土壤有效磷含量（$P<0.05$）。与 CK 相比，添加解磷菌+葡萄糖和解磷菌+葡萄糖+尿素显著增加了土壤有效磷含量（89.1%和 117.9%）。添加基质（有机肥+不接菌的培养液）后土壤有效磷含量为 177.13mg/kg，而施用解磷菌+葡萄糖+尿素+基质后土壤有效磷含量为 193.76mg/kg，说明施用基质虽然也可以增加土壤有效磷的含量，然而施用解磷菌+葡萄糖+尿素+基质的复垦土壤有效磷含量比单施基质显著增加（9.39%）。

2. 土壤 pH

施用解磷菌后土壤 pH 大小依次为空白>解磷菌+尿素≈解磷菌>基质对照>解磷菌+葡萄糖≈解磷菌+葡萄糖+尿素+基质≈解磷菌+葡萄糖+尿素。与空白对照相比，单施解磷菌使土壤 pH 降低了 0.09，单施基质土壤 pH 显著降低了 0.12。施用解磷菌+葡萄糖、解磷菌+葡萄糖+尿素、解磷菌+葡萄糖+尿素+基质的土壤 pH 与空白相比降低幅度最大，分别降低了 0.37、0.38 和 0.37，且与其他解磷菌处理相比差异显著（李娜等，2015；乔志伟，2013a；乔志伟，2014）。

3. 土壤有机磷含量

施用解磷菌后复垦土壤有机磷含量大小依次为基质>解磷菌+葡萄糖+尿素+基质>空白>解磷菌+尿素≈解磷菌>解磷菌+葡萄糖>解磷菌+葡萄糖+尿素。单施基质的土壤有机磷含量最高，为 224.97mg/kg，加入基质可以显著增加土壤有机磷的含量。施用解磷菌+葡萄糖+尿素+基质的土壤有机磷含量为 172.42mg/kg，与单施基质相比，有机磷含量减少了 30.4%，说明解磷菌可以促进有机磷的转化。张林等（2012）研究认为接种巨大芽孢杆菌可以使土壤有机磷含量减少。施用解磷菌+葡萄糖+尿素、解磷菌+葡萄糖、解磷菌、解磷菌+尿素后土壤有机磷含量与空白相比都显著减少（分别减少了 35.3%、14.8%、7.99%和 10.1%）。

4. 土壤碱性磷酸酶和酸性磷酸酶

施用解磷菌后复垦土壤碱性磷酸酶活性大小依次为：解磷菌+葡萄糖+尿素+基质>解磷菌+葡萄糖+尿素>解磷菌+葡萄糖>解磷菌>基质对照≈空白>解磷菌+尿素（图 8.5）。单施解磷菌的复垦土壤中碱性磷酸酶活性仅为 3.01mg/kg，与空白、单施基质相比差异不显著，说明仅加入解磷菌发酵液对复垦土壤碱性磷酸酶影响较小。与单施解磷菌相比，解磷菌+葡萄糖+尿素+基质、解磷菌+葡萄糖+尿素和解磷菌+葡萄糖处理下土壤碱性磷酸酶活性显著增加（依次为 31.8 mg/kg、22.7 mg/kg、9.71mg/kg），分别增加了 9.56 倍、6.54 倍、2.22 倍，说明解磷菌的施用可以促进复垦土壤中碱性磷酸酶的分泌，特别是解磷菌与葡萄糖、尿素和基质配施下对土壤碱性磷酸酶活性的提升效果最佳。

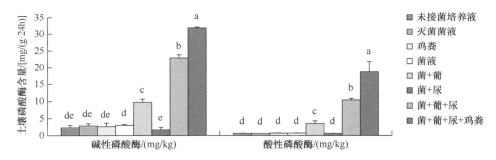

图 8.5　解磷菌施用下复垦土壤中碱性磷酸酶和酸性磷酸酶的活性

解磷菌施用对复垦土壤酸性磷酸酶活性的影响与对碱性磷酸酶的影响相一致，解磷菌+葡萄糖+尿素+基质处理下复垦土壤酸性磷酸酶活性（18.67mg/kg）显著高于其他各处理组，解磷菌+葡萄糖+尿素处理次之（为 10.33mg/kg）。总之，施用解磷菌+葡萄糖+尿素、解磷菌+葡萄糖+尿素+基质后，复垦土壤中酸性磷酸酶和碱性磷酸酶的活性均显著增加。

第四节　解磷菌和煤基复混肥配施提升土壤养分及作物产量

试验地点位于山西省古交市屯兰矿（37°40'6"～38°8'9"N，111°43'8"～112°21'5"E）。

2012 年 6 月，对南梁上村的煤矿废弃物填埋区进行复垦，复垦方式为从附近山体开挖黄土至煤矿废弃物堆积体上部，然后用推土机推平压实，覆土最大厚度不超过 1m。该区气候属大陆性气候，年均气温 9.5℃，年平均降水量为 460mm，无霜期 202d。该试验点为石灰性褐土，质地为中壤土，pH8.46。耕层土壤理化性质为：有机质含量 7.05g/kg，全氮 0.34g/kg，全磷 0.28 g/kg，全钾 14.42 g/kg，碱解氮 21.92mg/kg，有效磷 3.03mg/kg，速效钾 102.17mg/kg。

本试验研究了高效解磷菌和煤基复混肥（由煤泥、风化煤、煤矸石、粉煤灰、尿素、磷酸二铵、氯化钾和鸡粪组成）在不同氮水平下配施对煤矿复垦土壤养分的影响。菌肥为解磷菌（1500kg/hm²），施氮水平为 120kg N/hm²、210kg N/hm²、300kg N/hm² 和 390kg N/hm²。每个小区面积为 5m×10m。小区遵循等量施肥原则，试验设计及施肥量见表 8.5。

表 8.5　解磷菌和煤基复混肥配施大田试验设计及施肥量（2014 年）

施肥类型	施肥水平/（kg/hm²）	复混肥/（kg/hm²）	菌肥/（kg/hm²）	基质/（kg/hm²）
不施肥（CK）	N0	0	0	0
煤基复混肥	N120	825	0	0
	N210	1444	0	0
	N300	2063	0	0
	N390	2682	0	0
菌肥+煤基复混肥	N120	652	1500	0
	N210	1271	1500	0
	N300	1890	1500	0
	N390	2509	1500	0
基质+煤基复混肥	N120	652	0	1500
	N210	1271	0	1500
	N300	1890	0	1500
	N390	2509	0	1500

注：煤基复混肥由煤泥、风化煤、煤矸石、粉煤灰与尿素、磷酸二铵、氯化钾和鸡粪组成；菌肥为解磷菌（1500kg/hm²）；基质为不接菌的培养液，下同。

一、解磷菌和煤基复混肥配施改善复垦土壤养分

1. 复垦土壤全磷含量

复垦土壤全磷含量随施氮水平的提高而显著提高（提高 0.76～1.96 倍），而施入菌肥有降低土壤全磷含量的趋势（表 8.6），尤其在 N300 施肥水平下差异显著。这可能是由于施入解磷菌肥后，增大了植物对磷素的解吸，促进了植物的吸收利用。

2. 复垦土壤全钾含量

与土壤全磷含量类似，土壤全钾含量也随施氮水平的提高而显著提高（提高 19.61%～43.57%），在 N390 水平下，土壤全钾含量最高（16.95g/kg）。而施用解磷菌肥有降低土壤全钾含量的趋势，尤其在 N120 和 390 水平下，与不施菌肥相比，全钾含量显著下降。

表 8.6　解磷菌与煤基复混肥配施下复垦土壤全磷和全钾含量（2014 年玉米收获期）

施肥类型	施肥水平	全磷/（g/kg）	全钾/（g/kg）
煤基复混肥	N0	0.18e	12.02d
	N120	0.33Ad	14.47Ac
	N210	0.41Ac	15.41Bb
	N300	0.49Ab	16.00Ab
	N390	0.53Aa	16.95Aa
菌肥+复混肥	N0	0.18e	12.02d
	N120	0.32Ad	13.94Bc
	N210	0.39Ac	15.22Bb
	N300	0.45Bb	15.79Ab
	N390	0.53Aa	16.48Ba
基质+复混肥	N0	0.18e	12.02d
	N120	0.33Ad	14.53Ac
	N210	0.40Ac	15.71Ab
	N300	0.48Ab	15.58Bb
	N390	0.53Aa	16.83Aa

注：不同小写字母表示同一施肥类型、不同施肥水平间差异显著（$P<0.05$）；不同大写字母表示不同施肥类型，同一施肥水平间差异显著，下同。

3. 复垦土壤碱解氮含量

土壤碱解氮含量因不同施肥水平和不同生育期有较大变化。从生育期来看，土壤碱解氮含量依次为：拔节期＞灌浆期＞成熟期。在各个生育期，无论是否施入菌肥，施氮水平下均显著提高了土壤碱解氮含量，并且土壤碱解氮含量均随施肥水平的提高而提高，而施入菌肥对玉米不同生育期土壤碱解氮含量的影响均不显著。

4. 复垦土壤有效磷含量

在玉米不同生育期，解磷菌对复垦土壤有效磷含量均有较大影响（图 8.6）。拔节期，与单施复混肥相比，菌肥对提高土壤有效磷含量效果不明显，其原因可能与施入肥料时间较短、水热资源较缺乏、解磷菌肥尚未充分发挥其功能有关。而在灌浆期和成熟期，菌肥处理显著提高了各个施肥水平下的土壤有效磷含量（成熟期的 N390 处理除外），说明随着时间延长，解磷菌逐步发挥功能，促进了土壤磷素的解吸，导致土壤有效磷含量提高（郭汉清等，2016）。

二、解磷菌和煤基复混肥配施改善复垦土壤生物性状

1. 复垦土壤微生物 PLFA 总量

土壤微生物磷脂脂肪酸（phospholipid fatty acid，PLFA）总量在玉米生长的不同阶段，具有明显的变化趋势（图 8.7），依次为：成熟期＞拔节期＞灌浆期（郭汉清，2015）。

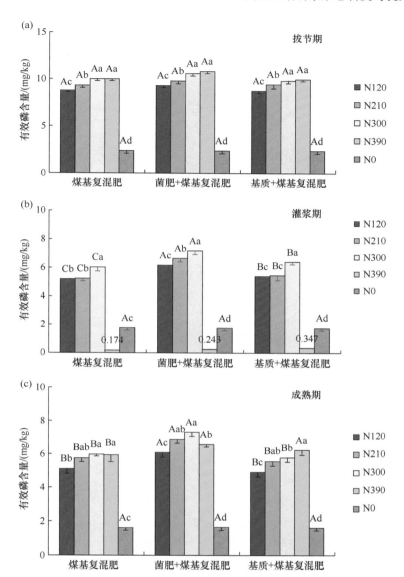

图 8.6　解磷菌与煤基复混肥单施及配施下玉米拔节期（a）、灌浆期（b）和成熟期（c）的土壤有效磷含量

图中不同小写字母表示同一施肥类型、不同施肥水平间差异显著（$P<0.05$）；不同大写字母表示不同施肥类型、同一施肥水平间差异显著，下同

土壤微生物 PLFA 总量随施肥量增加而增大，无论是否施入解磷菌，其均在 N300 施肥水平达到最高，进一步施肥（N390）会使土壤微生物 PLFA 总量降低。拔节期时，受当地水热条件限制，菌肥处理的土壤 PLFA 总量总体较低，而在灌浆期和成熟期，菌肥可显著提高土壤 PLFA 总量。灌浆期时，菌肥处理在 N300 施肥水平下土壤 PLFA 总量达到最高，为 756.74ng/g，显著高于不施菌肥处理。拔节期后，当地进入雨热同季时期，作物生长迅速，土壤微生物非常活跃，菌肥效果也显著增强，其原因一方面是因为肥料施入为土壤微生物提供了丰富的碳源和氮源，另一方面作物生长尤其是作物根系分泌物可以有效促进土壤微生物量增加。成熟期不同施氮肥水平下土壤 PLFA 总量略有下降，但均高于拔

节期，土壤 PLFA 总量也是 N300 水平达到最高，其中尤以菌肥处理最高（687.78ng/g）。

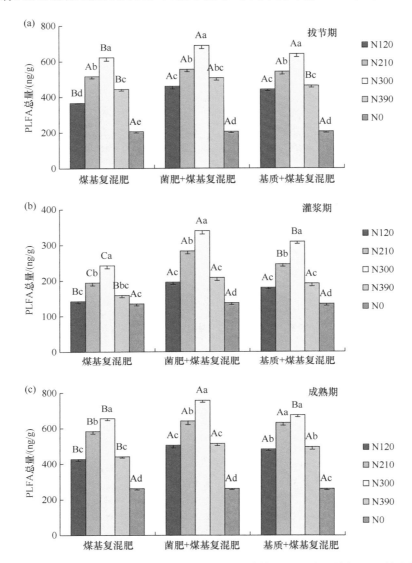

图 8.7　解磷菌与煤基复混肥单施及配施下玉米拔节期（a）、灌浆期（b）和成熟期（c）的土壤 PLFA 总量

2. 复垦土壤细菌 PLFA 量

土壤细菌是土壤微生物的重要组成部分，对施肥类型及施肥量变化有灵敏的反应（图 8.8）。与 PLFA 总量相同，细菌 PLFA 量在玉米生育期的变化趋势也是成熟期＞灌浆期＞拔节期。无论是否施用菌肥，土壤细菌 PLFA 量均随施氮水平的提高显著提高，在 N300 水平下土壤细菌 PLFA 量达到最大（成熟期达 522.68ng/g），进一步施肥（N390 水平）会降低细菌 PLFA 量（郭汉清，2015）。值得注意的是，菌肥处理在玉米生育期的不同氮水平下（N120、N210、N300、N390）均显著提高了土壤细菌 PLFA 量，提高幅度达 10.37%～68.56%，差异显著，说明施入菌肥对细菌扩繁较为有利，促进了微生物

代谢活动，为土壤细菌 PLFA 总量增加有较大的贡献，也为玉米生长提供了有利条件。

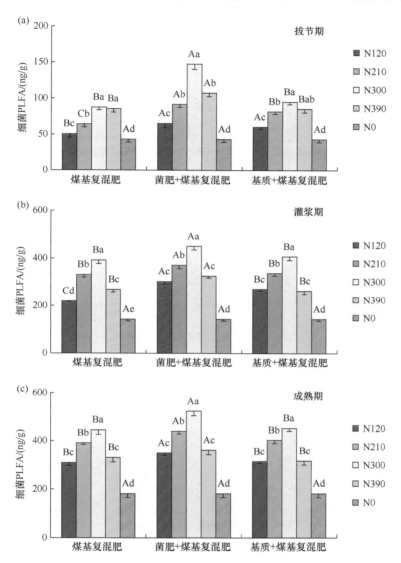

图 8.8　解磷菌与煤基复混肥单施及配施下玉米拔节期（a）、灌浆期（b）和成熟期（c）的土壤细菌 PLFA 量

3. 复垦土壤真菌 PLFA 量

真菌 PLFA 量在玉米生育期的变化趋势为：成熟期＞灌浆期＞拔节期（图 8.9）。随施肥水平的提高，真菌 PLFA 量也显著提高，但是在 N210 水平下土壤真菌 PLFA 量达到最大（成熟期达 187.62ng/g），进一步施肥（N300 和 N390 水平）显著降低了真菌 PLFA 量。施用菌肥显著提高了不同氮水平下（N390 除外）拔节期和灌浆期的真菌 PLFA 量，提高幅度为 25.27%～45.27%；而在成熟期，N120 和 N210 施肥水平下无显著差异，N300 和 N390 水平下土壤真菌 PLFA 量显著提高。

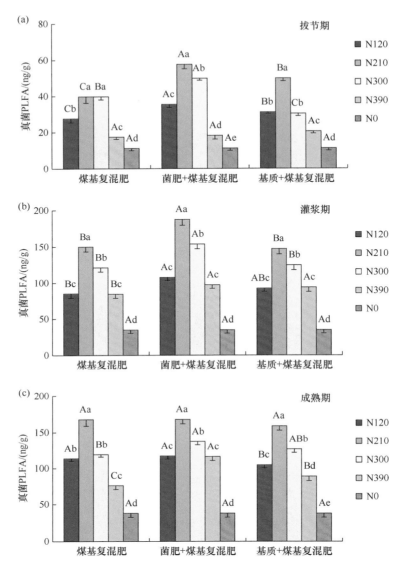

图 8.9 解磷菌与煤基复混肥单施及配施下玉米拔节期（a）、灌浆期（b）和成熟期（c）的土壤真菌
PLFA 量

4. 复垦土壤酶活性

土壤脲酶活性随玉米生育期呈现增高趋势（郭汉清等，2016）。拔节期，同一施肥水平下施入菌肥没有显著提高土壤脲酶活性。灌浆期，菌肥处理显著提高了 N300 水平下土壤脲酶活性（郭汉清等，2016）。成熟期，菌肥处理显著提高了 N210、300 和 390水平的土壤脲酶活性（图 8.10）。

与土壤脲酶类似，土壤蔗糖酶活性随玉米生育期也呈增高趋势。在拔节期 N300 水平下，菌肥处理显著提高了蔗糖酶活性。灌浆期在 N210 和 N300 水平下，菌肥处理也显著提高了该酶活性；而在成熟期，同一施肥水平下是否施入菌肥对蔗糖酶活性均无显著差异（图 8.11）。

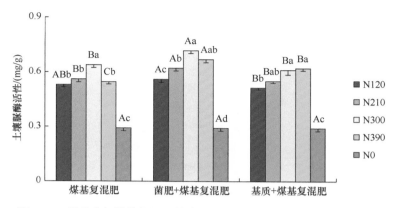

图 8.10　解磷菌与煤基复混肥单施及配施下玉米成熟期土壤脲酶活性

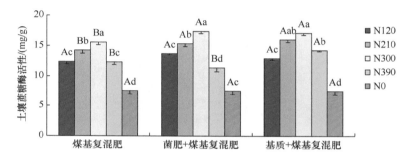

图 8.11　解磷菌与煤基复混肥单施及配施下玉米灌浆期土壤蔗糖酶活性

与脲酶和蔗糖酶类似，土壤磷酸酶活性随玉米生育期呈增加的趋势（图 8.12）。拔节期，在 N390 施肥水平下，施入菌肥处理可显著提高土壤磷酸酶活性，而其他施肥水平间均无显著差异。灌浆期，在 N120、N210 和 N300 水平下均显著提高了土壤磷酸酶活性，而成熟期菌肥处理仅在 N210 和 N300 水平下可显著提高该酶活性，而在其他水平下（N120 和 N390）无显著差异。在 N300 施肥水平，菌肥+复混肥磷酸酶活性最高。由此可见，在不同生育期，菌肥与复混肥配施的磷酸酶活性均高于其他两种施肥类型，在灌浆期尤为明显，这可能与施入菌肥本身含有较高的磷酸酶有关。

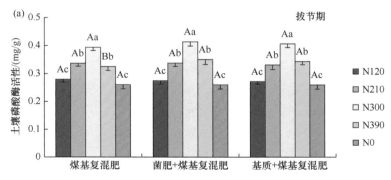

图 8.12　解磷菌与煤基复混肥单施及配施下玉米拔节期（a）、灌浆期（b）和成熟期（c）的土壤磷酸酶活性

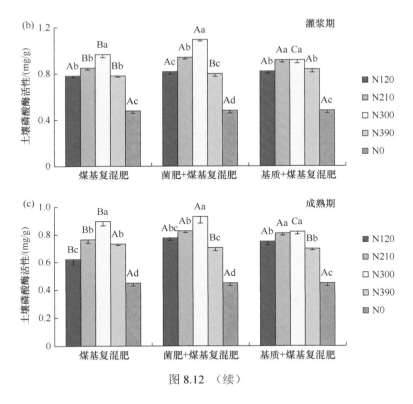

图 8.12 （续）

三、解磷菌和煤基复混肥配施提高复垦区玉米水分利用效率

玉米水分利用效率由玉米生育期耗水量和籽粒产量共同决定。无论是否施入菌肥，玉米水分利用效率均呈相同变化趋势，即 N300＞N390＞N210＞N120＞不施肥 CK（郭汉清等，2016）。但是，同一氮水平下菌肥处理较不施菌肥处理提高了水分利用率，N390 水平除外（菌肥 255% vs. 无菌肥 285%），即 N300、N210 和 N120 水平下，菌肥处理的水分利用率比不施菌肥处理的高（305% vs. 270%、255% vs. 228% 和 203% vs. 187%）。其中，菌肥处理在 N300 施肥水平下对提高水分利用率的效果最好（表 8.7）。

表 8.7 解磷菌与煤基复混肥处理下复垦区玉米耗水量及水分利用效率

施肥处理	施肥水平	播种-抽雄	抽雄-乳熟	乳熟-成熟	总耗水量/mm	水分利用效率/[kg/(mm·hm²)]
煤基复混肥	N0	128.57d	129.21a	54.93d	312.72cA	4.67dA
	N120	137.74c	131.15a	60.13c	329.03aA	12.98cA
	N210	151.55b	101.90b	77.57b	331.01aA	14.86bA
	N300	158.87a	84.22c	79.17b	322.27bA	16.73aB
	N390	160.17a	77.85d	86.02a	324.03bA	16.56aA
菌肥+煤基复混肥	N0	128.57e	129.21a	54.93e	312.72cA	4.67dA
	N120	140.64d	127.30a	62.95c	330.88aA	13.69cA
	N210	145.19c	110.50b	71.34b	327.03aAB	16.39bA

续表

施肥处理	施肥水平	播种-抽雄	抽雄-乳熟	乳熟-成熟	总耗水量/mm	水分利用效率/[kg/(mm·hm²)]
菌肥+煤基复混肥	N300	152.93b	87.85c	84.42a	325.20aA	18.32aA
	N390	158.95a	79.38d	86.13a	324.47aA	18.00aA
基质+煤基复混肥	N0	128.57d	129.21a	54.93d	312.72bA	4.67dA
	N120	139.39c	130.81a	56.22c	326.41aA	13.47cA
	N210	146.05b	106.58b	73.06b	325.69aB	16.05bA
	N300	159.61a	91.49c	73.13b	324.23aA	17.57aAB
	N390	159.71a	80.52d	84.27a	322.83aA	17.23aA

四、解磷菌和煤基复混肥配施促进复垦区玉米生长和产量

1. 促进复垦区玉米株高

复垦区玉米株高主要与氮肥水平有关，而受菌肥影响不大（图8.13）。在苗期，N120、N210、N300、N390各施肥水平的株高与不施肥处理间差异显著（$P<0.05$），但各施肥水平间差异不显著。在拔节期，N120、N210、N300、N390各施肥水平的株高与不施肥处理间差异显著，且N300与N120和N390间差异显著，其余各处理间差异不显著（郭汉清等，2016）。抽雄期，各个施肥处理与不施肥处理间差异显著，且N120与N210、N300与N390各处理间差异显著，其余各处理间差异不显著。灌浆期，各处理与不施肥间差异显著，但各个施肥处理间无显著差异。成熟期，株高间差异变化与灌浆期类似。

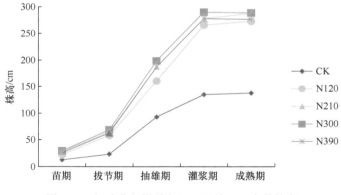

图8.13　解磷菌与煤基复混肥配施下玉米的株高

2. 促进复垦区玉米干物质积累

随施肥水平的增加，玉米干物质积累呈现较为明显的增加趋势。单施复混肥时，各施肥水平下干物质积累量比不施肥处理高出1.45～2.23倍，且各个施肥水平干物质积累量与不施肥处理间差异显著，在N390施肥水平时干物质量积累量达到最高，为211.73g/株。

与不施菌肥相比，施入菌肥提高了各施肥水平下干物质的积累量，菌肥处理比不施肥处理高出 1.64~2.34 倍，且各个施肥水平的干物质积累量与不施肥间差异显著（$P<0.05$），也是在 N390 施肥水平下干物质量积累量达到最高，为 218.24g/株。本研究说明，施入菌肥对复垦区玉米干物质积累有促进作用（郭汉清等，2016）（表 8.8）。

表 8.8　解磷菌与煤基复混肥配施下玉米干物质含量

施肥类型	施肥水平	产量/（kg/hm²）	收获指数/%	每株干物质重/（g/株）
煤基复混肥	N120	4267.49cA	44.44aA	160.14dB
	N210	4918.09bB	44.31aB	184.96cB
	N300	5391.15aB	45.34aA	198.37bB
	N390	5365.54aC	42.24bB	211.73aA
	N0	1460.25dA	37.21cA	65.41eA
菌肥+复混肥	N120	4528.74cA	43.74bA	173.33cA
	N210	5360.46bA	44.77bB	199.53bA
	N300	5957.52aA	46.12aA	213.78aA
	N390	5838.88aA	44.60bA	218.24aA
	N0	1460.25dA	37.21cA	65.41dA
基质+复混肥	N120	4398.42cA	42.60bA	172.06cA
	N210	5175.28bAB	47.11aA	186.85bB
	N300	5695.73aAB	44.38bA	213.90aA
	N390	5562.52aB	42.50bB	218.12aA
	N0	1460.25dA	37.21cA	65.41dA

在基质与复混肥配施时，N120、N210、N300、N390 各施肥水平的干物质积累分别比不施肥处理高 1.63~2.33 倍。在 N390 施肥水平干物质量积累量达到最高，为 218.12g/株。由此可见，菌肥+复混肥可显著促进玉米植株生长，这可能与菌肥施入后微生物活性增强并改善了玉米生长的土壤微环境有关。

3. 提高复垦区玉米产量及改善穗部性状

复垦区玉米产量随施肥量的增加，呈现先增加后减少的趋势。无论是否施入菌肥，随施肥水平的提高，玉米平均产量均显著提高，其中单施复混肥处理在各施肥水平下比不施肥高出 1.92~2.69 倍，差异显著（$P<0.05$）。而施入菌肥处理，各施肥水平的产量比 CK 高 2.10~3.07 倍，且均与不施肥处理差异显著。相同施氮水平下，除 N120 外，菌肥处理较单施复混肥处理均可显著提高玉米产量。无论是否施入菌肥，所有处理均在 N300 水平下达到最高，其中菌肥处理为 5957.52kg/hm²（表 8.9）。继续增加施肥量（N390 施肥），玉米产量会有所降低，且在 N390 施肥水平收获指数明显下降，说明在 N390 施肥水平，施肥更多用于茎秆的干物质积累，对籽粒的贡献显著降低。旱地有机培肥可以有效增加玉米产量，但施肥量过高会导致减产。

表 8.9 解磷菌与煤基复混肥配施下煤矿复垦土壤玉米产量及穗部性状

施肥类型	施肥水平	产量/（kg/hm²）	穗粒数/个	百粒重/g	穗粒重/g
煤基复混肥	N120	4267.49cA	530.89bB	24.58bA	130.48bA
	N210	4918.09bB	538.28aA	24.74bA	133.15bA
	N300	5391.15aB	542.29aA	25.8aB	139.9aB
	N390	5365.54aC	529.99bA	24.91bA	131.99bA
	N0	1460.25dA	320.4cA	22.61cA	72.43cA
菌肥+复混肥	N120	4528.74cA	536.78aA	24.49bA	131.48bA
	N210	5360.46bA	538.65aA	24.87bA	133.96bA
	N300	5957.52aA	541.85aA	26.92aA	145.89aA
	N390	5838.88aA	529.29bA	24.9bA	131.81bA
	N0	1460.25dA	320.4cA	22.61cA	72.43cA
基质+复混肥	N120	4398.42cA	535.64abA	24.61bA	131.81bA
	N210	5175.28bAB	534.36abB	25.32abA	135.29bA
	N300	5695.73aAB	539.87aA	25.98aB	140.25aB
	N390	5562.52aB	530.4bA	24.63bA	130.65bA
	N0	1460.25dA	320.4cA	22.61cA	72.43cA

进一步分析玉米产量和收获指数可知（表 8.9），施肥主要是提高了玉米的穗粒数、百粒重和穗粒重，其中，施入菌肥较不施肥处理，可显著提高玉米的穗粒数（67.53%～69.12%）和百粒重（8.34%～19.08%），但各施肥处理间无显著差异。各施肥处理均在 N300 施肥水平下穗粒数、百粒重和穗粒重达到最大，其中菌肥处理的百粒重和穗粒重最高，分别为 26.92g 和 145.89g，显著高于不施菌肥处理（郭汉清等，2016）。

五、解磷菌和煤基复混肥配施改善复垦区玉米籽粒品质

籽粒品质包括油脂、淀粉和蛋白质含量，解磷菌施用对复垦区玉米籽粒品质影响较明显。

1. 复垦区玉米籽粒油脂含量

无论是否施入菌肥，玉米籽粒油脂含量均随施肥量增加而增加（图 8.14）。单施复混肥时，除 N120 水平外，其余氮水平（N210、N300、N390）均可显著提高玉米籽粒油脂含量（10.19%～12.96%，$P < 0.05$），而 N210、N300、N390 水平间无显著差异。施入菌肥处理有降低玉米籽粒油脂含量的趋势，尤其在 N390 水平下，可显著降低玉米籽粒油脂含量（郭汉清，2015）。

2. 复垦区玉米籽粒淀粉含量

与油脂含量不同，玉米籽粒淀粉含量随施肥量增加而减少（图 8.15）。单施煤基复混肥时，各个施肥水平的玉米籽粒淀粉含量均低于 CK 处理，尤其在 N300 和 N390 水平下，玉米籽粒淀粉含量显著降低。而施入菌肥处理有提高玉米籽粒淀粉含量的趋势，尤其在 N120 和 N300 水平下，较不施菌肥处理显著提高；而在 N210 和 N390 施肥水平上，是否施入菌肥对玉米籽粒淀粉含量无显著差异（郭汉清，2015）。

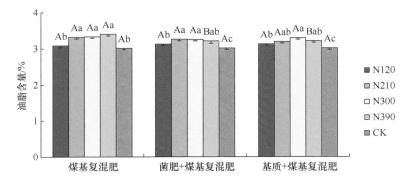

图 8.14　解磷菌与煤基复混肥配施下玉米籽粒油脂含量

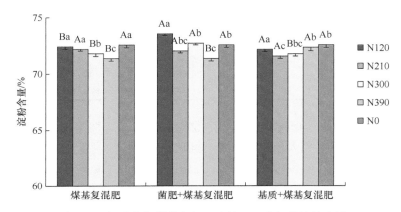

图 8.15　解磷菌与煤基复混肥配施下玉米籽粒淀粉含量

3. 复垦区玉米籽粒蛋白质含量

玉米籽粒蛋白质含量均随施肥量增加而呈现增加趋势，且各施肥处理均与不施肥处理间有显著差异（图 8.16）。单施复混肥时，N390 施肥水平玉米籽粒蛋白质含量达到最大（10.45%），而施入菌肥处理有降低玉米蛋白质含量的趋势，尤其在 N120 水平下，呈显著降低；而其他氮水平下，是否施入菌肥对玉米蛋白质含量无显著差异（$P<0.05$）。

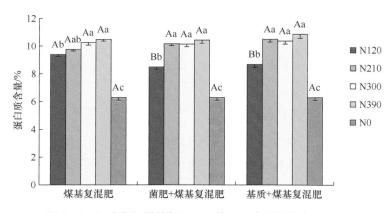

图 8.16　解磷菌与煤基复混肥配施下玉米籽粒蛋白质含量

六、解磷菌与煤基复混肥配施提高复垦区玉米磷钾肥利用率

1. 复垦区玉米磷肥利用率

磷肥表观利用率是指单位施磷量相对于无磷区对玉米植株吸收磷肥的影响，而磷肥农学效率则是指单位施磷量相对于无磷区所增加的作物籽粒产量；磷肥利用率则是指施入的磷肥被当季作物吸收利用的百分率（刘学军等，2002；田昌玉等，2010）。

随氮肥水平的提高，磷肥表观利用率呈现先增后减的趋势，其中单施煤基复混肥处理的玉米磷肥表观利用率在 N390 水平下最高，而施入菌肥处理在 N300 水平下磷肥表观利用率最高。菌肥处理显著提高了复垦区玉米的磷肥表观利用率（表 8.10）。

表 8.10　解磷菌与煤基复混肥配施下复垦区玉米磷钾素利用效率

施肥类型	施肥水平	磷肥表观利用率/%	磷肥农学效率/（kg/kg）	磷肥利用率/%	钾肥表观利用率/%	钾肥农学效率/（kg/kg）	钾肥利用率/%
煤基复混肥	N120	3.78bB	46.34aA	20.12aC	7.75aB	42.63aA	12.10aB
	N210	5.53aB	38.63bB	17.14bC	4.99bB	31.92bB	9.20bC
	N300	5.70aB	31.95cB	17.25bC	5.80bC	25.11cB	8.24bcB
	N390	6.76aB	12.92dB	16.96bB	5.19bB	9.90dB	7.28cB
菌肥+煤基复混肥	N120	4.82cA	45.04aA	25.13bA	10.38aA	41.64aA	15.19aA
	N210	6.39bA	41.84bA	30.56aA	10.97aA	34.54bA	16.64aA
	N300	8.71aA	37.63cA	30.74aA	9.48aB	29.61cA	13.94aA
	N390	8.27aA	16.36dA	24.25bA	7.42bA	10.99dA	10.38bA
基质+煤基复混肥	N120	3.83cB	46.44aA	23.01aB	8.14bB	41.45aA	13.91aAB
	N210	6.65aA	42.29bA	22.75aB	9.62abA	34.83bA	13.97aB
	N300	6.72aB	35.10cA	20.85abB	11.33aA	27.61cAB	14.37aA
	N390	5.87bB	12.69dB	18.27bB	8.84bA	11.34dA	11.29bA

注：煤基复混肥由煤泥、风化煤、煤矸石、粉煤灰、尿素、磷酸二铵、氯化钾和鸡粪组成；菌肥为解磷菌（1500kg/hm²）；基质为不接菌的培养液；图中小写字母表示同一施肥类型、不同施肥水平间显著性差异；大写字母表示不同施肥类型、同一施肥水平间显著性差异（$P < 0.05$）。

与磷肥表观利用率不同，磷肥农学效率和磷肥利用率随氮肥水平的提高呈现降低的趋势。但是同一施氮水平下，施用菌肥与单施煤基复混肥相比，显著提高了玉米的磷肥农学效率和磷肥利用率（N120 水平的磷肥农学效率除外）。结合地上部分植株磷肥吸收量、玉米产量变化规律和菌肥对土壤微生物数量的影响，分析磷肥利用效率各个指标的变化，说明复混肥中加入菌肥能显著提高磷肥的当季利用率，促进秸秆和籽粒对磷肥的吸收利用，增加玉米产量（郭汉清等，2016）。

2. 复垦区玉米钾肥利用率

随氮肥水平的提高，钾肥表观利用率、钾肥农学效率和钾肥利用率均呈现降低趋势，但是菌肥处理可显著提高同一氮水平下的钾肥表观利用率、钾肥农学效率和钾肥利用率。其中，钾肥表观利用率和钾肥利用率均在 N210 水平下最高（分别为 10.97% 和 16.64%），

显著高于 N390 水平，但是与 N120 和 N300 水平差异不显著。钾肥农学效率则是在 N120 水平下最高（为 41.64 kg/kg），显著高于其余氮水平。

总之，菌肥与煤基复混肥配施下玉米的磷、钾吸收量最高，肥料利用率也较高。在菌肥与煤基复混肥配施的 N210 水平下，磷、钾吸收量及利用率最高（郭汉清等，2016）。

第五节 丛枝菌根真菌（AMF）在煤矿区复垦土壤中的应用

煤矿区土壤复垦过程中，微生物特别是一些功能微生物可能发挥关键作用，成为决定土壤复垦质量的核心。通过接种优势微生物，可重新恢复采煤沉陷区土壤微生物活性，改善土壤微生态环境，提高宿主植物从土壤中吸收氮、磷、钾等矿质养分的能力（李少朋等，2013；毕银丽等，2005）。丛枝菌根真菌（AMF）是自然界最常见的一类微生物，能和 90%以上的有花植物根系形成互惠共生体，通过菌丝体及其分泌物——球囊霉素相关土壤蛋白（glomalin-related soil protein，GRSP）改善土壤结构，促进营养物质循环，调控土壤呼吸等生物过程，进而提高宿主成活率和作物生长（Bedini et al.，2009）。AMF 主要通过直接途径和间接途径帮助植株从土壤中获取更多的磷。直接途径主要为 AMF 菌丝对土壤有效磷的直接获取；间接途径是 AMF 为土壤微生物提供大量定殖场所，通过分泌糖、有机酸和氨基酸等菌丝分泌物刺激土壤解磷微生物或植物分泌更多的磷酸酶，进而共同矿化土壤难溶性有机磷为可被植物吸收利用的无机磷，从而增加植物对土壤有机磷的利用效率。在煤矿区新复垦土壤，接种 AMF 能否侵染作物根系，从而与植物形成良好共生体以及如何影响作物生长和土壤微生态环境，是 AMF 在煤矿区复垦土壤中应用的重要内容。

试验点位于山西省介休市连福镇金山坡煤矿（112°05'17"~112°08'00"E，36°59'30"~37°01'00"N），为典型山地褐土区，煤矿于 2007 年 3 月关闭后撂荒至今，其基本养分状况为：有机质 17.8 g/kg，全氮 0.10 g/kg，全磷 0.06 g/kg，有效磷 9.01 mg/kg，速效钾 94.2 mg/kg，pH 8.44。

本试验采用盆栽试验，设置双因素（磷水平和接种 AMF），布置 4 个磷水平（P0、P25、P50 和 P10 表示 0mg/kg、25mg/kg、50mg/kg 和 100mg/kg 过磷酸钙）。供试 AMF 菌种选取了三种适合北方土壤的 AMF，包括：幼套球囊霉（*Glomus etunicatum*，GE），编号 BGC NM03F；根内球囊霉（*Glomus intraradices*，GI），编号 BGC JX04B；摩西球囊霉（*Glomus mosseae*，GM），编号 BGC NM03D；三种菌剂均从北京市农林科学院植物营养与资源研究所 BGC 菌种库购买。菌剂先由玉米进行扩繁，最后将含有真菌孢子、菌丝体以及侵染根段的根土混合物作为接种菌剂。每个磷水平分别设接种 GE、GE+GI、GE+GM、3G（GE+GI+GM）和不接种（no glomus，NG）对照处理，每个处理重复 3 次。接菌处理：单一菌剂接种处理时，每盆施加菌剂 30g；两种菌剂混合接种处理时，每盆施加两种菌剂各 15g；三种菌剂混合接种处理时，每盆施加三种菌剂各 10g。为了保证微生物区系一致，不接种处理除每盆加入等量的混合灭菌菌剂外，还应加入 30ml 的菌种滤液。供试作物为玉米（'长玉 16'），研究接种 AMF 对玉米苗期侵染效应和玉米生长改善情况。

一、AMF 对煤矿复垦区玉米的侵染效应

根系侵染效应采用 Phillings 和 Hayman（1970）的染色方法测定。AMF 对玉米的侵染效应可以通过侵染率和土壤中的孢子密度等指标反映。侵染率是 AMF 与宿主植物间共生是否亲密的一种指标；孢子是 AMF 的营养储存器官，也是一种稳定的繁殖体。土壤中菌根孢子密度是衡量真菌侵染效果的重要指标之一（毕银丽等，2014）。

1. 根系侵染率

不接种 AMF 真菌的各处理均没有被侵染，接种 AMF 真菌的各处理均有不同程度的侵染。根据双因素方差分析，磷水平、接种 AMF 和二者的交互作用对根系侵染率及土壤孢子密度均有显著影响。玉米根系侵染率随磷水平的增加呈先上升后下降的趋势，不同施磷水平的大小顺序为：P25≥P50>P0>P100，即在 P25 和 P50 水平下，侵染率达到最高（86.2%和 82.8%），但它们之间差异不显著，继续施磷肥（P100）则侵染率有所降低（图 8.17）。不同 AMF 的侵染率大小顺序为：3G≥GM>GE>GI，即混合接种处理的侵染率最高，与接种 GM 差异不显著，显著高于单接种 GE 和 GI 处理。本研究结果说明：混合接种 3 种菌利于 AMF 在玉米根系中的侵染；适宜的磷水平可促进 AMF 与根系的紧密结合，磷浓度过高则会抑制二者的结合。

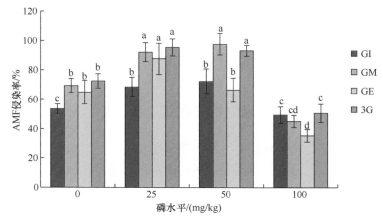

图 8.17　不同磷水平下接种 AMF 的玉米根系侵染率
不同小写字母代表不同磷水平下接种 AMF 对侵染率的影响差异显著（$P<0.05$）

2. 土壤孢子密度

不同 AMF 接种处理的土壤孢子密度大小均为 GE>3G>GE+GM>GE+GI，即 GE 单独接种以及 3G 混合接种时土壤孢子密度最大（图 8.18）。与侵染率相似，随着磷水平的增加，不同 AMF 处理的孢子密度（3G 混合接种处理除外）也呈先上升后下降的趋势，然而不同磷水平对孢子密度的影响不尽相同。单独接种 GE 时，土壤孢子密度在不同磷水平下的大小顺序依次为 P50>P25>P100>P0，其中 P50 时最高（为 1285.67 个/10g 土），显著高于其他磷水平，是其他磷水平的 1.31～1.64 倍。3G 混合接种时，土壤孢子密度

在不同磷水平下的大小顺序为 P0>P25>P50>P100，相互之间差异显著，其中孢子密度在 P0 时最高（为 775.67 个/10g 土），是其他磷水平的 1.22～2.08 倍。GE+GI 和 GE+GM 双接种时，土壤孢子密度在不同磷水平下的大小顺序均为 P25>P50>P0>P100，即 P25 水平下土壤孢子密度最高（为 443～501 个/10g 土），与其他磷水平差异显著，是其他磷水平的 1.96～5.90 倍（张又丹，2016）。

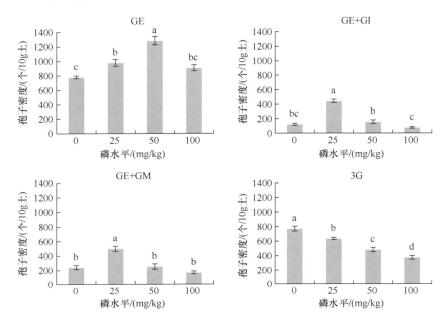

图 8.18　不同磷水平下接种 AMF 的土壤孢子密度

不同小写字母代表不同磷水平下接种 AMF 对土壤孢子密度的影响差异显著（$P<0.05$）

二、AMF 改善煤矿复垦区玉米的农艺性状

本试验复垦区玉米生长主要研究苗期的基本性状，从玉米的株高、茎粗、地上部干重等指标进一步说明。双因素分析结果表明，磷水平和接种 AMF 对上述农艺性状指标均有显著影响，二者的交互作用对茎粗影响显著，而对株高和地上部干重影响不显著。

1. 玉米株高

不接种 AMF 时，玉米株高与施磷量之间存在正相关关系，施磷量越高，玉米株高越高，P100 的玉米株高是不施磷肥（P0）时的 1.18 倍（图 8.19）。接种 AMF 会显著提高玉米株高，但是提高幅度不尽相同。单接种和双接种 AMF 时（GE+GI 除外），玉米株高均随施磷量的增加而增大，而三接种处理和 GE+GI 处理的不同磷水平间无显著差异。接种三种 AMF 的玉米株高要高于单接种或双接种的玉米株高。在同一施磷水平下，三接种和双接种 AMF 对玉米株高的提高幅度大于单接种处理。因此，施磷可以促进复垦区玉米的生长，磷肥和接种 AMF 对提高煤矿复垦土壤的玉米株高效果更好，尤其是三接种和双接种时效果最佳（张又丹，2016）。

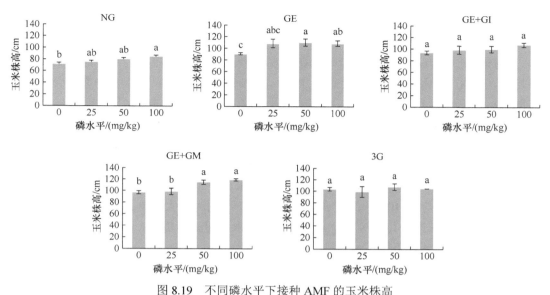

图 8.19　不同磷水平下接种 AMF 的玉米株高

不同小写字母代表不同磷水平下接种 AMF 对玉米株高的影响差异显著（$P < 0.05$）

2. 玉米茎粗

与玉米株高相似，不接种处理（NG）时，玉米茎粗在磷水平 0～100mg/kg 范围内随施磷量的增加而增大。接种 AMF 均可以显著提高玉米茎粗，但是不同磷水平下提高幅度不同。接种幼套球囊霉（GE）时，玉米茎粗在不同磷水平下的大小顺序依次为 P100＞P25＞P50≥P0；接种幼套球囊霉和根内球囊霉（GE+GI）时，也是 P100 水平与其他磷水平差异显著；接种幼套球囊霉和摩西球囊霉（GE+GM）时，不同磷水平间差异不显著；接种幼套球囊霉、根内球囊霉和摩西球囊霉（3G）时，玉米茎粗的大小顺序为 P100≥P50＞P25≥P0（图 8.20）。

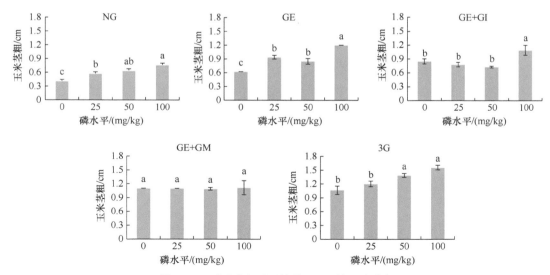

图 8.20　不同磷水平下接种 AMF 的玉米茎粗

不同小写字母代表不同磷水平下接种 AMF 对玉米茎粗的影响差异显著（$P < 0.05$）

3. 玉米地上部生物量（干重）

不接种处理（NG）时，玉米干重在磷水平 0~100mg/kg 范围内随施磷量的增加有所增大，P100 水平时玉米干重显著大于 P0 和 P25。接种 AMF 对玉米干重的影响不尽相同。接种套球囊霉（GE）时，不同磷水平玉米干重之间无显著差异性。接种幼套球囊霉和根内球囊霉（GE+GI）、幼套球囊霉和摩西球囊霉（GE+GM），以及幼套球囊霉、根内球囊霉和摩西球囊霉（3G）时，玉米干重也是随施磷量的增加而增大。GE+GI 双接种时，P100 水平的玉米干重显著大于 P0 和 P25；GE+GM 双接种时，P100 水平的玉米干重与 P0 之间差异显著；3G 混合接种时，P100 水平的玉米干重显著大于 P0 和 P25。本研究结果说明，在 P100 水平时各处理的玉米干重均为最大，这说明施磷促进了玉米地上部干物质的积累，并且接种 AMF 可以使玉米干重显著提高，以 GE+GI 双接种和 3G 混合接种时效果最明显（图 8.21）。

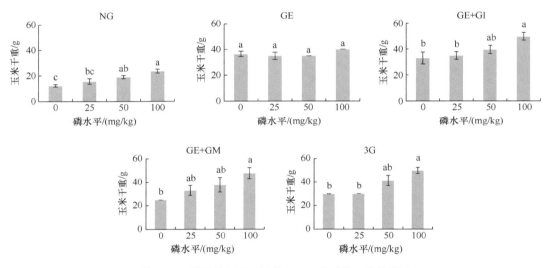

图 8.21　不同磷水平下接种 AMF 对玉米干重的影响

不同小写字母代表不同磷水平下接种 AMF 对玉米干重的影响差异显著（$P<0.05$）

总之，在 0~100mg/kg 磷水平下接种 AMF 可有效提高玉米的株高、茎粗以及干重，并且随着施磷量的增加，玉米各项形态指标总体呈现为增加的趋势，但与不接种相比，P100 水平时玉米株高、茎粗以及干重的提高幅度有所下降，这说明在磷充足的土壤中，菌根的作用会有所减弱，此外，接种 AMF 也提高了玉米地上部分的磷含量，低磷水平下提升幅度最大。GE+GM 双接种和 3G 混合接种对提高玉米株高、茎粗以及地上部干重效果最好。

三、AMF 改善煤矿复垦区土壤的理化性质和生物学性质

1. 土壤有效磷（Olsen-P）及 Hedley 磷素形态

不接种 AMF 时，随施磷水平的增加，土壤有效磷含量呈增加趋势，但是施磷水平

间差异不显著，而接种 AMF 均提高了土壤有效磷含量，但提高幅度不一样。单接种根内球囊霉（GI）和单接种摩西球囊霉（GM）时，3 个磷水平（25 mg/kg、50 mg/kg 和100mg/kg）的接种处理显著高于不施磷处理，但施磷处理间无显著差异。单接种幼套球囊霉（GE）时，25mg/kg 磷水平处理下土壤有效磷含量（10.95mg/kg）显著高于 50mg/kg（6.72mg/kg）和 0mg/kg（5.13mg/kg）磷水平，而与 100mg/kg 磷水平差异不显著。混合接种 3 种菌情况下，100mg/kg 磷水平处理的土壤有效磷含量（8.50mg/kg）最高，显著高于其余 3 个处理。总之，土壤有效磷含量随磷水平的增加而增加；在磷水平为 25mg/kg下，接种幼套球囊霉（GE）对提高土壤有效磷效果最优（图 8.22）。

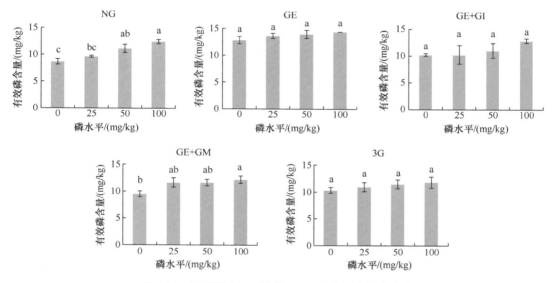

图 8.22　不同磷水平下接种 AMF 的土壤有效磷含量

不同小写字母代表不同磷水平下接种 AMF 对土壤有效磷的影响差异显著（$P<0.05$）

通过 Hedley 磷肥分级进一步表明，接种 3 种 AM 真菌均显著提高了土壤活性态无机磷（H_2O-Pi、$NaHCO_3-Pi$）和中等活性态无机磷（$NaOH-Pi$）含量，而土壤中度稳定态磷（$HCl-P$）和稳定态磷（$Residue-P$）含量不受影响（图 8.23）。接种 GM 和 GE 对土壤 $NaHCO_3-Pi$ 含量提高效果最显著，分别提高了 141.02%和 88.47%，其次为 GI（43.12%）。接种 GM 和 GI 显著提高了土壤中等活性态无机磷（$NaOH-Pi$）的含量，分别比 CK 提高了 36.15%和 18.82%。AM 真菌侵染率与玉米的吸磷量及土壤 H_2O-Pi、H_2O-Po、$NaHCO_3-Pi$ 均有显著相关性，相关系数分别为 0.984、0.597 和 0.738，而对其他形态磷，包括 $NaHCO_3-Po$、$NaOH-P$（Pi 和 Po）、$HCl-P$ 和 $Residue-P$ 的相关性均不显著（吕鉴于等，2020）。

总之，接种不同 AM 真菌均能提土壤有效磷含量，主要是促进土壤磷肥活性态、中等活性态无机磷（H_2O-Pi、$NaHCO_3-Pi$、$NaOH-Pi$）的转化，提高了土壤磷肥的生物有效性，其中接种 GE 和 GM 处理能够更好地促进土壤中的磷肥向植物可供利用的形态转化，提高植株吸磷量，是适合该煤矿区土壤的经济高效菌种。

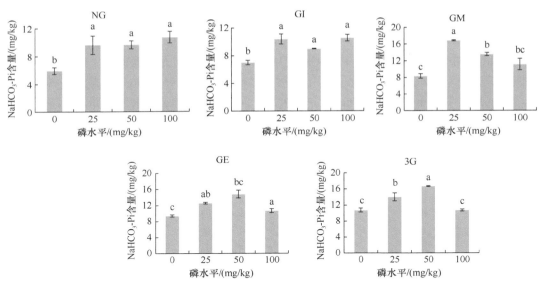

图 8.23　不同磷水平下接种 AMF 的土壤 NaHCO₃-Pi 含量

不同小写字母代表不同磷水平下接种 AMF 对土壤 NaHCO$_3$-Pi 含量的影响差异显著（$P<0.05$）

2. 土壤总量有机酸

接种 AMF 和磷水平及二者的交互作用对土壤总量有机酸有显著影响（$P<0.01$）。不接种处理时，在磷水平 0～100mg/kg 范围内，土壤总量有机酸随施磷量增加有降低趋势，但不同磷水平间无显著差异（图 8.24）。接种 AMF 对土壤总量有机酸有提高趋势，但提高幅度随不同磷水平而有所不同。在不同磷水平下，单接种 GE 均显著提高了土壤总量有机酸含量，而且除 P50 水平外，对提高总量有机酸效果都是单接种 GE 最好。3G 混合接种显著提高了 P0、P25 和 P100 水平下的总量有机酸，而在 P50 水平下接种效果不

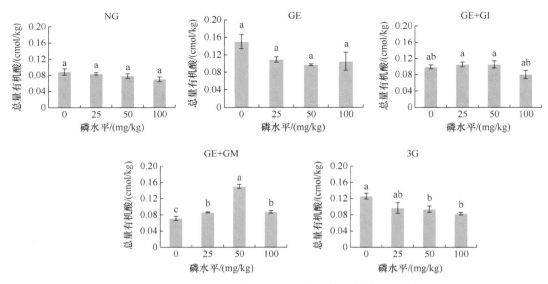

图 8.24　不同磷水平下接种 AMF 的土壤总量有机酸含量

不同小写字母代表不同磷水平下接种 AMF 对土壤总量有机酸的影响差异显著（$P<0.05$）

明显。双接种 GE+GI 和 GE+GM 处理对 P0、P25 和 P100 水平下的总量有机酸的提升效果均不显著，却显著提高了 P50 水平下的总量有机酸。总之，随着磷水平的增加，减少了土壤总量有机酸含量，说明高磷条件抑制了根系对有机酸的分泌；接种 AMF 均提高了有机酸的分泌，其中 GE 单接种效果最好，其次是 3G 混合接种，而双接种 GE+GI 和 GE+GM 对提升该指标效果较差。

3. 土壤球囊霉素

球囊霉素是由球囊霉属的 AMF 产生的一类含金属离子的糖蛋白，它在土壤有机质组成中起着重要作用（Bedini et al.，2009）。根据提取方法的不同，将球囊霉素分为易提取球囊霉素和总球囊霉素两类。接种 AMF 后，其与磷水平的交互作用对土壤易提取球囊霉素和总球囊霉素均有显著影响（$P<0.01$），而磷水平对土壤球囊霉素（易提取球囊霉素和总球囊霉素）没有显著影响（图 8.25）。

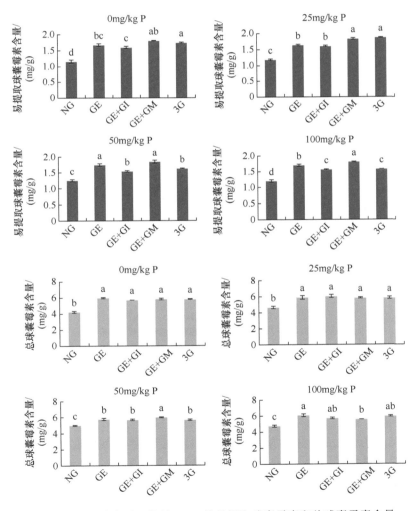

图 8.25　不同磷水平下接种 AMF 的易提取球囊霉素和总球囊霉素含量

不同小写字母代表不同磷水平下接种 AMF 对土壤总球囊霉素的影响差异显著（$P<0.05$）

接种 AMF 均显著提高了不同磷水平下的土壤易提取球囊霉素和总球囊霉素含量，但提高幅度与 AMF 和土壤球囊霉素种类有关。不同 AMF 的提升顺序依次为 GE+GM>3G>GE>GE+GI>NG，即双接种 GE+GM 效果最好，该处理较单接种 GE 和双接种 GE+GI 处理显著提高了易提取球囊霉素含量，而与 3G 混合接种差异不显著。对于总球囊霉素指标，单接种 GE、3G 混合接种和 GE+GI 处理在不同磷水平下差异均不显著；而双接种 GE+GM 处理除在高磷（P100）水平下效果不及单接种 GE 处理，在 P50 水平下对提高总球囊霉素效果最佳，而在其他磷水平（P0 和 P25）下与其他接种处理差异均不显著。

4. 土壤碱性磷酸酶活性

磷酸酶是土壤中最活跃的一类酶，它能够促进有机磷化合物水解为能够被植物吸收利用的无机磷，提高土壤中磷肥的有效性。接种 AMF 后，其与磷水平的交互作用对土壤碱性磷酸酶活性有显著影响（$P<0.01$），而磷水平对该酶活性没有显著影响。单接种 GE、双接种 GE+GI 和 GE+GM 处理均显著提高了土壤磷酸酶活性，而 3G 混合接种处理仅在 P0 水平下对磷酸酶提高效果显著，而在其余磷水平效果不及其他接种处理（图 8.26）。

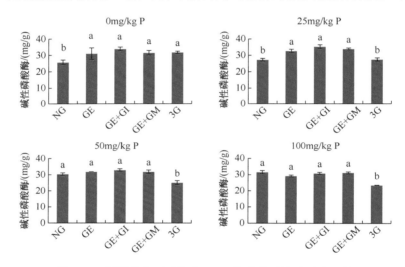

图 8.26 不同磷水平下接种 AMF 的土壤碱性磷酸酶活性

不同小写字母代表不同磷水平下接种 AMF 对土壤碱性磷酸酶活性的影响差异显著（$P<0.05$）

总之，接种 AMF 和不同磷水平下复垦区土壤玉米的农艺性状、土壤理化性质及生物学指标均有改善，但接种效果因不同指标和 AMF 种类而有所差异。采用主成分-数值聚类方法对土壤和玉米的 9 个指标（包括脲酶、蔗糖酶、碱性磷酸酶、AM 真菌丛枝丰度、总球囊霉素和易提取球囊霉素相关土壤蛋白，以及玉米株高、茎粗和地上部干重）进行综合评价，通过主成分分析方法对 9 个指标进行降维，共提取 2 个主成分，累计贡献率达 81.04%。其中第一主成分以 AM 真菌丛枝丰度、球囊霉素相关土壤蛋白、脲酶、蔗糖酶及玉米株高、茎粗、地上部干重贡献最大，达到 66.68%；第二主成分以磷酸酶活性贡献最大，达到 14.36%。以两个主成分得分为新指标进行聚类，得到接种不同 AM 真菌对采煤沉陷矿区土壤培肥效果的顺序为：GE 处理（包括单接种和混合接种 GE 处理，即 GE+GM、GE+GI 和 GE+GM+GI）>单接种 GI、GM 和双接种 GM+GI > CK。因此，接种 GE 是改善该采煤沉陷区土壤质量和提高玉米生产性能的最优菌种，而接种 GM 和 GI 的效果次之，但是均比不接种的效果好（吕鉴于等，2020）。

参 考 文 献

毕银丽，陈书琳，孔维平，等. 2014. 接种微生物对大豆生长及其根际土壤的影响. 生态科学，33(1): 121-126.

毕银丽，吴福勇，武玉坤，等. 2005. 从枝菌根在煤矿区生态重建中的应用. 生态学报，25(8): 2068-2073.

池景良，郝敏，王志学，等. 2021. 解磷微生物研究及应用进展. 微生物学杂志，41(1): 1-7.

郭汉清，谢英荷，洪坚平，等. 2016. 煤基复混肥对复垦土壤养分、玉米产量及水肥利用的影响. 水土保持学报，30(2): 213-218.

郭汉清. 2015. 煤基复混肥与菌肥配施对玉米生长及土壤性状的影响. 太谷：山西农业大学博士学位论文.

郝晶，洪坚平，刘冰，等. 2006. 石灰性土壤中高效解磷细菌菌株的分离、筛选及组合. 应用与环境生物学报，12(3): 404-408.

贺梦醒，高毅，胡正雪，等. 2012. 解磷菌株 B25 的筛选、鉴定及其解磷能力. 应用生态学报，23(1): 235-239.

李娜，乔志伟，洪坚平，等. 2015. 拉恩氏菌 W25 对缓冲容量的响应及其产酸特性. 微生物学通报，42(9): 1727-1735.

李少朋，毕银丽，陈甜圳，等. 2013. 干旱胁迫下 AM 真菌对矿区土壤改良与玉米生长的影响，生态学报，33(13): 4181-4188.

李晓婷，董彩霞，杨兴明，等. 2010. 解磷细菌K3 的GFP 标记及其解磷能力检测. 土壤，42(4): 548-553.

刘学军，赵紫娟，巨晓棠，等. 2002. 基施氮肥对冬小麦产量、氮肥利用率及氮平衡的影响. 生态学报，22(7): 1067-1073.

吕鉴于，高文俊，牛群，等. 2020. 从枝菌根真菌对采煤塌陷复垦土壤磷形态和玉米吸磷量的影响，26(1): 81-87.

马莹，骆永明，滕应，等. 2013. 根际促生菌及其在污染土壤植物修复中的应用. 土壤学报，50(5): 1021-1031.

乔志伟，洪坚平，谢英荷，等. 2013a. 石灰性土壤拉恩氏溶磷细菌的筛选鉴定及溶磷特性. 应用生态学报，24(8): 2294-2300.

乔志伟，洪坚平，谢英荷，等. 2013b. 一株石灰性土壤强溶磷真菌的筛选鉴定及溶磷特性. 应用与环境生物学报，19(5): 873-877.

乔志伟. 2014. 石灰性土壤溶磷细菌的筛选鉴定及在煤矿复垦土壤上的应用. 太谷：山西农业大学博士学位论文.

田昌玉，左余宝，赵秉强，等. 2010. 解释与改进差减法氮肥利用率的计算方法. 土壤通报，41(5): 1257-1261.

王向英，高建华，孟会生，等. 2021. 两株解磷菌的 GFP 标记及其在煤矿复垦土壤中的定殖. 山西农业科学，49(8): 976-982.

吴翔，唐亚，甘炳成，等. 2020. 一种初步判断细菌类微生物在土壤中定殖能力的方法. 中国土壤与肥料，(3): 204-209.

杨晓玫，姚拓，师尚礼. 2019. 荧光蛋白标记研究进展. 草业学报，28(10): 209-216.

张恺珏. 2017. 磷水平与 AMF 对煤矿区撂荒土壤磷肥形态和作物效应的影响. 太谷：山西农业大学硕士学位论文.

张林，丁效东，王菲，等. 2012. 菌丝室接种巨大芽孢杆菌 C4 对土壤有机磷矿化和植物吸收的影响. 生态学报, 32(13): 4079-4086.

张又丹. 2016. 不同磷水平与 AMF 对煤矿区撂荒土壤性质和玉米生长的影响. 太谷: 山西农业大学硕士学位论文.

Bedini S, Pellegrino E, Avio L, et al. 2009. Changes in soil aggregation and glomalin-related soil protein content as affected by the arbuscular mycorrhizal fungal species *Glomus mosseae* and *Glomus intraradices*. Soil Biology and Biochemistry, 41(7): 1491-1496.

Cai L, Li Y J, Liu X, et al. 2019. Identification of growth-promoting bacteria from rhizosphere of pastures and their effects on growth of *Lotus corniculatus* L. Agricultural Biotechnology, 8(5): 106-111.

Phillings J M, Hayman D S. 1970. Improved procedures forclearing roots and staining parasitic and vesicular-arbuscular mycorrhizal fungi for rapid assessment of infection. Transactions of the British Mycological Society, 55: 158-160.

第九章 煤矿区复垦土壤微生物群落演替特征与调控技术

土壤微生物在能量流动和物质循环中起着重要作用，它参与有机物的分解、转化，以及碳、氮、磷、硫元素的生物地球化学循环（Moscatelli et al.，2018）。土壤微生物群落是土壤环境中最活跃的组分，其多样性、结构和功能对外部变化非常敏感，是退化土地恢复的生物标志（张绍良等，2017）。随着测序技术的进步，揭示煤矿区微生物群落结构与功能已成为土壤学、生态学和环境科学研究的热点（褚海燕等，2020；Feng et al.，2019）。

在煤矿区复垦过程中，通过研究土壤微生物群落的变化可以更直接地了解环境变化如何影响与介导生态系统功能（袁红朝等，2015）。煤矿区复垦土壤微生物群落结构和功能特征除受到土壤水热环境影响外，也受到复垦年限、复垦方式和土壤培肥改良技术（施肥、有机物料等）的显著影响。本章主要论述不同复垦年限和不同施肥措施下土壤微生物群落的变化特征，深化认识复垦土壤演变过程及其生物学机制。

第一节 复垦土壤微生物群落演替特征及其影响因素

研究区位于山西省晋东南地区长治市襄垣县西山底村（潞安集团五阳矿区），为黄土塬地貌，土层较厚，煤矿井工开采导致地面沉陷，地表呈马鞍状，最大落差达 4～5 m，马鞍状峰距达 150～180 m。2008 年，对沉陷年限相同且沉陷后地形基本一致的农田，采用厦工 50 型铲运机，以挖高垫低的方式平整土地，土地坡度不超过 2%。整理后的复垦土壤有机质含量为 7.48g/kg，全氮为 0.55g/kg，有效磷为 2.90mg/kg，速效钾为 128.8mg/kg。本节主要介绍不同复垦年限及不同培肥措施下，复垦土壤微生物群落的演替特征。

一、不同复垦年限下土壤细菌群落的演替特征

本研究通过比较长期定位试验中农民习惯施肥（单施无机肥，N 为 108 kg/hm^2、P$_2$O$_5$ 为 72 kg/hm^2、K$_2$O 为 60 kg/hm^2）处理下不同复垦年限（0 年、1 年、6 年、10 年）的土壤细菌群落及碳氮磷转化的酶活性变化，揭示了复垦土壤质量恢复过程中细菌群落随复垦年限的演替特征。

1. 不同复垦年限下土壤细菌群落 OTU 数量的变化

复垦年限对土壤细菌群落影响显著，细菌群落可检测到的运算分类单元（operational taxonomic unit，OTU）数量随复垦年限的延长逐渐增大，表现为 10 年>6 年>1 年（图9.1）。复垦后，随着施肥与耕作，进入土壤的有机物质和养分物质逐年增多，微生物生存的营养环境发生变化，更多的营养供应促进了微生物的生长，同时根系分泌物也会招募更多

微生物。相比正常农田，复垦 10 年时，虽然土壤速效养分与正常农田差异不大（李建华等，2020），但细菌群落的 OTU 数量仍较低，细菌群落的恢复需要多种营养物质特别是有机物质的供应，单施无机肥条件下土壤细菌群落的恢复缓慢。复垦区随着种植和施肥，土壤中细菌 OTU 呈现正向演替。

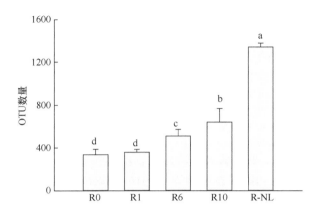

图 9.1 不同复垦年限土壤细菌群落 OTU 数量

R0 表示复垦初期，R1 表示复垦 1 年，R6 表示复垦 6 年，R10 表示复垦 10 年，R-NL 表示未沉陷的正常农田，图中不同小写字母代表不同复垦年限间差异显著（$P<0.05$）。下同

2. 不同复垦年限下土壤细菌群落多样性的变化

通过高通量测序观测了不同复垦年限土壤细菌群落的多样性，使用 Chao1 指数和 ACE 指数来评估各个样本的丰富度，使用 Shannon 和 Simpson 多样性指数来评估各个样本的多样性。随着复垦年限的延长，细菌 Chao1、ACE 和 Shannon 指数均呈逐年增加的趋势（图 9.2）。复垦 10 年时，Chao1、ACE 和 Shannon 指数分别较复垦初期（0 年）提高了 79%、56% 和 23%。随着复垦年限的延长，复垦土壤细菌的多样性与丰富度均逐渐增加，到 10 年时由于环境改善及根茬带入土壤的有机物质不断积累，细菌群落的物种丰富度与多样性均得到了显著提升（杨尚东等，2016），呈现正向演替特征。复垦 10 年后，土壤 Chao1、ACE 和 Shannon 指数仍低于未沉陷的正常农田土壤，分别是正常农田的 55%、59% 和 61%。在单施无机肥处理下，复垦 10 年时，土壤细菌群落的多样性与正常农田仍有显著差距，还远没有恢复到正常农田的水平。在煤矿区复垦过程中，单施无机肥虽然能提高细菌群落的多样性，但这种过程比较缓慢。

3. 不同复垦年限下土壤细菌群落组成的变化

复垦 10 年时，土壤细菌群落结构发生明显的变化。在门分类水平上（图 9.3），随着复垦年限延长，丰度增加的细菌有 Proteobacteria（变形菌门）、Firmicutes（厚壁菌门）、Bacteroidetes（拟杆菌门）、Actinobacteria（放线菌门）、Gemmatimonadetes（芽单胞菌门）和 Cyanobacteria（蓝藻菌门）；复垦 10 年时，它们的丰度分别较复垦初期（0 年）提高了 6.2%、19%、84%、97%、5.4% 和 5.6%。提高幅度最大的为拟杆菌门和放线菌门，可促进碳的降解与转化。在复垦过程中，单施无机肥时，土壤有机物质的进入主要依靠

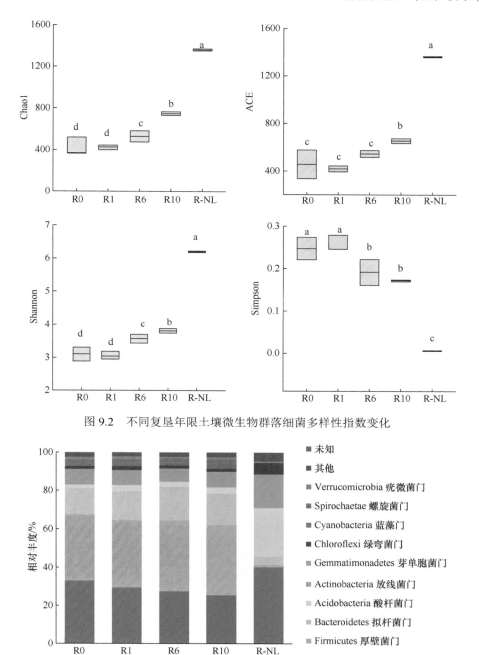

图 9.2　不同复垦年限土壤微生物群落细菌多样性指数变化

图 9.3　不同复垦年限土壤细菌群落门水平组成

根茬和少量的枯枝落叶，造成土壤碳氮比例失衡，微生物对碳的需求旺盛，激发了降解、转化有机物质的菌群的大量生长，以维持较好的微生物生长环境。随着复垦年限延长，丰度逐渐降低的细菌有 Acidobacteria（酸杆菌门）、Chloroflexi（绿弯菌门）、Spirochaetae（螺旋菌门）和 Verrucomicrobia（疣微菌门）。酸杆菌门属于贫营养菌，随着复垦年限的延长，土壤质量逐渐提高，贫营养菌的相对丰度呈下降趋势。微生物群落的组成与养分的供给密切相关。复垦 10 年时土壤的微生物群落结构与未沉陷的正常农田间差异仍较大，主要源于土壤养分状况，尤其是有机质的差别（李建华等，2020）。

4. 不同复垦年限下土壤酶活性的变化

酶是推动土壤新陈代谢的重要参与因素，它与微生物一起参与物质转化（杨尚东等，2016）。土壤酶可分为存在于活细胞内的胞内酶，以及吸附在土壤颗粒表面或存在于土壤溶液中的胞外酶（戴珏等，2010）。土壤胞外酶可以通过对土壤环境的微生物响应而被表达、释放到土壤中，也可以通过细胞溶解进入土壤（王冰冰等，2014），参与微生物对有机碳的分解及对 C、N、P 等营养元素的吸收利用（Burns and Stach，2002）。本研究选取了目前研究最多的土壤胞外酶：一种碳转化酶（β-葡萄糖苷酶，BG）；两种氮代谢酶（氨基葡萄糖苷酶，NAG；亮氨酸氨基肽酶，LAP）；一种磷代谢酶（碱性磷酸酶，AP）；两种氧化酶（过氧化物酶和酚氧化酶）。这六种酶的潜在活性与微生物代谢速率和生物地球化学过程息息相关，通常作为微生物营养需求的指标。BG 在碳循环过程中，参与纤维素水解的末端反应，生成葡萄糖，与微生物代谢和植物凋落物的矿化密切相关（Sinsabaugh and Follstad-Shah，2012；Šnajdr et al.，2011）。在碳氮循环过程中，NAG 主要促进几丁质的分解过程。在氮循环过程中，LAP 主要催化氨基酸从多肽或者水解蛋白质的 N 端释放。在磷循环的过程中，AP 主要催化磷酸盐从磷酸酯键端水解释放。

比较不同复垦年限土壤胞外酶的变化（图 9.4），随着复垦年限的延长，土壤 β-葡萄糖苷酶、氨基葡萄糖苷酶、亮氨酸氨基肽酶和碱性磷酸酶活性均呈逐年增加趋势，β-葡萄糖苷酶活性增加幅度最大。复垦 10 年后，β-葡萄糖苷酶、氨基葡萄糖苷酶+亮氨酸氨

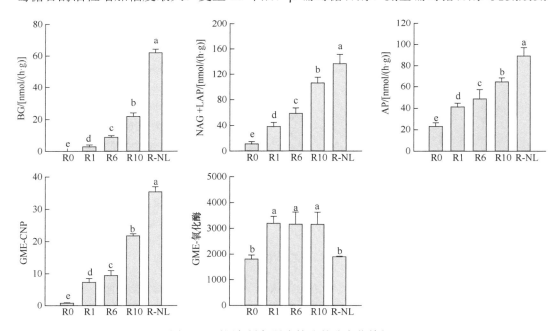

图 9.4　不同复垦年限土壤胞外酶变化特征

BG，β-葡萄糖苷酶活性；NAG +LAP，氮代谢酶活性；AP，碱性磷酸酶活性；GME-CNP，碳氮磷转化酶活性的综合系数；
GME-氧化酶，氧化酶综合系数

基肽酶、碱性磷酸酶活性分别为复垦初期（0 年）的 345 倍、9.5 倍、2.8 倍，碳转化酶、氮代谢酶、磷代谢酶的综合指数 GME 是复垦初期的 27 倍。复垦 10 年后，土壤碳转化酶、氮代谢酶、磷代谢酶活性仍低于未沉陷的正常农田土壤，差距最大的为碳转化酶活性，只达到正常农田的 35%，氮代谢酶、磷代谢酶活性分别约是正常农田的 78% 和 72%。复垦后 1 年、6 年、10 年间的土壤氧化酶的活性差异不显著（$P<0.05$），均显著高于复垦初期和正常农田。

随着复垦年限的延长，伴随着种植和无机肥施用，以及速效养分、作物根茬的进入，为微生物生长提供了碳源和氮源，而微生物利用有机物料要以酶为介质，故土壤碳转化酶、氮代谢酶、磷代谢酶活性随复垦年限的逐渐增加会进一步促进微生物的生长，也代表着土壤养分供应状况逐渐变好。复垦 10 年时，土壤酶活性仍低于正常农田，这也源于养分供应状况弱于正常农田。

二、不同培肥措施下复垦土壤微生物群落的变化

施肥作为农业生产中广泛使用的管理措施，会对土壤微生物数量、多样性产生影响（曹宏杰和倪红伟，2015）。土壤微生物对土壤环境条件的变化极为敏感，理化性质会显著影响土壤微生物群落数量、组成与结构（Zeng et al.，2007）；与此同时，微生物群落组成的改变会加速土壤理化性质的变化（Liang et al.，2017）。本试验以山西省长治市襄垣县西山底村（潞安集团五阳矿区）采煤沉陷区复垦 10 年的农田为研究对象，系统研究了长期定位试验中不同施肥措施对混推复垦土壤的微生物多样性、群落结构及酶活性的影响。所选用的施肥措施包括不施肥（CK）、无机肥（NPK）、有机-无机肥配施（hNPKM），另选取试验区未沉陷的正常农田（NL）作为对照。

1. 不同培肥措施下复垦土壤微生物群落多样性的变化

微生物多样性是重要的生态指标；一般认为，土壤微生物群落多样性越高，土壤生态系统就越稳定（Chaer et al.，2009）。与不施肥相比，各施肥处理显著增加了细菌群落的丰富度指数（ACE 和 Chao1），表现为有机-无机肥配施>无机肥>不施肥，有机-无机肥配施处理 ACE 指数和 Chao1 均是不施肥的 2 倍，是无机肥处理的 1.2 倍；有机-无机肥配施处理微生物多样性指数（Shannon 指数）是不施肥处理的 1.26 倍，与无机肥处理差异不显著（图 9.5）。施肥显著降低了细菌群落的 Simpson 指数，有机-无机肥配施处理的 Simpson 指数较不施肥处理降低了 74%，与无机肥处理间差异不显著。与正常农田相比，复垦 10 年后无机肥、有机-无机肥配施处理的 Simpson 指数与正常农田差异不显著，ACE 指数、Chao1 和 Shannon 指数均显著低于正常农田。有机-无机肥配施处理的 ACE 指数、Chao1 和 shannon 指数分别比正常农田低 15%、14% 和 5.37%。有机-无机肥配施为土壤带入了大量的碳源和氮源，激发了微生物的生长，有机肥中有机组分种类丰富，可以满足不同类微生物的生长，较不施肥和单施无机肥而言，显著地增加了细菌群落的微生物丰富度和多样性。

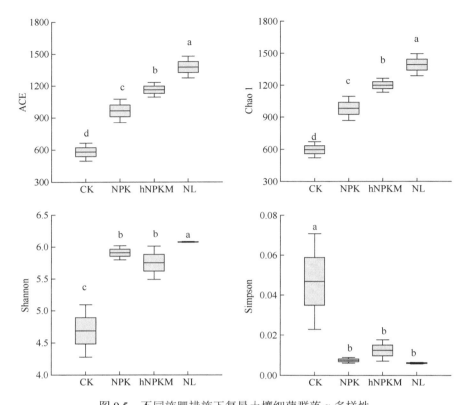

图 9.5　不同施肥措施下复垦土壤细菌群落 α 多样性

CK 为不施肥，NPK 为无机肥，hNPKM 为有机-无机肥配施，NL 为未沉陷的正常农田。不同小写字母表示不同施肥处理间差异显著（$P<0.05$）。下同

　　与不施肥相比，各施肥处理显著增加了真菌群落的 ACE 和 Chao1 丰富度指数，无机肥>有机-无机肥配施>不施肥，无机肥处理土壤 ACE 和 Chao1 丰富度指数分别是不施肥的 4.31 倍和 4.71 倍，是有机-无机肥配施处理的 1.18 倍和 1.17 倍，差异均达到显著水平（图 9.6）。施肥显著增加了真菌群落的 Simpson 指数，无机肥>有机-无机肥配施>不施肥，无机肥和有机-无机肥配施处理的 Simpson 指数分别是不施肥处理的 2.75 倍和 2.0 倍，无机肥处理的 Simpson 指数是有机-无机肥配施处理的 1.36 倍。与正常农田相比，复垦 10 年后无机肥、有机-无机肥配施处理的 Shannon 指数显著低于正常农田，较正常农田分别低 12.7%和 12.5%。ACE、Chao1 和 Simpson 指数均显著高于正常农田，无机肥处理的 ACE、Chao1 和 Simpson 指数分别是正常农田的 1.49 倍、1.51 倍和 3.63 倍，有机-无机肥配施处理的 ACE、Chao1 和 Simpson 指数分别是正常农田的 1.27 倍、1.29 倍和 2.66 倍。在本研究中，细菌和真菌对长期施用肥料的反应是不同的，单施无机肥促进了真菌的生长（Geisseler and Scow，2014）。细菌和真菌的多样性指数均表现为正常农田>有机-无机肥配施>无机肥>不施肥，有机肥的进入可以为土壤微生物提供重要的营养物质，调节土壤理化性质，从而为促进植物生长微生物创造有利条件（Li et al.，2018；Feng et al.，2019），有机-无机肥配施是提高矿区复垦土壤细菌、真菌多样性的有效措施。

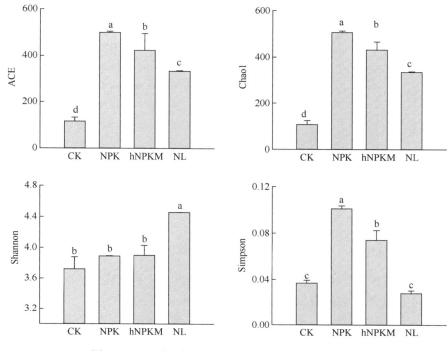

图 9.6　不同培肥措施下复垦土壤真菌群落 α 多样性

2. 不同培肥措施下复垦土壤微生物群落组成的变化

复垦 10 年后各施肥措施对复垦土壤的细菌群落结构影响较大（图 9.7）。在门分类水平上，所有处理中，变形菌门（Proteobacteria）最为丰富，占整体细菌群落的 29%～44%。其中，有机-无机肥配施处理所占比例最大，为 44.28%；无机肥处理最低，为 28.95%。与不施肥相比，有机-无机肥配施显著降低了厚壁菌门（Firmicutes）数量。酸杆菌门（Acidobacteria）是土壤细菌中高度可变菌群，有机-无机肥配施和正常农田中所占比例较高。拟杆菌门（Bacteroidetes）在不施肥和无机肥中所占比例较大，有机-无机肥配施降低了拟杆菌门的丰度。芽单胞菌门（Gemmatimonadetes）、绿弯菌门（Chloroflexi）和硝化螺旋菌门（Nitrospirae）在施用有机-无机肥下和正常农田土壤中的分布显著高于不施肥和施用无机肥。在门水平下，丰度比例>0.1%，排名前 10 的物种丰度在无机肥与不施肥处理之间差异不显著；除了拟杆菌门外，有机-无机肥配施和正常农田之间差异不显著。从细菌群落丰度组成而言，无机肥和不施肥之间最为相似，有机-无机肥配施和正常农田之间更为相似。

根据土壤细菌的营养生活史，α-、β- 和 γ-Proteobacteria 被归类为富营养菌（r-策略），利用活性碳进行生长和代谢，在营养丰富的环境中生长得更快（Trivedi et al.，2013）。本研究中，厚壁菌门在各处理间的差异较大，与不施肥相比，有机-无机肥配施显著降低了厚壁菌门的数量，相对丰度减少了 21.72%。厚壁菌门在正常农田土壤中的丰度一般较低，它属于贫营养性微生物，在水分含量少、营养条件贫瘠的土壤中所占丰度较大，有机-无机肥配施后土壤养分状况得到改善，厚壁菌门数量降低。李媛媛（2015）在徐州采煤沉陷过程中也发现，随着土地退化，土壤微生物中的厚壁菌门细菌数量逐渐增多。

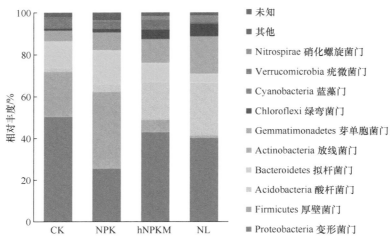

图 9.7 不同培肥措施下复垦土壤细菌门水平下的物种组成

复垦 10 年后各施肥措施对复垦土壤的真菌群落结构有一定的影响（图 9.8）。纲分类水平下，不施肥处理被孢霉纲（Mortierellomycetes）的丰度较低，为 4.56%，施肥显著增加了其丰度，在无机肥、有机-无机肥配施和正常农田中，被孢霉纲丰度分别达到 44.30%、34.33% 和 29.90%。粪壳菌纲（Sordariomycetes）在各处理间差异较大，与不施肥相比，无机肥和有机-无机肥配施显著降低了子囊菌纲的丰度，相对丰度分别减少了 9% 和 7%。与不施肥相比，有机-无机肥配施和正常农田显著降低了伞菌纲（Agaricomycetes）和裂壶菌纲（Spizellomycetes）的丰度。与正常农田相比，有机-无机肥配施显著降低了子囊菌纲、锤舌菌纲（Leotiomycetes）和裂壶菌纲的丰度。

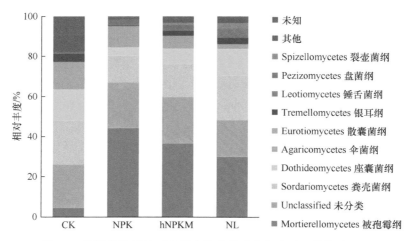

图 9.8 不同培肥措施下复垦土壤真菌群落纲水平下的物种组成

施用有机物料后，子囊菌的相对丰度增加，腐营养型子囊菌是农业土壤中重要的分解者，其生长速率与土壤氮素有效性有关（Fontaine et al.，2004；Manici and Caputo，2010）。很多伞菌纲是腐生型微生物，在分解有机物质及植物残体方面具有重要作用（Hibbett et al.，2011；Lynch and Thorn，2006），这也是在有机-无机肥配施中丰度较高的原因。另外，一些伞菌纲被认为属于外生菌根，可以活化有机物中的养分，促进作物的生长（Tibbett and Sanders，2002）。由于有机-无机肥配施为土壤供应的营养物质较为丰富，其对微生物群落组成的影响要高于单机施无机肥或不施肥，且其组成结构与正常农田更为趋近。

3. 不同培肥措施下复垦土壤胞外酶活性的变化

土壤 C、N、P 代谢酶活在不同施肥措施下差异明显（图 9.9，$P<0.05$），施肥显著增加了土壤碳转化酶活性，正常农田土壤大于复垦土壤；β-葡萄糖苷酶活性（BG）表现为正常农田>有机无机肥配施>无机肥>不施肥。无机肥、有机-无机肥配施处理的 β-葡萄糖苷酶活性分别是正常农田的 35.36% 和 62.41%。有机肥的进入能显著促进土壤中碳转化酶活性的提高，激发了微生物对碳的利用。

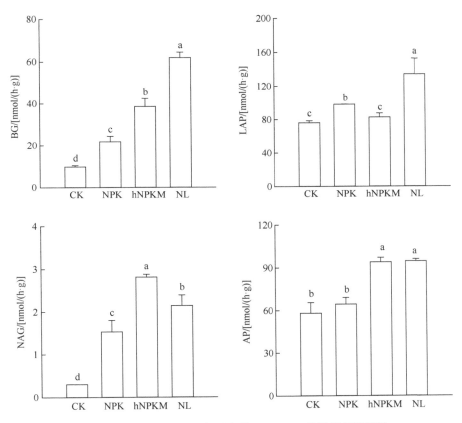

图 9.9　不同施肥措施下复垦土壤 C、N、P 代谢相关酶活性
BG，β-葡萄糖苷酶；NAG，氨基葡萄糖苷酶；LAP，亮氨酸氨基肽酶；AP，碱性磷酸酶

氨基葡萄糖苷酶（NAG）和亮氨酸氨基肽酶（LAP）是参与土壤氮代谢的主要酶。氨基葡萄糖苷酶活性表现为有机-无机肥配施>正常农田>无机肥>不施肥。无机肥、有机-无机肥配施处理的氨基葡萄糖苷酶活性分别是正常农田的 71.60% 和 131.26%。土壤亮氨酸氨基肽酶表现为正常农田>无机肥>有机无机肥配施，正常农田土壤显著高于复垦土

壤。无机肥、有机-无机肥配施处理的亮氨酸氨基肽酶活性分别是正常农田的 73%和61.61%。无机氮肥的施用主要激发的是亮氨酸氨基肽酶，有机氮肥的施用则主要激发氨基葡萄糖苷酶的活性。

土壤碱性磷酸酶（AP）表现为正常农田和有机-无机肥配施土壤酶活较高，无机肥、有机-无机肥配施的碱性磷酸酶活性分别是正常农田的 68.15%和 99.28%。有机-无机肥配施后土壤磷酸酶活性的提高幅度更大。

采煤沉陷区复垦后的土壤养分含量低，微生物数量少，因此土壤胞外酶活性减小，以降低养分循环速率，减少矿质元素流失。施用无机肥能改善土壤养分状况，增加微生物数量，提高土壤的酶活力，这与土壤微生物特性密切相关（Bowles et al.，2014）。有机-无机肥配施在有效增加土壤养分供给的同时，还输入了大量的有机物质，提高了土壤微生物的代谢能力，增加了酶活性。复垦 10 年时，土壤酶活力仍然低于正常农田土壤，复垦土壤生物化学体系的恢复是一个漫长的过程。

4. 不同培肥措施下复垦土壤微生物群落结构的变化及主要影响因子

对长期施肥下 0～20cm 土层复垦土壤细菌群落结构进行主成分（PCA）分析[图 9.10（a）]。前两个主成分分别可以解释细菌群落变化差异的 74.26%和 17.75%。PC1 的解释量大于 70%，在 PC1 方向上，不施肥和无机肥处理的细菌群落位于主成分 1的右侧，且距离较近；有机-无机肥配施和正常农田的细菌群落位于主成分 1 的左侧，且两者间距离较近。有机-无机肥配施和正常农田的微生物组成相似，无机肥与不施肥的微生物组成相似。这两组之间距离较远，长期不同培肥措施对 0～20cm 土层土壤细菌群落产生了显著影响。

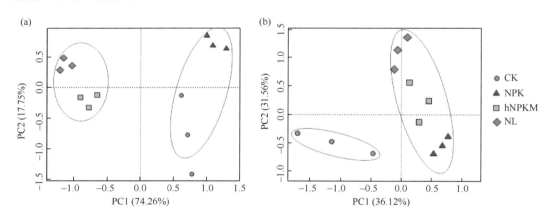

图9.10　不同培肥措施下复垦土壤细菌（a）和真菌（b）群落的主成分分析

对不同培肥措施土壤细菌群落纲水平丰度与土壤理化因子进行冗余分析（RDA）[图 9.11（a）]，RDA1 轴可以解释总变量的 49.44%，且全氮、有机质、碱解氮和 pH 与第一轴存在显著的相关性，有机质、全氮、碱解氮和 pH 这些因子的共同作用影响了 RDA1方向土壤细菌菌群的分布，并将不施肥、无机肥与有机-无机肥配施、正常农田区分开；RDA2 轴可以解释总变量的 20.52%，有效磷和速效钾与第二轴存在显著的相关性，有效

磷和速效钾影响了 RDA2 方向上土壤微生物的群落组成，并将有机-无机肥配施和其他
处理区分开。土壤全氮、有机质和 pH 与 RDA1 和 RDA2 轴有较高的相关程度，且对排
序结果的贡献率较大。其中，pH 主要对 Bacteroidetes（正相关）、Clostridia（正相关）、
Gemmatimonadetes（正相关）及 Actinobacteria（正相关）等细菌群落产生影响；有机
质和全氮主要对 α-Proteobacteria（正相关）、β-Proteobacteria（正相关）、Acidimicrobiia
（正相关）、Subgroup_6（正相关）、Blastocatellia（正相关）和 Gemmatimonadetes（正
相关）等细菌群落产生影响。

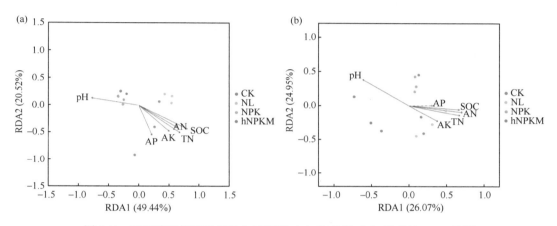

图 9.11　不同培肥措施下复垦土壤细菌（a）和真菌（b）群落的 RDA 分析

长期施肥下，0～20cm 土层复垦土壤真菌群落结构 PCA 分析[图 9.10（b）]表明，
前两个主成分分别可以解释真菌群落变化差异的 36.12% 和 31.56%。在 PC1 方向上，无
机肥处理的真菌群落位于主成分 1 的右侧，有机-无机肥配施的真菌群落位于主成分 1
的右侧，离零点较近，正常农田处理的真菌群落位于主成分 1 的零点左右；不施肥处理
的真菌群落位于主成分 1 的左侧，离零点较远。在 PC2 方向上，无机肥和不施肥处理的
真菌群落位于主成分 2 的负方向，有机-无机肥配施和正常农田处理的真菌群落位于主
成分 2 的正方向。有机-无机肥配施和正常农田处理微生物组成相似，与无机肥处理较
为相似，与不施肥处理显著不同。长期不同培肥措施对 0～20cm 土层土壤真菌群落产生
了显著影响。

对不同培肥措施土壤真菌群落目水平丰度与土壤理化因子进行冗余分析（RDA 分
析）[图 9.11（b）]，RDA1 轴可以解释总变量的 26.07%，且有效磷、有机质和全氮与
第一轴存在显著的相关性，这些因子的共同作用影响了 RDA1 方向土壤真菌菌群的分
布，并将不施肥与其他处理区分开；RDA2 轴可以解释总变量的 24.95%，碱解氮和 pH
与第二轴存在显著的相关性。

采煤沉陷区土壤复垦过程中，有机质、全氮、pH 是影响细菌和真菌菌群丰度及群
落结构多样性的主要因素。采煤沉陷区土壤经 10 年复垦后，有机-无机肥配施下细菌、
真菌的群落组成发生了较大变化，与正常农田差异较小，更趋向于正常农田。有机-无
机肥配施是促进复垦土壤群落恢复的有效措施。

第二节 复垦土壤中功能微生物筛选及性能分析

煤矿区土壤恢复过程中，微生物是最活跃的成分，在有机质分解、养分循环、团聚体结构形成等方面发挥着至关重要的作用，其多样性、结构和功能对外部变化非常敏感，是土壤功能恢复的早期和敏感指标；此外，微生物群落结构和功能种群的改变，也直接影响土壤熟化过程和土壤功能的提升速率（朱永官等，2021）。土壤微生物的变化，特别是一些功能菌群对于土壤质量提升意义重大。微生物功能菌群是指在物质流中具有特定生物学功能的微生物集合体，与生物分类学原则无关，只是表明它的生物学功能相同或相近，如固氮微生物功能群、溶磷微生物功能群、氨化微生物功能群及纤维素降解微生物功能群等。2013 年 12 月，《微生物养活世界》一书在美国出版，强调土壤微生物调控能够实现作物增产 20%，且能减少 20%的化肥投入，是未来环境友好、经济可行的绿色农业新出路。因此，可以采用定向分离的方法筛选获得一些在肥沃土壤中起重要作用的功能微生物并进行回接，通过调控微生物群落来实现加速复垦土壤质量恢复的目的。本研究一方面通过对复垦土壤高肥力组和低肥力组中微生物组成进行对比分析来确定功能微生物类群，并定向筛选；另一方面，通过选择性培养，从高肥力组土壤中筛选高效固氮菌、解磷菌、解钾菌和促生菌。

一、复垦土壤功能微生物的确定

复垦土壤上长期采取不同的培肥措施，土壤肥力和微生物群落均会发生显著的变化，在这些不同肥力水平的土壤中存在引起这种差异的主要功能微生物，它们可能是驱动土壤肥力提升的主要贡献者（朱永官等，2021）。

1. 复垦土壤肥力与微生物群落的对应关系

对不同复垦年限、不同培肥措施的土壤，按照养分与产量高低划分为高肥力土壤和低肥力土壤，并对两种生境中 6 个样方的细菌进行 16S rDNA 测序。低肥力组的细菌 OTU、ACE 指数、Chao1 指数和 Shannon 指数均显著低于高肥力组（表 9.1）。低肥力复垦土壤中细菌群落丰富度和多样性均低于高肥力土壤。这两种生境下的细菌群落存在显著差异，因此我们将这两种生境作为研究对象，进行差异功能菌株的筛选。

表 9.1 土壤细菌群落 α 多样性指数

分组		OTU	ACE 指数	Chao1 指数	Shannon 指数
LG	1	563b	714.10 b	702.99 b	5.42 b
	2	563b	714.10 b	702.99 b	5.42 b
	3	729b	745.36 b	755.19 b	5.33 b
	4	951b	965.29 b	981.71 b	5.91 a
HG	5	1266 a	1374.80 a	1390.25 a	6.08 a
	6	1100 a	1163.10 a	1198.40 a	5.75 a

注：LG 代表低肥力组，HG 代表高肥力组。

将不同肥力组的土壤养分含量与微生物群落进行冗余分析，低肥力组和高肥力组的微生物群落分别位于 RDA1 轴的两侧，高肥力组土壤与低肥力组土壤的微生物群落组成差异显著。高肥力组土壤的微生物数量及多样性指数与土壤有机质、速效氮、有效磷、速效钾呈显著的正相关关系。高肥力组和低肥力组土壤的微生物群落结构间存在显著差异，且高肥力组的微生物数量及多样性指数与养分呈正相关。

进一步对不同生境的细菌群落在门、纲、目、科、属水平上的组成进行分析，发现低肥力和高肥力土壤中细菌群落的组成有明显差别（图 9.12）。经显著性分析可知，与低肥力土壤相比，高肥力土壤中微生物群落丰度在门水平上得到显著增加的有变形菌门（Proteobacteria）、酸杆菌门（Acidobacteria）、芽单胞菌门（Gemmatimon-adetes）和绿弯菌门（Chloroflexi）；在纲水平上显著增加的有 α-变形菌纲（Alphaproteobacteria）、β-变形菌纲（Betaproteobacteria）、酸微菌纲（Acidimicrobiia）、芽单胞菌纲（Gemmatimonadetes）；在目水平上显著增加的有鞘脂单胞菌目（Sphingomonadales）、根瘤菌目（Rhizobiales）、酸微菌目（Acidimicrobiales）、黄单胞菌目（Xanthomonadales）和芽单胞菌目（Gemm-atimonadales）；在科水平上显著增加的有鞘脂单胞菌科（Sphingomonadaceae）、芽单胞菌科（Gemmatimonadaceae）和 Blastocatellaceae_[Subgroup_4]；在属水平上显著增加的有鞘脂单胞菌属（Sphingomonas）和 bacterium_c_Subgroup_6。

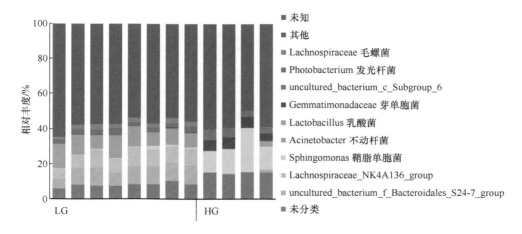

图 9.12 复垦土壤微生物细菌属水平下的群落组成

2. 高肥力复垦土壤中的关键功能菌群

将不同肥力土壤的养分含量与微生物群落进行冗余分析。与低肥力土壤相比，高肥力土壤中显著增加的菌群丰度与土壤肥力水平呈正相关关系。因此，初步确定 4 类目标菌株为高肥力复垦土壤的关键功能菌，具体为：酸杆菌门（Acidobacteria）-囊胚草纲（Blastocatellia）-囊胚草目（Blastocatellales）-囊胚草科（Blastocatellia），芽单胞菌门（Gemmatimonadetes）-大陆纲（S0134_terrestrial_group），鞘脂单胞菌属（Sphingomonas）和芽单胞菌科（Gemmatimonadaceae）。所以本研究采用定向筛选的方式，拟从鞘脂单胞菌和芽单胞菌这两大优势菌属中获取在煤矿区复垦土壤中能促进土壤肥力提升的沃土微生物菌株（群）。

二、复垦土壤功能微生物的定向筛选

目前，功能微生物的定向筛选获得可通过特异性引物或选择培养的方式来实现。在确定菌属（种）名称的情况下，以该菌属（种）的特异性基因片段作为引物，通过基因扩增来实现定向筛选；另外，在明确功能的情况下，通过选择性培养基也可进行筛选、培养。

1. 基于特异性引物-PCR 的功能菌定向筛选

研究基于特异性引物-PCR 结合链霉素抗性平板分离法，从高肥力复垦土壤中定向筛选鞘脂单胞菌。初筛获得 4 株菌株（1#、3#、13#、21#），经高通量测序和生理生化实验确定 13#菌株为后续试验的目标菌株。

13#菌株在营养肉汁琼脂培养基上的单菌落形态为金黄色（图 9.13），圆形，不透明，边缘整齐，表面光滑凸起，有光泽，较湿润，易挑起，菌落直径为 1～1.5 cm，菌体呈革兰氏阴性，短杆状。

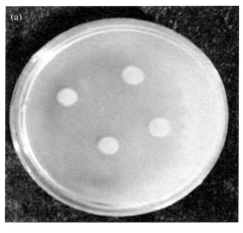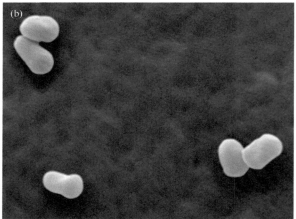

图 9.13　13#鞘脂单胞菌的菌株菌落及电镜扫描形态
（a）平板上的菌落形态，（b）扫描电镜下的菌体形态（40000×）

对 13#菌株进行生理生化分析，结果表明：13#菌株在 V.P. 试验和吲哚试验中呈阴性反应，而在 MR 试验和过氧化氢酶、淀粉水解、柠檬酸盐试验中均呈阳性反应；在糖、醇类碳源分解试验（乳糖、甘露醇、蔗糖、葡萄糖）中反应均呈阳性；菌株以铵态氮和硝态氮为唯一氮源，以甘露醇、葡萄糖、木糖、麦芽糖、淀粉、乳糖、果糖和蔗糖为唯一碳源（表 9.2）。

对菌株的 16S rDNA 全长区进行 PCR 扩增及测序验证，得到全长区序列，通过 Blast 同源比较，鉴定 13#菌株为鞘脂单胞菌（*Sphingomonas*）。

表 9.2　鞘脂单胞菌 13#菌株的生理生化特性

生理生化指标	反应特征	生理生化指标	反应特征	生理生化指标	反应特征	生理生化指标	反应特征
革兰氏染色	−	糖、醇类碳源分解试验		唯一碳源		唯一氮源	
MR 试验	+	乳糖	+	甘露醇	+	硝态氮	+
V.P 试验	−	甘露醇	+	葡萄糖	+	铵态氮	+
柠檬酸盐试验	+	蔗糖	+	木糖	+		
过氧化氢酶试验	+	葡萄糖	+	麦芽糖	+		
吲哚试验	−			淀粉	+		
淀粉水解试验	+			乳糖	+		
				果糖	+		
				蔗糖	+		

2. 基于选择性培养基的功能菌定向筛选

利用选择性培养基在高肥力土壤上进行固氮、解磷、解钾、促生菌的筛选。经过初筛得到固氮菌 3 株、解钾菌 4 株、有机磷分解菌 4 株、无机磷分解菌 4 株、促生菌 4 株。通过对其固氮能力、解磷率、解钾率和促生能力（图 9.14）的分析测定，筛选出高效固氮菌、有机磷分解菌、无机磷分解菌、解钾菌和促生菌各 1 株。

综合考虑各个菌株的形态特征及其活性，菌株 9-7B、7-B、9-6C、1-7C 及 4-B 具有较高的活性，这 5 株菌株将作为后续实验研究的材料。

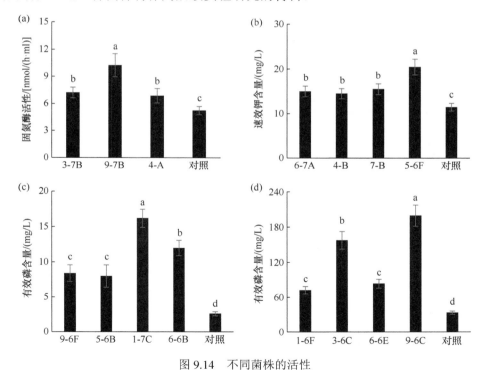

图 9.14　不同菌株的活性
（a）固氮菌；（b）解钾菌；（c）有机磷降解菌；（d）无机磷分解菌；（e）促生菌

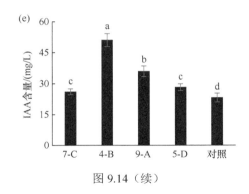

图 9.14（续）

经菌株生理生化分析（表 9.3）、16S rDNA 鉴定、系统发育树构建，菌株 1-7C、7-B、4-B 聚为一支，三者同源性最为相近，鉴定为沙雷氏菌；菌株 9-6C 鉴定为阿氏肠杆菌；菌株 9-7B 鉴定为土壤杆菌。

表 9.3 筛选菌株的生理生化特征

名称	9-7B	4-B	7-B	9-6C	1-7C	名称	9-7B	4-B	7-B	9-6C	1-7C
M.R 试验	-	+	+	+	+	唯一碳源					
V.P. 试验	-	+	+	+	+	葡萄糖	+	+	+	+	+
柠檬酸盐试验	-	+	+	-	+	果糖	+	+	+	+	+
过氧化氢酶试验	-	+	+	+	+	木糖	+	-	+	+	+
吲哚试验	-	+	-	-	-	甘露醇	+	+	+	+	+
淀粉水解试验	-	-	-	-	-	乳糖					
糖、醇分解试验						淀粉	+	+	+	+	+
葡萄糖	+	+	+	□	+	麦芽糖	+	+	+	+	-
乳糖	+	+	+	+	+	唯一氮源					
蔗糖	+	+	+	□	+	硝态氮	+	+	+	+	+
甘露醇	+	+	+	+	+	铵态氮	+	+	+	+	+

注："+"表示阳性，"-"表示阴性，"□"表示产酸又产气。

三、鞘脂单胞菌的性能分析

鞘脂单胞菌属于变形菌门，为好氧菌，耐贫瘠，可以降解有机物质。在煤矿区复垦中，秸秆还田是提高复垦土壤质量的重要措施。本研究在灭菌和不灭菌的新复垦土壤上接种 13#菌株，将秸秆粉碎装入网袋、填埋，采用室内培养的方式研究秸秆的矿化量、腐解率和酶活性。

1. 累计矿化量

整个培养阶段（1～72 d）二氧化碳的累计矿化量随时间推移不断增加，而其增长率逐渐降低（图 9.15）。灭菌组各处理的累计矿化量大于不灭菌组，表现为菌+秸秆处理下累计矿化量最高、对照处理最低。

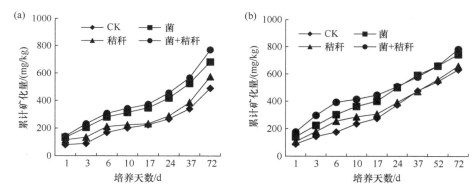

图 9.15　不同培养时间下的秸秆累计矿化量
（a）不灭菌条件；（b）灭菌条件。下同

培养 72 d 后，不灭菌组中 4 个处理的二氧化碳累计矿化量依次是菌+秸秆＞菌＞秸秆＞对照，其中添加菌、秸秆、菌+秸秆处理下累计矿化量比对照分别高出 39.63%、17.40%、57.61%；灭菌组中添加菌、秸秆、菌+秸秆处理下二氧化碳累计矿化量比对照分别增长 17.73%、4.34%、23.65%，其中增长最高的处理是菌+秸秆处理。在秸秆中添加菌剂，促进了秸秆的矿化。

2. 矿化速率

经过 72 d 矿化试验培养后，随着培养时间的延长，各处理土壤秸秆矿化速率总体呈下降的趋势（图 9.16）。培养初期（1～17 d），秸秆矿化速率由峰值（第 1 天）开始迅速下降，下降幅度较大，其中第 1 天到第 3 天变化幅度最大，呈断崖式下降趋势；后期（17～72 d），矿化速率处于缓慢下降阶段，最后趋于稳定，其中在第 52 天和第 72 天矿化速率差异不大。在整个培养的阶段，不灭菌组和灭菌组均显示添加菌+秸秆处理下有机碳矿化速率最高、对照处理有机碳矿化速率最低。在秸秆中添加菌剂，促进了秸秆的矿化。1～10 d 各处理间差异显著，37～72 d 各处理间矿化速率趋于一致。

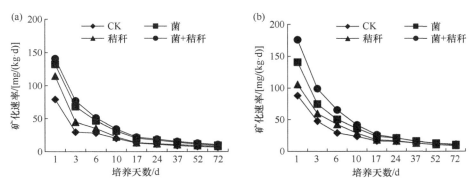

图 9.16　不同培养时间下的秸秆矿化速率

3. 腐解率

在秸秆中添加菌剂（图 9.17）加快了秸秆的腐解。培养初期（12～24 d），秸秆快速腐解，各处理腐解率为 2.53%～39.82%，其中腐解率最高的处理为菌+秸秆，最低的处理是单接菌处理。培养中期（24～48d），腐解率增速达到最大，其中菌+秸秆处理腐解率显著高于秸秆处理，是前者的 7～10 倍；培养后期（48～72d），不灭菌组和灭菌组腐解率增速放缓，趋于平稳。秸秆腐解试验中，前期是否进行灭菌对后期菌剂促进秸秆腐解影响差异不大。在不灭菌组，培养 12d、24d、48d 和 72d 的四个时间段下，菌+秸秆比单一添加秸秆处理的腐解率分别高出了 8.58%、8.94%、2.40% 和 4.22%。在灭菌组，菌+秸秆比单一添加秸秆处理分别高出了 7.56%、7.96%、4.27% 和 6.09%。13#菌剂添加后能够在复垦土壤中存活定殖，并促进秸秆的腐解。

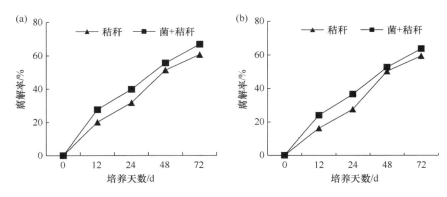

图 9.17　不同培养时间下的秸秆腐解率

4. 水溶性有机碳

腐解 72d 后土壤水溶性有机碳含量在灭菌组表现出菌+秸秆>秸秆>菌，且菌+秸秆处理显著高于其他处理（图 9.18）。菌+秸秆处理下的水溶性有机碳含量较秸秆处理提高了 209%，较接菌处理提高了 293%。在秸秆 72d 的腐解过程中，土壤中秸秆和菌的配施释放出了更多的活性有机碳，促进了秸秆碳向土壤活性有机碳的转化。灭菌与不灭菌对土壤活性有机碳的影响差异不大，这一方面源于所选复垦土壤为新复垦，其微生物数量、种类稀少；另一方面，13#菌株是一株土著的优势菌株，重新添加进入后适应力、定殖能力都很强。

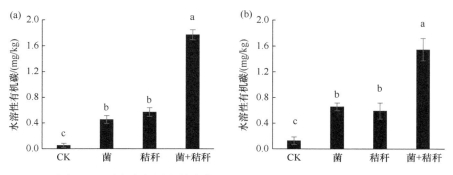

图 9.18　秸秆在复垦土壤中腐解 72d 后的土壤水溶性有机碳含量

5. 纤维素酶

纤维素是植物残体进入土壤的碳水化合物的主要组分之一，在纤维素酶作用下水解为纤维二糖，进一步分解为葡萄糖。纤维素酶是碳转化过程中的一个重要酶。秸秆腐解 72d，接菌后的土壤纤维素酶活性增强，表现为菌+秸秆>菌>秸秆>对照（图 9.19）。与单施秸秆相比，菌+秸秆处理下纤维素酶活性在灭菌组和不灭菌组分别提高了 52.15%和 75.47%，13#菌株的添加显著增强了纤维素酶的活性，促进了秸秆的腐解和养分的释放。

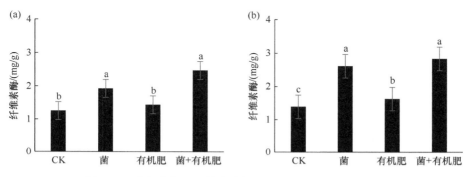

图 9.19　秸秆在复垦土壤中腐解 72d 后土壤纤维素酶活性

通过功能微生物菌株的定向筛选，获得了高效固氮菌、有机磷分解菌、无机磷分解菌、解钾菌、促生菌和秸秆腐解菌。这些菌株之间无拮抗作用，可以复配使用，具有提高复垦土壤肥力的潜力。

第三节　功能微生物菌剂的改土效果

功能微生物的施用可以定向调控微生物群落，激发土著微生物的活性，促进土壤的物质循环、能量流动，改善土壤养分、植物生长及微生物环境，提高作物产量和土壤质量。本研究通过将从复垦试验区高肥力组土壤中筛选获得的高效固氮菌、有机磷分解菌、无机磷分解菌、解钾菌、促生菌和秸秆腐解菌等土著菌株进行复配，研发了一种复垦土壤专用的功能微生物菌剂，并在山西省采煤沉陷复垦区（长治襄垣）和矸石填埋复垦区（太原古交）的新复垦土壤上应用，均显著提高了复垦土壤养分含量、作物生物量和微生物数量。在长治襄垣复垦基地，采集采煤沉陷区新复垦土壤进行盆栽试验，设置 9 个培肥处理，验证功能微生物菌剂联合有机物料使用的改土效果。

一、功能微生物菌剂提高了复垦土壤养分含量

1. 功能微生物菌剂施用下土壤全氮含量

在玉米生长过程中，添加菌剂提高了新复垦土壤的全氮含量。在施用无机肥的基础上，接种菌剂后土壤全氮含量大于配施秸秆或有机肥，表现为无机肥+菌剂>无机肥+有

机肥>无机肥+秸秆>无机肥（图 9.20），无机肥+菌剂处理显著优于其他处理。在有机物料基础上施用菌剂时，全氮含量表现为：无机肥+有机肥+菌剂>无机肥+有机肥，无机肥+秸秆+菌剂>无机肥+秸秆。由此可见，菌剂施用促进了有机肥、秸秆中有机态养分向无机态的转化。各处理中"无机肥+有机肥+秸秆+菌剂"处理下土壤全氮含量最高，种植 80 d 时，土壤全氮较无机肥处理提高 190.24%。在新复垦土壤上使用有机物料（秸秆、有机肥）配合菌剂，可以显著提高土壤全氮含量。

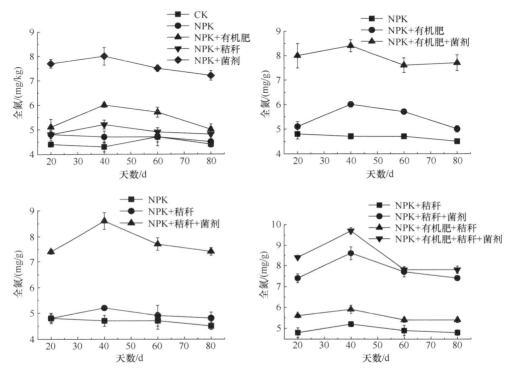

图 9.20　不同施肥条件下施用功能微生物菌剂的复垦土壤全氮含量

NPK 为无机肥，下同

2. 功能微生物菌剂施用下土壤有机质含量

在玉米的生长过程中，添加菌剂提高了新复垦土壤的有机质含量（图 9.21）。在施用无机肥的基础上，接种菌剂后土壤有机质含量大于配施秸秆或有机肥，表现为无机肥+菌剂>无机肥+有机肥>无机肥+秸秆>无机肥，无机肥+菌剂处理显著优于其他处理。在施用有机物料的基础上接种菌剂，有机质含量表现为无机肥+有机肥+菌剂>无机肥+有机肥，无机肥+秸秆+菌剂>无机肥+秸秆。由此可见，有机-无机肥配施菌剂施用促进了有机物料有机碳向土壤有机质的转化，加速了土壤有机质的累积。所有处理中，无机肥+有机肥+秸秆+菌剂处理下的土壤有机质含量最高，与无机肥+秸秆+菌剂处理之间差异不显著。种植 80 d 时，无机肥+有机肥+秸秆+菌剂处理下，新复垦土壤有机质较无机肥处理提高了 90.3%，较无机肥配施秸秆处理提高了 55.8%。

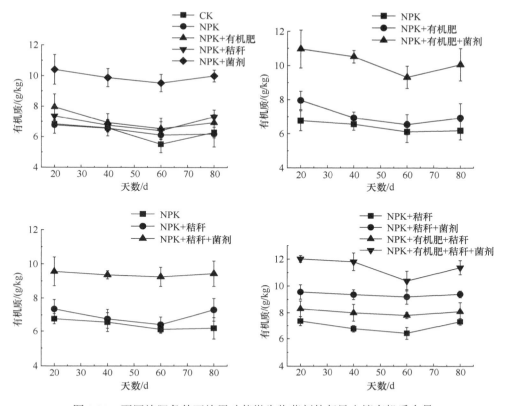

图 9.21　不同施肥条件下施用功能微生物菌剂的复垦土壤有机质含量

3. 功能微生物菌剂施用下土壤碱解氮含量

在玉米生长 20d 时，施用无机肥的基础上，接种菌剂后土壤碱解氮含量显著大于配施秸秆或有机肥，表现为无机肥+菌剂>无机肥+有机肥>无机肥+秸秆>无机肥。在玉米生长的最初 20d，处于苗期阶段，对土壤养分消耗较少，功能菌剂中的固氮微生物促进了氮素的累积，无机肥+菌剂处理显著优于其他处理。在施用有机物料的基础上接种菌剂时，有机质含量表现为：无机肥+有机肥+菌剂>无机肥+有机肥，无机肥+秸秆+菌剂>无机肥+秸秆。

在玉米生长过程中，碱解氮的含量呈先增加后降低的趋势，种植 40 d 时土壤碱解氮含量最大，之后快速下降（图 9.22）。功能微生物菌剂配施有机物料显著提高了新复垦土壤的碱解氮含量。在长治复垦土壤中，整个生长过程中，接种菌剂土壤碱解氮含量均较高，在有机物料基础上施用菌剂时，碱解氮含量表现为：无机肥+有机肥+菌剂>无机肥+有机肥>无机肥，无机肥+秸秆+菌剂>无机肥+秸秆>无机肥。由此可见，施用菌剂促进了有机物料速效养分的释放，加速了有机肥、秸秆中有机态养分向无机态的转化；所有处理中，无机肥+有机肥+秸秆+菌剂处理土壤碱解氮含量最高，种植 80 d 时，无机肥+有机肥+秸秆+菌剂处理下，长治和古交新复垦土壤碱解氮含量较无机肥处理分别提高 22.05%和 59.03%，较播前土壤碱解氮含量分别提高 94.31%和 106.52%。

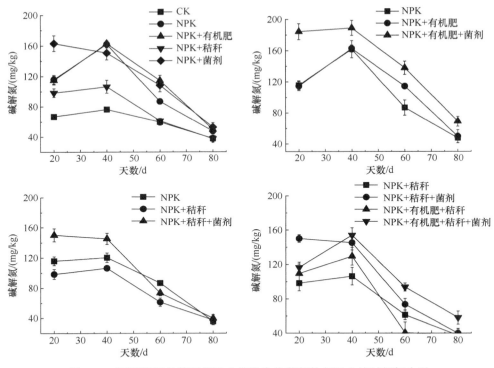

图 9.22　不同施肥条件下施用功能微生物菌剂的复垦土壤碱解氮含量

4. 功能微生物菌剂施用下土壤有效磷含量

在玉米生长过程中，添加菌剂提高了新复垦土壤有效磷含量（图 9.23）。在施用无机肥的基础上，接种菌剂土壤有效磷含量大于配施秸秆或有机肥，表现为无机肥+菌剂>无机肥+有机肥>无机肥+秸秆，且差异显著。在有机物料基础上施用菌剂时，有效磷含量表现为：无机肥+有机肥+菌剂>无机肥+有机肥，无机肥+秸秆+菌剂>无机肥+秸秆。由此可见，菌剂带入的解磷菌可以有效提高土壤和肥料中的磷活性。种植 80 d 时，无机肥+有机肥+秸秆+菌剂处理下，复垦土壤有效磷较无机肥+秸秆、无机肥+有机肥+秸秆分别提高 252.5%和 113.6%。磷素在土壤中容易被固定，移动性差，提高土壤磷素的活性是提高磷肥利用的关键。解磷微生物利用微生物生长代谢过程中产酸的特性可以分解、活化有机磷和无机磷，将其变成微生物和植物可利用的有效磷。在煤矿区新复垦土壤中，土壤本身磷素水平低，因此在无机肥和有机物料协同施用的基础上接种高效解磷菌，可提高肥料磷素利用率和有机磷组分的释放。

5. 功能微生物菌剂施用下土壤速效钾含量

在玉米生长过程中，添加菌剂均提高了新复垦土壤速效钾含量（图 9.24）。在施用无机肥的基础上，接种菌剂土壤速效钾含量大于配施秸秆或有机肥，表现为无机肥+菌剂显著高于无机肥+有机肥、无机肥+秸秆、无机肥和不施肥；在有机物料基础上施用菌剂时，速效钾含量表现为：无机肥+有机肥+菌剂>无机肥+有机肥>无机肥，无机肥+秸秆+菌剂>无机肥+秸秆，菌剂施用后解钾菌可以促进有机肥和秸秆中速效养分的释放，

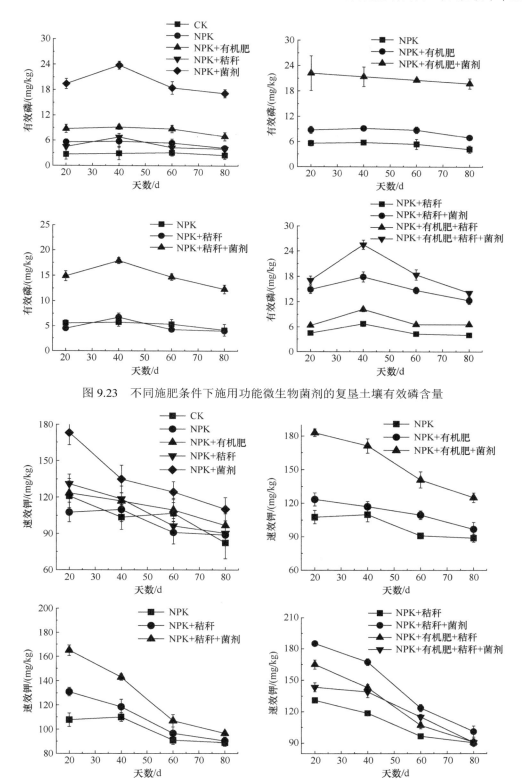

图 9.23 不同施肥条件下施用功能微生物菌剂的复垦土壤有效磷含量

图 9.24 不同施肥条件下施用功能微生物菌剂的复垦土壤速效钾含量

加速了有机肥、秸秆中有机态养分向无机态的转化；所有处理中，无机肥+有机肥+秸秆+菌剂处理土壤速效钾含量最高，种植 80 d 时，无机肥+有机肥+秸秆+菌剂处理下新复垦土壤速效钾分别较无机肥处理提高 13.1%。玉米在前期生长中（前 40d）对钾素需求较少，添加菌剂处理土壤速效钾显著大于不添加；在 40~80d，随着玉米生物量的增加，对钾素吸收量增加，各处理间速效钾含量差距减小。

二、功能微生物菌剂促进了复垦土壤玉米生长

在玉米的生长过程中，添加菌剂促进了玉米生长（图 9.25）。在施用无机肥的基础上接种菌剂后，玉米的干物质量大于配施秸秆或有机肥，表现为无机肥+菌剂>无机肥+有机肥>无机肥+秸秆>无机肥，各处理之间差异显著（图 9.26）。在有机物料基础上施用

图 9.25　不同施肥条件下施用微生物菌剂的玉米盆栽试验

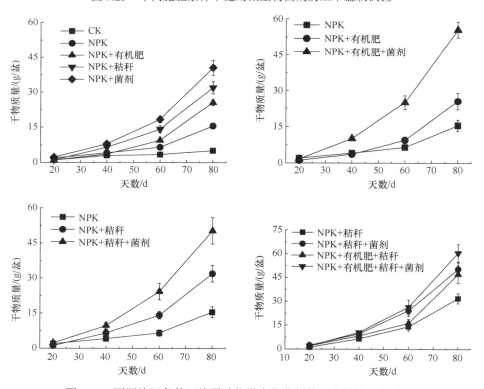

图 9.26　不同施肥条件下施用功能微生物菌剂的玉米植株干物质量

菌剂时，生物量表现为：无机肥+有机肥+菌剂>无机肥+有机肥，无机肥+秸秆+菌剂>无机肥+秸秆。无机肥+有机肥+秸秆+菌剂处理的玉米生物量最高，种植 80 d 时，其生物量是无机肥处理的 3.92 倍，是无机肥+秸秆处理的 1.9 倍。功能微生物菌剂是一个复合菌剂，协同有机肥和秸秆使用，可以加速有机态养分向无机态的转化，有效改善土壤养分供应状况，提高生产力。

三、功能微生物菌剂改善了复垦土壤酶活性

土壤胞外酶是微生物从土壤有机物质中获取营养的媒介，其活性可以作为微生物营养需求的指标。我们选取了目前研究最多的土壤胞外酶：一种转化碳酶（β-葡萄糖苷酶，BG）；两种氮代谢酶（氨基葡萄糖苷酶，NAG；亮氨酸氨基肽酶，LAP）；一种磷代谢酶（碱性磷酸酶，AP）。这四种酶的潜在活性与微生物代谢速率和生物地球化学过程密切相关，通常作为微生物营养需求的指标。

1. 复垦土壤碳转化酶活性

在长治煤矿区复垦土壤盆栽试验中，玉米生长 80 d 时，施加无机肥、无机肥+有机肥、无机肥+秸秆、无机肥+菌剂，复垦土壤碳转化酶的活性表现为无机肥+菌剂>无机肥+秸秆>无机肥+有机肥>无机肥（图 9.27），无机肥+菌剂处理比其他处理提高 97.3%～436.6%，差异显著。无机肥+有机肥+秸秆+菌剂处理土壤碳转化酶活性最高。秸秆中含有大量纤维素、半纤维素和木质素，秸秆进入后激发了土壤微生物对这些有机物质的利用，刺激了碳转化酶的产生，有机肥+秸秆处理碳转化酶显著大于无机肥处理。功能微生物菌剂带入了大量微生物，其生长需要利用有机碳，同时大量有机物质的进入会激发大量碳转化酶的产生。

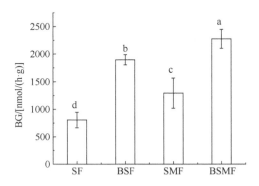

图 9.27 不同施肥条件下施用微生物菌剂的复垦土壤碳转化酶活性

BG，β-葡萄糖苷酶。SF，无机肥+秸秆；BSF，无机肥+秸秆+菌剂；SMF，无机肥+有机肥+秸秆；BSMF，无机肥+有机肥+秸秆+菌剂。不同小写字母表示不同处理间差异显著（P<0.05）。下同

2. 复垦土壤氮代谢酶活性

在长治煤矿区复垦土壤盆栽试验中，玉米生长 80 d 时，施加无机肥、无机肥+有机肥、无机肥+秸秆、无机肥+菌剂处理中，无机肥配施秸秆后土壤氮代谢酶活性显著大于

其他处理，较无机肥提高了 34.4%（图 9.28）。施加有机物料后，为微生物提供了大量碳源，微生物利用碳时会激发其对氮的需求，固氮酶活性相应增强。在有机物料的基础上施入功能微生物菌剂后，大量有益微生物菌的进入会通过碳氮比调节促进氮素的循环，使土壤氮代谢酶活性大幅度提高，无机肥+有机肥+秸秆+菌剂处理的氮代谢酶活性较无机肥+秸秆、无机肥+有机肥+秸秆处理分别提高了 19%和 15%，差异显著。

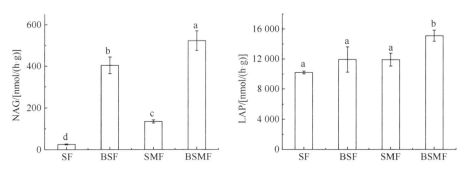

图 9.28　不同施肥条件下施用微生物菌剂的复垦土壤氮代谢酶活性

3. 复垦土壤磷代谢酶活性

在长治煤矿区复垦土壤盆栽试验中，玉米生长 80 d 时，有机物料和菌剂的施入提高了土壤磷代谢酶活性。施加无机肥、无机肥+有机肥、无机肥+秸秆和无机肥+菌剂处理下，复垦土壤磷代谢相关的酶活性大小依次为无机肥+菌剂>无机肥+秸秆>无机肥，无机肥+菌剂处理与其他处理之间存在显著差异，较其他处理提高 15.4%～209.6%（图 9.29）。新复垦土壤养分贫瘠，所施用的无机肥为过磷酸钙，可溶性差，菌剂施入后无机磷溶解菌会将难溶的无机磷加以转化，使磷代谢酶活性增强。无机肥+有机肥+秸秆+菌剂处理磷代谢酶活性显著高于其他处理，是无机肥+秸秆+有机肥处理的 1.46 倍。有机物料进入复垦土壤后，土壤磷代谢酶活性大幅增加。磷在土壤中多以有机结合态和难溶态无机磷形式存在，功能微生物菌剂中包含无机溶磷菌和有机磷降解菌，这些功能微生物进入土壤，面对土壤中的有机磷和过磷酸钙，解磷菌的功能迅速启动，磷代谢酶活性增强。

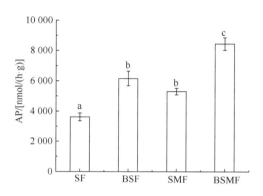

图 9.29　不同施肥条件下施用微生物菌剂的复垦土壤碱性磷酸酶活性

煤矿区新复垦土壤有机质含量低、养分匮乏，微生物数量、种类少，施用肥料特别是有机物料后代谢转化受阻。功能微生物菌剂的施入会大大加速元素的转化和有机物的分解，碳转化、氮代谢和磷代谢活性大幅度提高。

四、功能微生物菌剂改善了复垦土壤微生物群落

1. 功能微生物菌剂施用下复垦土壤微生物多样性

接种功能微生物菌剂后，复垦土壤细菌群落多样性发生了显著变化（表 9.4）。在施用无机肥的基础上，配施有机肥、秸秆或接种微生物菌剂，较对照和单施无机肥都会显著增加细菌群落的 OTU 数量以及 ACE、Chao1、Shannon 及 Simpson 指数。接种功能微生物菌剂后，Shannon 指数显著高于无机-有机肥和无机肥配施秸秆处理，OTU、ACE、Chao1 和 Simpson 指数与有机-无机肥、无机肥配施秸秆处理间差异不显著。

表 9.4　不同施肥条件下施用功能微生物菌剂的土壤细菌群落多样性

	OTU	ACE 指数	Chao1 指数	Shannon 指数	Simpson 指数
CK	553±31.80b	700±9.23c	758±46.23c	4.33±0.23c	0.68±0.03c
F	507±15.70b	645±34.99c	651±25.84c	3.94±0.14c	0.64±0.02c
MF	1203±79.43a	1245±66.42b	1187±190.16b	6.98±1.58b	0.9±0.13b
SF	1270±202.63a	1388±115.39a	1387±130.07a	7.45±0.56ab	0.97±0.02ab
BF	1224±24.66a	1300±28.71ab	1328±31.85ab	8.47±0.02a	0.99±0.0003a
BMF	1172±26.15a	1250±38.78b	1292±48.95ab	8.1±0.02ab	0.99±0.0006a
BSF	1188±13.45a	1248±12.42b	1281±9.78ab	8.35±0.02a	0.99±0.0002a
SMF	1244±43.55a	1212±161.27b	1254±137.17ab	7.39±1.19ab	0.95±0.05ab
BSMF	1218±38.43a	1285.25±44.28ab	1306±47.56ab	8.41±0.04a	0.99±0.0007a

注：CK 为不施肥，F 为无机肥，MF 为有机-无机肥配施，SF 为无机肥+秸秆，BF 为无机肥+菌剂，BMF 为无机肥+有机肥+菌剂，BSF 为无机肥+秸秆+菌剂，SMF 为无机肥+有机肥+秸秆，SMF 为无机肥+有机肥+秸秆，BSMF 为无机肥+有机肥+秸秆+菌剂。不同小写字母表示同一指标不同处理间差异显著（$P<0.05$）。下同。

2. 功能微生物菌剂施用下复垦土壤微生物群落结构

接种微生物菌剂后，复垦土壤细菌群落的结构组成发生了显著的变化（图 9.30）。在施用无机肥的基础上配施有机肥、秸秆，或接种微生物菌剂，较对照和单施无机肥都会显著增加细菌群落的变形菌门（Proteobacteria）相对丰度，减少厚壁菌门（Firmicutes）相对丰度。与单施无机肥相比，有机-无机肥、无机肥+秸秆、无机肥+菌剂处理变形菌门的丰度分别增加 12.73%、22.95%、38.99%；与单施无机肥相比，有机-无机肥、无机肥+秸秆、无机肥+菌剂处理厚壁菌门的丰度分别减少 38.25%、63.87%、73.57%。变形菌门属于 r-策略的富营养菌，利用活性碳进行生长和代谢，在营养丰富的环境中生长更快；厚壁菌门属于贫营养性微生物，在水分含量少、营养条件贫瘠的土壤中所占丰度较大（Trivedi et al.，2013）。在无机肥的基础上施用秸秆、有机肥为微生物生长提供了大量的碳源、氮源，促进了富营养菌的生长，减少了贫营养菌的丰度。

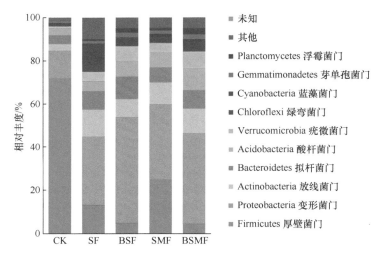

图 9.30　不同施肥条件下施用功能微生物菌剂的土壤细菌群落组成

在施用无机肥和有机物料的基础上，接种微生物菌剂会进一步显著增加细菌群落变形菌门的相对丰度、减少厚壁菌门丰度。与有机-无机肥相比，无机肥+有机肥+菌剂处理变形菌门的丰度增加了 24.94%，厚壁菌门的丰度降低了 33.66%。与无机肥+秸秆处理相比，无机肥+有机肥+菌剂处理变形菌门的丰度增加了 17.14%，厚壁菌门的丰度减少了 8.28%，蓝藻菌门的丰度减少了 9.46%。菌剂的加入进一步改善了微生物生长的营养环境。

3. 功能微生物菌剂施用下复垦土壤微生物群落结构变化的影响因素

对不同措施下土壤细菌菌群纲水平丰度与土壤理化因子进行 RDA 分析，RDA1 轴可以解释总变量的 74.75%，且全氮、有机质和 MBC 与第一轴存在显著的正相关性，全氮、有机质和 MBC 这些因子的共同作用影响了 RDA1 方向土壤细菌菌群的分布；RDA2 轴可以解释总变量的 5.98%，有效磷和碱解氮与第二轴存在显著的相关性，证明有效磷和碱解氮是影响 RDA2 方向上土壤微生物群落组成的主要因素。土壤全氮、有机质和 MBC 与 RDA1 和 RDA2 轴有较高的相关程度，且对排序结果的贡献率较大。

土壤肥力除了包括物理肥力、化学肥力外，还包含生物肥力，生物肥力属于土壤肥力的核心内容（Abbott and Murphy，2003），而土壤微生物特性又处于生物肥力的中枢位置（Shi et al.，2019）。土壤功能微生物数量、土壤胞外酶活性、微生物群落多样性及群落结构等都是评价生物肥力的重要生物学指标。复垦土壤养分含量低、有机质匮乏、微生物数量稀少，在复垦土壤培肥过程中一定要重视微生物群落的重建，土壤中碳、氮、磷等元素的转化和循环都需要微生物的参与。在无机肥的基础上添加有机物料，同时配施微生物菌剂，高效的功能微生物带着"粮食"（碳源、氮源）"下田"，可以保证功能微生物的生长代谢，促进有机物质的快速转化，为土壤积累有机质。土壤中可被利用的活性物质增多会激发原有土著微生物的生长，加速土壤微生物群落的恢复。

参 考 文 献

曹宏杰, 倪红伟. 2015. 土壤微生物多样性及其影响因素研究进展. 国土与自然资源研究, (3): 87-90.

褚海燕, 冯毛毛, 柳旭, 等. 2020. 土壤微生物生物地理学: 国内进展与国际前沿. 土壤学报, 57(3): 515-529.

戴珏, 胡君利, 林先贵, 等. 2010. 免耕对潮土不同粒级团聚体有机碳含量及微生物碳代谢活性的影响. 土壤学报, (5): 117-124.

李建华, 李华, 郜春花, 等. 2020. 不同工程复垦措施对晋东南采煤沉陷区土壤质量演变特征的影响. 中国农学通报, 36 (17): 62-70.

李媛媛. 2015. 采煤塌陷地泥浆泵复垦土壤微生物多样性及土壤酶活性研究. 北京: 中国矿业大学博士学位论文.

王冰冰, 曲来叶, 马克明, 等. 2015. 岷江上游干旱河谷优势灌丛群落土壤生态酶化学计量特征. 生态学报, (18): 176-186.

杨尚东, 李荣坦, 吴俊, 等. 2016. 番茄连作与轮作土壤生物学特性及细菌群落结构的比较. 生态环境学报, (1): 76-83.

袁红朝, 吴昊, 葛体达, 等. 2015. 长期施肥对稻田土壤细菌、古菌多样性和群落结构的影响. 应用生态学报, 26(6): 210-216.

张绍良, 张黎明, 侯湖平, 等. 2017. 生态自然修复及其研究综述. 干旱区资源与环境, 31(1): 160-166.

朱永官, 彭静静, 韦中, 等. 2021. 土壤微生物组与土壤健康. 中国科学: 生命科学, 51(1): 1-11.

Abbott L K, Murphy D V. 2003. Soil Biological Fertility: a Key to Sustainable Land Use in Agriculture. Dordrecht: Kluwer Academic Publishers.

Bowles T M, Acosta-Martínez V, Calderón F, et al. 2014. Soil enzyme activities, microbial communities, and carbon and nitrogen availability in organic agroecosystems across an intensively-managed agricultural landscape. Soil Biology and Biochemistry, 68: 252-262.

Burns R G, Stach J E M. 2002. Microbial ecology of soil biofilms: Substrate bioavailability, bioremediation and complexity. Developments in Soil Science, 28: 17-42.

Chaer G, Fernandes M, Myrold D, et al. 2009. Comparative resistance and resilience of soil microbial communities and enzyme activities in adjacent native forest and agricultural soils. Microbial Ecology, 58(2): 414-424.

Feng Y, Hu Y, Wu J, et al. 2019. Change in microbial communities, soil enzyme and metabolic activity in a *Torreya grandis* plantation in response to root rot disease. Forest Ecology and Management, 432: 932-941.

Fontaine S, Bardoux G, Benest D, et al. 2004. Mechanisms of the priming effect in a savannah soil amended with cellulose. Soil Science Society of America Journal, 68(1): 125 -131.

Geisseler D, Scow K M. 2014. Long-term effects of mineral fertilizers on soil microorganisms-A review. Soil Biology and Biochemistry, 75: 54-63.

Hibbett D S, Ohman A, Glotzer D, et al. 2011. Progress in molecular and morphological taxon discovery in Fungi and options for formal classification of environmental sequences. Fungal Biology Reviews, 25(1): 38-47.

Li W, Liu Q, Chen P. 2018. Effect of long-term continuous cropping of strawberry on soil bacterial community structure and diversity. Journal of Integrative Agriculture, 17(11): 2570-2582.

Liang C, Schimel J P, Jastrow J D. 2017. The importance of anabolism in microbial control over soil carbon storage. Nature Microbiology, 2(8): 17105.

Lynch M D J, Thorn R G. 2006. Diversity of basidiomycetes in michigan agricultural soils. Appl Environ Microbiol, 72(11): 7050-7056.

Manici L M, Caputo F. 2010. Soil fungal communities as indicators for replanting new peach orchards in intensively cultivated areas. European Journal of Agronomy, 33(3): 188-196.

Moscatelli M C, Secondi L, Marabottini R, et al. 2018. Assessment of soil microbial functional diversity: land use and soil properties affect CLPP-MicroResp and enzymes responses. Pedobiologia, 66: 36-42.

Robert L S, Jennifer J F S. 2012. Ecoenzymatic stoichiometry and ecological theory. Annual Review of Ecology Evolution & Systematics, 43(1): 313-343.

Shi S, Tian L, Nasir F, et al. 2019. Response of microbial communities and enzyme activities to amendments in saline-alkaline soils. Applied Soil Ecology, 135: 16-24.

Šnajdr J, Dobiášová P, Vetrovský T, et al. 2011. Saprotrophic basidiomycete mycelia and their interspecific interactions affect the spatial distribution of extracellular enzymes in soil. Fems Microbiology Ecology, 78(1): 80-90.

Tibbett M, Sanders F E. 2002. Ectomycorrhizal symbiosis can enhance plant nutrition through improved access to discrete organic nutrient patches of high resource quality. Annals of Botany, 89(6): 783-789.

Trivedi P, Anderson I C, Singh B K. 2013. Microbial modulators of soil carbon storage: integrating genomic and metabolic knowledge for global prediction. Trends in Microbiology, 21(12): 641-651.

Zeng L, Liao M, Huang C, et al. 2007. Effects of lead contamination on soil microbial biomass, microbial activities and rice growth in paddy soils. Ecotoxicol Environ Safety, 67: 67-74.

第十章　不同植物种植对煤矿区复垦土壤质量的提升作用与机制

植物种植是改善受损煤矿区土壤质量和生产潜力最有效的手段之一。世界发达国家非常重视煤矿区植被恢复，其研究可追溯至 19 世纪末期，主要包括适宜植物选择及其发育规律、土壤理化性质改善、土壤养分供应与动态平衡等方面（李钰洁，2015）。在矿区土壤贫瘠、结构较差和微生物活性低的情况下，一些耐瘠抗逆的植物，如豆科植物和禾本科草种往往作为先锋植物进入复垦土壤，以提高土壤的肥力（王莉和张和生，2013）。根系生长可以改善土壤水热环境及土壤理化生物性状，特别是提升土壤有机质、改善土壤结构和土壤微生物种群特征，从而增加作物产量（周本智等，2007）。植物根系是改变土壤结构和水文状况的关键因素（Bengough，2012）。根作为植物器官，能够感知周围环境变化，并激活各种物理生化过程来适应环境（Potocka and Szymanowska-Pulka，2018）。植物生长与生理过程中根系分泌物的数量和质量，以及植物自身作为碳源的直接输入，均以有机质的形式提高了土壤养分状况。对土壤微生物而言，这些进入土壤的代谢产物是土壤微生物生长的良好碳源、氮源和能源。因此，从植物种植的角度出发，分析不同植物根际土壤有机质组分累积过程，比较不同植物种植下土壤微生物多样性的变化特点，对于揭示煤矿区土壤质量演变的机制和定向培育具有重要意义。

第一节　不同植物根际土壤有机质组分累积过程与机制

植物种植不仅对地表有重要的固持和覆盖作用，而且可通过根系对复垦土壤理化和生物性质产生极大的影响。根际微环境对土壤养分有效性及其被植物根际的吸收利用有直接影响，根系也能够改变土壤物理、化学和生物学性质，具有改土培肥作用。根系的分布受土层厚度、土壤容重、腐殖质含量、土壤微生物等的影响（Benoit et al.，2003）。根系形态特征包括根长、根表面积、细根比例等，这些特征均影响土壤结构、土壤碳氮等养分循环，由此影响土壤有机质含量。本研究试验地点位于太原断陷盆地西侧的山西省古交市屯兰煤矿区（37°53′15″N，112°6′42″E），属于温带大陆性季风气候。2013 年，利用煤矿区周围的马兰黄土在废弃的煤矸石填埋区进行覆土，覆土厚度约 50 cm。在不同复垦年限（0 年、1 年、5 年、6 年）土壤上，种植 4 种不同作物，分别为直根系豆科植物毛苕子（土库曼）、大豆（晋豆 21）、紫花苜蓿、须根系禾本科植物玉米（晋单 32），同时以不种植植物为对照处理，研究不同根系作物对煤矿区复垦土壤质量提升的作用机制，为煤矿区复垦土壤质量与生态改良提供依据。

一、煤矿区复垦土壤种植不同植物的根系形态特征

植物根系形态通过根系根长、根体积、根表面积、根系分形维数、根密度等进行表征。植物在生长过程中需要吸收大量的养分和水分，根系对植物生长起着关键作用，尤其在养分较为贫瘠的煤矿区复垦土壤中，根系的形态特征直接影响植物对土壤有限资源的获取。从煤矿区复垦区四种植物根系形态参数可以看出，须根系玉米的根长、根体积、根表面积、根系分形维数、根密度均显著高于直根系植物毛苕子、大豆、苜蓿。直根系毛苕子根系的根长、根体积、根表面积均显著低于大豆和苜蓿（$P < 0.05$）（表 10.1）。大豆、毛苕子和苜蓿的根密度无明显差异。由此可见，在煤矿区复垦过程中种植须根系玉米更有利于植物对土壤养分吸收，有效促进土壤中营养元素的循环和转化。

表 10.1　煤矿区复垦土壤种植不同植物的根系形态参数

植物类型	根体积/cm³	根长/cm	根表面积/cm²	分形维数	根密度/（g/cm³）
玉米	7.00±0.6a	2511.50±67.20a	488.50±51.60a	1.80±0.03a	0.45±0.06a
大豆	4.60±0.8b	468.30±45.40b	160.30±26.70b	1.46±0.13bc	0.27±0.05b
毛苕子	0.30±0.1d	61.80±6.90c	14.30±2.90d	1.31±0.09c	0.21±0.06b
苜蓿	1.20±0.1c	482.90±1.20b	85.70±8.80c	1.57±0.02b	0.30±0.06b

注：平均值±标准误。同列数字后不同字母表示不同植物类型间根系形态参数差异显著（$P<0.05$）。

二、不同植物种植下复垦土壤的有机碳组分含量

植物根系形态特征的差异影响复垦土壤结构、土壤碳氮等养分循环，进而影响土壤有机质含量。由于植物根系分泌物根际多于非根际，根系微生物活性强，可以分解土壤中的矿物成分，使有机质分解速率加快，所以植物根际活性碳库Ⅰ和活性碳库Ⅱ均高于非根际（图 10.1）。植物根系形态对复垦土壤中活性碳库具有一定的影响，植物根长、根表面

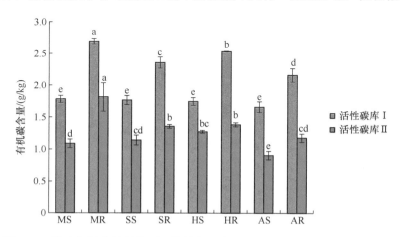

图 10.1　煤矿复垦土壤种植不同植物根际与非根际土壤活性碳库有机碳含量

MS，玉米非根际土壤；MR，玉米根际土壤；SS，大豆非根际土壤；SR，大豆根际土壤；HS，毛苕子非根际土壤；HR，毛苕子根际土壤；AS，苜蓿非根际土壤；AR，苜蓿根际土壤。图中不同小写字母表示不同植物土壤中活性碳库含量差异显著（$P<0.05$）。下同

积、分形维数、根体积、根密度与植物根际土壤中总有机碳含量有较强的相关性（表10.2）。其中，植物根表面积、根长与活性碳 I 和活性碳 II 也有着显著正相关关系，根系分形维数和根密度与活性碳 II 组分相关性较强。复垦土壤中，植物根系形态的差异直接影响根际土壤有机碳组分含量。

表 10.2　煤矿复垦土壤植物根系形态与根际土壤活性有机碳库的皮尔森相关相关性

根系形态	总有机碳	活性碳库 I	活性碳库 II	顽固性碳指数
分形维数	0.730**	0.34	0.639*	0.508
根长	0.845**	0.691*	0.833**	0.256
根表面积	0.793**	0.662*	0.755**	0.262
根体积	0.585*	0.544	0.523	0.202
根密度	0.592*	0.481	0.600*	0.179

*植物根系形态与根际土壤活性有机碳库在 0.05 水平显著相关；**在 0.01 水平显著相关。

三、不同植物种植下复垦土壤的有机碳累积特征

1. 不同植物种植下土壤和团聚体的有机碳含量

种植玉米、大豆和毛苕子后，复垦土壤中有机碳含量随复垦年限的延长而逐渐增加，在第 6 年达到最高值，且显著高于复垦 0 年和复垦 1 年（图 10.2）。这是由于遗留在土壤中的植物根系及根系分泌物经过长时间作用会促进土壤团聚体的形成，有利于有机碳的储存（侯玉乐，2017），致使土壤有机碳含量随着复垦年限的增加逐渐升高。

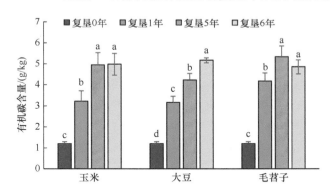

图 10.2　不同复垦年限、不同植物种植下土壤有机碳含量
图中不同小写字母表示同种植物种植下不同复垦年限土壤有机碳含量差异显著（$P<0.05$）

在同一粒径下，植物种植后的土壤团聚体有机碳含量显著高于复垦 0 年。三种植物中，大团聚体（粒径>0.25 mm）有机碳含量顺序为玉米>大豆>毛苕子（图 10.3）；在 0.25~0.15mm、0.15~0.1mm 粒径中，玉米种植处理下土壤团聚体有机碳含量最大且与种植大豆和毛苕子有显著差异（图 10.4）。这可能是因为玉米根系相较于大豆和毛苕子较密集，造成土壤中团聚体含量存在差异，从而影响土壤有机碳的转化（苑亚茹等，2012）。团聚体有机碳含量整体上随着团聚体粒径的减小而降低，大团聚体的有机碳含量大于微团聚体的有机碳含量。

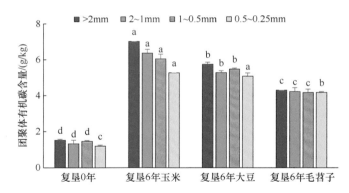

图 10.3　不同复垦年限、不同植物种植下土壤大团聚体（粒径>0.25 mm）有机碳含量

图中不同小写字母表示不同植物种植下同一土壤大团聚体（粒径>0.25 mm）间有机碳含量差异显著（$P<0.05$）

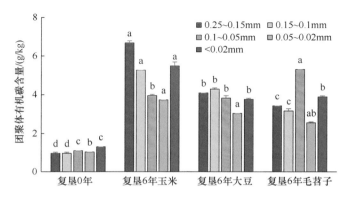

图 10.4　不同复垦年限、不同植物种植下土壤微团聚体（粒径<0.25 mm）有机碳含量

图中不同小写字母表示不同植物种植下同一土壤微团聚体（粒径<0.25 mm）间有机碳含量差异显著（$P<0.05$）

1）种植玉米土壤团聚体有机碳

　　种植玉米后土壤大团聚体有机碳含量随复垦年限的变化而表现出明显差异（图 10.5）。在大团聚体（>0.25mm）各个粒径中，有机碳含量随复垦年限的延长均有显著增加趋势。随着复垦年限延长，大团聚体有机碳含量增加幅度随粒径的减小而降低。种植玉米后土壤微团聚体（<0.25mm）各个粒径有机碳含量随复垦年限的延长也呈显著增加趋势，0.25～0.15mm 和 0.15～0.1mm 粒径的团聚体有机碳含量的增加幅度较大，且与复垦 0 年土壤相比有显著差异（图 10.6）。

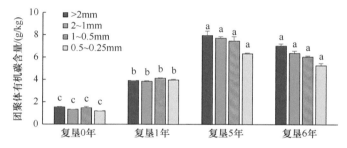

图 10.5　不同复垦年限种植玉米土壤的大团聚体有机碳含量

图中不同小写字母表示不同复垦年限下相同土壤大团聚体间有机碳含量差异显著（$P<0.05$）。下同

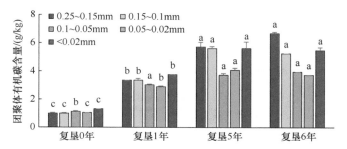

图 10.6　不同复垦年限种植玉米土壤的微团聚体有机碳含量

图中不同小写字母表示不同复垦年限下相同土壤微团聚体间有机碳含量差异显著（$P<0.05$）。下同

2）种植大豆土壤团聚体有机碳

种植大豆后土壤大团聚体有机碳含量随复垦年限的变化而表现出明显差异（图 10.7）。大团聚体各个粒径有机碳含量随复垦年限的延长均有显著的增加趋势，不同粒级团聚体中有机碳含量的大小顺序大致为 2mm>2～1mm>1～0.5mm>0.5～0.25mm。微团聚体各个粒径有机碳含量随复垦年限的延长也呈现显著增加态势，不同粒级团聚体有机碳含量以 0.25～0.15mm 和 0.15～0.01mm 粒径大于其他微团聚体粒径（图 10.8）。随着复垦年限的延长，各个粒径微团聚体的有机碳含量均在增加，微团聚体较大粒径（0.1～0.25mm）有机碳含量增幅较为明显。种植大豆增加了土壤各粒径微团聚体中有机碳的含量。

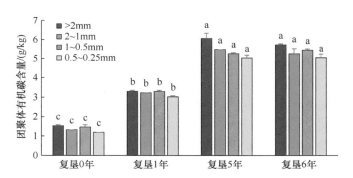

图 10.7　不同复垦年限种植大豆土壤的大团聚体有机碳含量

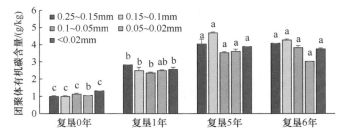

图 10.8　不同复垦年限种植大豆土壤的微团聚体有机碳含量

3）种植毛苕子土壤团聚体有机碳

种植毛苕子后土壤大团聚体有机碳含量随复垦年限的变化而表现出明显差异（图 10.9）。与复垦 0 年相比，大团聚体各个粒径有机碳含量随复垦年限的延长均有显著增加；微团聚

体各个粒径有机碳含量随复垦年限的延长均有所增加但并未达到显著性水平（图10.10）。随着复垦年限的延长，各个粒径微团聚体的有机碳含量均呈现增加趋势。

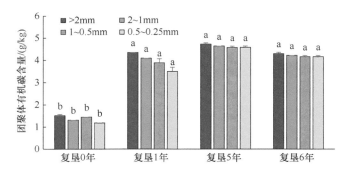

图 10.9　不同复垦年限种植毛苕子土壤的大团聚体有机碳含量

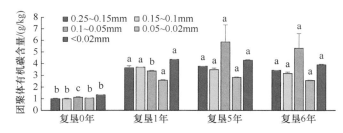

图 10.10　不同复垦年限种植毛苕子土壤的微团聚体有机碳含量

　　总体来看，与复垦初期相比，种植植物均能提高复垦土壤有机碳含量；从有机碳在不同粒径团聚体的累积来看，种植玉米、大豆和毛苕子的团聚体有机碳主要集中在 0.25～0.1mm 粒径中；随着复垦年限的增加，种植植物后复垦土壤大团聚体的有机碳含量高于微团聚体，种植后的大团聚体有机碳贡献率随着复垦年限呈现增加趋势；通过比较根际与非根际复垦土壤团聚体稳定性特征，表明玉米种植对根际土壤大团聚体和微团聚体的稳定性均能起到促进作用；毛苕子根系促进了根际土壤微团聚体结构的稳定。植物种植和复垦年限的延长可以促进复垦土壤水稳性大团聚体的形成，进而提高土壤团聚体稳定性（黄太庆等，2019），土壤大团聚体（>0.25 mm）和微团聚体较大粒径（0.25～0.15 mm）含量与复垦年限呈正相关关系，复垦年限越长，土壤团聚体含量分布越接近自然农田（王珊等，2017）。

2. 土壤团聚体有机碳对土壤总有机碳的贡献率

　　有研究表明，新鲜的有机物可以促进大团聚体的形成，而有机物大团聚体颗粒对微团聚体的形成有促进作用（Six et al.，1998），当这些有机物大团聚体破碎后，又会释放出微团聚体。与微团聚体相比，大团聚体虽然能够储存更多的有机碳，但储存周期短，微团聚体更有利于土壤有机碳的长期固定。团聚体有机碳贡献率用来表征复垦土壤不同粒径团聚体对种植植物条件下土壤有机碳的贡献大小。三种植物种植下复垦土壤各粒径团聚体有机碳贡献率大小顺序为微团聚体较大粒径＞大团聚体较小粒径＞微团聚体较小粒径＞大团聚体较大粒径（图10.11）。随着复垦时间的延长，微团聚体有机碳对复垦土壤总有机碳的贡献率不断增加，微团聚体有机碳是土壤总有机碳增加的主要组分。

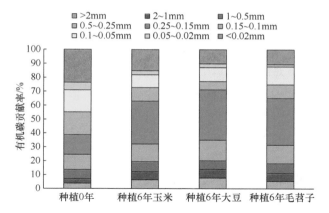

图 10.11 复垦土壤植物种植下不同团聚体粒径有机碳贡献率

不同复垦年限，种植玉米、大豆和毛苕子后，复垦土壤不同粒径团聚体有机碳的贡献率均表现为微团聚体含量大于大团聚体（图 10.12）；土壤中大团聚体有机碳贡献率随着复垦年限的延长呈现增加趋势，团聚体有机碳贡献率占比较大的主要集中在 0.25～0.15 mm 粒径。种植玉米和毛苕子后，在 0.15～0.1mm 粒径中占比也较大，说明复垦土壤有机碳的主要贡献来源于微团聚体，而非有机碳含量高的大团聚体。这是因为大团聚体有机碳含量在团聚体当中最高，但其质量分数却较小；微团聚体虽然有机碳含量较低，但其较高的质量分数致使其贡献率最大（耿瑞霖等，2010；陈恩凤等，1994）。

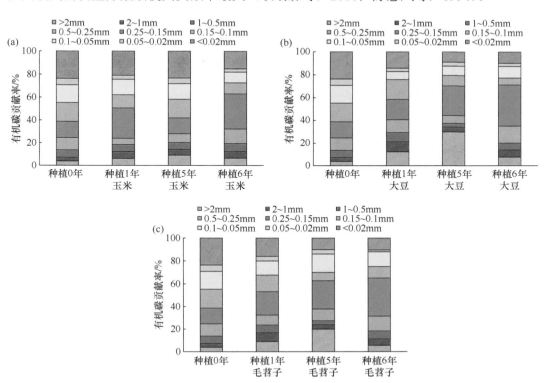

图 10.12 不同复垦年限下种植玉米（a）、大豆（b）和毛苕子（c）土壤团聚体有机碳贡献率

四、不同植物种植下复垦土壤团聚体稳定性及有机碳含量

1. 不同植物种植下复垦土壤团聚体特征

种植植物可以影响复垦土壤团聚体结构，研究表明，植被恢复可以促使复垦土壤微团聚体（<0.25 mm）向大团聚体（>0.25 mm）转变，由于不同植物的根形态及根系分泌物的差异，会导致不同植物根际与非根际土壤不同粒径团聚体含量产生差异。植物根际复垦土壤与非根际复垦土壤的大团聚体存在一定差异。>2 mm 粒径，种植玉米根际复垦土壤团聚体含量与非根际没有显著差异，而种植毛苕子和大豆根际复垦土壤团聚体含量与非根际存在显著差异（$P<0.05$）。在 2～1mm 粒径，种植玉米、毛苕子和大豆根际复垦土壤团聚体含量与非根际存在显著差异。在 1～0.5mm 粒径，种植玉米和大豆根际土壤团聚体含量与非根际存在显著差异。在 0.5～0.25mm 粒径，种植玉米和毛苕子土壤根际团聚体含量与非根际存在显著差异，种植大豆土壤根际团聚体含量与非根际存在差异但不显著（$P<0.05$）（表 10.3）。

表 10.3　复垦土壤种植不同植物的土壤大团聚体组成（%）

处理	>2 mm	2～1 mm	1～0.5 mm	0.5～0.25 mm
MR	7.02±0.47c	4.96±0.23a	6.05±0.67a	8.56±0.48b
MS	7.98±1.23 c	3.85±1.61b	3.24±0.96c	6.19±2.50c
HR	3.19±0.87d	2.89±0.53c	3.54±1.41c	6.07±0.54c
HS	18.62±1.25b	3.17±0.73b	3.33±0.41c	9.98±0.31a
SR	5.48±0.47d	4.54±0.47a	5.19±0.23b	6.91±0.69c
SS	24.64±0.28a	3.21±0.11b	2.56±0.86d	5.99±3.15c

注：MS，玉米非根际土壤；MR，玉米根际土壤；SS，大豆非根际土壤；SR，大豆根际土壤；HS，毛苕子非根际土壤；HR，毛苕子根际土壤；AS，苜蓿非根际土壤；AR，苜蓿根际土壤。平均值±标准误，同一列不同小写字母表示不同植物土壤大团聚体组成差异显著（$P<0.05$）。下同。

对于植物根际与非根际复垦土壤微团聚体也有类似的结果。在 0.25～0.15 mm 粒径，种植玉米和毛苕子根际土壤微团聚体含量与非根际存在显著差异。在 0.15～0.1mm 粒径，种植大豆根际土壤微团聚体含量与非根际存在显著差异。在 0.1～0.05mm，种植玉米存在显著差异。在 0.05～0.02mm 粒径，种植大豆和毛苕子根际土壤微团聚体含量与非根际存在显著差异。在<0.02mm 粒径，种植玉米根际土壤微团聚体含量与非根际存在显著差异（$P<0.05$）（表 10.4）。

表 10.4　复垦土壤种植不同植物的土壤微团聚体的组成（%）

处理	0.25～0.15mm	0.15～0.1mm	0.1～0.05mm	0.05～0.02mm	<0.02 mm
MR	33.26±0.00b	11.09±1.01b	12.4±3.09b	4.13±1.4a	12.4±0.98b
MS	7.63±0.02d	11.80±2.51b	14.73±2.9a	4.34±0.25a	40.27±3.1a
HR	49.85±4.81a	11.14±1.85b	18.78±6.18a	2.59±0.73b	11.94±0.62b
HS	21.64±3.51c	11.51±1.38b	12.67±1.44a	5.33±1.46a	13.75±1.3b
SR	22.97±4.83c	21.47±0.26a	12.9±0.54b	2.89±0.39b	17.62±4.88b
SS	27.99±2.33c	8.33±1.48c	11.4±2.5b	5.39±0.33a	10.47±1.16b

总体来看，玉米根际土壤团聚体在微团聚体<0.25mm 与非根际土壤团聚体间存在差异，说明玉米根系分泌物及微生物等对土壤微团聚体的影响较大，而大豆根际土壤大团聚体的含量均低于非根际大团聚体的含量。种植植物后，根际微团聚体较大粒径（0.25～0.15mm）的含量明显增加。

2. 不同植物种植下复垦土壤团聚体的稳定性

由于不同植物根系在根形态等构型特性以及根系分泌物的类型和功能方面存在明显差异，所以对土壤团聚体形成和转化的影响不同。在大团聚体当中，种植玉米的团聚体分形维数（D）根区小于非根区，几何平均直径（GMD）、平均质量直径（MWD）均表现为植物根区大于非根区，种植大豆的根区大团聚体分形维数较高，种植毛苕子的平均质量直径、几何平均直径的差异却比较大（表 10.5）。种植玉米可提高土壤大团聚体稳定性，且根系对根际土壤大团聚体稳定性有一定的促进作用。在微团聚体当中，种植玉米、大豆和毛苕子的土壤团聚体分形维数均表现为植物根区小于非根区。种植玉米和毛苕子后，根区的几何平均直径、平均质量直径均显著大于非根区（表 10.6）。玉米和毛苕子根系促进了复垦土壤微团聚体结构的稳定，有利于提高复垦土壤碳固定能力。

表 10.5　不同植物种植下复垦土壤大团聚体稳定性参数

处理	D	MWD	GMD
MR	2.9183±0.02b	0.48±0.01a	0.22±0.92a
MS	2.9201±0.07b	0.44±0.02a	0.21±5.93a
SR	2.9261±0.04b	0.42±0.01a	0.21±3.05a
SS	2.9175±0.03b	0.45±0.01a	0.22±3.39a
HR	2.9658±0.02a	0.29±0.00b	0.16±0.65b
HS	2.9169±0.02b	0.43±0.01a	0.21±4.22a

注：D. 团聚体分形维数；GMD. 几何平均直径；MWD. 平均质量直径。平均值±标准误，同一列不同小写字母表示不同植物土壤团聚体稳定性参数差异显著（$P<0.05$）。下同。

表 10.6　不同植物种植下复垦土壤微团聚体稳定性参数

处理	D	MWD	GMD
MR	2.8278±0.02b	0.13±0.00a	0.10±0.01b
MS	2.8637±0.08a	0.07±0.01b	0.04±0.03d
SR	2.8234±0.02b	0.11±0.01a	0.07±0.01c
SS	2.8637±0.05a	0.13±0.01a	0.21±0.02a
HR	2.786±0.02a	0.15±0.01a	0.11±0.01b
HS	2.8647±0.08a	0.11±0.01ab	0.07±0.02c

3. 不同植物种植下复垦土壤团聚体有机碳含量的分布

植物根际土壤大团聚体有机碳和非根际团聚体有机碳的含量高于微团聚体有机碳含量，团聚体有机碳含量随着粒径增大而升高，而且在任何粒径范围内，根际土壤团聚体有机碳含量较非根区土壤团聚体有机碳含量高（图 10.13）。种植植物会对土壤当中的有机碳储藏起到一定程度的促进作用，但种植植物后，根际与非根际土壤中不同粒径下团聚体有机碳含量对土壤总有机碳贡献率不同，种植玉米、大豆和毛苕子的根际与非根际<0.25 mm 粒径的微团聚体有机碳贡献率最高；在大团聚体中，>2 mm 和 0.5～0.25 mm 粒径团聚体有机碳贡献率高；在微团聚体中，贡献率最大的团聚体粒径为 0.25～0.15 mm 和 0.15～0.1 mm（表 10.7 和表 10.8）。

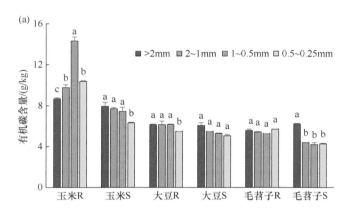

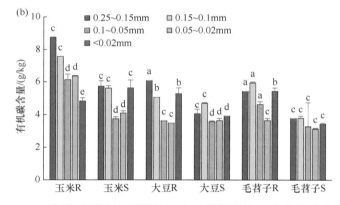

图 10.13　不同植物根际大团聚体（a）和微团聚体（b）有机碳的含量

玉米 S，玉米非根际土壤；玉米 R，玉米根际土壤；大豆 S，大豆非根际土壤；大豆 R，大豆根际土壤；毛苕子 S，毛苕子非根际土壤；毛苕子 R，毛苕子根际土壤。图中不同小写字母表示不同植物根际土壤团聚体有机碳含量差异显著（$P<0.05$）

表 10.7　不同粒径大团聚体内有机碳含量对土壤总有机碳的贡献率（%）

处理	>2mm	2～1mm	1～0.5mm	0.5～0.25mm
MR	9.06	7.01	8.05	12.07
MS	13.75	5.04	4.31	6.64
HR	4.67	5.51	5.94	9.46
HS	20.02	3.61	3.75	10.47
SR	7.30	6.67	5.85	15.35
SS	7.69	6.22	6.23	14.92

表 10.8　不同粒径微团聚体内有机碳含量对土壤总有机碳的贡献率（%）

处理	0.25~0.15mm	0.15~0.1mm	0.1~0.05mm	0.05~0.02mm	<0.02mm
MR	30.03	12.04	10.09	4.05	9.04
MS	7.41	11.56	9.32	3.92	38.63
HR	44.23	9.84	6.15	1.77	12.43
HS	24.84	7.25	16.20	3.89	9.98
SR	30.95	7.52	10.68	3.41	12.27
SS	36.21	5.98	10.01	2.74	9.99

第二节　不同植物根际土壤微生物多样性差异特征与机制

从植物种植的角度出发，比较不同植物种植下土壤微生物多样性的变化特点，对于揭示煤矿区土壤质量演变的机制和定向培育具有重要意义。根际微生物多样性受土壤的理化性质、植物发育阶段、土壤本底微生物组分和植物基因型等多种因素的影响（Lundberg et al.，2012）。目前，关于根际微生物的多样性特征及其影响机制的认识也有着较大争论。根际微生物多样性可因植物种类的不同而存在较大差异（Valentinuzzi et al.，2015）。与此同时，植物的生长发育时期也是植物根际微生物的主要影响因素（Okubo et al.，2014）。随着植物发育时期的变化，植物向土壤中输入的根系分泌物的数量和质量存在差异，导致植物不同发育时期根际微生物存在差异（Baudoin et al.，2002）。本节基于煤矿区不同植物种植对复垦土壤质量改善的机制，结合山西省屯兰矿区自然特点，在大豆、玉米、毛苕子、苜蓿作物生长过程中的三个不同生育期（即苗期、花期、成熟期）采集其根际土壤，使用高通量测序分析不同植物根际土壤微生物群落结构及其多样性，探讨影响其变化的主要驱动因子。

一、不同植物根际细菌群落结构及其多样性

1. 植物根际细菌群落结构

在四种植物苗期、花期、成熟期根际土壤中，相对丰度均值大于20%的细菌门为放线菌门（Actinobacteria）和变形菌门（Proteobacteria）；在植物花期，放线菌门的相对丰度达到最大，但在各植物处理间差异并不显著；在苗期，玉米根际放线菌门的相对丰度明显高于其他处理（图10.14）。各处理下作物根际变形菌门的相对丰度在作物花期最小、苗期最大；成熟期根际变形菌门相对丰度最高，且在自然恢复下根际变形菌门相对丰度显著低于毛苕子和大豆根际。不同植物在不同生育期，根际土壤细菌群落结构存在较大差异，在进行复垦土壤植物修复过程中应综合考虑植物根际土壤细菌群落结构及多样性的差异。

2. 植物根际细菌群落多样性

用 Shannon 指数和 Chao1 指数分别表示微生物物种多样性和丰富度。植物根际细菌

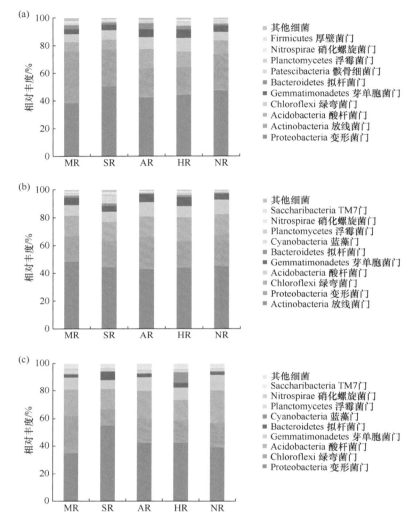

图 10.14　苗期（a）、花期（b）和成熟期（c）三个不同生育期植物根际土壤门的相对丰度

MR，玉米根际土壤；SR，大豆根际土壤；AR，苜蓿根际土壤；HR，毛苕子根际土壤；NR，自然恢复根际土壤。下同。

物种多样性 Shannon 指数和 Chao1 丰富度指数均随生育期呈动态变化，但无明显规律（图 10.15）。例如，在苗期，毛苕子和苜蓿根际细菌 Shannon 指数明显高于其他处理；在花期，大豆根际细菌 Shannon 指数明显低于玉米、毛苕子和自然恢复；在成熟期，苜蓿和玉米根际 Shannon 指数明显高于其他处理。对于细菌 Chao1 指数，玉米根际细菌 Chao1 指数在成熟期明显高于大豆和毛苕子，在苗期和花期各处理间差异不大。

3. 植物根际细菌群落结构与土壤化学性质的相关性

　　植物根际细菌群落结构与土壤化学性质的冗余分析结果表明，植物根际土壤细菌群落结构与土壤养分的关系随植物生育期呈动态变化（表 10.9）。在植物苗期、花期和成熟期，根际土壤有机质的解释率和贡献率均在 10% 以上，碱解氮的贡献率在成熟期最高（为 36.9%），总体表明根际土壤有机质和碱解氮是驱动根际细菌群落结构变化的主要因子。

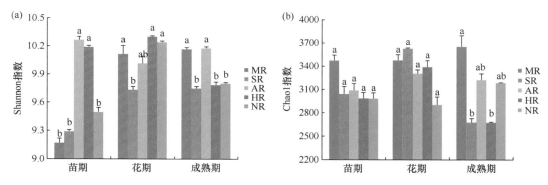

图 10.15　不同生育期植物根际细菌群落多样性

MR，玉米根际土壤；SR，大豆根际土壤；AR，苜蓿根际土壤；HR，毛苕子根际土壤；NR，自然恢复根际土壤。下同。
图中不同小写字母表示同一生育期内不同植物根际土壤细菌多样性指数差异显著（$P<0.05$）

表 10.9　植物根际细菌群落结构与土壤化学性质的冗余分析（RDA）

生长期	养分	解释率/%	贡献率/%	pseudo-F	P
苗期	TK	31.9	37.8	6.1	0.002
	AK	21.7	25.7	5.6	0.002
	OM	10.3	12.2	3.1	0.018
	AN	7.7	9.1	2.7	0.026
	AP	6.3	7.5	2.6	0.014
花期	AP	43.1	49.5	9.9	0.002
	AN	22.4	25.8	10.4	0.002
	OM	10.8	12.4	2.8	0.038
成熟期	AN	28.7	36.9	5.2	0.002
	TN	15.4	19.8	3.3	0.004
	OM	10.2	13.1	2.5	0.022
	AK	10.9	14	3.1	0.004

注：TK，全钾；AK，速效钾；OM，有机质；AN，碱解氮；AP，有效磷。

二、不同植物根际真菌群落结构及其多样性

1. 植物根际真菌群落结构

真菌群落结构对土壤生态系统平衡有重要作用。土壤特性和作物根系分泌物等对真菌群落结构的影响较大。在植物苗期、花期和成熟期，大豆、玉米、苜蓿和毛苕子根际优势真菌门均为子囊菌门（Ascomycota），相对丰度均大于 20%（图 10.16）。相较于自然恢复，种植豆科作物大豆、毛苕子对根际土壤子囊菌门相对丰度的提高最为显著。在植物苗期、花期、成熟期，大豆、苜蓿、毛苕子根际土壤子囊菌门的相对丰度显著高于玉米根际和自然恢复处理。子囊菌门大多为腐生菌，是土壤中重要的分解者（Yelle et al.，2008），可分解难降解的有机质，在养分循环方面起着重要作用（Beimforde et al.，2014）。种植豆科类植物最利于有益真菌门（子囊菌门）相对丰度的增加。

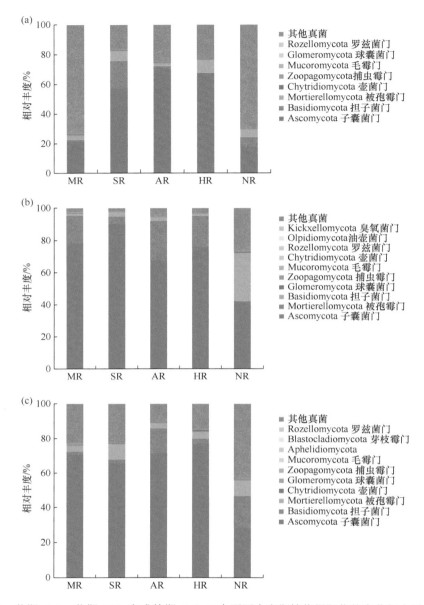

图 10.16　苗期（a）、花期（b）和成熟期（c）三个不同生育期植物根际优势真菌门水平相对丰度

2. 植物根际真菌群落多样性

　　土壤真菌数量巨大，种类繁多，在评价土壤质量变化、土壤生态系统等功能方面有着重要作用（任玉连等，2018）。微生物多样性指数是评价土壤微生物群落多样性的有效方法，多样性指数高，表明微生物群落多样性高（徐雪雪等，2015）。刘淑霞等（2008）研究表明，土壤扰动和施肥能降低土壤真菌的多样性。在煤矿区复垦土壤中种植不同植物后发现，不同植物的根际真菌物种多样性 Shannon 指数和丰富度 Chao1 指数均随生育期呈动态变化（图 10.17）。在苗期，自然恢复下根际细菌 Shannon 指数明显高于其他处

理；作物根际 Shannon 指数均在花期最高。各处理均在成熟期根际真菌 Chao1 指数最小；在苗期，自然恢复下根际 Chao1 指数明显高于大豆、苜蓿、毛苕子，原因是由于不同作物的根系分泌物不同，从而引起其土壤真菌微生物的物种多样性与丰富度指数产生差异，导致土壤真菌群落结构不同，真菌群落多样性发生变化。

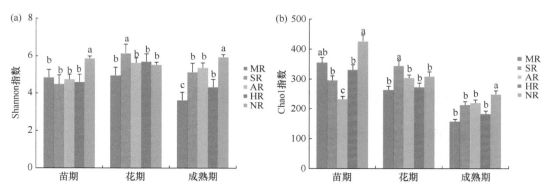

图 10.17　不同生育期植物根际真菌群落多样性

MR，玉米根际土壤；SR，大豆根际土壤；AR，苜蓿根际土壤；HR，毛苕子根际土壤；NR，自然恢复根际土壤。下同。

图中不同小写字母表示同一生育期内不同植物根际土壤真菌多样性指数差异显著（$P<0.05$）

3. 植物根际真菌群落结构与土壤化学性质关系

土壤养分与真菌群落结构和多样性有着密切联系。Hazard 等（2013）研究表明，土壤有机质等对土壤真菌群落结构会产生重要影响，是影响农田土壤真菌群落主要的驱动者。土壤碱解氮含量的高低会影响土壤真菌的种类和数量，且土壤磷与真菌群落结构或多样性相关性不大（高玉峰和贺字典，2010）。由此可见，不同学者在不同研究区得出的结论有所差异。本研究发现植物根际土壤真菌群落与土壤养分的关系随植物生育期呈动态变化，根际土壤有机质、碱解氮和 pH 在作物苗期、花期和成熟期的贡献率均较高，对根际微生物群落结构变化影响显著，是驱动根际真菌群落变化的主要因子（表 10.10）。这可能与试验区所在地理位置、土壤、气候等因素有关，具体原因还有待进一步深入研究。

表 10.10　植物根际真菌群落结构与土壤化学性质的冗余分析（RDA）

生育期	养分	解释率/%	贡献率/%	pseudo-F	P
苗期	pH	17.8	22.5	2.8	0.004
	AN	15.6	19.7	2.8	0.016
	OM	13.4	17.0	2.8	0.018
	TK	9.6	12.1	2.2	0.036
	AK	9.0	11.3	2.3	0.022
花期	OM	41.5	46.9	9.2	0.002
	AP	27.8	31.4	10.9	0.002
	AN	10.2	11.5	5.5	0.002
	pH	3.5	4.0	2.1	0.046

续表

生育期	养分	解释率/%	贡献率/%	pseudo-F	P
成熟期	AN	31.3	37.5	5.9	0.002
	AP	17.9	21.5	4.2	0.006
	pH	9.2	11.0	2.4	0.020
	OM	7.2	8.6	2.1	0.050
	TN	7.9	9.4	2.7	0.006

三、不同植物种植下复垦土壤微生物群落代谢功能多样性

1. 不同植物种植下复垦土壤微生物碳源利用率

用 AWCD 值表示微生物平均碳源利用率，0～24h 内，植物根际与非根际土壤碳源利用率基本没有变化，24h 后迅速增加，在整个代谢过程中均表现为根际土壤微生物平均碳源利用率高于非根际，其中大豆根际土壤碳利用率最大，自然恢复下非根际土壤碳利用率最差（图 10.18）。相较于自然恢复，种植植物可以有效提高复垦土壤微生物的碳代谢能力。此外，不同植物对土壤微生物平均碳源利用率也存在较大差异。

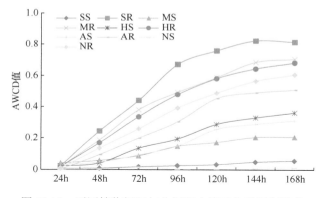

图 10.18　不同植物根际与非根际土壤平均碳源利用率

MS. 玉米非根际土壤；MR. 玉米根际土壤；SS. 大豆非根际土壤；SR. 大豆根际土壤；HS. 毛苕子非根际土壤；HR. 毛苕子根际土壤；AS. 苜蓿非根际土壤；AR. 苜蓿根际土壤；NS. 自然恢复非根际土壤；NR. 自然恢复根际土壤

2. 不同植物种植下复垦土壤微生物群落功能多样性

不同植物根际微生物群落香农维纳指数与优势度指数均大于非根际，然而不同植物根际间差异不大，但是在非根际间 Shannon 指数与优势度指数差异较大（$P<0.05$），自然恢复下指数最小，且与种植玉米、毛苕子和苜蓿间差异明显（表 10.11）。植物根际均一度指数低于非根际，不同植物根际间差异不显著。自然恢复下非根际土壤中均一度指数明显高于玉米、毛苕子和苜蓿，但和大豆处理间差异不大，说明自然恢复相较于种植玉米和毛苕子降低了复垦土壤群落物种多样性和优势度指数，提高了均一度指数。

表 10.11　不同植物根际与非根际微生物功能多样性指数

处理	Shannon 指数	均一度指数	优势度指数
SS	1.75±0.07d	0.48±0.01ab	0.77±0.01cd
SR	3.23 ±0.04a	0.21±0.01c	0.95±0.00a
MS	2.07±0.33c	0.40±0.07b	0.83±0.06bc
MR	3.00±0.05a	0.24±0.00c	0.94±0.00a
HS	2.63±0.08b	0.30±0.01c	0.91±0.00ab
HR	3.06 ±0.01a	0.24 ±0.00c	0.94±0.00a
AS	2.63±0.14b	0.29±0.03c	0.91±0.02ab
AR	2.93 ±0.01a	0.29±0.06c	0.91±0.04ab
NS	1.71±0.28d	0.50±0.12a	0.74±0.13d
NR	2.98±0.03a	0.24±0.00c	0.94 ±0.00a

注：同一列不同小写字母表示不同处理间多样性指数在 0.05 水平差异显著。

3. 植物种植下复垦土壤群落代谢功能多样性与土壤化学性质的关系

复垦土壤植物根际与非根际间群落功能多样性差异较大，自然恢复处理与大豆、毛苕子处理非根际土壤微生群落代谢功能差异较大（图 10.19）。从其与土壤化学性质间 RDA 分析发现，不同植物根际、非根际土壤微生物碳代谢功能多样性与土壤中有机质、速效钾、全氮和全钾相关性较强，其中速效钾的解释率和贡献率最高，分别占到 41.8% 和 48.7%。

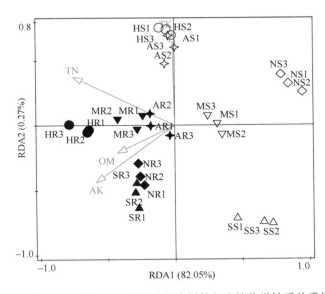

图 10.19　植物种植下土壤微生物群落功能多样性与土壤化学性质关系的冗余分析

参 考 文 献

陈恩凤, 周礼恺, 武冠云. 1994. 微团聚体的保肥供肥性能及其组成比例在评断土壤肥力水平中的意义. 土壤学报, 23(1): 18-25.

高玉峰, 贺字典. 2010. 影响土壤真菌多样性的土壤因素. 中国农学通报, 26(10): 177-181.

耿瑞霖, 郁红艳, 丁维新, 等. 2010. 有机无机肥长期施用对潮土团聚体及其有机碳含量的影响. 土壤, 42(6): 908-914.

侯玉乐. 2017. 煤矸石充填复垦土壤团聚体稳定性及其有机碳组分特征研究. 徐州: 中国矿业大学硕士学位论文.

黄太庆, 谭裕模, 江泽普, 等. 2019. 甘蔗种植对土壤团聚体及有机碳分布特征的影响. 西南农业学报, 32(4): 860-865.

李钰洁. 2015. 山西矿区紫花苜蓿(单/混种)对干旱胁迫的生态适应性研究. 太原: 山西大学硕士学位论文.

刘淑霞, 周平, 赵兰坡, 等. 2008. 吉林黑土区玉米田土壤真菌的多样性. 东北林业大学学报, 36(7): 42-46.

任玉连, 范方喜, 彭淑娴, 等. 2018. 纳帕海沼泽化草甸不同季节土壤真菌群落结构与理化性质的关系. 中国农学通报, 34(29): 69-75.

王莉, 张和生. 2013. 国内外矿区土地复垦研究进展. 水土保持研究, 20(1): 294-300.

王珊, 毛玲, 廖浩, 等. 2017. 种植年限对植烟土壤团聚体组成与稳定性的影响. 西南农业学报, 30(6): 1421-1425.

徐雪雪, 王东, 秦舒浩, 等. 2015. 沟垄覆膜连作马铃薯根际土壤真菌多样性分析. 水土保持学报, 29(6): 301-306, 310.

苑亚茹, 韩晓增, 丁雪丽, 等. 2012. 不同植物根际土壤团聚体稳定性及其结合碳分布特征. 土壤通报, 43(2): 320-324.

周本智, 张守攻, 傅懋毅, 等. 2007. 植物根系研究新技术 Minirhizotron 的起源、发展和应用. 生态学杂志, 26: 253-260.

Baudoin E, Benizri E, Guckert A. 2002. Impact of growth stage on the bacterial community structure along maize roots, as determined by metabolic and genetic fingerprinting. Applied Soil Ecology, 19(2): 135-145.

Beimforde C, Feldberg K, Nylinder S, et al. 2014. Estimating the phanerozoic history of the ascomycota lineages: combining fossil and molecular data. Molecular Phylogenetics and Evolution, 78: 386-398.

Bengough A G. 2012. Water dynamics of the root zone: rhizosphere biophysics and its control on soil hydrology. Vadose Zone Journal, 11(2): 1-6.

Benoit C, Nicolass B, Francois C. 2003. A cyclical but asynchronous pattern of fine root and woody biomass production in a hardwood forest of southern Quebec and its relationships with annual variation of temperature and nutrient availability. Plant and Soil, 250: 49-57.

Hazard C, Gosling P, van-der Gast C, et al. 2013. The role of local environment and geographical distance in determining community composition of arbuscular mycorrhizal fungi at the landscape scale. The ISME Journal, 7(3): 498-508.

Lundberg D S, Lebeis S L, Paredes S H, et al. 2012. Defining the core *Arabidopsis thaliana* root microbiome. Nature, 488(7409): 86-90.

Okubo T, Tokida T, Ikeda S, et al. 2014. Effects of elevated carbon dioxide, elevated temperature, and rice growth stage on the community structure of rice root–associated bacteria. Microbes and Environments, 29(2): 184-190.

Potocka I, Szymanowska-Pulka J. 2018. Morphological responses of plant roots to mechanical stress. Annals of Botany, 122(5): 711-723.

Six J, Elliott E T, Paustian K. 1998. Aggregation and soil organic matter accumulation in cultivated and native grassland soils. Soil Science Society of America Journal, 62: 1367-1377.

Valentinuzzi F, Cesco S, Tomasi N, et al. 2015. Influence of different trap solutions on the determination of root exudates in *Lupinus albus* I. Biology and Fertility of Soils, 51: 757-765.

Yelle D J, Ralph J, Lu F C, et al. 2008. Evidence for cleavage of lignin by a brown rot basidiomycete. Environmental Microbiology, 10(7): 1844-1849.

第十一章 煤矿区周边污染土壤环境质量及其改良技术

作为我国最主要的能源，煤炭资源的开发利用在保障经济发展的同时，由于其开发技术的限制引起了一系列生态环境问题，尤其是矿区周边土壤的污染问题，已成为日益严重的环境问题。这对土地利用和农产品质量安全造成了极大的影响，并可能会给人体的健康带来极大隐患。

矿区周边土壤污染一般主要是由于开采、加工和运输等过程中产生的大量煤粉尘、废水废气，以及煤矸石存储、矿渣堆积等过程造成的重金属污染和有机污染。另外，在进行煤矿区土壤复垦时，由于粉煤灰和煤矸石等常被用作填充物，其中含有很多重金属污染物和有机污染物，会直接或者间接地进入到土壤环境，从而造成污染。因此，开展煤矿区周边污染土壤修复技术的研究与应用具有重要意义。

本章主要论述了煤矿区污染产物煤粉尘的沉降特征和土壤重金属污染特征及其危害，并对重金属污染的物理化学技术、生物修复技术在复垦土壤中的应用进行了论述。

第一节 煤粉尘的沉降特征及其生态环境效应

尽管煤炭产业为山西省乃至全国的经济发展做出了巨大的贡献，但是由此带来的其他问题尤其是环境问题也是非常突出的。山西省是一个煤炭大省，地处北方，年降水量普遍偏少且多集中在夏季；冬季不仅降水少，而且刮风多，因此带来的煤尘污染问题更加突出。煤尘污染不仅影响人民的生活和健康，而且对人们赖以生存的植物和土壤也有相当大的影响。

现有研究表明煤粉尘主要有以下三个方面的影响。①对人体的危害。逸散煤尘中较小的颗粒（5~25μm）很容易被吸到肺里，引起呼吸道疾病，长期接触煤尘容易导致尘肺病的发生。②对植物的危害。逸散煤尘可覆盖植物的叶片，堵住叶片的气孔，从而削弱植物的光合作用（Naidoo and Chirkoot，2004）。微小的尘粒（<5~10μm）甚至可能通过气孔直接进入植物细胞，引起细胞组织的坏死，导致植物生长减弱。③对土壤环境的危害。煤尘中含有的大量碳、硫（电厂煤尘中不含此元素）、氮及重金属等元素沉降于土壤后，长期积累可能引起土壤酸化、重金属污染等问题。土壤环境发生变化后，最终也会影响植物的生长发育。当环境胁迫长期作用于植株，使其产生的活性氧超出活性氧清除系统的能力所及时，就会产生氧化损伤。植物体内有效清除活性氧的保护机制分为酶促和非酶促两类。超氧化物歧化酶（SOD）、过氧化氢酶（CAT）等属于酶促脱毒系统，其中 SOD 是植物抗氧化系统的第一道防线，可以清除细胞中多余的超氧根阴离子，其活性的高低变化反映植物对氧化损伤的修复能力。在植物抗性生理研究中，脂质氧化终产物丙二醛（MDA）的含量是一个常用指标，可通过 MDA 了解膜脂过氧化的程度，间接反映膜系统受损程度及植物的抗逆性。

本节主要阐述不同时期煤粉尘沉降特征，以及煤粉尘对土壤养分含量和土壤微生物多样性的影响，以明确煤粉尘的沉降规律及其对土壤理化性状、生物学性状、肥力水平的影响；通过对比煤粉尘的沉降量对植物逆境生理相关指标如总抗氧化能力（total antioxidant capacity，T-AOC）、CAT 和 SOD 活性及 MDA 含量的影响，明确煤粉尘影响植物生长的程度及机理。

一、电厂煤粉尘沉降特征及其周边土壤理化性质

山西省太原市某电厂年用煤需数百万吨，在其周围有一较大的原煤堆放场，随风力会带来一定煤尘；此外，原煤的运输、装卸、粉碎以及储煤场煤粉灰的二次扬尘等过程均可给周边环境带来煤粉尘污染。以该电厂的附属品煤粉尘为对象、以该电厂储煤场为中心，分别在储煤场下风向布置观测点（东南方向），在距该位置 300m、500m、800m、850m 和 900m 处布置集尘缸用来收集降尘及煤粉尘。300m、500m 点位于太原市某园林局院内，800m、850m、900m 点位于居民区附近，周围再无大的煤粉尘污染源，因此将该电厂储煤场的煤粉尘作为影响土壤性质的主要因素，研究它的沉降规律及其对周围一定范围内土壤性质的影响（刘平等，2010）。

1. 降尘总量和煤粉尘降落量

300m、500m、800m 三个样点的降尘总量和煤粉尘的量随距污染中心距离的增加而显著减少（$P < 0.05$），而位于住宅区的 850m、900m 点之间相差不大（图 11.1）。在 900m 范围内，后三个观测点降尘总量和煤粉尘的量之间没有差异，因此可以认为 800~900m 的污染较小且很接近，小于此范围的各点污染较严重。另外，从各收集点降尘总量和煤粉尘量的月份间变化可以看出，在春季两者的含量都有增加趋势。据气象资料记载，春天平均风速高于冬天，因此以 3 月的降尘总量和煤粉尘量最高，这两项指标在 300m 处最近的观测点分别达 84.38t/（30d·km²）和 34.48t/（30d·km²）；其次是 5 月和 4 月，而 12 月和 1 月的相对较低。五个观测点都是这样的规律，说明离污染源的距离远近以及多风天气对粉尘降落量影响较大。

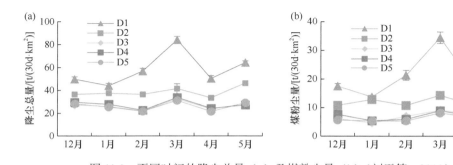

图 11.1　不同时间的降尘总量（a）及煤粉尘量（b）（刘平等，2010）

D1、D2、D3、D4、D5 分别代表五个收集点；以电厂储煤场为中心，分别在储煤场下风向布置观测点，距该中心位置约 300m、500m、800m、850m、900m 处分别标记为 D1、D2、D3、D4、D5。下同

本试验观测的电厂储煤场周围 900m 范围内降尘总量和煤粉尘量随着到污染中心距

离的增加而明显减少，而且在此范围的土壤性质受到不同程度的影响。

2. 煤粉尘沉降下的土壤有机碳及活性有机质含量

煤粉尘改变了土壤有机碳的含量，土壤表层的有机碳含量与降尘总量及煤粉尘沉降量的规律较为一致。各观测点 0～10cm 土壤的有机碳含量距储煤场由远及近显著增高（$P<0.05$），即降落的煤粉尘改变了土壤表层的有机碳含量（表 11.1）。

表 11.1　各收集点不同时期土壤有机碳和活性有机质含量

采样时间	采样点	有机碳/（g/kg）	活性有机质/（g/kg）
2007 年 11 月	300 m（D1）	11.50±0.26c	2.67±0.23b
	500 m（D2）	9.03±0.13b	2.24±0.19ab
	800 m（D3）	7.59±0.65a	2.04±0.10a
	850 m（D4）	6.71±0.38a	1.76±0.16a
2008 年 9 月	300 m（D1）	11.8±0.23c	2.94±0.11c
	500 m（D2）	11.29±0.23bc	2.41±0.08b
	800 m（D3）	10.76±0.26b	2.21±0.16b
	850 m（D4）	9.03±0.31a	1.85±0.14a

注：平均值±标准误（$n=3$），相同时期下相同列的不同字母表示不同距离间差异达 5%显著水平。下同。

土壤有机碳含量有所升高，但并不能代表土壤的肥力提高。不少研究认为，土壤活性有机质可作为土壤肥力高低的一个判定指标（于荣等，2005）。通过对土壤活性有机质的分析，两次土样分析结果均显示，随着采集样点距污染源距离的靠近，该指标也显著增加（$P<0.05$）。因此，煤粉尘在一定程度上增加了土壤活性有机质含量。土壤表层 0～10cm 的有机碳及活性有机质含量均与煤粉尘沉降量的规律表现一致，即二者随着到污染中心距离的减小而明显增加。

3. 煤粉尘沉降下的土壤全氮含量

土壤表层全氮含量与降尘总量和煤粉尘量之间没有明显的关系。虽然离污染源最近点的全氮含量最高，但其他点之间没有显著差异（$P<0.05$），即与距离的关系不大（图 11.2）。这与 Sherry 和 Robert（1997）在 1992 年对美国西北部煤粉尘污染区调查的结果不太一致，污染区内全氮含量为 0.12%，高于污染区外的 0.04%。这可能与煤粉尘所含主要成分及污染时间长短有关。

4. 煤粉尘沉降下的土壤速效磷和速效钾含量

一般来讲，土壤速效养分最容易受外界的影响。本研究各收集点土壤速效磷含量没有明显的规律，速效钾含量有下降趋势，且差异达 5%的显著水平（表 11.2）。因为煤粉尘的主要成分中不含有磷和钾，煤粉尘在短时期内尚未对土壤的磷产生明显的影响，至于对钾含量影响的原因有待进一步研究。南方土壤可因降落的煤粉尘中含有硫而过度酸化，大量的可溶性营养元素被淋溶掉，从而造成土壤肥力下降和植物生长不良；北方大部分土壤 pH 在 8 以上，是偏碱性土壤，所以煤粉尘的影响不如南方明显。

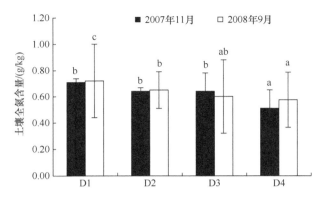

图 11.2　各收集点不同时期土壤全氮含量（刘平等，2010）

不同字母表示不同采样点之间差异达 5%显著水平

表 11.2　各收集点不同时期土壤速效磷和速效钾含量（刘平等，2010）

采样时期	采样点	速效磷/（mg/kg）	速效钾/（mg/kg）
2007 年 11 月	300 m（D1）	9.48±0.58b	198.9±8.77b
	500 m（D2）	8.15±0.28a	169.3±8.06a
	800 m（D3）	9.30±0.08b	146.8±7.35a
	850 m（D4）	7.35±0.34a	151.0±11.31a
2008 年 9 月	300 m（D1）	9.38±0.10b	203.0±11.32b
	500 m（D2）	6.73±0.33a	190.0±9.90b
	800 m（D3）	5.80±0.61a	134.0±7.07a
	850 m（D4）	6.28±0.83a	134.0±9.90a

注：平均值±标准误（n=3），相同时期下相同列的不同字母表示不同距离间差异达 5%显著水平。下同。

5. 煤粉尘沉降下的土壤微生物数量

有些报道指出，煤粉尘含碳量较高，煤中的碳是可以被微生物所利用的。煤化程度越低的煤，越容易被微生物所利用。随着到污染中心距离的增加，土壤真菌和放线菌呈减少的趋势，这与煤粉尘降落量的规律较为一致，只是细菌的变化规律不明显（表 11.3）。煤粉尘所含碳中，有些可以被微生物所利用，因而随着到污染源的距离减小，微生物量有增加的趋势。

表 11.3　煤粉尘影响下各收集点土壤微生物数量（刘平等，2010）　（单位：个/g）

	300 m	500 m	800 m	850 m
真菌	883	574	243	243
放线菌	$1.13×10^6$	$7.91×10^5$	$1.28×10^5$	$1.48×10^5$
细菌	$6.96×10^6$	$3.90×10^5$	$1.36×10^6$	$9.37×10^5$

土壤微生物随着煤粉尘降落量的增加也有活跃的趋势，说明煤粉尘中含有微生物可利用的有机碳。虽然煤粉尘的降落给人们的生活带来了不便，对植物生长也有阻碍，但在某种程度上增加了土壤有机碳和活性有机质。

二、煤粉尘添加量与温度变化下土壤碳的释放规律

以山西省太原市某电厂周边和孝义市某焦化厂附近农田 0～20cm 的土壤为研究对象，电厂土为壤性土，焦化厂上为黏壤土，基本理化性质见表 11.4。添加的煤粉尘取自电厂储煤场附近降落的煤尘，每种土样 200g 分别添加煤粉尘 0、6g、26g、46g，通过室内培养实验来探讨其对土壤 CO_2 释放量的影响（刘平等，2011a）。

表 11.4　供试土壤理化性质

土壤	全氮/%	全碳/%	全硫/%	2～20 μm 粉粒/（g/kg）	<2μm 黏粒/（g/kg）
电厂土（太原）	0.166	29.19	0.19	28.4	19.6
焦化厂土（孝义）	0.174	3.09	0.23	39.1	31.2

注：粉粒直径 0.002～0.02mm；黏粒直径<0.002mm。

1. 煤粉尘添加下土壤有机碳的分解

在室温条件下（16～23℃），两种土壤的 CO_2 释放量均是在培养初期（第 9 天，均温仅为 16℃）最大，然后再迅速下降（图 11.3）。随着培养时间的延长，CO_2 的释放比较平缓，2 个月后由于气温升高，土壤 CO_2 的释放量又开始有所回升，四种处理都是这样的变化趋势。煤粉尘添加量越多，土壤释放的 CO_2 也越多，而且整个培养阶段四个煤粉尘用量处理的土壤 CO_2 释放量差异显著（$P<0.05$）。25℃条件下培养的第 4 天，土壤 CO_2 排放速率已达到室温条件下的两倍左右（图 11.4）。之后 CO_2 排放速率在十多天内由最初的 38～57mg/（kg·d）下降至 5～13mg/（kg·d），在后来的几个月内土壤 CO_2 释放速率基本保持稳定，说明培养条件下的最初温度是影响土壤有机碳分解的主要因素，其次是添加的煤粉尘量。此外，两种土壤不论在哪种培养条件下，最初的 CO_2 排放速率均差异显著，电厂土壤比焦化厂土壤释放的 CO_2 更多，与二者理化性质不同有关。

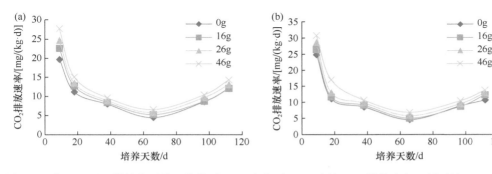

图 11.3　室温下不同煤粉尘用量下焦化厂（a）和电厂（b）土壤 CO_2 排放速率（刘平等，2011a）

煤粉尘用量为每 200g 土壤的添加量，下同

以往研究者大多添加不同作物或秸秆等有机物料（黄耀等，2002），结果也均是土壤释放的 CO_2 量随有机物料的增多而增加，且在取样初期 CO_2 释放量最大。与本结果存在的不同之处是，培养过程中 CO_2 释放的波动性较大，用曲线表现出来的起伏也大。一

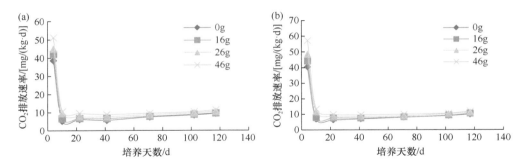

图 11.4　25℃下不同煤粉尘用量下焦化厂（a）和电厂（b）土壤 CO_2 排放速率（刘平等，2011a）

般认为有机物料 N 含量低或 C/N 高与分解缓慢是相联系的。常规添加的有机物料中 C/N 远高于本研究采用的煤粉尘，且其中有机碳可分为两个组分，即易分解组分（如糖类、淀粉等）和难分解组分（如木质素等）。易分解的有机碳在第一阶段得以快速分解，所以更容易影响土壤有机碳的分解。虽然人们普遍认为煤粉尘中的碳性质比较稳定，不易对土壤中 CO_2 的释放有太大影响，但在本实验条件下，添加高量煤粉尘的土壤 CO_2 的释放量达到 57.5mg/(kg·d)，说明煤粉尘影响土壤 CO_2 释放的潜力也不容忽视。

2. 煤粉尘添加下土壤活性有机质

在室温（16～23 ℃）培养过程的中期和结束时，分别取土样测定其活性有机质的含量。电厂和焦化厂土壤活性有机质含量均随着煤粉尘加入量的增加而显著增加。除了最低添加量下未达显著水平外，这两种土壤的活性有机质含量增幅均在 0.3～3.8g/kg 范围内（图 11.5）。

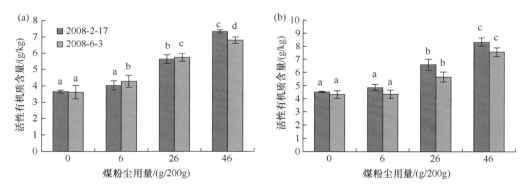

图 11.5　室温下不同煤粉尘用量下焦化厂（a）和电厂（b）土壤活性有机质含量（刘平等，2011a）

不同字母表示不同粉煤尘用量之间差异达 5%显著水平

通过常温和 25℃恒温培养结果的比较，表明温度升高将促进土壤有机碳的分解，这与以往的报道相一致（Kirschbaum，1995）。有资料表明，本底有机碳含量高的土壤，其 CO_2 释放量也较高（夏国芳等，2007）。黄耀等（2002）的研究也认为黏粒含量对有机碳分解的影响主要集中在第一个月，分解量随着黏粒含量的增加而减少。本研究中，电厂土壤含碳量约为焦化厂土壤的 10 倍，且黏粒含量低于焦化厂土壤，所以在培养初期其 CO_2 释放量也较高。

添加煤粉尘后土壤分别在室温（16～23℃）和25℃恒温下培养，结果发现最初土壤CO_2的释放量最大，且25℃恒温培养土壤CO_2的释放量是室温条件下的两倍。电厂土在两种条件下释放的CO_2均高于焦化厂的土，可能是电厂土具有高的碳量和较少的黏粒所致。另外，随煤粉尘添加量的增加，土壤活性有机质含量显著增加。由此可知，温度是影响土壤有机碳分解的主要因素，其次是添加煤粉尘的量，土壤理化性质不同也是原因之一。煤粉尘的降落一方面增加土壤CO_2的释放，另一方面增加了土壤碳库，对碳循环的影响不容忽视。

三、焦化厂煤粉尘的沉降规律及玉米抗氧化系统的响应

山西省孝义市梧桐镇南姚村某焦化厂中储煤场月堆放煤量约10万t。将周围农田作为试验点，沿下风向在距焦化厂储煤场围墙80m、130m、180m处的玉米田块里固定2.5m高的木桩用来绑定集尘桶，最远在400m处的居民房顶也放置集尘桶。于2008年10月至2009年10月，每月采集降尘。降尘及煤粉尘的测定方法详见文献（刘平等，2010）。周围再无大的煤粉尘污染源，因此将该焦化厂中储煤场的煤粉尘作为影响玉米生长的主要因素。

在玉米的苗期，于该焦化厂周围的玉米地80m、130m、180m处采集样品。每个点取5株玉米功能叶片（穗位叶，大致为第12片叶），探讨煤尘粉的沉降规律及其对周围一定范围农田中生长的玉米叶片抗氧化指标的影响。

1. 降尘总量和煤粉尘降落量

玉米地80m、130m、180m处三个样点的降尘总量和煤粉尘量随着到污染中心距离的增加而显著减少（$P<0.05$），而180m和400m观测点之间相差不大（图11.6）。本研究400m范围内，后两个观测点降尘总量和煤粉尘的量之间没有差异，可以认为小于此范围的各点污染较严重。另外，从各收集点降尘总量和煤粉尘量的月份间变化可以看出，在12月、1月、3月和4月，两者的含量都有增加趋势。据气象资料记载，这几个月份刮风天气居多，且平均风速高于其他月份，因此导致这4个月的降尘总量和煤粉尘量较高；4个观测点都是相似的规律，只是离储煤场最近的80m和130m处表现更明显一些。

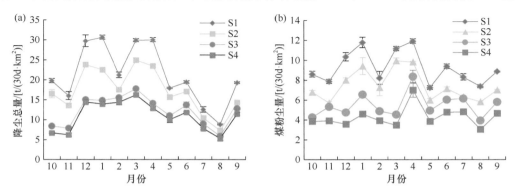

图11.6　不同时间段降尘总（a）量及煤粉尘量（b）（刘平等，2011b）

沿下风向在距焦化厂储煤场围墙80m、130m、180m、400m处分别标记为S1、S2、S3、S4（居民房顶），分别代表4个收集点，收集时间为2008年10月至2009年9月

据其他研究者观测（高宏樟和张强，2008），煤粉尘对下风向影响的最大半径为1.4km；采样点离污染源距离超过 2.8km 以上，降尘没有明显规律。本研究中焦化厂的月储煤量约为 10 万 t，因此仅在其周围 400m 范围内降尘总量及煤粉尘量随着到污染中心距离的增加而明显减少。另外，在 12 月、1 月、3 月和 4 月的降尘总量及煤粉尘量均明显高于其他月份，原因主要是这几个月份刮风天气居多。由此说明，到污染源的距离远近以及多风天气对粉尘降落量影响最大。

2. 玉米体内 SOD、CAT、MDA 抗氧化系统对煤粉尘的响应

SOD 是目前发现的唯一以自由基为底物的酶，其对维护植物体内自由基的动态平衡起着极为重要的作用。SOD 作为超氧自由基清除剂，在适度逆境条件下，活性有所提高，以增加植物抗逆能力。CAT 几乎存在于所有生物机体中，功能是催化细胞内 H_2O_2 分解为分子氧和水，从而使细胞免受其毒害，并且 CAT 的活性大小与 H_2O_2 的积累有着直接关联，它与 SOD 协调配合，提高了植物的抗逆能力（胡宗达等，2007）。MDA 含量的高低常作为衡量膜脂过氧化伤害程度的指标。由图 11.7 可知，随着到储煤场距离的减小，各项指标均增加，即煤粉尘降落得越多，表征植物体内总抗氧化能力的 T-AOC、SOD 和 CAT 酶活性越高，尤其 SOD 酶的活性显著升高，离储煤场最近的 80m 处玉米 SOD 活性达 215 U/mg，而 180m 处仅为 90 U/mg，说明在煤粉尘的影响下 SOD 敏感性更强。另外，靠近储煤场的 80m 和 130m 观测点，玉米体内 MDA 含量显著高于 180m 观测点，即这两个点生长的玉米比 S3 点受到的氧化伤害程度大，导致体内积累了较多的 MDA。

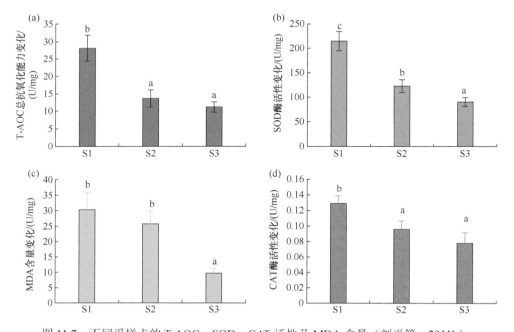

图 11.7　不同采样点的 T-AOC、SOD、CAT 活性及 MDA 含量（刘平等，2011b）

S1、S2、S3 代表 3 个收集点，分别位于沿下风向距焦化厂储煤场围墙 80m、130m 和 180m 处。不同字母表示不同采样点之间差异达 5%显著水平

资料表明，水、盐等外界胁迫均可导致植物体内抗氧化酶活性发生变化（刘训财等，2009）。煤粉尘的降落不仅给人们生活带来了不便，对植物生长也有较大的影响。本试验观测的焦化厂储煤场周围 400m 范围农田中玉米的抗氧化系统也受到明显影响。T-AOC 总抗氧化能力、SOD 和 CAT 活性及 MDA 的含量均随与污染源距离的增加而降低，说明随着煤粉尘的降落量增大，玉米体内抗逆系统的活性也越大。植物体内的生理反应是多种酶作用的结果，本研究只是对最主要的一些抗氧化指标与煤粉尘的关系进行了初步探讨。通过进一步的研究可以明确煤粉尘的降落量与植物体内抗氧化酶之间的定量关系。

第二节　煤矿区周边污染土壤重金属污染特征及其修复技术

煤炭资源在开发过程中或者废弃后的污染物会对原有的土壤环境产生较大的影响，尤其煤矿区周边土壤中的重金属含量会随着煤矿的开采而增加。当重金属的含量超过土壤自净能力时，会造成土壤生产功能、环境功能和生态功能受损。研究证实，煤矿区煤矸石的堆放会造成周围土壤重金属污染。安徽省宿州市煤矿区附近农田土壤也被发现存在砷（As）和镉（Cd）轻度污染、铬（Cr）中度污染、汞（Hg）重度污染，并且土壤中重金属含量与距离煤矿的远近密切相关。淮南新集煤矿区一项长达 10 年的研究发现煤矸石和粉煤灰长期受到风化、淋溶作用，可导致煤矿区周边土壤中的重金属 Pb、Zn 累积（李洪伟等，2008）。因此，煤矿的开采会造成周边农田土壤不同程度的重金属污染。

一、煤矿区土壤的重金属污染特征

1. 矿区土壤重金属污染概况

频繁的矿业活动导致过量的重金属进入土壤并得以积累。重金属进入土壤主要通过以下几条途径。①尾矿及煤矸石的堆放。煤矿区堆存的大量煤矸石和粉煤灰等废弃物均含有不同程度的有害物质（Hg、Cr、Cd、Cu 和 Se 等），会通过风化、淋溶等过程进入土壤造成重金属污染。②通过煤矿区废水进入土壤。矿井水中不同重金属元素通过灌溉、渗漏等方式进入土壤环境，从而造成污染。③随着煤矿粉尘的干湿沉降进入土壤。矿区的粉尘或者扬尘中有大量富含重金属的颗粒物，进入大气后会随着干湿沉降再次回到土壤中。

国内外众多研究学者对各个煤矿区重金属污染进行了大量的调查和研究。方凤满等（2015）研究发现徐州市煤矿混推平整复垦区土壤中重金属 Zn、Pb、Ni、Mn 和 Cu 的含量均超出了未受污染土壤的背景值，且累积效应十分显著。Candeias 等（2014）关于 Francisco 矿区周边土壤重金属污染的调研结果也显示 As 含量远超过当地农业土壤背景值，且 Cd 和 Pb 含量在当地蔬菜农作物中也超出了世界卫生组织标准，给当地居民人体健康带来健康风险。

铅是矿区周边污染土壤中主要重金属污染元素之一。其在土壤中分布广泛且很常见，也是含量较高的一种重金属元素，可以通过改变土壤微环境，打破土壤生态平衡，导致土壤功能失调、土质恶化等一系列环境问题。当铅进入人体并超过人体所需要含量时，就会破坏人体内不同元素之间的平衡，造成人体系统紊乱，引起不适感，甚至发生中毒。据统计，全球每年有 $4×10^6$ t 的重金属铅被消耗，但只有 1/4 的铅实现了回收再利用，剩余 3/4 的铅造成了环境污染（赵红梅，2008）。2011 年 4 月，中国首个"十二五"专项规划——《重金属污染综合防治"十二五"规划》获得国务院批复。2016 年出台的《土壤污染防治行动计划》也为我国的土壤污染治理工作提供了一个具体的行动纲领。

2. 土壤重金属污染特点和危害

由于煤炭资源开采时间较久，且周边煤矸石堆场占地面积大，因此矿区周边土壤受污染情况和其他土壤污染相比有一定的区别。矿区周边土壤的污染一般具有如下几个特征。①污染面积广。由于煤矿区大量的扬尘和粉煤灰导致的大气污染，会随着空气传播扩大污染范围，并通过干湿沉降进入土壤造成大面积的土壤污染。同时，煤矿区废水的排放也会导致污染物在土壤中的蔓延（钟顺清，2007）。②污染强度大，并具有累积性。长时间的煤矿开采使得一些浓度较高的重金属元素通过地表径流或者渗透进入煤矿区周边土壤中，并产生累积效应，使得其在周边土壤中的含量远高于未被污染的土壤。③污染隐蔽性强，治理难度大。与大气、水体污染情况不同，重金属进入土壤后，其污染程度需要通过土壤样品检测，或者通过检验人和动物身体指标状况才能得知。当煤矿区周边土壤遭受高浓度的重金属污染后，会直接导致农作物减产或者品质下降，严重威胁煤矿区附近人们的食品安全和身体健康。由于重金属污染在土壤中的累积效应及其难降解性，一般的治理措施很难成功去除煤矿区土壤中的重金属，治理难度和花费相当大。

在煤矿区周边土壤污染过程中，重金属的毒性和危害直接或者间接表现在对土壤生态功能、农作物生长和人体健康等多个方面（何明江，2020）。当煤矿区周边土壤出现重金属累积效应后，土壤理化性质、微生物群落及土壤动物会受到直接影响，从而使得土壤系统生物多样性降低，生态功能受到影响。例如，过量的重金属会破坏或干扰土壤环境中生物的细胞膜和生物酶的正常代谢，从而抑制土壤生物的正常生理功能和活动。另外，不断累积的重金属不但会直接改变土壤理化性质，使得土壤养分元素供应减少、肥力降低，还可进入植物体内，阻碍其生长和发育，导致农作物减产、品质下降。据统计，土壤重金属污染可能导致中国每年粮食减产 1000 万 t 以上，经济损失 200 亿元以上（叶昊，2015）。因此，重金属进入土壤后会经由作物吸收、食物链进入人体，通过影响人体酶活性和代谢系统，使人体产生急性或者慢性毒性，甚至产生致畸、致癌和致突变效应，从而给人类健康带来极大的潜在威胁。例如，过量铅的摄入会导致人体神经系统、循环系统、骨骼及内分泌系统等的损伤，造成"血铅"症。此外，重金属还可通过降水等方式渗入地下水，对整个生态系统构成威胁。

二、重金属污染土壤的修复技术

重金属污染土壤的修复方法很多，根据修复原理可大致分为物理方法、化学方法和生物方法三大类。过去大部分修复技术常采用物理方法和化学方法，如换土、客土、土壤淋洗技术、化学固化技术和电动力学修复等方法。这些方法短期内虽然可达到修复效果，但是可能会破坏土壤结构，影响土壤生物活性，造成二次污染，并且成本相当昂贵，因此这些方法在实践中尚未得到大面积推广。与这些传统的修复方式相比，微生物修复技术具有操作简单、成本低、环境扰动少、无二次污染且处理效果好的优势，是当前市场上一种环境友好型修复技术。微生物修复技术是利用土壤中微生物的生物活性对重金属元素的吸收、沉淀、氧化还原等作用，将其转化为毒性较低的其他形态或者产物，从而降低其毒性的过程。不同修复方式各有优势，通过多种土壤修复方式联合修复与治理受污染的土壤将是必然趋势和选择。

第三节　复垦土壤重金属污染的物理化学修复技术——以"醋糟生物质炭修复技术"为例

生物质炭不仅具有优异的吸附性能、稳定的化学性质，并且制备成本相对低廉，在对重金属的吸附、固定钝化方面有着非常大的应用潜力。制备生物质炭的来源众多，但不同种类的来源使得生物质炭对重金属的吸附性能存在较大的差异。

制醋业作为山西省具有代表性的重要产业，近些年来发展快速，导致固体废弃物醋糟的产量与日俱增。据统计，每年山西食醋生产企业的醋糟产量达近 60 万 t，居全国首位。醋糟和常用的生物质炭修复剂秸秆、花生皮、稻草等一样，具有丰富的纤维素与木质素，可能具有良好的吸附性能，有作为土壤修复剂的巨大潜力。2016 年开展了利用醋糟制备土壤修复剂修复重金属土壤的试验，该实验以醋糟为原料，以重金属溶出性与安全性、土壤理化性质变化、作物生长生理指标等为标准，以优化钝化条件与强化钝化效果为重点，进行土壤重金属钝化材料筛选制备，开展钝化修复材料改性提效、钝化-缓释修复剂研发。

一、醋糟生物质炭对水体环境中铅和镉的吸附与固持

1. 醋糟生物质炭的性质

由醋糟及其生物质炭的元素组成及基本理化性质（表 11.5）可以得出，碳为生物质炭的主要元素，醋糟生物质炭的碳含量是醋糟的 1.5 倍，H 含量与 O 含量明显低于醋糟。醋糟热解为生物质炭后 pH 大幅度升高并呈碱性，比表面积增大为原来的 2 倍，有利于生物质炭对重金属的吸附固化。醋糟表面较为光滑（图 11.8），内部虽然存在一定孔结构，但碎屑的堵塞导致孔结构不明显。当其热解为生物质炭后，碳元素在氧化反应的作用下发生蚀刻，同时随着生物质中有机成分的裂解及挥发性产物的析出，发育出较多结构清晰的微孔，为污染物质提供了更多可能的结合位点。

表 11.5　醋糟及其生物质炭的元素组成及基本理化性质

样品	C/%	H/%	N/%	O/%	pH	BET 比表面积/（m²/g）	Pb 含量/（mg/kg）
醋糟	43.2	5.57	3.03	47.78	5.47	3.08	3.02
醋糟生物质炭	65.03	1.40	3.13	30.18	9.33	6.87	4.53

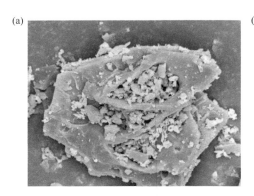
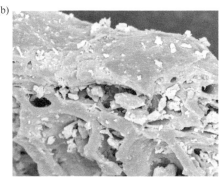

图 11.8　醋糟（a）及其生物质炭（b）的扫描电镜图

（a）醋糟（×3000 倍）；（b）醋糟生物质炭（×3000 倍）

　　为揭示所制成的生物质炭和醋糟原本性质的差异及其对重金属离子吸附效果的作用机制，本研究采用红外光谱（FTIR）对其进行表征分析。生物质炭与醋糟均含有较丰富的官能团，但两者的红外特征吸收峰存在一定差异（图 11.9）。醋糟在—OH、—CH₂、—CH₃ 官能团中 C—H 键处附近出现特征吸收峰，而生物质炭此处吸收峰明显减弱或消失。$1662\sim1780cm^{-1}$（C—O）处出现的特征峰是由羧基、酮类、醛类、酯类等官能团中键的弹性振动引起的，与醋糟相比，生物质炭在此处吸收峰减弱。$856cm^{-1}$ 处出现的特征峰则是因为芳香类化合物吡啶和吲哚等的存在，生物质炭与醋糟在这些位置均有明显的吸收峰，说明两者含有丰富的含氧官能团及芳香类化合物，可为重金属的吸附过程提供 π 电子，从而与之形成稳定结构；在 $1395cm^{-1}$ 处生物质炭表现出强于醋糟的特征吸收峰，这一特征峰归因于 NH_4^+，NH_4^+ 可解离出 H^+ 而与重金属发生离子交换。

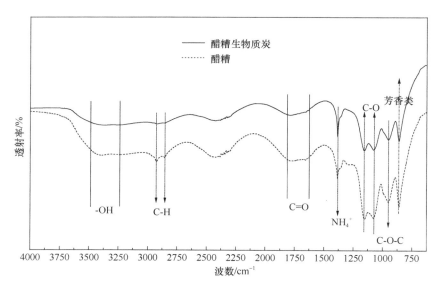

图 11.9　醋糟生物质炭与醋糟的傅里叶红外光谱 FTIR 谱图

2. 醋糟生物质炭对水体中铅和镉的吸附

1）吸附等温线

Langmuir 模型能够更好地描述不同温度下生物质炭与醋糟对 Pb 的吸附（图 11.10），两种吸附物质对 Pb 的吸附过程接近于表面分布均匀的单分子层吸附。常温条件下生物质炭对 Pb 的吸附能力优于醋糟。当吸附温度升高时，生物质炭对 Pb 的吸附属于放热反应，适于常温下对 Pb 的去除；而醋糟对 Pb 的吸附属于吸热反应，适当升高温度可以提升醋糟对 Pb 的吸附能力。

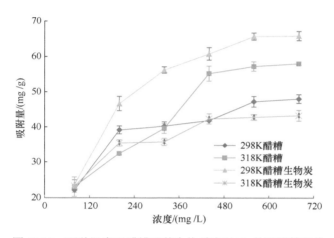

图 11.10　两种温度下醋糟及其生物质炭对 Pb 的吸附等温线

与 Langmuir 模型（相关系数 $r = 0.921$）相比较，生物质炭对 Cd 的吸附可用 Freundlich 模型（图 11.11，$r = 0.98$）更好地拟合。Freundlich 模型计算得出的理论饱和吸附量与实际测得的饱和吸附量相近，也就是说，生物质炭对 Cd 的吸附近似于单分子层吸附，且其对 Cd 的吸附能力较强。

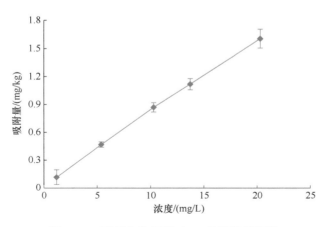

图 11.11　醋糟生物质炭对 Cd 的吸附等温线

2）吸附动力学曲线

醋糟及其生物质炭对 Pb 的吸附过程可以分为两个阶段，即 2～10min 的快速吸附和10min 后的慢速吸附直至达到吸附平衡（图 11.12）。醋糟及其生物质碳对 Pb 的吸附均在 30min 达到吸附平衡，且生物质炭的平衡吸附率接近 100%，醋糟的平衡吸附率为 97%。生物质炭与醋糟对 Pb 的吸附均为化学吸附，相较于准一级动力学模型（生物质炭 $r=0.5624$，醋糟 $r=0.8016$），生物质炭与醋糟对 Pb 的吸附均很好地拟合了准二级动力学模型，具有高度相关性（相关系数接近于 1）。

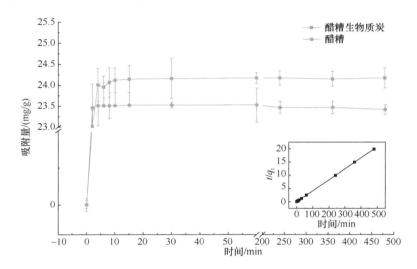

图 11.12   醋糟生物质炭对 Pb 的吸附动力学曲线

生物质炭对 Cd 的吸附过程和 Pb 相似，可分为快速吸附（0～5min）和慢速吸附（5min后）两个阶段（图 11.13）。在 25min 内吸附达到平衡，Cd 的去除率可达 100%。生物质炭对 Cd 的吸附属于化学吸附。相较于准一级动力学模型（$r=0.9902$），生物质炭对 Cd 的吸附很好地拟合了准二级动力学模型，具有高度相关性（$r=0.9947$）。

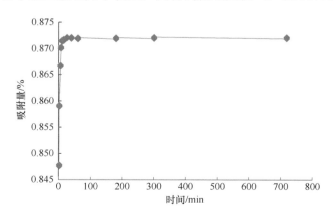

图 11.13   醋糟生物质炭对 Cd 的吸附动力学曲线

3）不同 pH 下的 Pb 和 Cd 吸附特征

不同 pH 条件下生物质炭与醋糟对溶液中 Pb 的吸附率变化各不相同（图 11.14），生物质炭对溶液中 Pb 的吸附能力整体高于醋糟。强酸性条件下，两者对 Pb 的去除能力均很低。pH 范围为 3~6 时，生物质炭与醋糟对 Pb 均有较好的吸附，分别维持在 99.4%和94%以上的吸附率。同样，生物质炭对 Cd 吸附率的整体趋势为先增加后平稳，当 pH≥5时吸附率相对较好（图 11.15）。当 pH 升高时，吸附质表面酸性官能团去质子能力增强，使其表面负电荷增加，从而大幅度增加了对重金属的吸附去除能力。

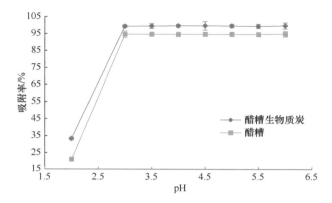

图 11.14　不同 pH 下醋糟及其生物质炭对 Pb 的吸附率

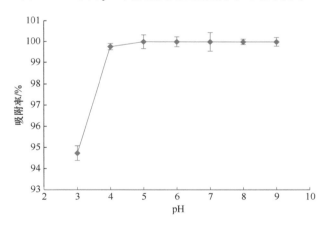

图 11.15　不同 pH 下醋糟生物质炭对 Cd 的吸附率

4）不同吸附质用量下的 Pb 和 Cd 吸附率

相同用量条件下生物质炭对 Pb 的吸附要优于醋糟（图 11.16）。随着吸附质用量的增加，总官能团数和有效吸附位点增加，对 Pb 的吸附率也随之大幅增加。生物质炭和醋糟两种吸附质的添加量均在 3.3g/L 时即可达到很好的吸附效果，对 Pb 的吸附率可达100%和 98%。当用量继续增大，生物质炭吸附率变化不显著，而醋糟吸附率出现一定程度的下降，这表明该过程存在解吸效应，且醋糟作为吸附质的解吸速率相对较快。同样，生物质炭添加量为 12g/L 时，对溶液中 Cd 去除效率最好（图 11.17）。当生物质炭添加量由 2g/L 增加到 12g/L 时，溶液中 Cd 的去除率从 37.70%增加到 100.00%。当添加量继续增加时，生物质炭对 Cd 的去除率不再有显著变化，吸附过程达到饱和。

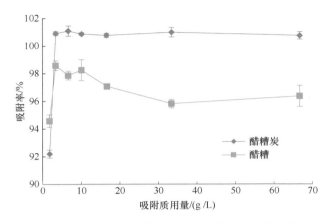

图 11.16　不同用量下醋糟及其生物质炭对 Pb 的吸附率

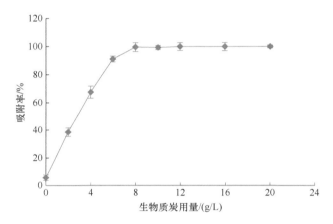

图 11.17　不同用量醋糟生物质炭对 Cd 的吸附率

二、醋糟生物质炭施用下土壤性质及重金属含量变化

和其他来源的生物质炭一样，醋糟生物质炭本身具有特定的化学性质，它进入土壤后必然导致土壤理化性质的改变，并对土壤中重金属离子产生固化、稳定化效应。

1. 醋糟生物质炭施用下的土壤理化性质

生物质炭施用下土壤 pH 有一定的提高，且其增加幅度与生物质炭的施用剂量有关（图 11.18）。生物质炭添加量越多，pH 升高越显著。这是由于生物质炭本身灰分中含有大量的氢氧化物和碳酸盐等碱性物质，加入到土壤中可以提高土壤 pH，而 pH 的升高可能会影响土壤中重金属的生物有效性，从而更利于土壤中重金属元素的钝化。

土壤有机质（SOM）是土壤颗粒中重金属移动和分配的驱动与控制因素，对重金属污染土壤的修复作用有重要的意义。不少研究发现，生物质炭作为一种有机材料，施用到土壤中后可以对土壤碳结构产生影响，不仅可以提高土壤中总碳及有机碳含量，还会

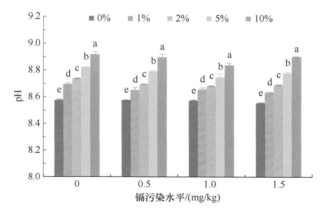

图 11.18 醋糟生物质炭不同施用量下的土壤 pH

图中 0%、1%、2%、5%、10%表示生物质炭的添加量（质量百分比），不同小写字母表示同一镉水平下不同处理间差异显著（$P<0.05$）。下同

影响到土壤中有机物质的矿化分解速度。例如，富含生物质炭的土壤中总有机碳的矿化量少于邻近土壤的（Liang et al.，2010）。添加生物质炭后，土壤的有机质含量显著提高（图 11.19），且生物质炭添加量越多，土壤有机质含量升高得越明显。

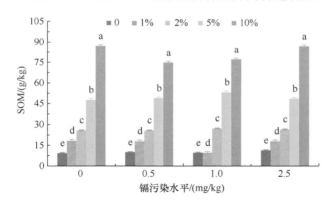

图 11.19 醋糟生物质炭不同施用量下的土壤有机质含量

2. 醋糟生物质炭施用下的土壤重金属含量

1）土壤和淋出液中 Pb 含量变化

生物质炭施用到土壤中后，可以对土壤中的多种污染物产生吸附作用。生物质炭自身巨大的比表面积、表面负电荷量等特性，使其具有强的吸附和固定铅等重金属的能力，从而被认为具有修复重金属污染土壤的能力。将 $Pb(NO_3)_2$ 溶液淋洗通过掺有醋糟生物质炭的土壤土柱，淋洗结束后，分析不同层土样，测定土壤中铅含量的变化。加入生物质炭 2%～5%后，Pb_{500} 中各添加量水平下的各层土壤总铅含量、有效态铅含量均显著高于未施生物质炭的对照组同层土壤（图 11.20）。0.5%生物质炭添加下的下层土壤总铅含量显著高于中、上层土壤，表明此时铅在淋溶作用下发生迁移。在铅污染土壤中，5%生物质炭添加下的下层有效态铅含量显著低于其他层（图 11.21），表明生物质炭的吸附有效降低了有效态铅的向下迁移，起到了钝化固定和修复铅污染土壤的作用。

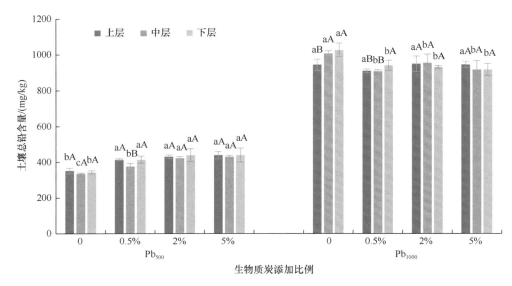

图 11.20　不同醋糟生物质炭用量下剖面土壤不同层次的总铅含量

Pb$_{500}$ 和 Pb$_{1000}$ 表示土壤中有效铅含量为 500mg/kg 和 1000mg/kg 的添加量，土柱试验深度为 25cm，上层、中层和下层土壤深度分别为每根柱管距底部的 6cm、12cm 和 18cm 处。不同小写字母表示不同生物质炭施用量处理间差异显著（$P < 0.05$），不同大写字母表示不同土层间差异显著（$P < 0.05$）。下同

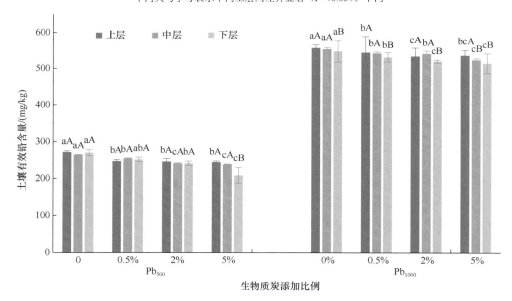

图 11.21　不同醋糟生物质炭用量下剖面土壤不同层次的有效铅含量

　　对整个淋溶过程前后土样铅浸出含量的变化比较可以看出，经淋溶后，土壤中重金属铅元素能够得到一定程度地释放。淋溶前期，未施加生物质炭的对照组淋出液中铅含量显著高于施加生物质炭的各处理组，且随生物质炭用量增多而渐次降低；淋溶后期，各个处理之间的铅含量无显著差异。淋洗液或者降水的增加能有效促进土壤中铅的重新释放，并且所释放的铅元素随淋洗液可能会进入地下水循环，造成地下水污染。综合淋溶条件下土壤中总铅含量与淋出液内铅含量的变化，Pb$_{500}$ 时低添加量的生物质炭对土壤

中铅表现出良好的吸附固定效果，而 Pb_{1000} 时生物质炭对土壤中的铅固定效果不稳定，连续淋溶情况下铅易浸出。Pb 污染越重，释放量越大，越易迁移（图11.22）。

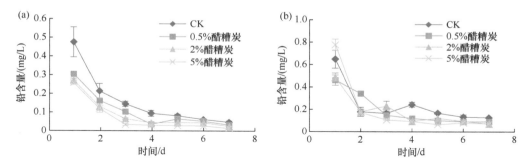

图 11.22　不同醋糟生物质炭用量下淋出液中的铅含量
（a）外源铅浓度为 500 mg/kg；（b）外源铅浓度为 1000 mg/kg

2）土壤中不同形态 Cd 的含量

重金属对环境和人体危害最大的是其有效态。醋糟生物质炭施入土壤后，可通过改变土壤 pH 或者有机质含量来降低土壤重金属的有效态，从而降低重金属的毒性。本研究中，生物质炭促进了土壤 Cd 由 EX（弱酸提取态）向 RE（残渣态）转化，使 Cd 的生物有效性降低（图11.23）。土壤中 Cd 污染水平为 0.5～2.5mg/kg 时，生物质炭添加量为 5%～10%对污染土壤的修复效果最好。

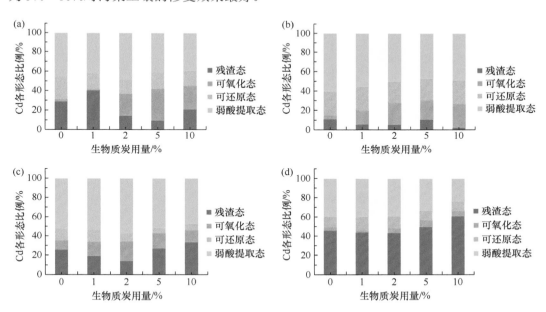

图 11.23　不同醋糟生物质炭用量下土壤中不同形态 Cd 的含量

三、醋糟生物质炭施用下白菜的生长情况

醋糟生物质炭的施加在改善土壤理化性质和重金属污染的同时，还可为作物的根系

生长提供较大的空间和养分，从而促进作物的生长发育。

1. 生物质炭施用下的白菜生物量

生物质炭可以对作物生长产生一定的促进作用，而这种促进作用与生物质炭种类、施用量以及土壤类型密切相关。当未施加生物质炭时，铅胁迫处理组白菜地上部与地下部的干重均显著低于无铅胁迫的对照组，说明铅胁迫环境严重抑制了白菜的生长。无铅处理下，随生物质炭用量增多，白菜的地上部与地下部干重均表现为在生物质炭增至0.5%时，较对照组略有升高；增至2%时，地上部、地下部干重均显著升高，2%与5%处理组间无显著差异（表11.6）。生物质炭对氮素等的固持以及高生物质炭引起的土壤C∶N值的升高，都可能引起植物可利用氮素的减少，从而对植物生长产生不利作用。铅污染处理下，随着生物质炭用量增多，白菜的地上部和地下部干重均显著增加；其中2%和5%处理组相较于0.5%处理组，白菜地上部与地下部干重均显著增加，但2%与5%处理组间无显著差异。这说明一定量的生物质炭能够显著缓解铅胁迫对作物产量的影响，而过量的生物质炭则会影响土壤pH、氮素的固持，反而对作物的产量没有促进的作用。

表11.6　生物质炭不同施用量下白菜地上部与地下部的干重　（单位：kg）

铅浓度/（mg/kg）		生物质炭添加比例			
		0	0.5%	2%	5%
地上部	0	1.67±0.18bA	1.91±0.18bA	2.76±0.04aA	3.00±0.01aA
	500	0.78±0.09cB	2.06±0.11bA	2.43±0.05aB	2.77±0.16aA
地下部	0	0.20±0.01bA	0.20±0.04bA	0.33±0.01aA	0.38±0.08aA
	500	0.13±0.001cB	0.29±0.05bA	0.45±0.05aA	0.46±0.05aA

注：数据为平均值±SE，$n=3$。同行不同小写字母表示不同添加比例间差异显著（$P<0.05$），同列不同大写字母表示不同铅浓度间差异显著（$P<0.05$）。下同。

2. 生物质炭施用下白菜叶绿素含量

铅污染下，生物质炭添加对小白菜叶绿素含量均有明显的促进作用。当未施加生物质炭时，铅处理组中叶绿素a、b和总量显著低于无铅对照组（表11.7）；施加生物质炭后，铅处理组的叶绿素含量显著升高，在添加量为0.5%时达到显著差异水平，用量增

表11.7　生物质炭不同施用量下白菜的叶绿素含量　（单位：g/kg）

叶绿素种类	铅浓度/（mg/kg）	生物质炭添加比例			
		0	0.5%	2%	5%
叶绿素a	0	0.965±0.013aA	0.800±0.012bB	0.865±0.039abA	0.836±0.018bA
	500	0.859±0.032aB	0.855±0.007aA	0.895±0.011aA	0.851±0.028aA
叶绿素b	0	0.355±0.004aA	0.281±0.006bB	0.318±0.017aA	0.297±0.008bA
	500	0.298±0.013aB	0.301±0.005aA	0.319±0.011aA	0.298±0.014aA
叶绿素总量	0	1.320±0.018aA	1.082±0.015bB	1.183±0.057abA	1.134±0.026bA
	500	1.157±0.045aB	1.157±0.011aA	1.214±0.021aA	1.149±0.042aA

注：数据为平均值±SE，$n=3$。同行不同小写字母表示不同添加比例间差异显著（$P<0.05$），同列不同大写字母表示不同铅浓度间差异显著（$P<0.05$）。下同。

至 2%和 5%时，铅处理相较于无铅对照无显著不同，表明生物质炭浓度可以缓解重金属对小白菜生长的抑制，从而提高白菜叶片叶绿素含量，且生物质炭施用量越高，其促进作用越明显。这是由于施用生物质炭改善铅污染的同时，可通过增加营养物质来促进白菜对 N、P 及 Mg 等元素的吸收，从而提高作物的叶绿素含量，增强白菜对有效光合辐射的利用能力（杨园等，2017）。

3. 生物质炭施用下白菜叶片可溶性蛋白含量

白菜可食用部分可溶性蛋白含量为蔬菜品质的重要指标。本研究中，铅胁迫显著降低了白菜叶片可溶性蛋白的含量，而施加生物质炭后铅胁迫与无铅胁迫处理之间白菜的可溶性蛋白含量无显著差异。与未施加炭的对照相比，0.5%处理组差异不显著；当添加比例增至 2%时，可溶性蛋白含量显著升高，说明生物质炭的施加增强了白菜对铅污染环境的耐性。生物质炭表面带有羟基、酚羟基、羧基等丰富的官能团（罗煜等，2013），在修复作物根际重金属污染的同时，还可促进土壤对水分和养分的固持缓释能力，同时也提高了土壤对作物养分的供给能力，从而促进白菜品质的提高（表 11.8）。

表 11.8　生物质炭不同施用量下白菜叶片可溶性蛋白含量 （单位：g/kg）

铅浓度/（mg/kg）	生物质炭添加比例			
	0	0.5%	2%	5%
0	11.576±0.560aA	10.242±0.225bA	10.117±0.170bA	9.492±0.344bA
500	9.345±0.104bB	9.354±0.008bA	9.640±0.043aA	8.636±0.012cA

4. 生物质炭施用下白菜叶片酶活性

SOD 是植物抗氧化系统的重要组成部分，可降低逆境对植株生长的影响（许仁智，2016）。CAT 是植物防预系统的关键酶之一，可以消除叶片细胞内的 H_2O_2，降低 H_2O_2 对植株的伤害。当无铅污染时，试验植株 CAT 活性随着炭用量的增多呈升高趋势（表 11.9 和表 11.10）；当添加比例增至 5%时，叶片 CAT 活性相较于其他施炭量处理显著增强。而在铅污染土壤中，施炭的各处理组相较于未施炭的对照组 CAT 活性显著下降。因此，在本研究中，生物质炭添加可以提高白菜幼苗过氧化氢酶活性，且与生物质炭施用量密切相关。这可能是因为生物质炭本身具有较强的吸附能力，可以吸附酶分子，从而对酶促反应结合位点形成保护，阻止酶促反应的进行（Bargmann et al.，2013）。

表 11.9　生物质炭不同施用量下白菜叶片中 CAT 活性 [单位：g/(kg·min)]

铅浓度/（mg/kg）	生物质炭添加比例			
	0	0.5%	2%	5%
0	1.62±0.051cB	1.77±0.030bA	1.83±0.055bA	1.93±0.070aA
500	2.16±0.020aA	1.83±0.057bA	1.80±0.020bA	1.87±0.020bA

表 11.10　生物质炭不同施用量下白菜叶片 SOD 活性 [单位：g/(kg·min)]

铅浓度/（mg/kg）	生物质炭添加比例			
	0	0.5%	2%	5%
0	118.327±2.983bA	130.297±1.914aB	131.027±2.2962aB	139.810±4.800aA
500	125.013±1.849cA	141.850±2.166bA	167.503±2.474aA	142.187±5.087bA

生物质炭的施用一定程度上能够改变作物的 SOD 活性。例如，在无铅污染土壤，生物质炭的各处理组中 SOD 活性显著高于未施生物质炭对照组。铅污染土壤中，试验植株 SOD 活性随着炭用量的增多而先增强后减弱，其中在 2%时最高（167.50g/U）、未添加时最低（125.01g/U），1%和 5%处理间无显著差异，说明施加比例为 2%时，生物质炭对植株 SOD 活性的激活作用较强。因此，施用一定量的生物质炭可提高白菜叶片超氧化物歧化酶活性。适量的生物质炭的施用能够在改善根际重金属污染的同时，提供白菜生长的营养元素，促进其生长，从而提高了叶片体内过氧化物歧化酶的活性（夏红霞等，2019）。

第四节　复垦土壤重金属污染的生物修复技术

生物修复技术是指利用天然或人工改造生物的生命代谢活动来降低污染物浓度，或达到无害的效果。该技术最早是由欧美国家用来治理重金属污染的土壤和水体，其结果超出了人们预期的效果，相比物理或化学修复更受人们的欢迎。其中，微生物修复技术利用自然环境中现有微生物或经人为培养具有特殊功效微生物的生命代谢活动，转化或降解环境中的重金属来降低其毒性。

微生物修复主要是通过两种机理来达到修复效果：第一是通过微生物代谢产物或反应使污染土壤中重金属元素发生形态改变，从而达到降低重金属毒性的目的；第二是利用微生物代谢活动改变其价态，使重金属元素成为一种易溶物，然后从土壤中滤除，实现修复的目的。微生物修复技术不仅能去除污染土壤中的有害物质，还能通过分解部分难降解的腐殖质，积累土壤有机质，改善土壤结构、提高土壤肥力（牛旭和郜春花，2014）。微生物修复可使污染物浓度最大限度地下降，而且成本低、修复时间较短、不破坏土壤结构，对周围环境不会产生二次污染问题。因此，微生物修复技术作为一种新技术，其在土壤污染治理领域，尤其是在土壤重金属污染治理方面，受到人们的广泛关注。

一、功能微生物固持或活化土壤重金属技术

作为土壤中的活性胶体，土壤微生物比表面大、带电荷、代谢活动旺盛，因此，利用微生物修复重金属污染的土壤成为当今的研究热点之一。过去的研究中，许多真菌、细菌、藻类被发现具有固持或活化重金属离子的能力。不同类型微生物对重金属污染的修复效率不同。因此，在修复过程中，选取对重金属具有高效修复能力的功能微生物是微生物修复技术的核心。

（一）高效耐铅微生物菌株的筛选与鉴定

长期生存于污染环境中的微生物对重金属都有一定的适应性和耐受性，因此可采集重金属污染区的土样进行耐铅菌株的筛选。2020 年于山西省太原市各污染区土地采集表层 0～20cm 的新鲜土壤，进行功能菌株的分离和筛选。采用平板稀释分离法，将污染土样稀释后接种于选择性培养基上，从中选择长势较好的单菌落，继续纯化。采用平板划线

法在马铃薯培养基上逐级驯化，直到菌株无法正常生长，最终筛选到耐铅性大于 1000mg/L 的 4 株耐铅细菌、1 株耐铅真菌（图 11.24）。对筛选到的耐铅菌株的铅吸附性进行初步验证（图 11.25），其中菌株 GDYX03 的吸附率为 61.86%，吸附效果最佳。因此，本实验选择菌株 GDYX03 为研究对象。

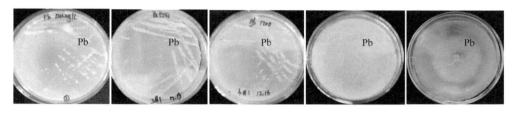

图 11.24　经驯化后的耐高浓度铅菌株

从左到右菌株依次为 HTWX01、GDYX03、LFDX04、DWCX05、DWCZ05

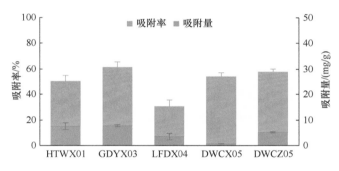

图 11.25　不同耐铅菌株的吸附率和吸附量

　　耐受性试验选择了 Pb^{2+} 浓度为 100～2500mg/L 的马铃薯液体培养基（表 11.11），采用紫外分光光度计检测菌体的生长状况。菌株 GDYX03 对铅的耐受性可达 2000mg/L。GDYX03 菌株在含低浓度 Pb^{2+} 的马铃薯液体培养基中生长良好，当 Pb^{2+} 浓度超出 800mg/L，生长受到一定的抑制；当增加到 2500mg/L 后，菌株受高浓度铅的毒害和抑制作用，导致无法生长。

表 11.11　菌株 GDYX03 对 Pb^{2+} 的耐受性

Pb^{2+}浓度/（mg/L）	光密度值	Pb^{2+}浓度/（mg/L）	光密度值	Pb^{2+}浓度/（mg/L）	光密度值
0	9.230	600	5.590	1500	2.652
100	8.892	800	4.966	1800	2.106
200	6.658	1000	3.484	2000	1.924
400	5.876	1200	2.730	2500	0.153

　　将筛选出的耐铅菌株分别转接于其他重金属培养基上，30℃培养 1～5 d，观察菌株 GDYX03 对其他重金属胁迫的抗性（表 11.12）。菌株 GDYX03 对 100mg/L Pb^{2+}、Cd^{2+}、Cu^{2+}、Zn^{2+} 都具有很好的耐性，生长旺盛。由此可见，菌株 GDYX03 对其他重金属也具有较强耐受性，在重金属污染复杂的环境下，其可以正常生长而不影响对 Pb^{2+} 的去除作用。

表 11.12 菌株 GDYX03 对其他重金属的抗性结果

重金属离子浓度/（mg/L）	Pb²⁺	Mn²⁺		Cd²⁺		Cu²⁺		Co²⁺		Zn²⁺	
	100	300	500	50	100	100	500	100	500	100	500
GDYX03	+++	++	++	+++	+++	+++	−	+	−	+++	+

注："+++"代表生长旺盛，"++"代表生长一般，"+"代表生长较弱，"−"代表无生长。

采用平板稀释法将所筛选的菌株接种于马铃薯培养基上，30℃培养 1～5d，GDYX03 菌落形态呈扩展形，边缘整齐，表面光滑凸起，有光泽，较湿润，易挑起，乳白色且半透明[图 11.26(a)]；在光学显微镜下，细胞呈短直杆状，（0.6～1.0）μm ×（1.2～3.0）μm [图 11.26(b)]。

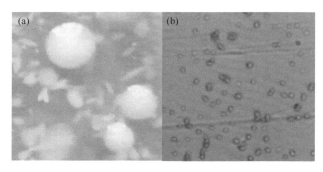

图 11.26 耐铅菌株 GDYX03 菌落形态

经 Biolog 方法与 16S rDNA 测序综合鉴定，GDYX03 与 *Enterobacter ludwigii*（KU0-54383.1）序列同源性达 99%，认为其为肠杆菌属（*Enterobacter*），发育树见图 11.27。

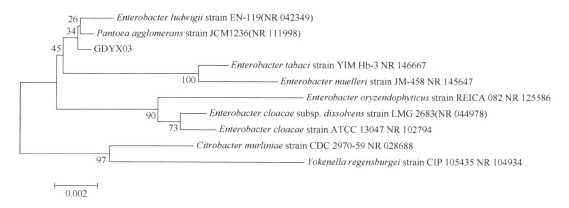

图 11.27 GDYX03 菌株 16S rDNA 序列系统发育树

微生物的生长一般分为延缓期、对数期、稳定期和衰亡期，每个时期的长短受各方面因素的影响，如菌种自身特征、培养基成分和培养条件等。耐铅菌株 GDYX03 的生长规律采用比浊法测定，以 Abs 值即吸光度表示。该菌株生长周期中延缓期持续 0～6h，6～16h 为对数期，16～24h 属于稳定期，24h 后为衰亡期（图 11.28）。

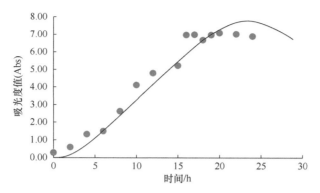

图 11.28　耐铅菌株 GDYX03 的生长曲线

因此，整个实验中菌液的培养时间均选择 16h。利用 SPSS 统计学软件对菌体实测的生长值进行拟合分析，得出菌株 GDYX03 在培养基中的生长基本符合回归方程（11.1）。

$$Y=0.29+0.074X+0.041X^2-0.001X^3 \tag{11.1}$$

式中，Y 为菌株生长量；X 为生长时间（h）。拟合方程显著性检验 $P<0.001$，达到了极显著水平；其拟合度即决定系数 $R^2=0.984$，表明此方程估测的可靠性极高。

（二）微生物强化固持或活化重金属的技术

生物强化技术是向污染环境中加入从自然界中筛选的优势菌种，或通过基因技术合成的高效菌种、降解酶，提高土壤重金属的转换能力，降低重金属有效态，从而达到修复的目的。该技术的核心是针对污染环境投加高效的微生物。生物强化技术对比传统生物修复技术的优点在于，它能够有针对性地提高土壤污染物修复效果，增强修复系统的稳定性。由于微生物具有特殊的生长代谢环境，并且它们能够快速适应不同环境，因此被用来作为解决复合污染土壤问题的首要选择。另外，微生物的修复效率主要取决于土壤污染物的浓度、环境条件和生物可利用性等。因此，筛选合适的外源微生物、营养物质或电子受体，从而使微生物发挥最大的活性，是解决该技术的关键问题。已有研究发现，在污染土壤中单独加入微生物，对重金属的固定能力有限，而且微生物生长的代谢能力不佳，将微生物与沸石、鸡粪复合进行生物强化处理后，不仅能够促进微生物的生长繁殖，还能提高对土壤重金属的固定作用。

生物强化技术的方式主要有以下几种。

（1）直接施加。微生物首先通过筛选、培养和驯化得到对目标污染物具有特异性修复能力的活性微生物，然后将其直接加入到土壤中，对目标污染物进行作用，达到修复目的。这是生物强化技术应用最为普遍的方式。

（2）施加辅助营养源。为了给微生物提供生长必需的能源物质，可加入辅助物质增加碳源、氮源等营养源，以加快对目标污染物的修复效率，并调节土壤环境。另外，也可以在土壤中加入一些对土壤无害的物质，促进生物强化作用。

（3）利用载体固定。直接施加外源微生物容易导致外源微生物与土著微生物形成竞争关系，不容易使其存活。因此，可先将外源微生物吸附固定于载体表面，再将该复合物质加入土壤修复体系中。这样载体物质可为微生物提供生长繁殖的营养物质，使其能够在新环境中较好地生存，从而提高微生物修复能力。张艳峰（2011）发现用藻酸盐作为芽孢杆菌载体，能够显著降低土壤重金属含量，且芽孢杆菌生长迅速；对比单独加入芽孢杆菌的处理，芽孢杆菌生长繁殖较差，对土壤重金属修复能力也较弱。

（三）功能微生物修复重金属特性与机理

1. 功能微生物改变重金属有效性的主要方式

1）吸附沉淀方式

微生物对重金属离子的吸附作用主要是带阳离子的金属离子很容易与带阴离子的微生物发生反应，彼此作用聚集在微生物内部或表面。研究发现，微生物可以快速吸附 Mg^{2+}、Pb^{2+} 和 Cu^{2+}，其中对 Pb^{2+} 有很强的固定作用。例如，出芽短梗霉（*Aureobasidium pullulans*）能分泌胞外聚合物，将 Pb^{2+} 吸附在细胞表面，随着胞外聚合物的增加，细胞表面吸附 Pb^{2+} 的能力也不断增强。也有很多报道指出，细菌与金属离子的结合位点主要是肽聚糖、磷酸基等（Wu et al.，2010）。生物沉淀主要是微生物在新陈代谢过程中分泌的多种物质与金属反应形成的。根据代谢产物的多样性，沉淀作用分为多种形式：第一，金属离子可以通过代谢产物无机盐与金属离子反应形成沉淀，这类机制一般固定 Cu、Pb 等重金属元素，例如，无机磷能够降低 Cd、Pb 和 Zn 的溶解性，而使用石灰能够提高土壤的酸碱度，固定更多的 Cr^{3+}，降低 Cr 在土壤中的迁移性；第二，当微生物代谢产物是氢氧化物时，同样会与金属离子反应产生沉淀，这一作用还会使基质表面化学性质发生变化，当 pH 为 4.0 时，Pb^{2+} 与 $Fe(OH)_3$ 极易形成沉淀，效果是同等条件下吸附作用的好几倍（Peng et al.，2011）。

2）溶解作用

微生物溶解作用同样是利用微生物代谢过程中分泌出来的酸类物质与金属离子发生反应。最早发现，真菌可以利用代谢活动中释放的小分子质量有机酸、氨基酸等酸类物质溶解重金属矿物。另外，微生物也可以利用土壤环境中有效的养分和能量，促进微生物的代谢过程释放更多的有机酸，加速土壤重金属的溶解作用，减少金属对土壤的毒害作用。在一定条件下，含碳量越高，微生物分泌的有机酸含量越多，溶解的重金属也越多。

3）菌根真菌作用

菌根真菌作用是在某些植物根部分布的一些真菌微生物通过代谢活动分泌有机酸，进而活化重金属离子，同时还可以通过离子交换、分泌激素等作用影响植物对重金属的吸收。有人通过盆栽试验发现，在撂荒地的土壤上通过接种丛枝菌根（vesicalar-arbuscular），能够增强亚麻对磷、锌等重金属的吸收（Thompson，1996）。因此，菌根真菌与植物作为一种互利共生的系统，它们之间的相互作用可有效降低土壤重金属污染。

2. 功能微生物对重金属的吸附特性与机理

2018 年，利用液体培养试验对所筛选出的耐铅菌株进行吸附特性和吸附机理分析，并在室内通过发芽试验检验其应用效果。

1）活细胞吸附特性

生物吸附一般包括活细胞和死细胞的吸附，本实验的目的为筛选耐铅菌株并将其用于土壤重金属污染的生物修复，因此选择活细胞为研究对象。活细胞吸附又分为有营养物质提供的生长菌株过程吸附和无营养物质提供的活细胞吸附。研究菌株 GDYX03 的活细胞吸附方式发现（图 11.29），无营养物质提供的活细胞吸附比生长菌株过程吸附效果好。原因是生长菌株吸附过程中因其细胞受重金属离子的毒害作用而影响其生长发育；此外，后期营养物质的不足、生长环境的变化等多种不可控因素也会限制细胞的生长，从而影响其胞外吸附。无营养物质提供的活细胞吸附虽然胞内积累会因没有营养物质提供而受到影响，但大量前期培养好的菌体依旧可通过表面吸附来去除重金属离子，且其吸附效果较好。该菌株吸附过程中以胞外吸附（即表面吸附）为主，可能发生了表面络合、离子交换、静电吸附、表面微沉淀，或者多种机制共同作用，具体还有待进一步证实。

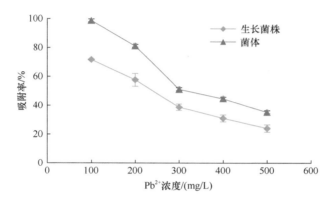

图 11.29　两种活细胞吸附方式对 Pb^{2+} 的吸附率

2）吸附过程的影响因素

菌龄（菌株培养时间）、pH、接菌量、作用时间、Pb^{2+} 初始浓度均对菌株 GDYX03 的吸附效果有显著影响，而温度对其影响不大（图 11.30）。

菌种培养 72h 时所得菌体吸附效果最佳，吸附率为 95.41%。随着菌龄的增长，其吸附率与吸附量均减小。菌体细胞壁膜在吸附过程中起很大作用，其含有的磷脂和脂多糖等成分的含量会随菌龄而变化，因而导致不同生长期菌株的吸附能力不同。

溶液 pH 可通过影响菌株表面吸附位点的活性及重金属离子的形态来影响生物吸附作用。pH 为 6 时，吸附效果最好，吸附率可达 98.37%；当 pH 较低时，大量的 H^+ 和 H_3O^+ 与金属离子竞争菌体表面的吸附位点；随着 pH 的升高，H^+ 与细胞壁上的官能团分离，细胞表面更多带有负电荷的官能团开始暴露，吸附位点增多，吸附效果增强。但当 pH 大于离子的微沉淀点时，溶液中铅离子会形成 $Pb(OH)_2$ 沉淀，阻碍细胞表面部分载体的协助运输，从而影响吸附效果，其结论与 Adnan 等（2005）的研究结果一致。吸附过程结束后，溶液 pH 由原来的弱酸性变成弱碱性，说明菌株吸附过程会产生碱性分泌物，与铅离子形成表面沉淀。该作用可能是菌株吸附的一个重要途径。

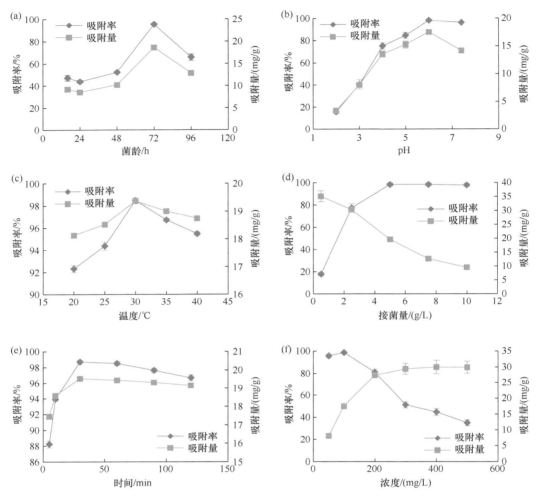

图 11.30 菌龄（a）、pH（b）、温度（c）、接菌量（d）、吸附时间（e）、Pb 浓度（f）等不同理化条件下菌株 GDYX03 对 Pb^{2+} 的吸附率和吸附量

与 Bhainsa 和 D'Souza（2008）的研究结果相一致，接菌量对菌株的吸附效果影响显著。当接菌量达到 5g/L 时，吸附率达到最高（为 98.32%）。随着接菌量的增加，菌体表面有足够的活性位点与 Pb^{2+} 结合。但接菌量过高会导致菌体发生聚集现象，活性位点之间产生静电排斥，不利于菌株对铅离子的吸附，且生物吸附量也会受到制约。

菌株在吸附重金属的过程中，温度可提供细胞主动吸附过程中所需能量，但温度过高又会影响微生物的正常代谢。本试验中菌株吸附效果随温度的增加而缓慢增加，当温度增加到 30℃时，菌株吸附效果最佳。

在吸附过程中，当吸附时间为 5min 时吸附率达到 88.29%，30min 时可达 98.75%，吸附作用非常快速。该菌株在吸附时间超过 30min 时，吸附效率仍有少量的提升，因此该吸附作用还存在另一种吸附方式。当吸附作用超过一定时间时，吸附效果开始有所下降，该作用过程中发生脱吸附现象。由于该过程快速且存在脱吸附现象，推测该吸附机理以菌体表面吸附为主，并伴随少量的胞内积累。

菌株 GDYX03 在 100 mg/L 含 Pb^{2+} 溶液中吸附效果最佳，吸附率可达 98.85%。随着 Pb^{2+} 浓度的升高，吸附率迅速降低。Pb^{2+} 初始浓度较低时，其与菌体表面吸附位点接触率高，随浓度的增加，离子间的斥力增强，吸附位点处于饱和状态，且有部分菌体裂解或自溶，导致吸附效果下降。

3）吸附动力学特性

一般动力学是用来描述吸附剂与吸附质作用速率的快慢。对菌株 GDYX03 活细胞吸附数据进行了几种动力学方程的拟合（表 11.13），在含 Pb^{2+} 浓度为 500mg/L 的溶液中，菌株作用前 120min 内较符合一级动力学方程，R^2=0.98；当时间超过 120min 后，方程的回归系数逐渐降低。吸附过程初期表现为吸附量与时间呈一定线性关系，随着时间的推移，吸附曲线随时间延长变得平缓。

表 11.13　菌株 GDYX03 吸附 Pb^{2+} 动力学拟合模型

吸附动力学模型	拟合方程	决定系数 R^2
一级动力学方程 $\ln(q_t-q_e)=\ln q_e-k_1 t$	$Y=-0.034X-1.207$（120min 内）	0.975
二级动力学方程 $t/q_t=1/k_2 q_e^2+t/q_e$	$Y=0.028X+0.034$	0.999
颗粒内扩散方程 $q_t=A+Bt^{1/2}$	$Y=0.407X+28.273$	0.611
Elovich 方程 $q_t=A+B\ln t$	$Y=2.033X+24.139$	0.859

注：q_t 为时间 t 时菌体的吸附量；q_e 为吸附平衡时菌体的吸附量；k_1、k_2、A、B 为动力学模型参数。

相比其他方程，二级动力学方程拟合系数最高，R^2=0.999，且通过对 t/q_t 和 t 作图（图 11.31），计算得到的系数速率常数 k_2=0.023，最大吸附量 q_e=35.71，与实测平衡吸附量十分接近，二级动力学模型可较好地描述菌株 GDYX03 的整个吸附过程。将该结果与最适作用时间数据比较发现，吸附平衡所需时间随 Pb^{2+} 初始浓度的提高而增加。菌株吸附数据与颗粒内扩散方程和 Elovich 方程拟合系数 R^2 分别为 0.61 和 0.86，Pb^{2+} 在颗粒内部的扩散对反应速度的影响不大。综合分析，菌株 GDYX03 活细胞吸附作用是多种吸附机理共同完成，结合其他动力学模型分析，该吸附过程以膜扩散为主，即主要是胞外吸附，还有少量的胞内积累。

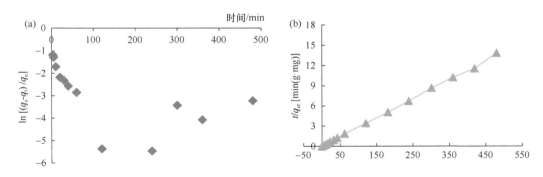

图 11.31　菌株 GDYX03 对重金属吸附的一级动力学曲线（a）和二级动力学曲线（b）

4）吸附热力学特性

等温吸附模型常用来描述吸附剂与吸附质之间的平衡关系。在等温吸附模型中

（表 11.14），Langmuir 等温吸附模型 $R^2=0.996$，Freundlich 等温吸附模型 $R^2=0.83$，也就是说 Langmuir 等温吸附模型能更好地用来描述菌株 GDYX03 的吸附过程。在最佳吸附条件下，随着 Pb^{2+} 初始浓度的增加，平衡参数 R_L 减少且 R_L 在 0～1 之间，因而菌株活细胞对 Pb^{2+} 的吸附是有利的，GDYX03 可以较好地用于 Pb^{2+} 的吸附作用。

表 11.14　菌株 GDYX03 对 Pb 等温吸附方程回归拟合参数

Langmuir 方程拟合相关参数	q_m	k_1	R^2	R_L	回归方程
	31.250	0.30	0.996	0.007～0.03	$Y=0.11X+0.03$
Freundlich 方程拟合相关参数	N	k_2	R^2	—	回归方程
	4.292	11.02	0.83	—	$Y=0.23X+1.04$

5）解吸特性

解吸效果好是吸附剂最基础的条件之一，解吸过程与吸附过程同等重要。采用适当的方法对吸附重金属的菌体进行脱附解吸，可实现菌体的再次使用，也避免了二次污染，同时是回收贵重金属的途径。在解吸试验中，配制含铅量为 100mg/L 的溶液，选择不同的解吸剂：HCl、H_2SO_4、EDTA、NaCl、$NaHCO_3$ 和蒸馏水。EDTA 是一种重要的络合剂，是螯合剂的代表性物质，能与部分金属形成稳定的水溶性配合物，因此解吸率较高可能是因为其与金属离子发生螯合作用，与溶液中的 Pb^{2+} 配合，降低 Pb^{2+} 浓度，从而使平衡向着解吸的方向进行，有更多的 Pb 离子被解吸出来，达到较好的解吸效果。在解吸过程中，0.1mol/L NaCl 的解吸率仅达 35.53%，因为 Na^+ 与吸附位点的结合能力弱，使用 Na^+ 来置换 Pb^{2+} 的反应不易进行；H_2O 的解吸率仅有 4.89%，原因可能是少量发生物理吸附的离子，其结合力小，易发生解吸；0.1mol/L HCl、0.05mol/L H_2SO_4 对菌株的解吸率分别为 82.96% 和 77.18%（图 11.32）。相比其他解吸剂，0.05mol/L EDTA 解吸率达到了 92.66%，解吸效果最好。

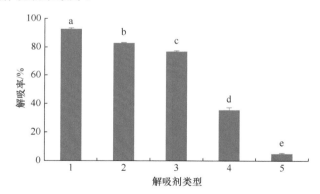

图 11.32　不同解吸剂对 Pb^{2+} 的解吸率

1 表示 0.05 mol/L EDTA，2 表示 0.1 mol/L HCl，3 表示 0.05 mol/L H_2SO_4，4 表示 0.1 mol/L NaCl，5 表示 H_2O。
不同小写字母表示不同解吸剂类型之间差异显著（$P<0.05$）。下同

6）红外光谱特性

对比分析吸附前后菌体的红外光谱图，其变化集中表现在微生物分析灵敏区 500～1800cm^{-1} 和 2800～3500cm^{-1}，其中 NH、CH_2、C=O、C-OH、O-P-O 官能团是主要的吸

附位点。低浓度下,菌体对重金属的积累主要是重金属离子与细菌表面部分-NH$_2$ 中的 N 原子以配位键的形式结合(Pethkar et al., 2001);而在高浓度 Pb^{2+} 下,官能团 CH$_2$、C=O、C-OH、O-P-O 活跃,大量的基团与 Pb^{2+} 结合,可作为优先吸附位点。吸附重金属后,酰胺 I、II 带谱峰也发生了明显的变化,可能是蛋白质中的酰胺基,或是糖类、脂类等物质起主要作用。经铅溶液处理后的谱图没有出现新的谱带(图 11.33),细胞结构并未因此受到铅溶液的破坏。也就是说,菌株吸附过程中,细胞活性基团虽与 Pb^{2+} 发生络合作用,但并不起关键作用。

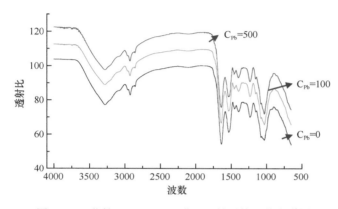

图 11.33　菌株 GDYX03 吸附 Pb^{2+} 前后的红外光谱图

二、微生物结合有机物料对重金属污染土壤的修复

直接施加微生物可能会导致微生物的流失或吞噬,且代谢能力较差,对重金属修复能力较差,所以本研究运用生物强化技术,将微生物联合生物质炭、有机肥来修复铅污染土壤,以提高修复效率。

2018 年利用盆栽实验研究了耐铅菌株肠杆菌属(*Enterobacter ludwigii*)GDYX03 联合生物质炭、有机肥对铅污染土壤的修复效果。实验对耐铅菌与载体最佳配比进行了筛选,并研发出一种生物修复剂(TF3)。耐铅菌与载体最佳配比筛选实验设置了 4 个菌梯度(0.1 g/kg、0.5 g/kg、1.0 g/kg 和 2.0 g/kg)、2 种载体(生物质炭和有机肥),如表 11.15 所示。菌剂分 4 次加入,无机肥 N:P$_2$O$_5$:K$_2$O 为 4:3:3,氮量与有机肥含氮量相等,作为基肥,配成溶液喷入。生长时间 55d。生物质炭和有机肥用量参考王婷(2013)试验用量。供试植株为青美油菜(*Brassica napus*),购买于山西高新农业技术市场瑞丰种业。先将种子用 75%乙醇浸泡 1min,再用无菌水与 84 消毒液按照 1:1 比例配成溶液浸泡 5min,最后用无菌水清洗 5~8 次,晾干待用。

表 11.15　耐铅菌与载体不同配比的筛选实验设计

处理	接菌量/(g/kg)	生物炭/(g/kg)	有机肥/(g/kg)
CK	0	0	0
J	2.0	0	0
T	0	20	0

处理	接菌量/（g/kg）	生物炭/（g/kg）	有机肥/（g/kg）
F	0	0	20
T+J1	0.1	20	0
T+J2	0.5	20	0
T+J3	1.0	20	0
T+J4	2.0	20	0
F+J1	0.1	0	20
F+J2	0.5	0	20
F+J3	1.0	0	20
F+J4	2.0	0	20

注：CK 为空白处理；J 为菌剂单独施用；T 为生物质炭单独施用；F 为有机肥单独施用；T+J1 为生物质炭和 0.1g/kg 接菌量配比施用；T+J2 为生物质炭和 0.5g/kg 接菌量配比施用；T+J3 为生物质炭和 1.0g/kg 接菌量配比施用；T+J4 为生物质炭和 2.0g/kg 接菌量配比施用；F+J1 为有机肥和 0.1g/kg 接菌量配比施用；F+J2 为有机肥和 0.5g/kg 接菌量配比施用；F+J3 为有机肥和 1.0g/kg 接菌量配比施用；F+J4 为有机肥和 2.0g/kg 接菌量配比施用。ΔCK%代表各处理较不施加任何物料处理（CK）的增加率。表中数据形式为：平均值±标准差，重复数 n=4；同列不同的小写字母表示处理间差异显著（P<0.05）。下同。

1. 耐铅菌与吸附载体不同配比下的油菜生长情况

单独加入耐铅菌、生物炭、有机肥均能促进油菜生长（表 11.16 和表 11.17）。相比单加菌剂和生物炭处理，有机肥处理对叶绿素、株高、叶片数和油菜生物量增加最显著。有机肥可显著促进养分转化、提高土壤肥力、调节根区土壤微生态环境、促进植株的生长。

表 11.16　耐铅菌与吸附载体不同配比下的油菜生长情况

处理	叶绿素		株高		叶片数	
	SPAD 值	ΔCK/%	数值/cm	ΔCK/%	数值/片	ΔCK/%
CK	34.75±2.27c	—	16.78±0.4e	—	9.56±0.29c	—
J	36.12±0.51bc	3.94	17.44±0.22de	3.96	9.72±0.15c	1.70
T	36.75±1.91ab	5.76	17.94±0.34cd	6.61	9.78±0.22c	2.28
T+J1	37.01±0.16ab	6.49	18.5±0.29c	10.58	10.22±0.22c	6.94
T+J2	37.32±1.42ab	7.40	18.89±0.22c	12.57	10.44±0.06b	9.21
T+J3	36.86±0.71ab	6.07	18.14±0.27cd	7.93	9.89±0.11c	3.44
T+J4	36.83±0.75ab	6.00	18±0.29cd	8.59	9.83±0.08c	2.86
F	37.44±0.29ab	7.74	20.33±0.19b	21.18	11.89±0.29b	24.36
F+J1	38.07±0.32ab	9.56	21±0.33b	25.15	12.22±0.11ab	27.84
F+J2	38.14±0.1a	9.76	21.78±0.11a	29.78	12.67±0.33a	32.50
F+J3	37.48±0.23ab	7.86	20.78±0.11b	23.82	12.11±0.22ab	26.67
F+J4	37.47±1.06ab	7.84	20.66±0.33b	23.16	12.00±0.33ab	25.53

表 11.17 耐铅菌与吸附载体不同配比下的油菜生物量

处理	地上部鲜重		地下部鲜重		地上部干重		地下部干重	
	/ (g/盆)	ΔCK/%	/ (g/盆)	ΔCK/%	/ (g/盆)	ΔCK/%	/ (g/盆)	ΔCK/%
CK	103.17±3.25d	—	1.7±0.05d	—	9.36±0.44d	—	0.28±0.02d	—
J	121.13±2.58c	17.40	1.81±0.23d	6.67	9.95±0.47cd	6.27	0.3±0.01d	6.01
T	124.82±1.19bc	20.98	2.26±0.07c	32.94	10.05±0.01bcd	7.37	0.31±0d	8.36
T+J1	127.1±3.49bc	23.19	2.33±0.06c	37.25	10.37±0.08abc	10.75	0.37±0.02bcd	29.56
T+J2	131.19±2.51b	27.16	2.39±0.20c	40.59	10.84±0.28abc	15.81	0.38±0.01abc	35.71
T+J3	126.76±3.88bc	22.86	2.29±0.02c	34.71	10.29±0.08abcd	9.90	0.32±0.02d	11.90
T+J4	125.32±2.85bc	21.47	2.28±0.05c	33.92	10.26±0.27abcd	9.65	0.35±0.01cd	24.85
F	127.71±1.19bc	23.79	2.74±0.17b	61.37	10.57±0.07abc	12.93	0.45±0.03abc	60.19
F+J1	130.5±2.52b	26.49	3.01±0.13ab	77.25	10.93±0.06ab	16.81	0.51±0.04a	81.39
F+J2	138.31±1.99a	34.06	3.13±0.02a	84.12	11.11±0.34a	18.70	0.5±0.08a	77.86
F+J3	128.96±1.53bc	24.99	3±0.14ab	76.67	10.79±0.03abc	15.31	0.46±0.01ab	61.37
F+J4	128.13±2.45bc	24.20	2.98±0.08ab	75.49	10.67±0.25abc	13.96	0.45±0.04abc	60.19

在菌剂和载体不同配比试验中，接菌量的增加能促油菜的生长。生物质炭、有机肥处理分别接菌后（接菌量 0.5g/kg），均显著提高了油菜叶绿素含量、株高、叶片数，以及地上、地下生物量等各个生长指标。耐铅菌自身可与重金属发生作用，或者分泌的代谢产物将重金属固定、沉淀，减少铅离子向油菜的输入，缓解铅离子对油菜的伤害。生物质炭和有机肥的添加能够提高土壤碳、磷等营养元素，促进作物对养分的吸收，从而提高作物产量。郑少玲等（2015）通过土培试验和盆栽试验研究发现，施用生物修复剂可以降低芥蓝体内重金属的含量，增加生物量。Farfel 等（2005）发现在铅污染土壤中添加污泥堆肥可提高草坪覆盖面积，降低土壤有效态铅。这些研究与本研究有相似的结果。

2. 耐铅菌与吸附载体不同配比下油菜中的铅含量

耐铅菌自身对重金属铅的吸附或固定作用可以减少土壤中铅离子向油菜的输入，从而减少油菜中铅的含量。生物质炭和有机肥本身对铅元素也具有一定的吸附特性。菌剂单独施用、生物质炭和有机肥处理均对土壤中的铅金属起到一定程度的固定效果，因此油菜地上部和地下部铅含量都有所降低（图 11.34 和图 11.35）。

在菌剂和载体的不同配比试验中，接菌量为 0.5g/kg 的处理效果均优于其他接菌量处理。接菌量过少，耐铅菌株的作用效果不佳；接菌量过高，可能会对载体表面造成占位效应，减少对土壤中铅的固定量，增加其向植株中的迁移率。生物质炭和菌剂（0.5g/kg）配比处理对降低油菜地上部铅含量效果最佳（$P<0.05$）。施用生物质炭后，油菜地上部和地下部铅含量均为最低，源于生物质炭本身丰富的孔隙结构和对重金属强大的吸附能力。

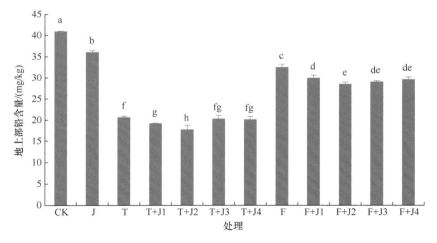

图 11.34　耐铅菌与吸附载体不同配比下油菜地上部的铅含量

图中小写字母代表不同处理之间差异显著（$P<0.05$）。下同

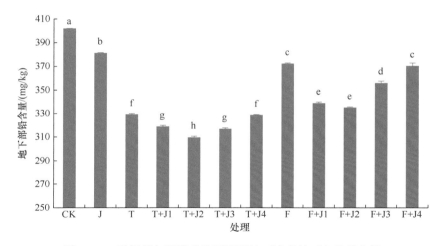

图 11.35　耐铅菌与吸附载体不同配比下油菜地下部的铅含量

3. 耐铅菌与吸附载体不同配比下油菜中的铅转移因子和富集系数

生物质炭、有机肥与不同接菌量配施处理均不同程度地抑制了油菜地上部、地下部对铅的吸收，并降低了油菜对铅的转移因子和富集系数（表 11.18）。两种载体与菌剂（0.5g/kg）配施后，油菜铅含量、转移因子、富集系数最小。铅元素主要积累于油菜根系中，地上部分含量远低于地下部分，因此铅不易在油菜体内转运。添加修复剂后油菜生物量增加，油菜地上部、地下部的铅含量降低，有利于植株体内铅残留量的控制。

表 11.18　耐铅菌与吸附载体不同配比下油菜中的铅转移因子和富集系数

处理	转移因子	ΔCK/%	地下部富集系数	ΔCK/%	地上部富集系数	ΔCK/%	总富集系数	ΔCK/%
CK	0.102±0.001a	—	0.473±0.002a	—	0.048±0.000a	—	0.522±0.002a	—
J	0.095±0.001b	−7.22	0.422±0.006b	−10.80	0.040±0.001b	−16.80	0.462±0.007b	−11.52
T	0.063±0.001a	−38.15	0.363±0.002f	−23.20	0.024±0.000f	−50.27	0.387±0.002ef	−25.84

续表

处理	转移因子	ΔCK/%	地下部富集系数	ΔCK/%	地上部富集系数	ΔCK/%	总富集系数	ΔCK/%
T+J1	0.060±0.001b	−40.81	0.348±0.008g	−26.46	0.022±0.000g	−54.21	0.370±0.008f	−29.15
T+J2	0.057±0.003b	−43.92	0.327±0.005h	−30.96	0.020±0.001h	−58.60	0.346±0.005g	−33.64
T+J3	0.064±0.003b	−37.23	0.345±0.002g	−27.08	0.023±0.001fg	−52.32	0.368±0.003f	−29.54
T+J4	0.061±0.002c	−40.02	0.359±0.003f	−24.15	0.023±0.001fg	−52.01	0.382±0.003e	−26.86
F	0.087±0.001de	−14.51	0.428±0.007b	−9.50	0.036±0.001c	−25.36	0.464±0.007b	−11.13
F+J1	0.088±0.002de	−13.31	0.387±0.007d	−18.09	0.033±0.001d	−31.79	0.420±0.006c	−19.50
F+J2	0.085±0.001e	−16.47	0.376±0.002e	−20.54	0.031±0.001e	−35.05	0.407±0.003d	−22.03
F+J3	0.081±0.001d	−20.50	0.401±0.005c	−15.27	0.030±0.001e	−36.68	0.431±0.005c	−17.40
F+J4	0.080±0.002de	−21.75	0.424±0.008b	−10.31	0.032±0.001de	−33.15	0.456±0.008b	−12.58

注：同列不同的小写字母表示各个处理间差异显著（$P<0.05$）。下同。

4. 耐铅菌与吸附载体不同配比下的土壤有效铅含量

铅胁迫下，生物质炭、有机肥与耐铅菌的配施，不同程度地降低了土壤有效态铅含量。菌剂单独施用降低了土壤中可交换态铅、碳酸盐结合态铅、铁锰氧化物结合态铅、有机质结合态铅比例，增加了残渣态铅（图 11.36）。生物炭和菌剂（0.5g/kg）配比处理下土壤有效态铅含量最低，降幅最大（图 11.37）。两种载体与耐铅菌的配施均增加了土壤残留铅含量，尤其接菌量为 0.5 g/kg 时，土壤残渣态分别含量增加 10.54%、4.68%，效果最好（图 11.38）。因此，生物质炭作为吸附材料，和耐铅菌株联合修复土壤中铅的效果最理想，其次是有机肥。生物质炭有很大的比表面积，且带负电荷，能与重金属阳离子发生静电吸附作用，吸附土壤中大量的有效态重金属离子，从而减少其在土壤中的转化（王秀梅等，2018）。Lu 等（2011）的研究发现，生物质炭吸附土壤铅离子的主要途径是铅离子与生物质炭的含氧官能团发生表面吸附，以及在矿物质表面生成络合物。耐铅菌和生物质炭、有机肥的复合载体中富含较大的比表面积和大量官能团，可作为土壤中有效态重金属离子的重要载体。

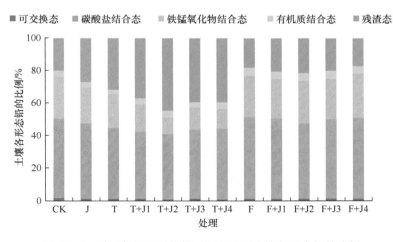

图 11.36　耐铅菌与吸附载体不同配比下土壤各形态铅的比例

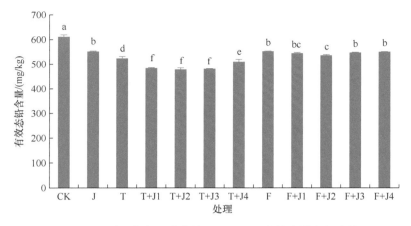

图 11.37 耐铅菌与吸附载体不同配比下土壤有效态铅含量

不同的小写字母表示各个处理间差异显著（$P<0.05$）。下同

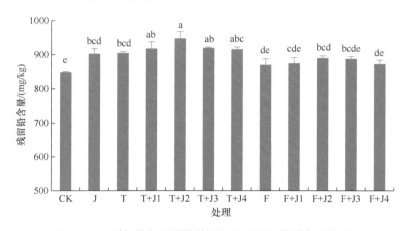

图 11.38 耐铅菌与吸附载体不同配比下土壤残留铅含量

5. 耐铅菌与吸附载体不同配比下的土壤微生物群落

1）土壤微生物酶活性

土壤微生物酶活性一定程度上能够反映土壤的养分含量和受污染程度。加入不同修复剂均增加了四种酶活性。当接菌量为 0.5g/kg 时，耐铅菌分别与生物质炭、有机肥配施，对土壤微生物酶活性增加效果最好（表 11.19）。杨海征（2009）通过在污染土壤施加鸡粪堆肥，发现土壤脲酶、磷酸酶、蔗糖酶和过氧化氢酶活性有所提高。本研究中复合修复剂处理酶活性均高于单加菌、单加炭、单加肥处理，其对土壤养分、重金属含量影响较大，有利于植物的生长，从而增强植物根区土壤酶活性。有机肥与耐铅菌配施对酶活性的促进作用大于生物炭与耐铅菌的复合，这是由于有机肥能够疏松土壤、提供养分、增强微生物活性，促进土壤养分的转换，改善土壤微环境，进而增加土壤微生物酶活性。

表 11.19　耐铅菌与吸附载体不同配比下的土壤酶活性

| 处理 | 过氧化氢酶 | | 蔗糖酶 | | 磷酸酶 | | 脲酶 | |
	活性/（mg/g，20min）	ΔCK/%	活性/（mg/g）	ΔCK/%	活性/（mg/g）	ΔCK/%	活性/（mg/g）	ΔCK/%
CK	1.61±0.02f	—	4.04±0.11d	—	0.04±0.002e	—	0.37±0.05f	—
J	1.64±0.01de	1.73	4.06±0.03d	0.52	0.05±0.004de	6.14	0.36±0.02ef	7.63
T	1.62±0.02ef	0.92	4.15±0.10cd	2.70	0.05±0.003cde	7.32	0.35±0.01ef	4.68
T+J1	1.67±0.003c	3.52	4.19±0.06cd	3.60	0.05±0.002cde	8.49	0.42±0.02cd	23.82
T+J2	1.67±0.01d	3.77	4.26±0.07c	5.39	0.05±0.003ab	21.47	0.45±0.03bc	34.71
T+J3	1.67±0.001d	3.40	4.22±0.08cd	4.49	0.05±0.002abc	19.11	0.44±0.02bc	30.30
T+J4	1.66±0.01cd	2.87	4.16±0.03d	2.90	0.05±0.003de	6.14	0.39±0.02de	15.58
F	1.69±0.01bc	4.48	4.50±0.12b	11.28	0.05±0.001bcd	14.39	0.44±0.01bc	30.00
F+J1	1.70±0.01ab	5.46	4.64±0.08b	14.87	0.05±0.001ab	23.83	0.48±0.02ab	41.78
F+J2	1.72±0.004a	6.44	4.83±0.09a	19.61	0.06±0.001a	29.72	0.50±0.02a	47.66
F+J3	1.70±0.002ab	5.52	4.57±0.08b	13.21	0.05±0.002ab	22.06	0.47±0.02ab	40.01
F+J4	1.68±0.01bc	3.97	4.55±0.09b	12.56	0.05±0.002bcd	17.34	0.45±0.04abc	35.30

注：同列的小写字母表示各个处理间差异显著（$P<0.05$）。下同。

2）土壤微生物区系

土壤微生物作为土壤生物特性的重要组成部分，是评价土壤环境质量的指标之一。加入不同载体与耐铅菌的生物修复剂能显著提高铅胁迫下油菜根区土壤微生物数量（$P<0.05$），包括根区土壤真菌、放线菌、细菌数量（表 11.20）。有机肥含有丰富的矿质元素和碳水化合物，能够疏松土壤、增加土壤孔隙度、提高土壤透气性、改善土壤微环境，为微生物生长提供一定的养分，促进微生物生长。张连忠和路克国（2005）发现施加有机肥能够促进土壤微生物的生长繁殖，增加土壤细菌、真菌、放线菌的数量，同时还可以显著降低土壤有效态镉、铜的含量，减轻重金属对土壤的危害。本试验中有机肥和菌株配施对土壤三类微生物数量增加最显著，源于有机肥为微生物生长提供大量的碳源，且含有大量的葡萄糖、氨基酸、纤维素等，能更有效地促进微生物的生长发育，增强土壤生物活性（李建华，2009）。随着接菌量增加，细菌增长显著，这是由于耐铅菌本身为细菌，又具有很强的耐重金属能力，所以可在铅污染土壤中大量繁殖。冯莉等（2007）发现在烟草根区加入荧光假单胞菌，可增加土壤细菌和放线菌的数量，降低土壤真菌数量，这是由于加入的菌种不同，导致结果有差异。

表 11.20　耐铅菌与吸附载体不同配比下的土壤微生物区系

| 处理 | 真菌 | | 放线菌 | | 细菌 | |
	数量/（×10² cfu/g）	ΔCK/%	数量/（×10⁴ cfu/g）	ΔCK/%	数量/（×10⁵ cfu/g）	ΔCK/%
CK	5.93±0.94e	—	7.27±0.79ef	—	8.53±0.73h	—
J	5.30±0.42d	-0.57	6.93±0.45f	-4.63	154.00±3.06e	345.49
T	6.00±0.36de	13.85	8.70±0.55cde	19.67	14.67±2.03gh	91.48
T+J1	7.43±0.39abcd	41.05	9.93±0.38abcd	36.63	25.33±2.60fg	196.99

处理	真菌		放线菌		细菌	
	数量/（×10² cfu/g）	ΔCK/%	数量/（×10⁴ cfu/g）	ΔCK/%	数量/（×10⁵ cfu/g）	ΔCK/%
T+J2	8.40±0.55ab	59.39	10.87±0.43ab	49.47	42.33±4.41e	396.29
T+J3	7.30±0.50bcd	38.52	9.47±0.49bcd	30.22	84.67±6.39d	658.11
T+J4	6.43±0.61cde	22.07	8.93±0.15cd	22.88	164.67±4.98b	1322.43
F	6.67±0.52bcde	26.50	8.43±0.42def	16.00	17.83±0.61gh	109.07
F+J1	8.03±0.75abc	52.44	10.63±0.72ab	46.26	38.00±5.20ef	228.25
F+J2	9.10±0.31a	72.68	11.57±0.60a	59.10	38.00±5.20ef	423.64
F+J3	7.77±0.27abcd	47.38	10.37±0.38abc	42.60	107.33±9.28c	962.92
F+J4	7.03±0.55bcde	33.46	9.57±0.45bcd	31.59	160.33±7.06a	1470.93

三、生物修复剂对重金属污染土壤的修复效果

经过耐铅菌株与生物质炭、有机肥最佳配比的筛选，确定出最佳配比，研发出一种生物修复剂（20g/kg 生物质炭+20g/kg 有机肥+0.5g/kg 菌剂 GDYX03）。本实验在之前盆栽实验基础上，进一步验证了生物修复剂在不同浓度铅污染土壤中的修复效果，比较了该生物修复剂与市售修复剂对铅污染土壤的修复效果。

实验采用裂区设计，选取 5 个铅含量（0mg/kg、500mg/kg、1000mg/kg、2000mg/kg 和 4000mg/kg）进行修复实验，一组不加生物修复剂作为对照组，一组为生物修复剂组，每个处理 4 次重复。对照组直接称取不同铅含量的土样 2kg 过 2mm 筛，无机肥 $N：P_2O_5：K_2O$ 为 4：3：3，且氮含量与有机肥含氮量相等作为基肥，配成溶液喷入。培养时间 55 d。实验中供试植株为青美油菜（*Brassica napus*），购买于山西高新农业技术市场瑞丰种业。

1. 生物修复剂施用下污染土壤中油菜生长情况

生物修复剂的施用能够显著改善油菜的生长（表 11.21）。在铅含量为 0~4000mg/kg 范围内添加生物修复剂，油菜叶片数、株高均显著增加，其中叶绿素含量增加幅度最大，增率达 5.78%。随着土壤中铅含量的持续增高，铅对叶片数、株高均表现出先增加后降低的趋势，而油菜叶绿素含量一直减小。在铅严重污染的情况下，叶绿素合成作用受到抑制，分解作用增强，因而降低了叶绿素含量。

表 11.21 生物修复剂施用下污染土壤中油菜的生长情况

铅含量/（mg/kg）	处理	叶绿素（SPAD）	叶片数/片	株高/cm
0	生物修复剂（-）	54.91±1.05ab	14.56±0.44cd	14.56±0.22b
	生物修复剂（+）	56.70±2.90a	16.56±0.11ab	16.67±0.19a
	ΔCK/%	3.27	13.74	14.50
500	生物修复剂（-）	53.78±1.18b	15.33±0.33c	14.67±0.59b
	生物修复剂（+）	55.41±0.81ab	16.78±0.29a	17±0.69a
	ΔCK/%	3.03	9.42	15.91

铅含量/（mg/kg）	处理	叶绿素（SPAD）	叶片数/片	株高/cm
1000	生物修复剂（-）	49.15±1.18cd	13.89±0.29d	14.33±0.51b
	生物修复剂（+）	50.77±0.88c	15.44±0.11bc	17.22±0.11a
	ΔCK/%	3.29	11.20	20.15
2000	生物修复剂（-）	49.04±0.81cd	9.78±0.29f	10.78±0.11cd
	生物修复剂（+）	50.15±0.63c	13.67±0.84d	14.5±0.10b
	ΔCK/%	2.25	39.77	34.54
4000	生物修复剂（-）	47.36±0.71d	9.00±0.19f	9.67±0.84d
	生物修复剂（+）	50.10±0.47c	11.11±0.56e	11.56±0.68c
	ΔCK/%	5.78	23.46	19.54

注：表中生物修复剂（-）代表不施加生物修复剂；生物修复剂（+）代表施加生物修复剂；ΔCK 代表各处理较不施加任何物料的处理（CK）的增加率。同列的小写字母表示各个处理间差异显著（$P<0.05$）。下同。

生物量是作物生长情况的重要指标之一。各处理下油菜生物量在铅含量为 500mg/kg时，达到最大含量（表 11.22）。生物修复剂的施用显著增加了油菜生物量（$P<0.05$），促进了油菜生长。当铅含量 1000～2000mg/kg 时，地上部鲜重最大，增加了 120.36%。铅污染土壤中施加修复剂可有效增加小白菜生物量，但李红等（2018）通过在铅污染土壤中加入伊/蒙黏土与含磷材料作为修复剂，发现其对小白菜生长无显著影响。生物修复剂为油菜生长提供了一个相对良好的环境，生物质炭、有机肥的添加能提高土壤碳、磷等营养元素含量，促进作物对养分的吸收，同时生物修复剂可促进土壤对有效铅的固定，缓解铅对油菜生长的胁迫作用。

表 11.22　生物修复剂施用下污染土壤中油菜的生物量

铅含量/（mg/kg）	处理	地上部鲜重/（g/盆）	地下部鲜重/（g/盆）	地上部干重/（g/盆）	地下部干重/（g/盆）
0	生物修复剂（-）	105.1±2.49dc	6.25±1.08cd	10.30±0.70c	0.76±0.04c
	生物修复剂（+）	131.29±4.15b	8.18±0.20b	12.86±0.21ab	1.01±0.02ab
	ΔCK/%	24.92	23.54	24.81	32.46
500	生物修复剂（-）	112.67±1.93c	6.73±0.21c	12.94±0.82b	0.91±0.08b
	生物修复剂（+）	157.37±2.21a	9.46±0.12a	13.79±0.28a	1.07±0.06a
	ΔCK/%	39.67	28.85	12.42	18.01
1000	生物修复剂（-）	103.27±3.26d	4.91±0.13e	6.92±0.45e	0.55±0.01d
	生物修复剂（+）	122.97±0.17b	5.42±0.26de	12.6±0.22ab	0.9±0.07b
	ΔCK/%	19.08	9.29	81.99	63.25
2000	生物修复剂（-）	39.89±1.02g	2.11±0.34fg	5.21±0.43f	0.36±0.03e
	生物修复剂（+）	87.91±3.12e	5.27±0.45de	8.73±0.88d	0.60±0.07d
	ΔCK/%	120.36	59.84	67.63	66.97
4000	生物修复剂（-）	24.44±1.83T	0.94±0.08g	3.63±0.30g	0.25±0.02f
	生物修复剂（+）	50.17±5.17f	2.37±0.09f	4.92±0.36fg	0.37±0.07e
	ΔCK/%	105.32	60.06	35.41	46.05

2. 生物修复剂施用下污染土壤中油菜铅的含量

加入生物修复剂能显著降低油菜地上部、地下部铅含量（图 11.39 和图 11.40）。植物对金属的吸收量主要取决于土壤有效态重金属浓度，添加生物修复剂后降低土壤中有效态铅含量，减少了植物对铅吸附作用。另外，修复剂可调节土壤微生态环境，促进养分活化，增加植物生物量。畜禽粪便可降低水稻土中重金属的生物有效性，进而降低水稻体内重金属铅含量。曹书苗（2016）也发现加入生物肥可降低黑麦草土壤有效态铅含量，导致黑麦草地上和根部铅含量降低，这些研究与本研究有相似的结果。

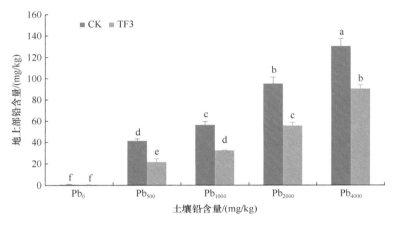

图 11.39　生物修复剂施用下污染土壤中油菜地上部铅含量

CK 为不施加生物修复剂；TF3 为施加生物修复剂。不同小写字母代表不同铅污染处理间差异显著（$P<0.05$）。下同

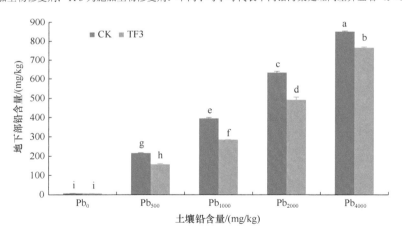

图 11.40　生物修复剂施用下污染土壤中油菜地下部铅含量

3. 生物修复剂施用下污染土壤中油菜的铅转移因子和富集系数

植株受铅胁迫生长后，随着土壤中铅浓度增加，油菜地上部和地下部的铅含量也增加，土壤中铅含量与植株内部铅含量有一定的相关性。铅不易在植株体内转运，因此生物修复剂对油菜中铅的转移因子影响不明显。生物修复剂显著降低了油菜中铅的地上

部、地下部、总富集系数,地下部及总富集系数在铅含量1000mg/kg时最大(表11.23)。生物修复剂施用后,铅主要积累于油菜根系中,油菜地下部分对铅的富集能力远高于地上部分,导致地下部分铅含量高于地上部分。同时油菜生物量增加,进而降低了油菜地上部、地下部的铅含量,这有利于控制植株体内的铅残留量。另外,生物修复剂有效降低了油菜地下部对地上部的转运能力,转运因子很低,转运能力弱。油菜对铅的富集能力高于转运能力,尤其是地下部富集能力,因此应该更关注铅的富集作用。石汝杰(2005)发现铅更易于被黑麦草地下部吸收,不同处理地下部累积铅含量均大于地上部,这与本实验研究结果一致。植株受铅胁迫生长后,随着土壤中铅浓度增加,油菜地上部和地下部的铅含量也增加,土壤中铅含量与植株内部铅含量有一定的相关性。

表 11.23 生物修复剂施用下油菜中铅的转移因子和富集系数

铅含量/(mg/kg)	处理	转移因子	地下部富集系数	地上部富集系数	总富集系数
0	生物修复剂(-)	0.345±0.242b	0.060±0.004e	0.022±0.009d	0.082±0.013e
	生物修复剂(+)	0.589±0.369e	0.017±0.004f	0.009±0.003e	0.026±0.005f
	ΔCK/%	70.77	-71.91	-60.13	-68.77
500	生物修复剂(-)	0.195±0.019b	0.321±0.003b	0.063±0.003a	0.383±0.003b
	生物修复剂(+)	0.140±0.029b	0.198±0.004d	0.028±0.004cd	0.226±0.004d
	ΔCK/%	-28.15	-38.27	-55.72	-41.11
1000	生物修复剂(-)	0.143±0.005b	0.397±0.010a	0.057±0.002ab	0.454±0.012a
	生物修复剂(+)	0.114±0.002b	0.250±0.002c	0.028±0.000cd	0.278±0.002c
	ΔCK/%	-20.28	-37.12	-49.90	-38.72
2000	生物修复剂(-)	0.150±0.009b	0.338±0.007b	0.051±0.002b	0.389±0.008b
	生物修复剂(+)	0.114±0.017b	0.235±0.008c	0.027±0.002cd	0.262±0.008c
	ΔCK/%	-24.16	-30.61	-47.57	-32.83
4000	生物修复剂(-)	0.153±0.014b	0.246±0.005c	0.037±0.002c	0.283±0.006c
	生物修复剂(+)	0.119±0.008b	0.196±0.001d	0.023±0.001d	0.219±0.002d
	ΔCK/%	-22.16	-20.12	-37.75	-22.45

4. 生物修复剂施用下污染土壤的铅含量

生物修复剂的施用显著增加了土壤重金属的固定,进而降低了土壤中有效态铅的含量(图11.41)。生物修复剂的施用促使了土壤残渣态铅所占的比例增加(图11.42),而可交换态、碳酸盐结合态、铁锰氧化物结合态、有机质结合态铅含量降低(图11.43)。其他研究通过透射电镜发现(张敏等,2018),该菌株对 Pb^{2+} 的吸附主要是细胞表面的吸附,也可以通过胞外某阴离子与有效态的 Pb^{2+} 发生络合反应形成沉淀。生物质炭富含较大的比表面积和大量官能团,是重金属离子的重要载体,可吸附大量重金属元素。有机肥可促进作物生长,具有增产作用,被广泛认为是影响土壤肥力的重要参数,是增加作物产量、改善土壤性质的重要因子。通过耐铅菌、生物质炭与有机肥对土壤重金属的固定增加,导致土壤有效态铅含量降低,增加了土壤残渣态铅含量。

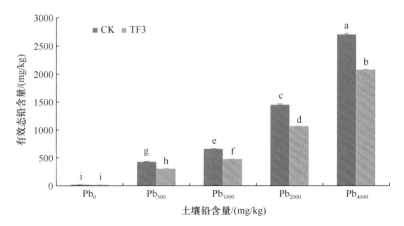

图 11.41　生物修复剂施用下的土壤有效态铅含量

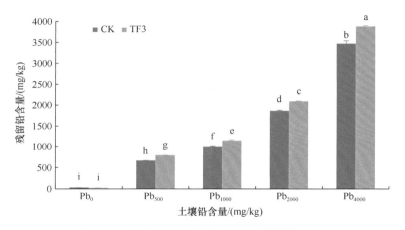

图 11.42　生物修复剂施用下的土壤残留铅含量

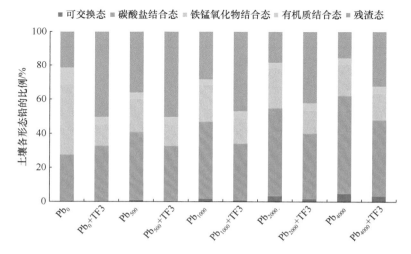

图 11.43　生物修复剂施用下土壤中各形态铅的比例

5. 生物修复剂施用下污染土壤的微生物群落

1）土壤微生物酶活性

添加生物修复剂对铅胁迫根区土壤微生物酶活性，包括过氧化氢酶、磷酸酶、脲酶和蔗糖酶活性有明显的促进作用（图11.44～图11.47）。生物修复剂对土壤重金属含量影响较大，有利于植物的生长，增强了土壤酶活性。杨继飞（2015）研究发现在铅污染土壤上施用菌肥、腐殖酸，能降低重金属铅的毒害，提高玉米、高粱、蓖麻、向日葵产量，增加土壤酶活性，施用菌肥和腐殖酸可以达到修复铅污染土壤的目的。因此，添加生物修复剂可显著提高土壤四种酶活性，改善微生物环境（郜雅静等，2020）。

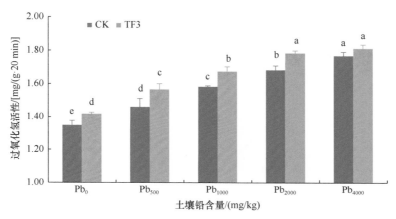

图11.44　生物修复剂施用下土壤的过氧化氢酶活性

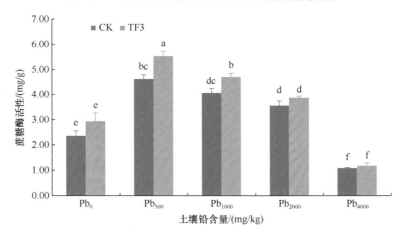

图11.45　生物修复剂施用的土壤蔗糖酶活性

2）土壤微生物群落

在铅污染土壤中，生物修复剂的添加显著提高了根区土壤微生物的数量（表11.24），真菌、放线菌、细菌分别较对照组增加11.76%～40.00%、6.45%～25.61%和120.20%～290.24%。其中，细菌增加最显著，这可能与生物修复剂中所含的耐铅菌有关。一方面，加入的耐铅菌可以在土壤中大量繁殖，促进微生物数量的增加；另一方面，加入的有机

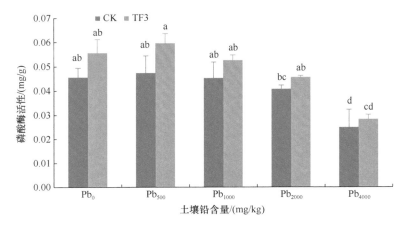

图 11.46 生物修复剂施用的土壤磷酸酶活性

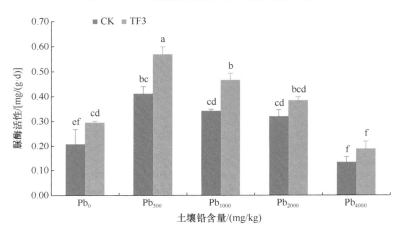

图 11.47 生物修复剂施用下的土壤脲酶活性

表 11.24 生物修复剂施用下的土壤微生物区系

Pb 含量/（mg/kg）	处理	真菌/（×10²cfu/g）	放线菌/（×10⁴cfu/g）	细菌/（×10⁵cfu/g）
0	生物修复剂（-）	15.00±1.15cd	41.33±0.73ab	18.27±2.93cd
	生物修复剂（+）	21.00±1.53ab	44.00±3.06a	41.00±2.08ab
	ΔCK/%	40.00	6.45	124.45
500	生物修复剂（-）	22.67±1.45ab	41.67±0.88ab	20.13±0.80c
	生物修复剂（+）	25.33±1.76a	45.33±2.91a	44.33±3.67a
	ΔCK/%	11.76	8.80	120.20
1000	生物修复剂（-）	20.33±1.45b	35.00±1.73abc	14.33±2.03cd
	生物修复剂（+）	22.67±0.67ab	40.00±1.15abc	32.67±2.19ab
	ΔCK/%	11.48	14.29	176.74
2000	生物修复剂（-）	14.67±1.45cd	29.33±2.40bc	10.80±2.37cd
	生物修复剂（+）	19.33±2.03bc	36.00±5.20abc	34.67±5.81ab
	ΔCK/%	31.82	22.73	220.99
4000	生物修复剂（-）	11.00±1.73d	27.33±4.33c	8.20±0.53d
	生物修复剂（+）	15.33±1.45cd	34.33±4.41abc	32.00±5.51b
	ΔCK/%	39.39	25.61	290.24

肥含有丰富矿质元素和碳水化合物，能够改善土壤微环境，为微生物生长提供养分，增强土壤生物活性（李建华，2009）。

　　微生物多样性指数从不同侧面来反映微生物的功能多样性，它能够分析土壤微生物的群落组成的个体分布情况。McIntosh 指数越大，群落均匀性越好。生物修复剂处理下 McIntosh 指数均大于对照组（表 11.25），加入修复剂能够增加土壤微生物群落的均匀性。Simpson 指数越大，群落多样性越高。随着铅含量的增加，生物修复剂处理下 Simpson 指数也出现不同程度地增加。Shannon 均匀度指数越大，群落越均一，种类之间个体分布越均匀。加入生物修复剂后，Shannon 均匀度指数低于对照组。相同浓度下，加入生物修复剂可降低土壤微生物的均匀度，使土壤微生物群落分布不均匀，突出加入菌株的存在。碳源利用丰富度指数代表了微生物可利用碳源，生物修复剂处理中碳源丰富度指数随着铅含量的升高也出现不同程度地增加。因此，生物修复剂的施用可促使微生物可利用的碳源增多、微生物多样性增大，并改善微生物环境。

表 11.25　生物修复剂施用下的土壤微生物多样性

施肥处理铅含量		McIntosh 指数 H'	Simpson 指数	Shannon 均匀度	碳源利用丰富度指数（S）
生物修复剂（-）	Pb_0	6.03±0.79bc	2.88±0.01b	0.91±0.02bc	19.67±0.33c
	Pb_{500}	8.40±0.50c	3.02±0.03ab	0.91±0.01bc	21.67±0.88abc
	Pb_{1000}	7.25±0.30ab	2.92±0.03ab	0.96±0.01a	20.67±0.88bc
	Pb_{2000}	7.29±0.08bc	2.99±0.02ab	0.90±0.01bcd	21.00±0.58bc
	Pb_{4000}	4.34±0.31c	2.92±0.03ab	0.93±0.01b	19.67±1.20c
生物修复剂（+）	Pb_0	7.51±0.27bc	2.95±0.08b	0.84±0.00f	23.33±0.88ab
	Pb_{500}	8.77±0.02a	3.11±0.01a	0.89±0.01cde	24.33±0.67a
	Pb_{1000}	8.20±0.31a	3.10±0.01ab	0.86±0.01ef	23.00±0.58ab
	Pb_{2000}	6.85±0.35bc	2.95±0.01ab	0.86±0.01def	21.33±0.67abc
	Pb_{4000}	6.51±0.11bc	2.87±0.05ab	0.84±0.01f	20.33±1.76bc

参 考 文 献

曹书苗. 2016. 放线菌强化植物修复土壤铅镉污染的效应及机理. 西安: 长安大学博士学位论文.

方凤满, 焦华富, 江培龙. 2015. 徐州煤矿混推复垦区土壤重金属分布特征及潜在风险评价. 环境化学, 34(10): 1809-1815.

冯莉, 张玲华, 田兴山. 2007. 荧光假单胞菌对烟草根区微生物种群数量及根系活力的影响. 农业环境科学学报, 26(10): 537-539.

高宏樟, 张强. 2008. 太原市煤粉尘降落量监测及其对土壤肥力的影响. 山西农业科学, 36 (3): 55-60.

郜雅静, 李建华, 卢晋晶, 等. 2020. 生物修复剂 TF3 对铅污染土壤的修复效果研究. 生态科学, 39(2): 114-123.

何明江. 2020. 区域农田土壤重金属和多环芳烃的污染特征及风险评价. 杭州: 浙江大学博士学位论文.

胡宗达, 杨远祥, 朱雪梅, 等. 2007. Pb, Zn 对超富集植物(小鳞苔草)抗氧化酶活性的影响. 水土保持学报, 21(6): 86-91.

黄耀, 刘世梁, 沈其荣. 2002. 环境因子对农业土壤有机碳分解的影响. 应用生态学报, 13(6): 709-714.

李红, 区杰泳, 颜增光, 等. 2018. 牛骨炭与伊/蒙黏土组配改良剂对土壤中 Cd 的钝化效果. 环境科学研究, 31(4): 725-731.

李洪伟, 颜事龙, 崔龙鹏. 2008. 淮南新集矿区土壤重金属污染评价. 矿业安全与环保, 35(1): 36-37.

李建华. 2009. 微生物菌剂对矿区复垦土壤的生态效应研究. 太原: 山西大学硕士学位论文.

刘平, 张强, 程滨, 等. 2010. 电厂煤粉尘沉降特征及其对周边土壤主要性质的影响. 中国土壤与肥料, 5: 21-24.

刘平, 张强, 杜文波, 等. 2011a. 煤粉尘添加量与温度对两种土壤碳释放规律的影响. 中国生态农业学报, 19(3): 516-519.

刘平, 张强, 杜文波, 等. 2011b. 焦化厂煤粉尘的沉降规律及其对玉米抗氧化系统的影响. 中国农学通报, 27(7): 249-252.

刘训财, 陈华锋, 井立文. 2009. 盐胁迫对中国春-百萨燕麦草双二倍体 SOD、CAT 活性和 MDA 含量的影响. 安徽农学通报, 15(8): 43-46.

罗煜, 赵立欣, 孟海波, 等. 2013. 不同温度下热裂解芒草生物质炭的理化特征分析. 农业工程学报, 29(13): 208-216.

牛旭, 郜春花. 2014. 微生物技术在矿区复垦中的应用. 山西农业科学, 42(3): 303-306.

石汝杰. 2005. 草坪植物对铅的吸收积累及其根际效应. 贵阳: 贵州大学硕士学位论文.

王婷. 2013. 高效诱变菌与生物炭复合修复重金属污染土壤的研究. 天津: 南开大学博士学位论文.

王秀梅, 安毅, 秦莉, 等. 2018. 对比施用生物炭和肥料对土壤有效镉及酶活性的影响. 环境化学, 37(1): 67-74.

夏国芳, 张雷, 严红. 2007. 温度与土壤水分对有机碳分解速率的影响. 中国生态农业学报, 15(4): 57-59.

夏红霞, 朱启红, 刘希东, 等. 2019. 生物炭对小白菜幼苗生长及其生理生化特征的影响. 贵州农业科学, 47(2): 5.

许仁智. 2016. 生物炭对 Cd/Pb 污染淡灰钙土土壤特性、重金属形态及生物有效性的影响及其机制. 兰州: 兰州交通大学硕士学位论文.

杨海征. 2009. 鸡粪堆肥对重金属污染土壤茼蒿品质、土壤 Cu、Cd 形态和酶活性影响. 武汉: 华中农业大学硕士学位论文.

杨继飞. 2015. 菌肥对铅污染土壤中玉米生物效应的研究. 太谷: 山西农业大学硕士学位论文.

杨园, 王艮梅, 曹莉, 等. 2017. 生物炭和猪粪堆肥对 Cd 污染土壤上黑麦草生理生化的影响. 江苏农业科学, 45(13): 196-200.

叶昊. 2015. 论我国土壤污染防治立法. 2015 年全国环境资源法学研讨会.

于荣, 徐明岗, 王伯仁. 2005. 土壤活性有机质测定方法的比较. 土壤肥料, 2: 49-52.

张连忠, 路克国. 2005. 重金属和生物有机肥对苹果根区土壤微生物的影响. 水土保持学报, 19(2): 92-95.

张敏, 郜春花, 李建华, 等. 2018. 一株耐铅土著微生物的吸附特性及机制研究. 山西农业科学, 46(8): 1321-1328.

张艳峰. 2011. 金属耐性植物内生细菌对油菜耐受与富集重金属的影响及其机制研究. 南京: 南京农业大学博士学位论文.

赵红梅. 2008. 重金属铅的化学生物固定作用. 杭州: 浙江大学硕士学位论文.

郑少玲, 陈琼贤, 马磊, 等. 2005. 施用生物有机肥对芥蓝及土壤重金属含量影响的研究. 农业环境科学学报, 24: 62-66.

钟顺清. 2007. 矿区土壤污染与修复. 资源开发与市场, 23(6): 532-534.

Adnan A, Safa, Sibel T, et al. 2005. Determination of thee quilibrium, kinetic and thermodynamic parameters of adsorption of copper (II) ions on to seeds of *Capsicum annuum*. Journal of Hazardous Materials, B124: 200-208.

Bargmann I, Rillig M C, Buss W, et al. 2013. Hydrochar and biochar effects on germination of spring barley.

Journal of Agronomy and Crop Science, 199(5): 360-373.

Bhainsa K C, D' Souza S F. 2008. Removal of copper ions by the filamentous fungus, *Rhizopus oryzae* from aqueous solution. Bioresource Technology, 99: 3829-3835.

Candeias C, Melo R, Ávilab P F, et al. 2014. Heavy metal pollution in mine-soil-plant system in S. Franciscode Assis - Panasqueira mine (Portugal). Applied Geochemistry, 44(3): 12-26.

Farfel M R, Orlova A O, Chaney R L, et al. 2005. Biosolids compost amendment for reducing soil lead hazards: a pilot study of Orgro amendment and grass seeding in urban yards. Science of the Total Environment, 340(1): 81-95.

Kirschbaum M U F. 1995. The temperature dependence of soil organic matter decomposition and the effect of global warm in gon soil organic C storage. Soil Biology Biochemistry, 27: 753-760.

Liang B Q, Lehmann J, Sohi S P, et al. 2010. Black carbon affects the cycling of non-black carbon in soil. Organic Geochemistry, 41(2): 206-213.

Lu H L, Zhang W H, Yang Y X, et al. 2011. Relative distribution of Pb^{2+} sorption mechanisms by sludge-derived bio-char. Water Research, 46(3): 854-862.

Naidoo G, Chirkoot D. 2004. The effects of coal dust on photosynthetic performance of the mangrove, *Avicennia marina* in Richards Bay, South Africa. Environmental Pollution, 127(3): 359-366.

Peng L, Nuhfer N T, Kelly S, et al. 2011. Lead coprecipitation with iron oxyhydroxide nano-particles. Geochimica Et Cosmochimica Acta, 75(16): 4547-4561.

Pethkar A V, Kulkarni S K, Paknikar K M. 2001. Comparative studies on metal biosorption by two strains of *Cladosporium cladosporioides*. Bioresource Technology, 80: 211-215.

Sherry S, Robert T. 1997. Effects of coal dust on plant growth and species composition in an arid environment. Journal of Arid Environments, 37: 475-485.

Thompson J P. 1996. Correction of dual phosphorus and zinc deficiencies of linseed with cultures of vesicular-arbuscular mycorrhizal fungi. Soil Biology and Biochemistry, 28(7): 941-951.

Wu G, Kang H B, Zhang X Y, et al. 2010. A critical review on the bio-removal of hazardous heavy metals from contaminated soils: issues, progress, eco-environmental concerns and opportunities. Journal of Hazardous Materials, 174(1): 1-8.